Aus dem Programm Informatik

1. Programmiersprachen

[illegible]

Manfred Nagl

Graph-Grammatiken

Theorie
Anwendungen
Implementierung

Mit 150 Bildern

V

Friedr. Vieweg & Sohn Braunschweig / Wiesbaden

Studienbücher Informatik

CIP-Kurztitelaufnahme der Deutschen Bibliothek

Nagl, Manfred:
Graph-Grammatiken: Theorie, Anwendungen, Implementierung/Manfred Nagl. –
Braunschweig, Wiesbaden: Vieweg, 1979.
ISBN 978-3-528-03338-5 ISBN 978-3-663-01443-0 (eBook)
DOI 10.1007/978-3-663-01443-0

1979

ISBN 978-3-528-03338-5

MEINEN ELTERN GEWIDMET

I N H A L T

Seite

EINLEITUNG

Wozu sich mit Graph-Ersetzungssystemen beschäftigen? Um eine Antwort auf diese Frage zu geben, wollen wir einige Anwendungen von Graph-Ersetzungssystemen andiskutieren:

Ausgangspunkt der mehrdimensionalen Ersetzungssysteme, und somit auch der Graph-Ersetzungssysteme, waren Probleme der *grammatikalischen Mustererkennung* (vgl. Literaturabschnitt PA), z.B. die Erkennung von Blasenkammeraufnahmen in der Kernphysik. Wegen der Unmengen von anfallendem Bildmaterial gibt es hier keine Alternative zur automatischen Mustererkennung. In dieser Anwendung hat man jedoch keine endliche Anzahl von Bildklassen, so daß ein vorliegendes Bild einer dieser Klassen zugeordnet werden kann. Andererseits kennt man die Zerfallsprozesse: Es können Regeln angegeben werden, die besagen, wie Teilbilder entstehen und wie sie zusammengesetzt sind, d.h. für eine Klasse von Blasenkammerbildern kann eine zugehörige Bildgrammatik angegeben werden. Somit ist das Problem der Mustererkennung größtenteils auf das Problem der Syntaxanalyse von Bildern mit Hilfe einer Bildgrammatik zurückgeführt. Vorteil dieser Methode ist, daß im Falle eines positiven Ergebnisses der Syntaxanalyse nicht nur eine ja-nein-Entscheidung, sondern eine Strukturbeschreibung des Bildes vorliegt. Ein Bild kann als markierter Graph formalisiert werden, indem man den Vorkommnissen von Teilbildern Knoten zuordnet, deren Markierung das Teilbild charakterisiert, und indem den verschiedenen geometrischen Beziehungen von Teilbildern verschieden markierte Kanten zwischen den entsprechenden Knoten zugeordnet werden. Der Bildgrammatik entspricht damit ein Graph-Ersetzungssystem. Eine Regel der Bildgrammatik ersetzt ein Teilbild durch ein anderes, in dem Graph-Ersetzungssystem entspricht dies dem Austausch eines Untergraphen durch einen anderen.

Seit dem Auftauchen interaktiver graphischer Peripheriegeräte für Rechenanlagen stellt sich die Frage, ob die lineare Notation von Programmen mit Hilfe der heute üblichen Programmiersprachen der Struktur des menschlichen Denkens angepaßt ist bzw. ob diese Notation den nichtalgorithmischen, d.h. kreativen Teil der Algorithmenerstellung, nämlich die Entwicklung der Idee des Algorithmusses, auch genügend unterstützt. Als Alternativen bietet sich die Verwendung von Flußdiagrammen, Blockdiagrammen, Netzplänen, Nassy-Shneiderman-Diagrammen o.ä. an. Dies gilt insbesondere für nichtnumerische Anwendungen mit komplexeren Datenstrukturen, da auch diese sich einprägsam graphisch notieren lassen. Es entsteht somit der Wunsch nach einer zweidimensionalen Programmiersprache (vgl. [AP 5], [AP 7]), d.h. einer Sprache, in der man *in Bildern programmieren* kann. Bilder lassen sich, wie oben angedeutet, auf Graphen zurückspielen, wobei die Kanten hier weniger geometrische Lagebeziehungen als den Kontrollfluß ausdrücken. Nun kann man für Flußdiagramme, Blockdiagramme etc. unschwer Graph-Ersetzungssysteme angeben, die alle jeweils korrekt aufgebauten erzeugen. Ein solches Ersetzungssystem kann dazu benutzt werden, die Programmierung durch Bilder syntaxgesteuert erfolgen zu lassen, d.h. der Benutzer wählt eine Ersetzungsregel unter einem Satz ihm angebotener Regeln aus. Geht man so vor, so ergibt sich kein Problem mit der Syntxanalyse, da der Syntaxbaum bei der Generierung abgespeichert werden kann. Die Prinzipien der Programmiermethodik, wie strukturierte Programmierung, schrittweise Verfeinerung, modulare Programmierung u.s.w. schlagen sich in der Gestalt des Graph-Ersetzungssystems nieder bzw. ergeben sich automatisch aus dieser Vorgehensweise. Die Problematik des Findens geeigneter Ausdrucksmittel zur Unterstützung des kreativen Teils der Algorithmenentwicklung findet momentan auch bei Praktikern starke Beachtung.

Auch wenn man Algorithmen zunächst herkömmlich, nämlich durch Zeichenketten notiert, können *Graphen als Notation der logischen Struktur* eines Programms sowohl für theoretische als auch anwendungsbezogene Aspekte, ja sogar für Implementie-

rungsaspekte von Nutzen sein. Wir wollen dies an einigen Beispielen erläutern:
Will man die *Semantik* von Programmen *operationell* definieren, so bieten sich Graphen als abstrakte Notation von Programmen an, weil in ihnen syntaktische und semantische Zusammenhänge, die in der linearen Notation eines Programms nicht unmittelbar zum Ausdruck kommen, durch Kanten direkt ausgedrückt werden können. Die Angabe der operationellen Semantik eines Programms bedeutet dann die Angabe eines Interpreters für Programmgraphen, d.h. die Angabe eines Graph-Ersetzungssystems. Ein Beispiel hierfür betrachten wir in III.2.
Um den Aufwand für die Erstellung von Compilern zu reduzieren, arbeiten diese heute oft nach dem Prinzip der Zwischencode-Erzeugung. Der Zwischencode selbst ist nichts anderes als ein Graph, der teilweise Baumstruktur besitzt. Auf diesem Graphen lassen sich Probleme der Datenfluß-Analyse (vgl. [AP 32]), wie das Auffinden gemeinsamer Teilausdrücke, das Auffinden parallel ausführbarer Teile eines Programms, Schleifenoptimierung etc. besser formulieren als auf der linearen Notation des Programms oder Zwischencodes. Auch andere Fragen der *maschinenunabhängigen Code-Optimierung*, wie Maschinencode- und Laufzeitminimierung, lassen sich einfacher durchführen, wenn man bei der Maschinencode-Erzeugung von Programmgraphen ausgeht und nicht von der linearen Notation des Quellprogramms.

Auch bei *inkrementellen Compilern*, die jede Eingabe sofort übersetzen und bei Programmänderungen lediglich diese Änderungen neu übersetzen, hat es sich als zweckmäßig erwiesen, einen Zwischencode des Programms in Form eines Graphen zu betrachten, weil in diesem die Auswirkungen von Inkrementänderungen auf die Programmumgebung besser übersehen werden können. Der Programmgraph enthält hier nicht nur den Zwischencode im obigen Sinne, sondern darüber hinaus auch alle Compilerlisten. Den Inkrementänderungen der linearen Notation entsprechen Graph-Veränderungen, die sich als Graph-Ersetzungen beschreiben lassen. Selbst der zweite Schritt der Übersetzung, nämlich von Programmgraphen in Maschinencode, läßt sich durch Graph-Ersetzungen beschreiben. Wir kommen auf diese Anwendung in Abschnitt III.1. zurück.

Eine weitere Anwendung für Graph-Ersetzungsmechanismen ist das Gebiet der *Datenbanken*. Hier hat man zunächst das Problem, die zulässigen Datenstrukturen einer Datenbank, Schema genannt, sauber festzulegen. Dafür können Graph-Ersetzungssysteme zur präzisen Definition von Schemata eingesetzt werden. Des weiteren gibt es mehr oder minder komplexe Operationen auf einer Datenbank, die mit dieser konsistent, d.h. mit dem zugehörigen Schema verträglich sein müssen. Diese Operationen lassen sich durch Graph-Ersetzungsmechanismen übersichtlich und einfach beschreiben. Eine detailliertere Betrachtung erfolgt in III.3.. In dieser Anwendung, wie auch in den Anwendungen des vorangehenden Absatzes, erfüllen Graph-Ersetzungssysteme drei Funktionen: eine theoretische, indem sie ein Modell für eine Anwendung sind, in dem Probleme losgelöst auf abstraktem Niveau untersucht werden können, eine anwendungsspezifische, indem sie durch Formalisierung zur Präzisierung beitragen und somit Mißverständnisse und Unklarheiten ausräumen, und schließlich eine implementierungsspezifische, indem die so gefundenen Graph-Ersetzungsmechanismen als Implementierungsgrundlage oder zumindest -anleitung dienen können.

Etwas außerhalb des Spektrums liegt die *Wachstumsbeschreibung* einfacher Organismen mit Hilfe von Graph-Ersetzungssystemen (vgl. [GL 10], [GL 15], [AP 17]). Graphen eignen sich auch hier gut zur Darstellung des Problems: Den Zellen entsprechen die Knoten des Graphen, deren Markierung die verschiedenen Zelltypen charakterisiert, die verschieden markierten Kanten drücken geometrische oder biologische Beziehungen zwischen den Zellen aus. In den bisher betrachteten Anwendungen wird jeweils ein Untergraph durch einen anderen ersetzt, der Rest bleibt unverändert. Solche Ersetzungssysteme heißen *sequentiell*. Hier hingegen, wo Zelländerungen bzw. Zellteilungen überall gleichzeitig stattfinden, muß auch in einem Ersetzungsschritt der gesamte Graph überschrieben werden, d.h. wir kommen hier auf einen anderen, nämlich nichtlokalen Ersetzungsbegriff. Die zugehörigen Graph-Ersetzungssysteme wollen wir *parallel* nennen. Aber auch in anderen Anwendungen treten parallele Ersetzungen auf oder *gemischte* Ersetzungen, wo verschiedene Teile des Wirtsgraphen parallel ersetzt werden, es aber auch unveränderte Teile gibt.

Eine weitere Anwendung von Graph-Ersetzungssystemen liegt in der *Graphentheorie*. Ebenso wie bestimmte Graphenklassen durch Strukturaussagen charakterisiert werden können, so kann eine Charakterisierung auch über die Angabe eines Graph-Ersetzungssystems erfolgen, das genau diese Graphenklasse erzeugt. Beispiele hierfür finden sich in [GG 1], [GG 20], [GG 25] bzw. [GG 30].

Allen obigen Anwendungen gemeinsam ist, daß Graphen die Problemstruktur einfach zu beschreiben gestatten. Unterstrukturen entsprechen Knoten, die mit diesen Unterstrukturen markiert sind, den markierten Kanten entsprechen die verschiedenen Beziehungen zwischen den Unterstrukturen bzw. die Dekomposition einer Unterstruktur in weitere. Da die Überführung einer Problemstruktur in einen Graphen und umgekehrt die Gewinnung einer Problemstruktur aus einem Graphen keine Schwierigkeiten macht, spiegelt ein Graph-Ersetzungssystem direkt die Komplexität eines Anwendungsproblems wider. Es ist klar, daß die zu einer Anwendung gehörigen Graphen von der speziellen Fragestellung abhängen, die man verfolgt. Das betrifft die Frage, in welche Unterstrukturen man zerlegt, in wieviel Stufen dies geschieht und welche Beziehungen zwischen Unterstrukturen man auswählt.

Die einzelnen Ansätze sequentieller bzw. paralleler Graph-Ersetzungssysteme (vgl. I.5 und II.4) unterscheiden sich hauptsächlich dadurch, wie bei sequentieller Ersetzung die Einbettung der ersetzten Untergraphen im Wirtsgraphen festgelegt wird (*Einbettungsüberführung*), bzw. wie bei parallelen Ersetzungssystemen die Kanten bestimmt werden, die gleichzeitig eingesetzte Graphen verbinden (*Verbindungsüberführung*). Mit beiden Hilfsmitteln kann man *Graphenveränderung programmieren*. Hier wird jeweils ein bzgl. Einbettungs- bzw. Verbindungsüberführung allgemeiner Ansatz an den Anfang gestellt. Das bietet dann die Möglichkeit, durch Einschränkungen zu spezielleren Ersetzungsmechanismen überzugehen. In implementierungstechnischer Hinsicht bietet ein Ansatz mit starken Modifikationsmöglichkeiten über Einbettungs- bzw. Verbindungsüberführung den Vorteil, daß bei Ersetzung wenig Kontext mitgeschleppt werden muß (vgl. Bem. III.1.6). Ein weiteres Hilfsmittel zur Programmierung ist die Änderung, die von der Strukturverschiedenheit von ersetzten und eingesetzten Graphen herrührt. Darüber hinaus wird bei programmierten Ersetzungssystemen (vgl. III.1) bzw. zweistufigen Graph-Ersetzungsmechanismen (vgl. III.2) je ein Mechanismus eingeführt, der die Veränderungen durch sequentielle bzw. parallele Ersetzung explizit steuert. Das sind beides natürlich ebenfalls Programmierhilfsmittel. Im folgenden wird gerade dieser Programmieraspekt von Graph-Ersetzungsmechanismen deutlich herausgearbeitet. Nach jeder diesbezüglichen formalen Definition folgt eine suggestive Bemerkung, die den Leser mit dem Programmieraspekt des gerade eingeführten Ersetzungsmechanismusses vertraut machen soll. Dem gleichen Zweck dienen die ausgewählten Beispiele. Der an Formalem weniger interessierte, anwendungsbezogene Leser sollte deshalb dieses Buch ebenfalls (ggf. unter Auslassung der Beweise) verstehen können. Das Motiv für diese Zielsetzung ist, den Einsatz von Graph-Ersetzungsmechanismen für Anwendungen zu fördern. Andererseits sollte erwähnt werden, daß auch die Beweise, da ausnahmslos konstruktiv, Kenntnisse über die Programmierfähigkeiten der einzelnen Ersetzungssysteme vermitteln. Das folgende Buch setzt keine speziellen mathematischen Kenntnisse voraus, es ist auch wegen des Versuchs, eine Brücke zu den Anwendungen zu schlagen und auf Implementierungsaspekte einzugehen, kein mathematisches Buch. Vorkenntnisse aus dem Gebiet der Formalen Sprachen sind für den Leser jedoch insoweit hilfreich, als er Analogien bzw. Unterschiede bei der Übertragung vieler Ideen von Zeichenketten- auf Graph-Ersetzungssysteme besser verfolgen kann.

In [OV 5] wurden Graph-Ersetzungssysteme in zwei Klassen geteilt, nämlich in *algebraische* und *algorithmische*. Bei algorithmischen steht im Vordergrund die Berechnung des Ergebnisgraphen bei einem Ableitungsschritt, während der zentrale Gedanke der algebraischen Systeme die Verallgemeinerung der Konkatenation von Zeichenketten auf Graphen ist. Die algebraischen Arbeiten werden in diesem Buch nur kurz gestreift, hauptsächlich in den Literaturabschnitten I.5 und II.4. Das hat zwei Gründe: Erstens hätte die Aufnahme der algebraischen Ansätze und ihrer Ergebnisse das Volumen dieses Buches in etwa verdoppelt, und zweitens gibt es momentan keine Darstellung, die die verschiedenen Ansätze dieser beiden Klassen subsumiert. Insoweit ist dieses Buch *kein* Statusreport, der Auskunft gibt über den allgemeinen Stand der Entwicklung von Graph-Ersetzungssystemen. Es ist eher der Versuch, die Arbeiten des Autors und verwandte Arbeiten in Form einer Monographie zusammenzustellen. Neben den Graph-Ersetzungssystemen stellen die *Feld-Grammatiken* einen weiteren Ansatz dar, die Ideen aus Zeichenketten-Ersetzungssystemen auf mehrdimensionale Strukturen zu verallgemeinern (vgl. Literaturabschnitt AR). Sie erzeugen nicht Graphen, sondern zweidimensionale gerasterte Bilder. Diese lassen sich natürlich als Graphen mit einer sehr speziellen Gestalt deuten, die Ersetzungssysteme müssen jedoch diese Struktur bewahren. Auf die diesbezüglichen Ergebnisse wird ebenfalls nicht eingegangen. Ebenfalls nur (in I.5) gestreift wird das Gebiet der Graph-Akzeptoren. Hier sind nach einigen Anfängen in letzter Zeit nur noch wenige Ergebnisse bekanntgeworden.

Das Gebiet der Graph-Ersetzungssysteme hat sich seit seiner Entstehung 1969 rapide entwickelt. Dies ist allein aus dem Umfang des hier angegebenen Literaturverzeichnisses abzulesen. Trotzdem bleiben noch viele Wünsche offen (vgl. auch offene Probleme). Dazu zählt in theoretischer Hinsicht eine Darstellung, die die Vielfalt der Ansätze vereinigt, in anwendungsspezifischer Hinsicht, daß Graph-Ersetzungssysteme weniger zur Problembeschreibung und -formalisierung, sondern mehr zur Problemlösung herangezogen werden. Das setzt die Entwicklung leistungskräftiger Syntaxanalyse-Verfahren (vgl. III.3) und ferner effiziente Implementationen von Graph-Ersetzungssystemen (vgl. Kap. V) voraus. Insbesondere die Implementationen befinden sich, wenn man an den Einsatz für einige der obigen Probleme denkt, noch in den ersten Anfängen.

Dem Leser wird aufgefallen sein, daß im Titel dieses Buches von Graph-Grammatiken die Rede ist, wir in der Einleitung jedoch stets von Graph-Ersetzungssystemen gesprochen haben. Der Terminus "Graph-Ersetzungssysteme" ist zweifellos der bessere, und wir werden ihn im folgenden auch weiterverwenden, denn in vielen Anwendungen steht nicht der generative Aspekt von Grammatiken im Vordergrund. Es geht weniger darum, daß von einem oder mehreren Startgraphen ausgehend durch endlich oftmalige Produktionenanwendung die Graphen der Sprache der Grammatik erzeugt werden können, sondern gesucht ist lediglich ein Mechanismus, der dynamische Veränderungen eines Graphen präzise beschreibt. Ferner werden mit Graph-Grammatiken manchmal auch nur die sequentiellen Systeme bezeichnet (vgl. die Überschriften von Kapitel I und II). Trotz dieser Mängel haben wir den Begriff "Graph-Grammatiken" als Titel dieses Buches gewählt, einfach deshalb, weil sich mit ihm bei einigen Lesern ein gewisses Vorverständnis verbindet.

Auf eine Zusammenfassung des Buches an dieser Stelle sei verzichtet, da die meisten der im Inhaltsverzeichnis auftauchenden Schlagwörter in der Einleitung bereits angeklungen sind. Für einen genauen Überblick, aus welchen Arbeiten die einzelnen Abschnitte entstanden sind, sei auf die Seite "Referenzen und Inhalt" verwiesen. Noch einige technische Bemerkungen: Das Buch ist in fünf Kapitel I-V unterteilt, jedes gliedert sich in einzelne Abschnitte, z.B. I.3. . Sätze, Hilfssätze, Beispiele und Bemerkungen sind abschnittsweise fortlaufend numeriert, die Fußnoten ebenfalls abschnittsweise, die Figuren kapitelweise. Innerhalb eines Kapitels erfolgt der Bezug auf einen Satz, eine Bemerkung etc. ohne die Kapitelnummer.

Prof. V. Claus, Dortmund, und Prof. H. Ehrig, Berlin, danke ich für etliche Hinweise, Prof. H.-J. Schneider, Erlangen, sowohl für Anregungen als auch für die Schaffung des Rahmens, ohne den dieses Buch nie hätte entstehen können. Bei einigen Kollegen, insbesondere Dr. H. Göttler und Dr. D. Weber, aber auch bei W. Brendel, H. Bunke und E. Grötsch möchte ich mich für viele Diskussionen und konstruktive Kritik bedanken. Schließlich stehe ich in der Schuld von Frau E. Lührs für die große Geduld und Sorgfalt beim Schreiben dieses Manuskripts und von A. Wanninger für das akkurate Anfertigen der Zeichnungen.

Erlangen, im November 1978 *Manfred Nagl*

I. THEORIE DER SEQUENTIELLEN ERSETZUNGSSYSTEME (GRAPH-GRAMMATIKEN)

I.1. Grundbegriffe

Wir setzen im folgenden stets zwei Alphabete Σ_V, Σ_E für die Markierung der Knoten bzw. Kanten von Graphen voraus. Diese Alphabete seien endlich, aber nicht notwendigerweise disjunkt. [1)]
Die folgenden Definitionen gehen auf [GG 42,25] zurück, sind jedoch mehrfach modifiziert worden.

Def.I.1.1: Ein *markierter Graph* über Σ_V, Σ_E (abg. *l-Graph*) ist ein Tupel $d=(K,(\varrho_a)_{a\in\Sigma_E},\beta)$ mit [2)]
K ist eine endliche Menge, die *Knotenmenge*,
ϱ_a ist eine (möglicherweise leere) *Relation* auf K für bel. $a\in\Sigma_E$, d.h. $\varrho_a \subseteq K\times K$,
β: $K \longrightarrow \Sigma_V$ ist eine Abbildung, die *Knotenmarkierungsfunktion.*

Jeder l-Graph kann als *gerichteter, knoten- und kantenmarkierter Graph* aufgefaßt werden: Jedes Paar $(k,k')\in\varrho_a$, $a\in\Sigma_E$ wird interpretiert als eine gerichtete mit a markierte Kante von k nach k'. Jeder Knoten k ist markiert mit $\beta(k)\in\Sigma_V$. In diesem Sinne ist *jeder* Knoten und *jede* Kante markiert. [3)] Wir sprechen im folgenden, wenn keine Mißverständnisse möglich sind, von *v-Knoten* bzw. *a-Kanten*, wenn wir den oder die Knoten meinen, die mit dem Symbol [4)] v markiert sind, bzw. die Kante(n), die mit a markiert sind. Obige Definition läßt zu, daß es zwischen zwei Knoten k und k' mehrere Kanten geben darf, sofern sich diese durch Richtung bzw. Markierung unterscheiden. Kanten gleicher Richtung und gleicher Markierung zwischen zwei Knoten sind also nicht möglich.
Im folgenden werden l-Graphen in Anwendungen zur *Beschreibung struktureller Zusammenhänge* stets im folgenden Sinne gebraucht: Den Knoten des l-Graphen entsprechen die Unterstrukturen der

---

1) In Anwendungen sind sie meist disjunkt.
2) l steht für labelled. Die Bezeichnung d für l-Graphen geht auf ihren früheren Namen n-Diagramme zurück. Sie wurde beibehalten, weil g zu Mißverständnissen mit später einzuführenden Grammatiken führen könnte.
3) Für einige Anwendungen erwünschte partielle Markierungen lassen sich durch Hinzunahme zweier Dummy-Markierungen für Knoten und Kanten wieder zu totalen Markierungen machen.
4) Symbol bedeutet nicht notwendigerweise, daß dieses nur aus einem Zeichen besteht. Elemente der obigen Alphabete dürfen beliebig strukturiert sein.

zugrundeliegenden Struktur. Diese Knoten sind mit der jeweiligen Unterstruktur bzw. einer sie charakterisierenden Kennzeichnung markiert. Die Unterscheidung zwischen Knotenbezeichnung und Knotenmarkierung ist nötig, da eine Unterstruktur in einer Struktur mehrfach auftreten kann, jedem Auftreten eine verschiedene (Knoten-)Bezeichnung zugeordnet werden muß. Den markierten Kanten entsprechen die Beziehungen zwischen den Unterstrukturen, bzw. diese Kanten drücken aus, wie sich eine Unterstruktur aus weiteren Unterstrukturen zusammensetzt. Verwendet man l-Graphen in diesem Sinne als *Codierung eines Sachverhalts*, so treten Kanten gleicher Markierung und gleicher Richtung zwischen zwei Knoten nie auf.

Wir *zeichnen* im folgenden l-Graphen auf folgende Weise: Die Knoten werden dargestellt durch Kreise[5], die Markierung eines Knotens erscheint innerhalb, die Bezeichnung außerhalb des Kreises.[6] Eine mit a markierte Kante von k nach k' wird dargestellt durch einen Pfeil, der vom Kreis von k zu dem von k' zeigt und an dem die Knotenmarkierung hingeschrieben ist. (vgl. Fig. I/1).

Als Knotenbezeichnungen nehmen wir stets nichtnegative ganze Zahlen, weil diese kurz hingeschrieben werden können. Die Knotenmenge eines l-Graphen kann natürlich eine beliebige Menge von Bezeichnern sein.

Jedes Wort $w=x_1 \ldots x_m$ über einem Alphabet V kann dargestellt werden als l-Graph d_w über V,{n} mit $d_w=(K,\varrho_n,\beta)$ und $K = \{1,\ldots,m\}$, $\varrho_n=\{(i,i+1) \mid 1 \leq i < m\}$, $\beta(i)=x_i$, $1 \leq i \leq m$. Die Relation ϱ_n steht für "ist direkter Nachbar von". Wir nennen den so gewonnenen Graphen den zu w gehörigen *Wortpfad*. Seine graphische Repräsentation ist in Fig. I/1 angegeben.

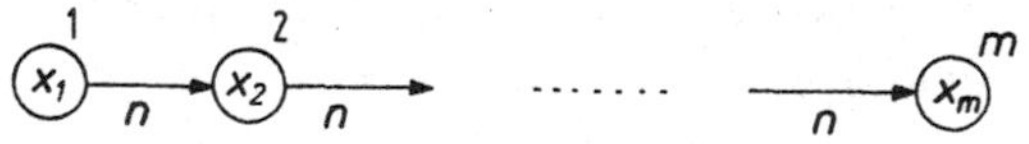

Fig. I/1

5) In Kap. IV treten auch andere Knotenberandungen auf.

6) Der Leser mache sich klar, daß durch das Aufzeichnen eine implizite Knotenbezeichnung eingeführt wird, nämlich durch die Lage des Knotens: der Knoten links unten etc.. Diese Bezeichnung ist jedoch zu lang und unpräzise, um darauf Bezug zu nehmen.

Bezeichne $d(\Sigma_V,\Sigma_E)$ die Menge aller 1-Graphen über Σ_V,Σ_E und d_ε den leeren 1-Graphen, d.h. den Graphen, dessen Knotenmenge leer ist.

Def. I.1.2: Seien $d,d'\in d(\Sigma_V,\Sigma_E)$. Dann heiße d' ein *schwach homomorphes* Bild von d (abg. $d \xrightarrow{\sim} d'$) g.d.w. es eine surjektive Abbildung $f:K \rightarrow K'$ gibt so, daß für bel. $a\in\Sigma_E$ gilt:

$$(k_1',k_2')\in\varrho_a' \Rightarrow \exists\ k_1,k_2\ (f(k_1)=k_1'\ ,\ f(k_2)=k_2'\ \text{mit}\ (k_1,k_2)\in\varrho_a).$$

Jede Kante in d' muß also mindestens eine gleichmarkierte Urbildkante in d besitzen. Um die Abbildung f zu kennzeichnen, schreiben wir auch $d \underset{f}{\xrightarrow{\sim}} d'$.

Def. I.1.3: Seien $d,d'\in d(\Sigma_V,\Sigma_E)$ und f ein schwacher Homomorphismus $d \xrightarrow{\sim} d'$. Es heißt d' ein *homomorphes* Bild von d (abg. $d \xrightarrow{\simeq} d'$) g.d.w. wenn $f:K \rightarrow K'$ für beliebiges $a\in\Sigma_E$ die folgende Bedingung erfüllt:

$$(k_1,k_2)\in\varrho_a \Longleftrightarrow (f(k_1),f(k_2))\in\varrho_a'$$

Jede Kante in d hat somit eine gleichmarkierte Bildkante in d'.

Def. I.1.4: Seien $d,d'\in d(\Sigma_V,\Sigma_E)$. Dann heißen d und d' zueinander *isomorph* (abg. $d \overset{\simeq}{\longleftrightarrow} d'$) g.d.w. $d \underset{f}{\xrightarrow{\simeq}} d'$ und f injektiv ist.

Isomorphe 1-Graphen unterscheiden sich lediglich dadurch, daß Knoten verschieden bezeichnet und verschieden markiert sein können. Trivialerweise gilt: $d \overset{\simeq}{\longleftrightarrow} d'$ g.d.w. ($d \xrightarrow{\simeq} d'$ und $d' \xrightarrow{\simeq} d$). Ferner ist $\overset{\simeq}{\longleftrightarrow}$ eine Äqulivalenzrelation auf jeder Teilmenge von $d(\Sigma_V,\Sigma_E)$. Eine schärfere Äquivalenzrelation, deren Klassen jeweils strukturgleiche 1-Graphen zusammenfaßt, ist die folgende

Def. I.1.5: Zwei 1-Graphen $d,d'\in d(\Sigma_V,\Sigma_E)$ heißen *äquivalent* (abg. $d\equiv d'$) g.d.w. $d \underset{f}{\overset{\simeq}{\longleftrightarrow}} d'$ und $\beta=\beta'\circ f$ ist.[7]

Äquivalente 1-Graphen unterscheiden sich lediglich in der Knotenbezeichnung. Es ist wieder $\equiv$ eine Äquivalenzrelation über jeder Teilmenge von $d(\Sigma_V,\Sigma_E)$.[8]

Sei $d\in d(\Sigma_V,\Sigma_E)$. Wir bezeichnen mit dem entsprechenden großen Buch-

7) Komposition von Abbildungen und Relationen stets von rechts nach links.

8) Natürlich feiner als $\overset{\simeq}{\longleftrightarrow}$

staben D die Klasse aller zu d äquivalenten l-Graphen und analog für andere Graphenbezeichnungen, also $d_1 \in D_1$, $d' \in D'$ etc.. Sei ferner $D(\Sigma_V,\Sigma_E) := d(\Sigma_V,\Sigma_E)/_{\equiv}$. Wir bezeichnen Äquivalenzklassen, also Elemente aus $D(\Sigma_V,\Sigma_E)$, als *abstrakte l-Graphen.*[9] In der graphischen Darstellung eines abstrakten l-Graphen lassen wir Knotenbezeichnungen weg, ein abstrakter l-Graph abstrahiert ja von speziellen Knotenbezeichnungen.[10] Im folgenden sprechen wir auch vereinfachend von einem Graphen, wenn aus dem Kontext klar hervorgeht, ob es sich um einen l-Graphen oder einen abstrakten l-Graphen handelt.

Def. I.1.6: Ein l-Graph $d' \in d(\Sigma_V,\Sigma_E)$ heiße *Teilgraph* von $d \in d(\Sigma_V,\Sigma_E)$ (abg. $d' \sqsubseteq d$) g.d.w. $K' \subseteq K$, $\varrho'_a \subseteq \varrho_a$ für bel. $a \in \Sigma_E$ und $\beta' = \beta|_{K'}$.[11]
Ein l-Graph $d' \in d(\Sigma_V,\Sigma_E)$ heiße *Untergraph* von $d \in d(\Sigma_V,\Sigma_E)$ (abg. $d' \subseteq d$) g.d.w. $d' \sqsubseteq d$ und $\varrho'_a = \varrho_a \cap (K' \times K')$, d.h. jede Kante, die zwei Knoten von K' verbindet, gehört zu d'.
d' heiße *echter Teilgraph* (abg. $d' \sqsubset d$) bzw. *echter Untergraph* (abg. $d' \subset d$) g.d.w. $d' \sqsubseteq d$ bzw. $d' \subseteq d$ und $d' \neq d$.
Diese Definitionen übertragen sich folgendermaßen auf abstrakte l-Graphen: $D' \sqsubseteq D$ ($D' \subseteq D$) g.d.w. ein $d \in D$, $d' \in D'$ existiert mit $d' \sqsubseteq d$ ($d' \subseteq d$).
Ferner heiße d' *bis auf Äquivalenz* in d *enthalten* (abg. $d' \subseteqq d$) bzw. *bis auf Isomorphie* in d *enthalten* (abg. $d' \overset{\subseteq}{\leftrightarrows} d$) g.d.w. ein $d'' \subseteq d$ existiert mit $d'' \equiv d'$ (bzw. $d'' \overset{\sim}{\leftrightarrows} d'$).

Falls $D' \subseteq D$, so gilt trivialerweise für jedes $d' \in D'$ und $d \in D$: $d' \subseteqq d$. Durch $\sqsubseteq$ bzw. $\subseteq$ wird auf jeder Teilmenge von $d(\Sigma_V,\Sigma_E)$ bzw. $D(\Sigma_V,\Sigma_E)$ eine Halbordnung definiert.

Def. I.1.7: Sei $d=(K,(\varrho_a)_{a\in\Sigma_E},\beta) \in d(\Sigma_V,\Sigma_E)$ und sei $K' \subseteq K$. Der Untergraph von d mit der Knotenmenge K' heiße *der von K' in d aufgespannte Untergraph* und werde mit d(K') bezeichnet.[12]
Sei $d' \subseteq d$, $d', d \in d(\Sigma_V,\Sigma_E)$. Dann heiße der Untergraph d(K-K') *der zu d' komplementäre Untergraph in d* (abg. d-d'). Ferner definieren wir:

---

9) Diese Bezeichnung wurde aus [GL 2] übernommen.
10) Beachte jedoch Fußnote 6).
11) $\beta|_{K'}$ bedeute die Restriktion von β auf K'.
12) Falls $d' \in d(\Sigma_V,\Sigma_E)$ und $K^* \subseteq K'$, so schreiben wir entsprechend $d'(K^*)$.

$In_a(d',d) := \varrho_a \cap ((K-K') \times K')$
$Out_a(d',d) := \varrho_a \cap (K' \times (K-K'))$
$Em(d',d) := (In_a(d',d), Out_a(d',d))_{a \in \Sigma_E}$ heiße *Einbettung* von d' in d.

$In_a(d',d)$ ist die Menge aller a-Kanten von d-d' nach d', $Out_a(d',d)$ ist die Menge aller a-Kanten in umgekehrter Richtung. Die Einbettung von d' in d ist die Gesamtheit aller Kanten zwischen d-d' und d'.

Def. I.1.8: Sei $d', d'' \in d(\Sigma_V, \Sigma_E)$ mit $\beta'(k) = \beta''(k)$ für alle $k \in K' \cap K''$. Dann heißt der Graph $d = (K, (\varrho_a)_{a \in \Sigma_E}, \beta)$ die *Vereinigung* von d' und d'' (abg. $d = d' \cup d''$) g.d.w. $K = K' \cup K''$, $\varrho_a = \varrho'_a \cup \varrho''_a$ für bel. $a \in \Sigma_E$, $\beta(k) = \beta'(k)$, falls $k \in K'$, und $\beta(k) = \beta''(k)$, falls $k \in K''$.
Sei $d \in d(\Sigma_V, \Sigma_E)$ und sei $PT = \cup K_\lambda$ eine Partition der Knotenmenge K von d und sei $d_\lambda := d(K_\lambda)$. Dann heiße $\cup d_\lambda$ eine *Zerlegung* von d. Sei $D \in D(\Sigma_V, \Sigma_E)$ und sei $D_1, \ldots, D_n \in D(\Sigma_V, \Sigma_E)$. Es heiße $\bigcup_{\lambda=1}^{n} D_\lambda$ eine *Zerlegung des abstrakten Graphen* D, g.d.w. es $d \in D$, $d_\lambda \in D_\lambda$ gilt mit $\cup d_\lambda$ ist eine Zerlegung von d.
Zwei 1-Graphen d', d'' heißen *knotendisjunkt* g.d.w. $K' \cap K'' = \emptyset$.
Ferner führen wir noch die beiden folgenden Kurzbezeichnungen ein: $d^{1-kn}(\Sigma_V, \Sigma_E)$ bzw. $d^{2-kn}(\Sigma_V, \Sigma_E)$ sei die Menge aller einknotigen bzw. zweiknotigen 1-Graphen über Σ_V, Σ_E.

Eine Zerlegung von d unterscheidet sich von d dadurch, daß in ihr die zwischen den d_λ verlaufenden Kanten fehlen.

Wegen der uneinheitlichen Sprachweise in der Graphentheorie definieren wir noch einige graphentheoretische Grundbegriffe:

Sei $d = (K, (\varrho_a)_{a \in \Sigma_E}, \beta) \in d(\Sigma_V, \Sigma_E)$ und sei $\varrho_{un} := \bigcup_{a \in \Sigma_E} \varrho_a$. Wir nennen $Gr(d) := (K, \varrho_{un})$ den *zugrundeliegenden Graphen* von d, d.h. wir vergessen Kanten- und Knotenmarkierung. Alle folgenden Begriffe, die sich auf Gr(d) beziehen, werden auch entsprechend für d verwandt.

Def./Erläut. I.1.9: Jedes $(k,k) \in \varrho_{un}$ heiße eine *Schlinge* oder *1-Kreis.*[13] Sei $(k_1, \ldots, k_m)$ eine Folge von Knoten aus Gr(d) mit $(k_j, k_{j+1}) \in \varrho_{un} \cup \varrho_{un}^{-1}$ für $1 \leq j \leq m$. Der aus $\{k_1, \ldots, k_m\}$ und diesen Kanten gebildete Teilgraph von Gr(d) heiße eine *Kette* oder ein *ungerichteter Kantenzug* zwischen k_1 und k_m. Falls stets $(k_j, k_{j+1}) \in \varrho_{un}$

13) auch Schleife genannt.

gilt, so heiße der Teilgraph eine *Bahn* oder ein *gerichteter Kantenzug*. Eine Kette oder Bahn, die keine Kante mehrfach enthält, heiße *einfach*. Eine Kette bzw. Bahn, die keinen Knoten mehrfach durchläuft, heiße *Weg* bzw. *gerichteter Weg*. Jeder gerichtete Weg ist eine einfache Bahn und jeder Weg ist eine einfache Kette. Eine Kette oder Bahn heiße *geschlossen*, falls $k_1 = k_m$ ist, andernfalls *offen*. Ein geschlossener Weg heiße *Kreis*, ein geschlossener gerichteter Weg heiße *Zyklus*. Eine Kette,..., Zyklus heiße *gleichmarkiert*, falls alle Kanten in d die gleiche Markierung haben. Wir sprechen dann auch von *a-Kette,..., a-Zyklus*, falls $a \in \Sigma_E$ diese Markierung ist. Ein l-Graph d heiße *a-azyklisch*, g.d.w. er keinen a-Zyklus besitzt. Gr(d) heiße *zusammenhängend*, g.d.w. es für je zwei Knoten k,k' in Gr(d) einen Weg zwischen ihnen gibt. Gr(d) heiße *vollständig*, g.d.w. es für je zwei Knoten k,k' eine Kante zwischen ihnen gibt.

Ein Knoten k heiße *minimal*, falls er keine einlaufende Kante $(k',k) \in \varrho_{un}$ und *maximal*, falls er keine auslaufende Kante (k,k') besitzt mit $k \neq k'$, ferner *isoliert*, falls er minimal und maximal ist. Ein Knoten k heiße *Maximum*, g.d.w. er maximal ist und von jedem anderen Knoten ein gerichteter Weg zu ihm existiert. Analog sei das *Minimum* definiert. Existiert eine Kante von k zu k', so heiße k *Vorgänger* von k', k' *Nachfolger* von k und beide heißen *miteinander verbunden* bzw. *Nachbarknoten*. Sei $e = (k,k') \in \varrho_{un}$. Wir sagen dann auch k ist *Quellknoten* und k' ist *Zielknoten* von e.

Gr(d) heiße *baumartig*, falls er zusammenhängend und kreislos ist. Gr(d) heiße *(Wurzel-) Baum*, falls Gr(d) baumartig ist und es einen ausgezeichneten Knoten (die *Wurzel*) gibt, von dem aus jeder andere Knoten über einen gerichteten Weg erreichbar ist. Dieser Weg ist trivialerweise eindeutig bestimmt. Die maximalen Knoten eines Baumes heißen *Blätter*. Jeder Graph zerfällt in zusammenhängende Untergraphen, die *Zusammenhangsgebiete*. Falls alle Zusammenhangsgebiete von Gr(d) Bäume sind, so heiße Gr(d) ein *Wald*.

Gr(d) heiße *mehrfach zusammenhängend*, wenn es zu je zwei Knoten mehrere verbindende Wege gibt, die keine Knoten außer dem Anfangs- und Endknoten gemeinsam haben. Sei Gr(d) zusammenhängend.

Ein Knoten k heiße *Artikulation*, wenn der Graph, der aus Gr(d) durch Elimination von k und aller angrenzenden Kanten entsteht, nicht nur ein einzelner Knoten ist und ferner nicht zusammenhängend ist. Zu jeder Artikulation k gibt es zwei Knoten k_1 und k_2, die durch je eine Kante mit k verbunden sind, so daß jeder Weg von k_1 nach k_2 durch k hindurchgeht. Jeder Knoten eines baumartigen Graphen ist entweder ein Endknoten oder eine Artikulation. Zertrennen wir einen zusammenhängenden Graphen an den Artikulationen so, daß jede Artikulation zu den so entstehenden zusammenhängenden Untergraphen hinzugenommen wird, so heißen die so gebildeten Untergraphen die *Glieder* des zusammenhängenden Graphen. Die Glieder eines zusammenhängenden Graphen, der nicht nur aus einem Knoten besteht, bestehen aus zwei durch mindestens eine Kante verbundenen Knoten oder sind mehrfach zusammenhängend mit mehr als zwei Knoten (genaueres z.B. in [GT 6]). Ein zusammenhängender Graph, der Artikulationen besitzt, heiße *separierbar*, andernfalls *nicht separierbar*. Ein separierbarer Graph besteht aus Gliedern, die an Knoten (den Artikulationen) aneinandergeklebt sind, jedoch nicht kreisförmig, da sonst wieder ein Glied entstünde (vgl. [GT 17]). Ein zusammenhängender Graph ist somit nicht separierbar, g.d.w. er entweder nur aus einem Knoten besteht oder aus zwei Knoten, die durch mindestens eine Kante verbunden sind, oder wenn er mehrfach zusammenhängend ist.

Homomorphie und Zusammenhang werden durch folgendes triviale Lemma erläutert:

<u>Lemma I.1.10:</u> Sei $d, d' \in d(\Sigma_V, \Sigma_E)$, $d \underset{f}{\overset{\sim}{\rightarrow}} d'$, $d_1 \subseteq d$ und d_1 zusammenhängend. Dann ist $d'(f(K_1))$ zusammenhängend.
Sei $d \underset{f}{\overset{\sim}{\rightarrow}} d'$, $d'_1 \subseteq d_1$ und d'_1 zusammenhängend und gelte $d(f^{-1}(k'))$ ist zusammenhängend für alle $k' \in K'_1$. Dann ist $d(f^{-1}(K_1))$ zusammenhängend.

I.2. Graph-Grammatiken und Graph-Sprachen

Sequentielle Graph-Ersetzungssysteme auch *Graph-Grammatiken* genannt, sind eine Verallgemeinerung der CHOMSKY-Systeme (formale Grammatiken) über Zeichenketten. Der Ableitungsbegriff der CHOMSKY-Systeme sieht so aus: In einem Wort w über einem gegebenen Alphabet wird ein Teilwort x durch ein anderes ersetzt, der Rest bleibt unverändert. Ersetztes und dafür eingesetztes (Teil-)Wort sind Bestandteil einer Regel p=(x,y), nämlich linke bzw. rechte Seite dieser Regel. Die Einbettung der rechten Seite y im abgeleiteten Wort w' ist analog zu der Einbettung der ersetzten linken Seite x in w: Das Zeichen vor dem ersten Zeichen von x in w steht in w' weder vor dem ersten Zeichen von y, das erste Zeichen nach dem letzten Zeichen von x in w ist in w' wieder Nachfolger des letzten Zeichens von y. Die Überführung der Einbettung von x in w in diejenige von y in w' ist hier einfach, da in w und w' eine lineare Ordnung existiert.
Verallgemeinern wir diesen Ableitungsbegriff auf l-Graphen, so bedeutet dies: In einem Graphen d wird die linke Seite d_l einer Graph-Regel aufgefunden. Sie ist zu ersetzen durch die rechte Seite d_r dieser Regel, wobei i.a. ein veränderter Graph d' entsteht (vgl. Fig. I/2). Hier ergibt sich aber die nichttriviale Frage, wie bei diesem Ersetzungsschritt die Einbettung $Em(d_l,d)$ in die Einbettung $Em(d_r,d')$ zu überführen ist, d.h., wie die neu eingesetzte rechte Seite in den Wirtsgraphen, aus dem die linke Seite herausgenommen wurde, eingehängt werden soll. Die Festlegung dieser Überführung muß Bestandteil der Graph-Regel sein und diese Festlegung darf nicht von der Gestalt des Wirtsgraphen d abhängen. Somit hat eine Graph-Regel, im folgenden *Graph-Produktion*

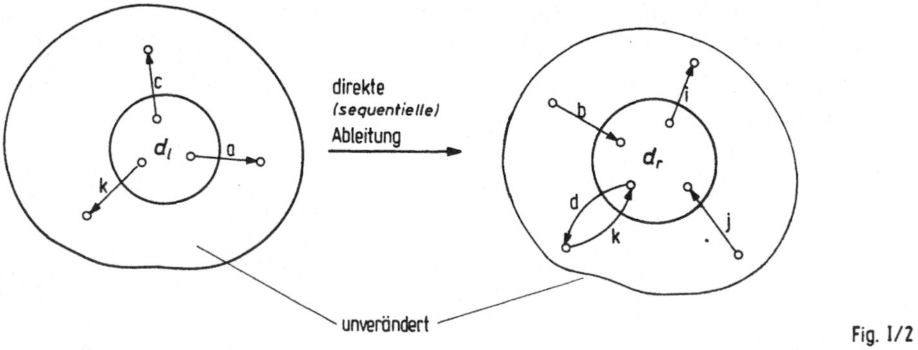

Fig. I/2

oder einfach *Produktion* genannt, drei Komponenten $p=(d_l,d_r,E)$, [1] die linke bzw. rechte Seite d_l bzw. d_r und die *Einbettungsüberführung* E, deren Form noch festzulegen ist. Das Ergebnis der Einbettungsüberführung, d.h. die Einbettung $Em(d_r,d')$ hängt i.a. sehr wohl von der Gestalt von $Em(d_l,d)$ und somit vom Wirtsgraphen ab.

Die verschiedenen Ansätze von Graph-Grammatiken in der Literatur unterscheiden sich hauptsächlich dadurch, wie die Einbettungsüberführung definiert ist, d.h. wie der Übergang der Einbettungen in einem Ableitungsschritt aussieht. (Wir werden auf die verschiedenen Ansätze in I.5 detaillierter eingehen.) Die oben skizzierte Vorgehensweise ist typisch für die sogenannten *algorithmischen Ansätze* (vgl. [GG 1, 2, 20, 25, 30, 32, 41, 42]). Bei ihnen steht die Konstruktion eines Graphen d' aus einem Wirtsgraphen d, auf den eine Produktion p anwendbar ist, der also ein Vorkommnis der linken Seite enthält, im Vordergrund. Die zentrale Idee der *algebraischen Ansätze* [1a] (vgl. [GG 4, 37, 44]) ist dagegen die Verallgemeinerung der Konkatenation von Zeichenketten durch eine Verklebungsoperation auf markierten Graphen.

Die Einbettungsüberführung in algorithmischen Ansätzen enthält zwei Anteile, einen expliziten und einen impliziten. Für eine Kantenart aus $Em(d_r,d')$, d.h. für ein- oder auslaufende Kanten einer bestimmten Markierung aus Σ_E, kann nämlich explizit angegeben werden, in welchen Knoten der rechten Seite diese Kanten enden sollen bzw. von welchen Knoten sie ausgehen sollen, denn die rechte Seite ist Bestandteil der Produktion. Nicht explizit angegeben werden können hingegen die Quellknoten einlaufender bzw. die Zielknoten auslaufender Kanten. Sie liegen im unveränderten Teil des Wirtsgraphen d und sind nicht Bestandteil der Produktion. Für die Bestimmung dieser Außenknoten geben wir Ausdrücke an, die neben Knoten der linken Seite Formeln enthalten, im folgenden *Operatoren* genannt, die auf diese Knoten der linken Seite angewandt werden und deren Ergebnis eine Teilmenge der Knotenmenge von $d-d_l$ ist. Wir haben dabei einen Ableitungsbegriff im Auge, der in einem Ableitungsschritt auch gestattet, daß die

---

1) Die Übereinstimmung zwischen E für <u>E</u>dges in Σ_E und E hier für <u>em</u>bedding transformation ist zufällig und möge den Leser nicht verwirren.

1a) Die Klassifikation nach algorithmischen bzw. algebraischen Ansätzen geht auf [OV 5] zurück.

Außenknoten der neuen Kanten auch Knoten sein können, die nicht bereits zu Kanten von $Em(d_l,d)$ gehören. Somit müssen diese Ausdrücke gestatten, über die direkte Nachbarschaft von Knoten von d_l in d "beliebig weit" in den Wirtsgraphen d hinauszugreifen. Diese Idee spiegelt sich in den Regeln wider, die den Aufbau der Operatoren definieren (vgl. Def. 2.1.).

Der im folgenden definierte Ableitungsbegriff aus [GG 24] ist *einer* von vielen möglichen. Er enthält jedoch die vielen anderen Ansätze für Graph-Grammatiken (vgl. Literaturabschnitt GG) entweder als Spezialfälle, oder er gestattet es zumindest, diese durch evtl. mehrere Ableitungsschritte zu simulieren. Weiter sei bereits hier angemerkt, daß die Definition einer Graph-Produktion, wie sie in diesem Abschnitt gegeben wird, auch für parallele Ersetzungssysteme (vgl. II.1) bzw. gemischte Ersetzungssysteme (es finden parallele Ersetzungen auf einem Teil des Wirtsgraphen statt, vgl. III.2) verwendet werden kann.
Wir definieren zunächst die Operatoren, die in den Ausdrücken zur Bestimmung der Außenknoten von $Em(d_r,d')$ auftauchen. Es sind dies wohlgeformte Wörter über einem Alphabet Σ, das das Knotenmarkierungsalphabet Σ_V enthält, ferner Elementaroperatoren L_a,R_a für jedes $a\in\Sigma_E$ und schließlich einige Spezialsymbole zur Bildung zusammengesetzter Operatoren.

<u>Def. I.2.1:</u> *Operatoren* sind Wörter aus Σ mit $\Sigma := \Sigma_V \cup \{L_a | a\in\Sigma_E\} \cup \{R_a | a\in\Sigma_E\} \cup \{C, \cup, \cap,), (\}$, die ausschließlich nach folgenden Regeln gebildet sind:

a) L_a und R_a sind Operatoren für bel. $a\in\Sigma_E$.

b) Falls A ein Operator ist, so ist

  b1) (CA) und

  b2) (vA) ein Operator mit $v\in\Sigma_V^+$.

c) Falls A und B Operatoren sind, so ist

  c1) AB,

  c2) $(A\cup B)$ und

  c3) $(A\cap B)$ ein Operator.

Sei $op(\Sigma)$ die Menge aller nach diesem rekursiven Schema[2)] gebil-

2) Dieses Schema läßt sich durch eine kontextfreie Zeichenkettengrammatik ersetzen. Somit ist $op(\Sigma)$ die Wortmenge eines Kellerautomaten. Hiervon wird bei der Implementation (vgl. V.2) Gebrauch gemacht.

deter Wörter aus Σ^+. Die Operatoren L_a, R_a für bel. $a \in \Sigma_E$ heißen *Elementaroperatoren*, alle anderen *zusammengesetzte Operatoren*.

Operatoren sind zunächst nur wohlgeformte Zeichenketten. Ihre Verwendung im obigen Sinne wird erst durch die folgende Definition einer Interpretation klar, die für jeden Operator A, jeden 1-Graphen d mit einem Untergraphen d' (ist später die linke Seite einer Produktion) und einem Knoten k der Knotenmenge K von d eine Teilmenge von K-K' liefert. Die Definition einer Interpretation ist wegen Def. 2.1 ebenfalls rekursiv.

Def. I.2.2: Sei $d', d \in d(\Sigma_V, \Sigma_E)$, $d' \subseteq d$, $k \in K$, $A, B \in op(\Sigma)$. Eine *Interpretation* ordnet für beliebiges d',d,k wie oben einem Operator A eine Teilmenge der Knotenmenge K-K' zu, geschrieben als $A^{d',d}(k)$:

a) $L_a^{d',d}(k) := \{\underline{k} \mid \underline{k} \in K-K' \wedge (\underline{k}, k) \in \varrho_a\}$

$R_a^{d',d}(k) := \{\underline{k} \mid \underline{k} \in K-K' \wedge (k, \underline{k}) \in \varrho_a\}$

$L_a^{d',d}(k)$ bzw. $R_a^{d',d}(k)$ ist somit die Menge aller Knoten aus K-K', von denen zu k eine a-Kante läuft bzw. zu denen von k eine a-Kante geht. L steht als Abkürzung für "links von", R für "rechts von".

b) $(\complement A)^{d',d}(k) := \{\underline{k} \mid \underline{k} \in K-K' \wedge \underline{k} \in K-A^{d',d}(k)\}$

bestimmt das Komplement von $A^{d',d}(k)$ in K-K',

$(v_1 \ldots . v_n A)^{d',d}(k) := \{\underline{k} \mid \underline{k} \in A^{d',d}(k) \wedge \beta(\underline{k}) \in \{v_1, \ldots, v_n\}\}$

liefert die Untermenge von $A^{d',d}(k)$, deren Knoten mit einem der Zeichen des Wortes $v_1 v_2 \ldots v_n$ markiert sind.

c) $AB^{d',d}(k) := \{\underline{k} \mid \exists \underline{\underline{k}} (\underline{\underline{k}} \in B^{d',d}(k) \wedge \underline{k} \in A^{d',d}(\underline{\underline{k}})\}$

$(A \cup B)^{d',d}(k) := A^{d',d}(k) \cup B^{d',d}(k)$

$(A \cap B)^{d',d}(k) := A^{d',d}(k) \cap B^{d',d}(k)$

bestimmt die Menge aller Knoten, die sich durch Hintereinanderschaltung, Verzweigung bzw. Parallelschaltung von Operatoren ergibt.

Man kann leicht zeigen, daß für jedes Quadrupel (A,d',d,k), das die obigen Voraussetzungen erfüllt, die Interpretation $A^{d',d}(k)$ eindeutig bestimmt ist. Damit der Leser mit der für ihn zunächst fremden Notation vertraut wird, geben wir die folgenden Beispiele:

<u>Beispiele I.2.3:</u>

$(\complement R_a)^{d',d}(k)$ ist die Menge aller Knoten $\underline{k}\in K-K'$, die nicht Zielknoten von a-Kanten sind, die von k ausgehen.

$L_a R_b{}^{d',d}(k)$ bestimmt alle Knoten $\underline{k}$ aus K-K', die mit k durch eine Kette der Form

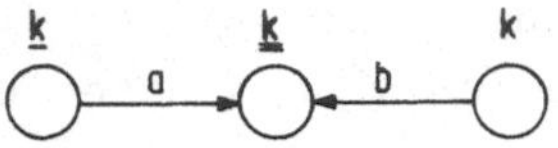

Fig. I/3

verbunden sind, wobei $\underline{\underline{k}}\notin K'$.

$((v_1 L_a) \cup (v_2 R_b))^{d',d}(k)$ ist die Menge aller Knoten $\underline{k}\in K-K'$, die entweder mit v_1 markiert sind und Quellknoten einer a-Kante sind, die in k endet, oder die mit v_2 markiert sind und Zielknoten einer b-Kante sind, die in k beginnt.

$(v_1(L_a \cap L_b))^{d',d}(k)$ ist die Menge aller Knoten $\underline{k}\in K-K'$, die mit v_1 markiert sind und die Quellknoten von a-Kanten und b-Kanten sind.

<u>Bemerkung I.2.4:</u> Die Menge $A^{d',d}(k)$ kann für beliebige Interpretationen leer sein, z.B. für den Operator $O := (v_2(v_1 L_a))$ mit $v_1 \neq v_2$, wegen der Eindeutigkeit der Knotenmarkierung. Andererseits gibt es Operatoren, die für beliebiges d',d stets K-K' liefern, z.B. $I := (\complement O)$. Diesen beiden Operatoren O,I werden wir im folgenden noch des öfteren begegnen.

<u>Def. I.2.5:</u> Zwei Operatoren $A,B\in op(\Sigma)$ heißen *äquivalent* (abg. $A\equiv B$), g.d.w. für beliebige Interpretationen gilt: $A^{d',d}(k) = B^{d',d}(k)$.

Kennzeichne [A] die Klasse aller Operatoren aus $op(\Sigma)$, die zu A äquivalènt sind, sei $OP(\Sigma) := op(\Sigma)/_{\equiv}$ und sei ferner definiert: $[A]\sqcup[B] := [(A\cup B)]$, $[A]\sqcap[B] := [(A\cap B)]$, $\overline{[A]} := [(\complement A)]$. Dann folgt sofort das

<u>Lemma I.2.6:</u> $(OP(\Sigma),\sqcup,\sqcap)$ ist ein BOOLEscher Verband.

Darüber hinaus gelten für Operatoren eine Reihe weiterer Rechenregeln, die sich ebenfalls sofort aus den Definitionen ergeben, und die der Leser in [GG 25] nachlesen kann.

Bemerkung I.2.7: (*Klammersparungskonvention*): Da bei iterierter Anwendung von Vereinigung bzw. Durchschnitt bei beliebiger Klammerung äquivalente Operatoren entstehen, lassen wir diese Klammern weg. Wir schreiben also $(A \cup B \cup C)$ für $((A \cup B) \cup C)$ bzw. $(A \cup (B \cup C))$. Ferner lassen wir das einen Operator einschließende Klammerpaar weg, falls es sich um das äußerste Klammerpaar handelt. Wir schreiben also νA, $\mathcal{C}A$, $A \cup B \cup C$ für (νA), $(\mathcal{C}A)$ bzw. $(A \cup B \cup C)$, aber natürlich nicht $A \cap B)(C \cap D$ für $(A \cap B)(C \cap D)$.

Beispiele I.2.8: Weitere Beispiele für Operatoren, die wir zum Teil im folgenden benötigen, sind

$L_{un} := \bigcup_{a \in \Sigma_E} L_a$, $R_{un} := \bigcup_{a \in \Sigma_E} R$ $\quad$ Conn := $L_{un} \cup R_{un}$.

$L_{un}^{d',d}(k)$ ist die Menge aller Vorgängerknoten von k in K-K' bei beliebiger Kantenmarkierung, $R_{un}^{d',d}(k)$ die Menge aller Nachfolgerknoten, $\mathrm{Conn}^{d',d}(k)$ die Menge aller Nachbarknoten.

Min := $\mathcal{C}(R_{un})I$, Max := $\mathcal{C}(L_{un})I$, Is := (Max)$\cap$(Min) bestimmen bei Interpretation die Mengen minimaler, maximaler bzw. isolierter Knoten ohne Schlingen in d-d'.

$\mathrm{Depth}_{\leq t}$:= (Conn) $\cup$ (Conn)(Conn)$\cup \ldots \cup$(Conn)^t , $\mathrm{Depth}_{>t}$:= $\mathcal{C}(\mathrm{Depth}_{\leq t})$ bestimmen bei Interpretation die Knoten von d-d', die von k über eine Kette der Länge $\leq t$ erreichbar sind bzw. die weiter entfernten Knoten.

A-B := $A \cap (\mathcal{C}B)$ bestimmt bei Interpretation die Menge aller Knoten aus K-K', die durch $A^{d',d}(k) - B^{d',d}(k)$ gegeben ist.

Def. I.2.9: Ein Operator $A \in op(\Sigma)$ heiße *lokal*, g.d.w. er kein $\mathcal{C}$ enthält.[3)]

Unter Verwendung von L.2.6 und der Rechenregeln [GG 25] kann man nun leicht zeigen, daß es zu jedem lokalen Operator A einen äquivalenten A' gibt, der die Form $A' = \bigcup_\lambda A_\lambda$ besitzt, wobei die A_λ das Zeichen "$\cup$" nicht enthalten, d.h. für lokale Operatoren gibt es eine Art *disjunktive Normalform*.

---

3) Er enthält dann natürlich auch keine mit Hilfe von $\mathcal{C}$ gebildete Operatoren, wie I, Min, Max etc..

Def. I.2.10: Eine *Graph-Produktion* über Σ_V, Σ_E ist ein Tripel $p = (d_l, d_r, E)$ mit $d_l, d_r \in d(\Sigma_V, \Sigma_E)$ und der *Einbettungsüberführung*[4] $E = (l_a, r_a)_{a \in \Sigma_E}$, die aus *Einbettungskomponenten* l_a und r_a der Form

$$l = \bigcup_{\lambda=1}^{q} A_\lambda(k'_\lambda) \times \{k''_\lambda\}, \qquad r_a = \bigcup_{\lambda=1}^{p} \{k''_\lambda\} \times A_\lambda(k'_\lambda)$$

besteht, wobei $k'_\lambda \in K_l$, $k''_\lambda \in K_r$, $A_\lambda \in op(\Sigma)$, $p,q \geq 1$, $a \in \Sigma_E$. Der l-Graph d_l heiße *linke Seite*, d_r *rechte Seite* von p.

Bemerkung I.2.11: Die Einbettungskomponente l_a wird im folgenden dazu benutzt, die einlaufenden a-Kanten nach d_r festzulegen und analog r_a für die auslaufenden a-Kanten aus d_r in den Wirtsgraphen.

In einer Einbettungskomponente kann ein Operator natürlich mehrfach vorkommen. Desgleichen können Knotenbezeichnungen der linken bzw. rechten Seite mehrfach auftreten.

Bis jetzt ist die Einbettungsüberführung nichts anderes als eine wohlgeformte Zeichenkette, die Knotenbezeichnungen der linken bzw. rechten Seite und Operatoren enthält. Falls wir einen Wirtsgraphen d vorgeben, der die linke Seite einer Produktion enthält, und wir alle Operatoren mit d_l, d und in den Einbettungskomponenten angegebenen Knoten der linken Seite interpretieren, dann liefert jede Einbettungskomponente eine Menge von Knotenpaaren, d.h. Kanten. Bezeichne $l_a^{d_l,d}$ bzw. $r_a^{d_l,d}$ diese *interpretierten Einbettungskomponenten*.

Für Operatoren aus [O] (vgl. 2.4 und 2.5) kann das entsprechende Kreuzprodukt weggelassen werden. Sind alle Operatoren einer Einbettungskomponente aus [O], so heiße diese *Einbettungskomponente leer*. In den folgenden Beispielen lassen wir leere Einbettungskomponenten weg. Falls alle Komponenten einer Einbettungsüberführung leer sind, so heiße die *Einbettungsüberführung* selbst *leer* und werde mit E_ε abgekürzt.

Trivialerweise können auch Operatoren $\notin$[O] bei einer Interpretation eine leere Menge liefern. Sie unterscheiden sich jedoch von denen aus [O] dadurch, daß sie auch nichtleere Interpreta-

---

4) Wir bezeichnen hier die dritte Komponente einer Produktion mit E (embedding transformation). Bei der Definition paralleler Ersetzung bezeichnen wir die dritte Komponente mit C (connection transformation), obwohl sie genau das gleiche Aussehen hat wie hier. Der Leser lasse sich durch die zweimalige Verwendung von "l", nämlich in d_l zur Kennzeichnung der linken Seite und in Einbettungskomponenten l_a nicht verwirren. Beides hat nichts miteinander zu tun.

tionen besitzen.
Produktionen heißen wir auch *Graph-Regeln* oder einfach *Regeln*, wenn keine Mißverständnisse möglich sind.

Def. I.2.12: Ein 1-Graph $d' \in d(\Sigma_V, \Sigma_E)$ heiße aus einem 1-Graphen $d \in d(\Sigma_V, \Sigma_E)$ *direkt sequentiell ableitbar* mittels der Produktion $p=(d_l, d_r, E)$ über Σ_V, Σ_E (abg. $d \overset{s}{\underset{p}{\longrightarrow}} d'$), g.d.w.

a) $d_l \subseteq d$, $d_r \subseteq d'$, $d-d_l = d'-d_r$

b) $In_a(d_r, d') = l_a^{d_l,d}$ und $Out_a(d_r, d') = r_a^{d_l,d}$ für bel. $a \in \Sigma_E$.

Für abstrakte Graphen $D, D' \in D(\Sigma_V, \Sigma_E)$ heiße D' *direkt sequentiell* aus D *ableitbar* mittels p (abg. $D \overset{s}{\underset{p}{\longrightarrow}} D'$), g.d.w. es ein $d \in D$, $d' \in D'$ gibt, mit $d \overset{s}{\underset{p}{\longrightarrow}} d'$.

Lemma I.2.13: Sei $d \in d(\Sigma_V, \Sigma_E)$ und $p=(d_l, d_r, E)$ eine Graph-Produktion über Σ_V, Σ_E mit $d_l \subseteq d$ und $(K-K_l) \cap K_r = \emptyset$.[5] Sei d' definiert durch

$K' := (K-K_l) \cup K_r$, $\beta'|_{K-K_l} := \beta|_{K-K_l}$, $\beta'|_{K_r} := \beta_r$

$\varrho'_a := \varrho_a|_{K-K_l} \cup l_a^{d_l,d} \cup r_a^{d_l,d}$. Dann gilt trivialerweise $d \overset{s}{\underset{p}{\longrightarrow}} d'$.

Bemerkung I.2.14: Sei $D \in D(\Sigma_V, \Sigma_E)$ und $p=(d_l, d_r, E)$ mit $d_l \in D_l \subseteq D$, d.h. $d_l \subsetneq d$. Dann gibt es i.a. mehr als einen abstrakten Graphen D' mit $D \overset{s}{\underset{p}{—}} D'$. Dies hängt damit zusammen, daß die linke Seite im Wirtsgraphen mehrfach (an verschiedenen Stellen) vorhanden sein kann. Darüber hinaus kann noch der Fall auftreten, daß die linke Seite symmetrisch ist, es somit an einer Stelle mehrere Vorkommnisse der linken Seite gibt. Wenn im letzteren Fall die Einbettungsüberführung nicht symmetrisch ist, so entstehen durch die Ableitung verschiedene Graphen (vgl. Beispiel 2.2.19 in [GG 25]).

Def. I.2.15: Ein *sequentielles Graph-Ersetzungssystem*, auch *Graph-Grammatik* genannt, ist ein Tupel $G = (\Sigma_V, \Sigma_E, \Delta_V, \Delta_E, d_0, P, -s\rightarrow)$ mit

---

5) Dies ist keine Einschränkung, da stets ein $d \in D$ mit dieser Eigenschaft angegeben werden kann. Man wähle ggf. neue Knotenbezeichnungen für die Knoten aus K-K .

a) Σ_V, Σ_E sind zwei endliche, nichtleere Mengen, das *Knoten- und Kantenmarkierungsalphabet*, $\Delta_V \subseteq \Sigma_V, \Delta_E \subseteq \Sigma_E$ heißen *terminales* Knoten- bzw. Kantenmarkierungsalphabet, $\Sigma_V - \Delta_V$ und $\Sigma_E - \Delta_E$ *nichtterminales* Knoten- bzw. Kantenmarkierungsalphabet,

b) $d_0 \in d(\Sigma_V, \Sigma_E) - (d(\Delta_V, \Sigma_E) \cup \{d_\varepsilon\})$ heiße der *Startgraph*,

c) P sei eine endliche Menge von Produktionen $p=(d_l, d_r, E)$ der obigen Gestalt mit $d_l \notin d(\Delta_V, \Sigma_E) \cup \{d_\varepsilon\}$,

d) $\xrightarrow{s}$ sei der direkte sequentielle Ableitungsbegriff von Def. 2.12.

Direkte sequentielle Ableitung in der Grammatik G bedeute direkte sequentielle Ableitung unter Verwendung einer Produktion $p \in P$ und werde durch $\xrightarrow[G]{s}$ abgekürzt. Es ist $\xrightarrow[G]{s}$ eine Relation auf jeder Teilmenge von $d(\Sigma_V, \Sigma_E)$ bzw. $D(\Sigma_V, \Sigma_E)$. Sei $\xrightarrow[G]{s*}$ die reflexive und transitive Hülle dieser Relation. Falls $d \xrightarrow[G]{s*} d'$, sagen wir, d' ist aus d *sequentiell ableitbar*, analog für abstrakte Graphen D,D'.
$L(G) := \{D \mid D \in D(\Delta_V, \Delta_E) \wedge D_0 \xrightarrow[G]{s*} D\}$ heiße die *Sprache der Graph-Grammatik* G. Eine Menge $L \subseteq D(\Delta_V, \Delta_E)$, Δ_V, Δ_E zwei bel. endliche Alphabete, heiße eine *Graph-Sprache*, g.d.w. eine Graph-Grammatik G existiert mit $L = L(G)$. Schließlich heißen zwei Graph-Grammatiken G_1 und G_2 *äquivalent* (abg. $G_1 \equiv G_2$), g.d.w. $L(G_1) = L(G_2)$.

<u>Bemerkung I.2.16:</u> Knoten mit Markierung aus Δ_V bzw. $(\Sigma_V - \Delta_V)$ bezeichnen wir im folgenden als *terminale Knoten* bzw. *nichtterminale Knoten*. Analog sprechen wir für Kanten mit Markierung aus Δ_E bzw. $(\Sigma_E - \Delta_E)$ von *terminalen* bzw. *nichtterminalen Kanten*.

In einem beliebigen Graphen, der mit Hilfe einer Grammatik abgeleitet wird, gibt es i.a. sowohl terminale als auch nichtterminale Knoten und ebenso terminale sowie nichtterminale Kanten. Solche Graphen heißen wir *Graph-Satzformen*. Die Graphen, die zur Sprache gehören, besitzen nur noch terminale Knoten und Kanten. Nichtterminale Knoten und Kanten treten somit nur während der Ableitung eines Graphen der Sprache auf; sie dienen zur Steuerung des Ableitungsprozesses. Von einem Graphen der Sprache kann kein weiterer abgeleitet werden, da wir oben

vorausgesetzt haben, daß die linke Seite jeder Produktion mindestens einen nichtterminalen Knoten enthalten muß[6] und nicht leer sein darf. Entsprechend wird vom Startgraphen vorausgesetzt, daß er nichtleer ist und wenigstens einen nichtterminalen Knoten besitzt.
Wir haben in die Definition einer Graph-Grammatik den sequentiellen Ableitungsbegriff von Def. 2.12 mit aufgenommen. Dies liegt daran, daß wir in Kap. II andere Ersetzungssysteme kennenlernen werden, die sich von den Graph-Grammatiken im wesentlichen nur durch einen anderen Ableitungsbegriff unterscheiden.
Bei äquivalenten Graph-Grammatiken muß natürlich weder die Anzahl der terminalen Knotenmarkierungen noch die der nichtterminalen Knotenmarkierungen übereinstimmen. Das gleiche gilt für die Kardinalität der terminalen bzw. nichtterminalen Kantenmarkierungsalphabete.
Den Zusammenhang zwischen sequentieller Ableitung auf abstrakten l-Graphen und auf l-Graphen erläutere die folgende triviale Bemerkung: Falls $D \xrightarrow[G]{s\,*} D'$, dann gibt es eine Folge $D=D_1,D_2,\dots,D_m=D'$ mit $m \geq 1$ und $D_\nu \xrightarrow[G]{s} D_{\nu+1}$ für $1 \leq \nu < m$ und es gibt eine Folge
$d'_1, d_2, d'_2, \dots, d_{m-1}, d'_{m-1}, d_m$ mit $d'_\nu \xrightarrow[G]{s} d_{\nu+1}$, $d_\nu, d'_\nu \in D_\nu$ für $1 \leq \nu < m$, $d'_1 \in D_1$ und $d_m \in D_m$. Somit muß vor jedem Ableitungsschritt in $d(\Sigma_V,\Sigma_E)$ ggf. eine Umbezeichnung der Knoten des l-Graphen vorgenommen werden, damit die nächste Produktion anwendbar wird.[7]
Wir gehen in obiger Definition einer Graph-Grammatik von einem einzigen Startgraphen aus. Der Beginn mit einer endlichen Menge von Startgraphen $\{d_0^1,\dots,d_0^k\}$ ist nicht allgemeiner, da sich dieser Fall durch Hinzunehmen weiterer k Produktionen (d_0, d_0^j, E_ℓ), mit einem neuen Startgraphen d_0, auf den ersten Fall zurückführen

---

6) Hier könnte man, unwesentlich verallgemeinernd, fordern, daß die linke Seite nicht terminal sein darf, d.h. wenigstens einen nichtterminalen Knoten *oder* eine nichtterminale Kante enthalten muß. Die Asymmetrie zugunsten nichtterminaler Knoten ist willkürlich, erscheint jedoch plausibel, wenn man an die Verwendung von l-Graphen zur Codierung von Strukturen denkt (vgl. Bem. nach Def. 1.1.).

7) Diese Umbezeichnung des Wirtsgraphen wird vermieden, wenn man die Definition der direkten sequentiellen Ableitung so modifiziert, daß die angewandte Produktion nicht aus P sein muß, sondern nur äquivalent in einer aus P (vgl. Def. II.1.1). In diesem Fall modifiziert man nicht die Knotenbezeichnungen des Wirtsgraphen, sondern der Produktion.

läßt.[8)]

Wir wollen nun einige Beispiele angeben, die den oben eingeführten sequentiellen Ableitungsbegriff verdeutlichen. Um die Schreibweise für *Einbettungsüberführungen* aus Def. 2.10 *abzukürzen* und *suggestiver zu machen*, führen wir die folgenden Kurzbezeichnungen 2.17.a) ein. Die Abkürzungen 2.17.b) sind eine Schreibweise für eine wichtige und besonders einfache Klasse von Einbettungsüberführungen. Sie werden uns häufig in Beispielen und Beweisen begegnen. Die Abkürzungen 2.17.c) schließlich brauchen wir in einigen Beweisen.

<u>Abkürzungen I.2.17:</u>

a) $(A(k);k') := A(k)\times\{k'\}$ $\qquad$ $(k';A(k)) := \{k'\}\times A(k)$

$(A(k);k_1,\ldots,k_m) := \bigcup_{\mu=1}^{m} (A(k);k_\mu)$ $\qquad$ $(k_1,\ldots,k_m;A(k)) := \bigcup_{\mu=1}^{m} (k_\mu;A(k))$

$(A(k_1,\ldots,k_n);k') := \bigcup_{\nu=1}^{n} (A(k_\nu);k)$ $\qquad$ $(k';A(k_1,\ldots,k_n)) := \bigcup_{\nu=1}^{n} (k';A(k_\nu))$

b) $E_{id}(k;k')$ steht als Abkürzung für die Einbettungsüberführung, deren Komponenten für beliebiges $a\in\Sigma_E$ die Form

$l_a = (L_a(k);k')$, $\quad r_a = (k',R_a(k))$

haben. $E_{id}(k;k')$ überträgt unverändert alle Einbettungskanten von k auf k', sie heißt deswegen *identische Einbettung*.

$E_{id}(k_1,\ldots,k_n;k')$ steht analog für

$l_a = (L_a(k_1,\ldots,k_n);k')$, $r_a = (k';R_a(k_1,\ldots,k_n))$, $a\in\Sigma_E$

und überträgt die Einbettungskanten der Knoten $k_1,\ldots,k_n$ auf den Knoten k'.

$E_{id}(k;k_1',\ldots,k_n')$ besteht aus Komponenten der Form

$l_a = (L_a(k);k_1',\ldots,k_n')$, $\quad r_a = (k_1',\ldots,k_n';R_a(k))$, $a\in\Sigma_E$,

und überträgt die Einbettungskanten von k auf alle Knoten $k_1',\ldots,k_n'$.

$E_{id}(K)$ schließlich, falls $K\subseteq K_l$, $K\subseteq K_r$, steht als Abkürzung für

$l_a = \bigcup_{k\in K} (L_a(k);k)$, $\quad r_a = \bigcup_{k\in K} (k;R_a(k))$

8) Lediglich für den Fall, daß Produktionen Formvorschriften unterworfen sind, die diese Vorgehensweise nicht erlauben, bringt der Beginn mit einer Menge von Startgraphen eine größere Allgemeinheit (vgl. nächsten Abschnitt).

und überträgt unverändert die Einbettungskanten der in der linken und rechten Seite gleichbezeichneten Knoten aus K.

Weitere Abkürzungen dieser Art werden bei Bedarf an der Stelle ihres erstmaligen Auftretens definiert.

c) Schließlich bezeichne $D^{1-kn}(G)$ die Menge aller abstrakten einknotigen Graphen, die in G vorkommen; das sind die Äquivalenzklassen aller einknotigen l-Graphen, die in Startgraphen d_o bzw. in der linken und rechten Seite von Produktionen der Grammatik vorkommen. $D^{1-kn}(G,a)$ sei die Menge aller Graphen aus $D^{1-kn}(G)$ mit Knotenmarkierung a. Analog sei $D^{2-kn}(G)$ die Menge aller zweiknotigen abstrakten l-Graphen der Grammatik G.

Beispiel I.2.18: Wir geben im folgenden ein Beispiel für einen direkten sequentiellen Ableitungsschritt an.

Sei $p=(d_l,d_r,E)$ die anzuwendende Produktion[9] und d der Wirtsgraph, beide aus Fig. I/4, mit $\{i,j,k,l\}\subseteq\Sigma_E$, $\{t_1,t_2,t_3,v_1,v_2,v_3\}\subseteq\Sigma_V$.

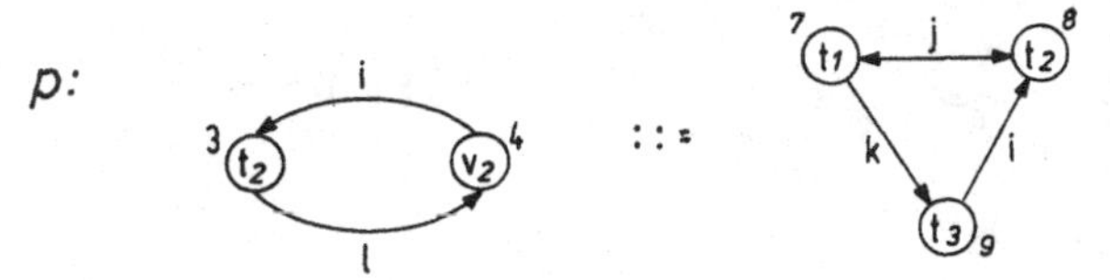

E: $l_i=(t_3 L_l R_j(3);7,8)$
$l_j=(v_3 t_1 I(4);9)$
$r_j=(7;R_j\cup L_l L_l(4,3))$
$r_k=(8;\complement R_k R_j(3))$

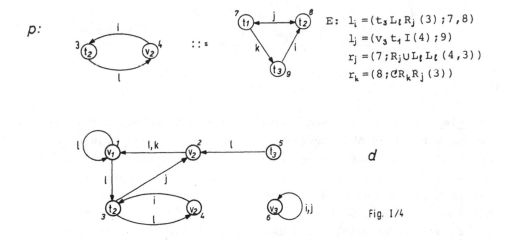

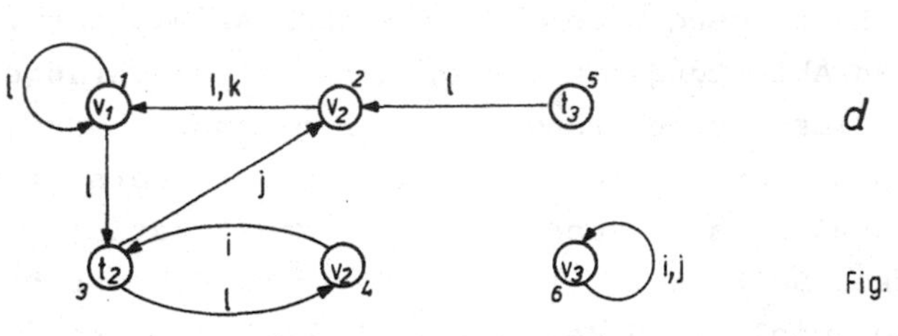

Fig. I/4

9) In der graphischen Repräsentation einer Produktion steht links vom Zeichen "::=" die linke Seite, rechts davon die rechte Seite der Produktion. Ferner werden gegenläufige, gleichmarkierte Kanten durch einen beschrifteten Doppelpfeil gezeichnet, mehrere Kanten gleicher Richtung zwischen zwei Knoten werden durch mehrfach beschriftete Pfeile repräsentiert.

Nach L.2.13 wird der Nachfolger d' unter der Relation $\xrightarrow[p]{s}$ dadurch konstruiert, daß die linke Seite von p durch die rechte Seite ersetzt wird. Ferner muß aus $Em(d_l, d)$ gemäß der Einbettungsüberführung E von p die Einbettung $Em(d_r, d')$ konstruiert werden. Für die Komponente l_i von E gilt beispielsweise: Der Operator $t_3 L_l R_j$ aus l_i liefert, mit d_l, d und Knoten 3 interpretiert (d.h. auf den Knoten 3 von d angewandt), die Knotenmenge {5}. Somit sind zwei einlaufende i-Kanten zu erzeugen, die im Knoten 5 beginnen und im Knoten 7 bzw. 8 enden. Der Operator $v_3 t_1 I$ ergibt, auf den Knoten 4 angewandt, den Knoten 6. Daraus ergibt sich eine einlaufende j-Kante von Knoten 6 zu Knoten 9. Analog liefert die Interpretation der Komponente r_j zwei auslaufende j-Kanten von Knoten 7 nach Knoten 1 bzw. 2 und r_k drei auslaufende k-Kanten von 8 nach 2, 5 und 6. Das Ergebnis der Konstruktion ist Fig. I/5:

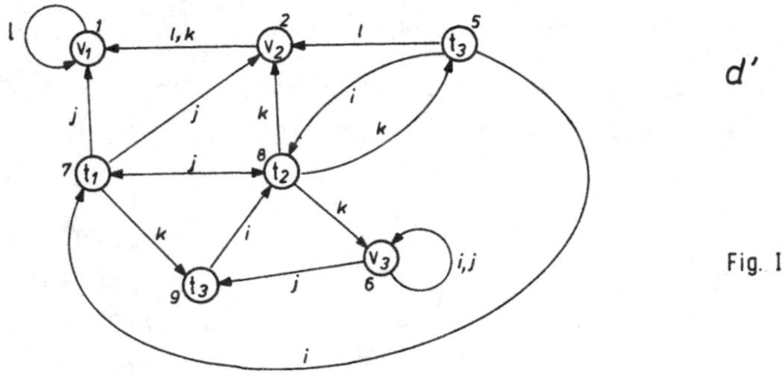

Fig. I/5

Beispiele I.2.19: Im folgenden geben wir eine Auswahl der in einem sequentiellen Ableitungsschritt möglichen Veränderungen eines Graphen an. Diese Veränderung kann hervorgerufen werden durch die Ersetzung der linken Seite durch eine anders strukturierte rechte Seite, aber auch durch die Modifikation der Einbettung der linken Seite mit Hilfe der Einbettungsüberführung. Die folgenden Beispiele sind Beispiele für das letztere. Sie führen dem Leser vor Augen, wie mit Hilfe von Einbettungsüberführungen Graphenmodifikation "programmiert" werden kann. Unterhalb der gestrichelten Linie in jedem Bild ist jeweils die linke bzw. rechte Seite der angewandten Graph-Produktion angegeben, oberhalb davon der unveränderte Teil des Wirtsgraphen. Von der Einbettungsüberführung ist lediglich die Komponente angegeben, die die Veränderung verursacht. Der Leser mache sich also insbesondere klar, daß diese Manipulationen für jede Komponente anders aussehen können.

a)

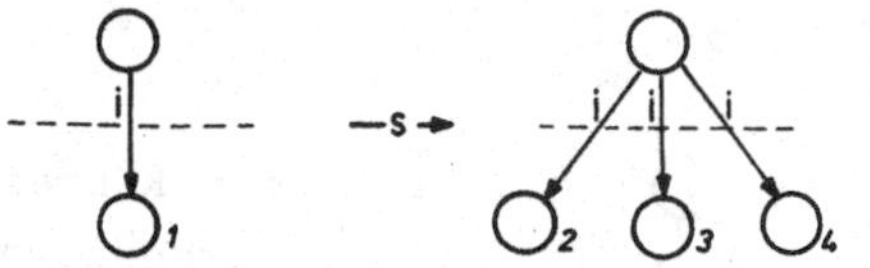

Ein- und auslaufende Kanten können aufgespaltet werden: $l_i = (L_i(1);2,3,4)$

b)

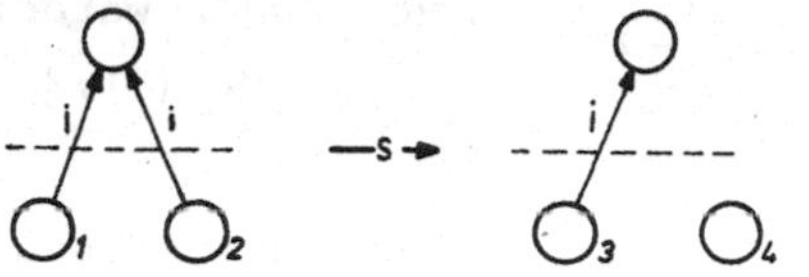

Ein- bzw. auslaufende Kanten können zusammengezogen werden: $r_i = (3;R_i(1,2))$

c)

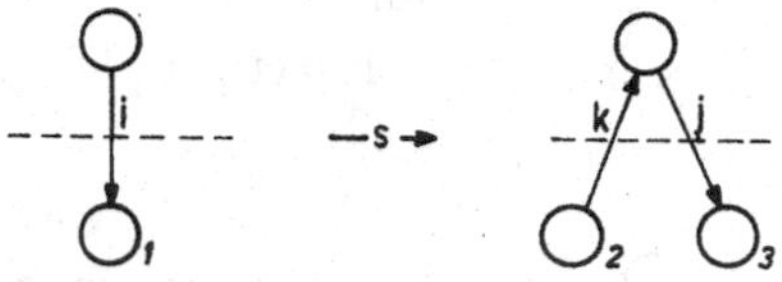

Kanten können ummarkiert oder umorientiert werden:

$l_j = (L_i(1);3)$

$r_k = (2;L_i(1))$

d)

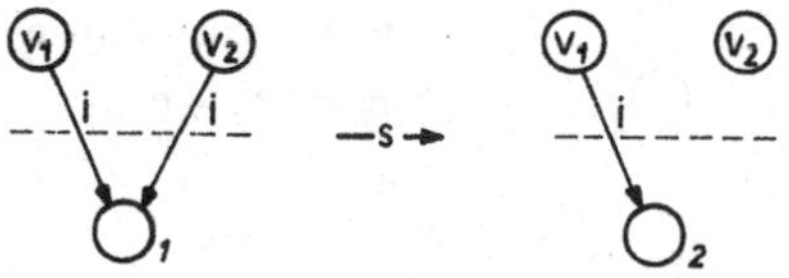

Die Kantenerzeugung kann von der Markierung des Außenknotens abhängen:

$l_i = (v_1 L_i(1);2)$

e)

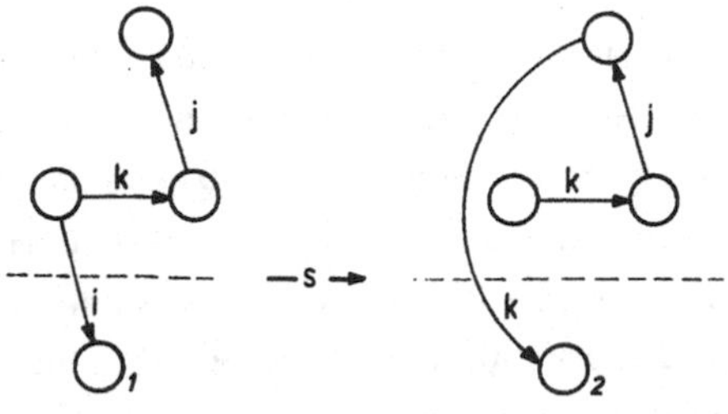

Außenknoten neuer Einbettungskanten sind von der linken Seite nur über eine Kette erreichbar:

$l_k = (R_j R_k L_i(1);2)$

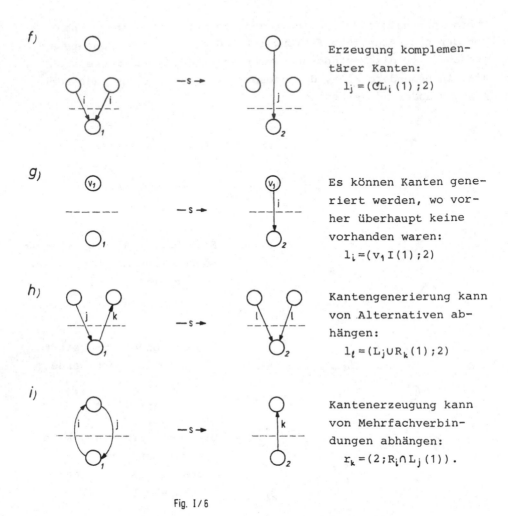

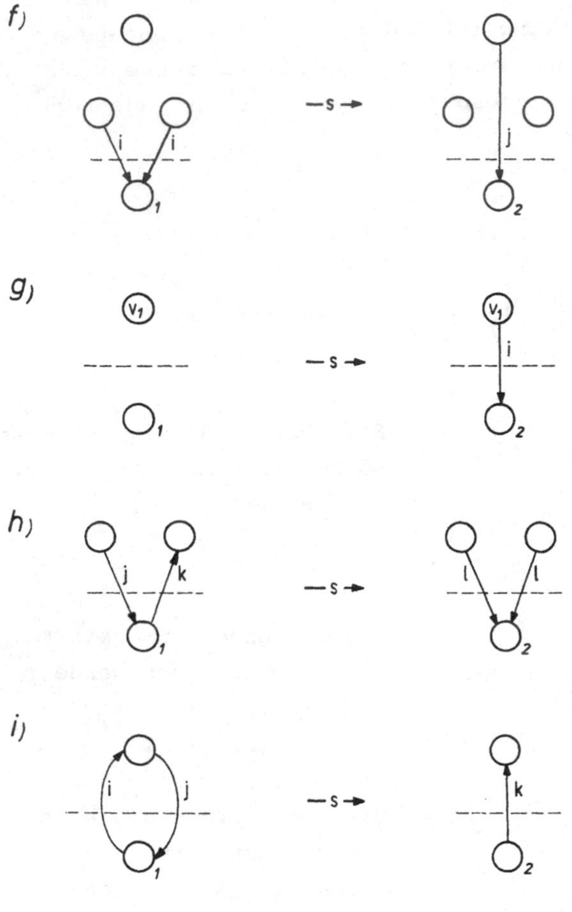

f) Erzeugung komplementärer Kanten:
$l_j = (\complement L_i(1);2)$

g) Es können Kanten generiert werden, wo vorher überhaupt keine vorhanden waren:
$l_i = (v_1 I(1);2)$

h) Kantengenerierung kann von Alternativen abhängen:
$l_l = (L_j \cup R_k(1);2)$

i) Kantenerzeugung kann von Mehrfachverbindungen abhängen:
$r_k = (2;R_i \cap L_j(1))$.

Fig. I/6

Bemerkungen I.2.20: Da wir im folgenden meist Spezialisierungen des obigen Ableitungsbegriffs betrachten werden, seien hier kurz einige möglichen Erweiterungen angedeutet. Diese Erweiterungen sind keine Erweiterungen in dem Sinne, daß mit dem so modifizierten Ableitungsbegriff eine Graph-Sprache erzeugt werden kann, deren Generierung mit dem Ansatz dieses Abschnitts nicht möglich ist, denn dieser Ansatz ist *universell* (vgl. Satz 3.37). Diese Erweiterungen sind somit lediglich Erweiterungen in dem Sinne einer *Effizienz-* bzw. *Komfortsteigerung*, d.h. durch sie können Ableitungen (Graph-Berechnungen) verkürzt werden.

a) Eine Erweiterungsmöglichkeit besteht darin, *Anwendbarkeitsbedingungen* als vierte Komponenten von Produktionen aufzunehmen, was bedeute, daß die Produktion nur anwendbar ist, wenn diese Bedingung im aktuellen Wirtsgraphen zutrifft. Dies wurde in [GG 1, 20] getan, dort blieben diese Bedingungen jedoch informal. Eine mögliche Präzisierung findet sich in [AP 33]. Die in [GG 1, 20] intendierten Anwendbarkeitsbedingungen lassen sich jedoch durch obige Operatoren direkt ausdrücken.

b) Der Satz von Regeln aus Def. 2.1 kann durch die beiden folgenden *weiteren Operatorenregeln* ergänzt werden:

   d) Falls A ein lokaler Operator ist, dann ist auch $(A)^*$ ein Operator.

   e) Falls A ein Operator ist, dann auch (n lo A) mit $n \in \mathbb{N}$ und $lo \in \{>,<,=,\geq,\leq\}$

   Die *Interpretation* sei folgendermaßen definiert (vgl. Def. 2.2).

   $(A)^{*\,d',d}(k) := \bigcup_{\lambda \in \mathbb{N}} (A^{\lambda})^{d',d}(k)$, d.h. A^* bedeutet beliebig oftmaliges Anwenden von A,

   $(n \text{ lo } A)^{d',d}(k) := A^{d',d}(k)$, falls $n \text{ lo } |A^{d',d}(k)|$, sonst $\emptyset$,

   ermöglicht Abfragen der Kardinalität der von A gelieferten Knotenmenge.

c) Einbettungskomponenten sind bisher von der Form

   $l_a = \bigcup_{\lambda} (A_{\lambda}(k');k")$, $r_a = \bigcup_{\lambda} (k";A_{\lambda}(k'))$, $k' \in K_l, k" \in K_r$, $A_{\lambda} \in op(\Sigma)$,

   wobei die A_{λ} aus Elementaroperatoren mit Hilfe der Regeln von 2.1. gebildet werden. Anstelle der Ausdrücke $A_{\lambda}(k')$ könnte man *zusammengesetzte Ausdrücke* zulassen, die aus Ausdrücken $A_{\lambda}(k')$ durch die üblichen mengentheoretischen Operationen und evtl. Markierungsabfrage (vgl. 2.1. b2) gebildet werden. Beispielsweise wäre

$$(v(A_1(k_1) \cap A_2(k_2));k_3) \subseteq l_a, \ k_1,k_2 \in K_l, \ k_3 \in K_r, \ A_1,A_2 \in op(\Sigma), v \in \Sigma_V$$

zu interpretieren als: Von allen Knoten, die von k_1 über den Operator A_1 bzw. von k_2 über den Operator A_2 erreichbar sind und die mit v markiert sind, gehe nach Anwendung der Produktion eine a-Kante nach k_3. Für Produktionen mit einknotiger linker Seite fällt dieser modifizierte Ableitungsbegriff mit dem obigen zusammen, für andere kann ein Ableitungsschritt durch mehrere Ableitungsschritte des obigen Ansatzes simuliert werden (analog zur Simulation der Anwendbarkeitsbedingung (3) von [GG 41] in Abschnitt I.5).

d) Der obige Ableitungsbegriff kann dahingehend modifiziert werden, daß bei $d \xrightarrow[p]{s} d'$ nicht mehr wie bisher d_l, d_r Untergraphen von d bzw. d' sind, sondern nur *Teilgraphen*. Vom theoretischen Standpunkt läßt sich dieser Fall sofort auf den obigen Ableitungsbegriff zurückführen, da durch Hinzufügen aller möglichen weiteren Kanten in d_l bzw. d_r wegen der Endlichkeit von Σ_E eine endliche Menge von Produktionen entsteht. Für jede Produktion werde zu der ihr so entsprechenden endlichen Menge von Produktionen übergegangen, und dann werde der bisherige Ableitungsbegriff verwandt. Denkt man an die Implementierung dieses modifizierten Graphersetzungsbegriffs, so wird man diesen natürlich direkt implementieren, anstatt die zugehörigen Untergraphen-Produktionen zu speichern und entsprechend oft den Untergraphentest auszuführen. (vgl. Kap. V).

e) Bei der Interpretation eines Operators durch linke Seite, Wirtsgraphen und Knoten der linken Seite haben wir nur Knoten berechnet, die außerhalb von d_l liegen (vgl. Def. 2.2). Dies gilt insbesondere auch für die Knoten, die Zwischenergebnisse dieser Berechnung darstellen. Diese Vorgehensweise war willkürlich. Eine (geringfügige) Modifikation des obigen Konzepts wäre nun, diese Bedingung für die Operatorauswertung fallenzulassen und vom Ergebnis dieser Auswertung nur die Knoten aus $K-K_l$ zu nehmen. Das bedeutet, daß bei der Operatorauswertung auch *Knoten der linken Seite als Zwischen-*

ergebnisse auftreten. Diese Änderung macht die Definition der Interpretation (vgl. 2.2) geringfügig einfacher, die eines direkten Ableitungsschritts (vgl. 2.12) geringfügig komplizierter. Man überlegt sich leicht, daß man diesen Ableitungsbegriff mit dem bisherigen Ableitungsbegriff simulieren kann u.u.[10].

Weitere Erweiterungen des Ersetzungsbegriffs dieses Abschnitts lernen wir in Kap. III kennen.

Sei L eine Zeichenkettensprache, die von einer Zeichenkettengrammatik G erzeugt werde, und sei L_{wp} die Graph-Sprache, die genau aus den Wortpfaden zu Wörtern von L besteht. Der folgende Satz zeigt, daß Zeichenkettensprachen in Graph-Sprachen enthalten sind:

<u>Satz I.2.21:</u> Für jede von einer Zeichenkettengrammatik G erzeugte Sprache L = L(G) gibt es eine Graph-Grammatik G_{wp} mit $L(G_{wp})=L_{wp}$.

Beweis: Sei G = (V,T,S,P) eine Zeichenkettengrammatik, die keine löschenden Regeln enthalte, und sei P_{wp} die Menge aller Wortpfadproduktionen, die folgendermaßen aus den Produktionen von P gebildet werden: Sei $p = (u,v) \in P$ mit $u = x_1 \dots x_s$, $v = y_1 \dots y_t$, $s,t \geq 1$. Dann hat die zugehörige Graph-Produktion die Form $p_{wp} = (d_u, d_v, E)$, wobei d_u, d_v der zu u bzw. v zugehörige Wortpfad ist (vgl. Bem. nach 1.1) und $E = (l_n, r_n)$ mit $l_n = (L_n(1);1)$, $r_n = (t;R_n(s))$. Die Graph-Grammatik G_{wp} ist dann bestimmt durch $G_{wp} = (V,\{n\},T,\{n\},d_S,P_{wp},\text{—s}\rightarrow)$. Der Rest ist trivial.
Enthalte G nun löschende Regeln. Durch Übergang zu einer Grammatik mit Begrenzersymbol kann dieser Fall auf verkürzende Regeln zurückgeführt werden. Dann kann wie oben verfahren werden.

<u>Def. I.2.22:</u> Eine Graph-Grammatik $G = (\Sigma_V, \Sigma_E, \Delta_V, \Delta_E, d_0, P, \text{—s}\rightarrow)$ heiße *separiert*, g.d.w. für jede Produktion $p \in P$ entweder a) oder b) gilt (vgl. Def. 1.7)[11]

10) Der Beweis ist trotzdem nicht kurz.
11) In dieser Definition spiegelt sich ebenfalls die in Fußnote 6) erläuterte Asymmetrie zwischen nichtterminalen Knoten und nichtterminalen Kanten wider. Produktionen der Form b) mit $d_r \neq d_E$ heißen *abschließende* Produktionen.

a) $d_l, d_r \in (d(\Sigma_V-\Delta_V,\Sigma_E) - \{d_\varepsilon\})$

b) $d_l \in d^{1-kn}(\Sigma_V-\Delta_V,\Sigma_E)$ und $d_r \in (d^{1-kn}(\Delta_V,\Sigma_E) \cup \{d_\varepsilon\})$

Satz I.2.23: Zu jeder Graph-Grammatik kann eine äquivalente separierte angegeben werden.

Beweis: Sei $G = (\Sigma_V,\Sigma_E,\Delta_V,\Delta_E,d_o,P,\text{—s}\rightarrow)$ eine beliebige Graph-Grammatik mit $\Delta_V = \{t_1,\ldots,t_s\}$, $P = \{p_1,\ldots,p_q\}$. Sei ferner $N' = \{v_1',\ldots,v_s'\}$ mit $N' \cap \Sigma_V = \emptyset$, d.h. für jedes Symbol aus Δ_V führen wir ein neues (nichtterminales) Knotenmarkierungssymbol ein. Sei d_o' der zu d_o isomorphe Graph, in dem alle Markierungen aus Δ_V durch die entsprechenden aus N' ersetzt sind, sei $P_1 = \{p_1',\ldots,p_q'\}$, wobei $p_\mu' = (d_{l\mu}',d_{r\mu}',E_\mu')$ die aus p_μ durch entsprechendes Ummarkieren entstehende Produktion ist. Die Einbettungsüberführung E_μ' ergibt sich aus E_μ dadurch, daß in den Operatoren überall dort, wo Symbole aus Σ_V auftauchen, die neuen aus N' hinzugefügt werden.

Die neu eingeführten nichtterminalen Knoten müssen wieder beseitigt werden. Für jedes $D \in D^{1-kn}(G,t_j)$[12] führen wir eine Produktion $p'' = (d_l'',d_r'',E'')$ ein mit $d_r'' \in D$, $d_l'' \rightleftarrows d_r''$, die Knotenmarkierung von d_l'' ist v_j' und E'' ist $E_{id}(k_l;k_r)$, wenn k_l bzw. k_r die Knotenbezeichnung des Knotens von d_l bzw. d_r ist. Sei P_2 die Menge dieser Produktionen und sei $P' := P_1 \cup P_2$.

Sei $P_3 = \{p_1',\ldots,p_h'\}$ die Menge aller Produktionen $p_\mu' = (d_{l\mu}',d_{r\mu}',E_\mu')$ aus P_1 mit $|K_{l\mu}'|>1$ und $d_{r\mu}' = d_\varepsilon$. Sei $N'' = \{v_1'',\ldots,v_h''\}$ mit $N'' \cap (N' \cup \Sigma_V) = \emptyset$ und sei $P_4 = \{p_1''',\ldots,p_h'''\}$ mit $p_\mu''' = (d_{l\mu}',d_{r\mu}''',E_\varepsilon)$, wobei $d_{r\mu}'''$ ein einknotiger Graph ohne Schleifen ist, der mit v_μ'' markiert ist. Sei schließlich $P_5 = \{p_1^{IV},\ldots,p_h^{IV}\}$ mit $p_\mu^{IV} = (d_{r\mu}''',d_\varepsilon,E_\varepsilon)$. Dann ist $G_{sep} = (\Sigma_V',\Sigma_E,\Delta_V,\Delta_E,d_o',(P'-P_3) \cup \cup P_4 \cup P_5,\text{—s}\rightarrow)$ mit $\Sigma_V' = \Sigma_V \cup N' \cup N''$ die gesuchte separierte Grammatik.

Bei den abschließenden Produktionen aus P können wir voraussetzen, daß auf der rechten Seite nur terminale Schleifen auftreten. Die Produktion mit nichtterminalen Schleifen auf der rechten Seite können gestrichen werden, da diese Schleifen nicht mehr beseitigt werden können. Wurde nämlich eine solche Produktion einmal angewandt, so kommt man mit keiner Ableitung mehr zu einem Graphen der Sprache.

---

12) vgl. Def. 1.7

I.3 Klassifikation nach der Gestalt von linken und rechten Seiten

Im folgenden werden wir eine Reihe von fortschreitenden Einschränkungen für die Gestalt der linken und rechten Seiten von Produktionen definieren. Wir betrachten Graph-Grammatiken, deren Produktionen diesen Einschränkungen unterworfen sind. Gegenstand der Untersuchung ist die Frage, inwieweit diese Einschränkungen die generative Mächtigkeit solcher Graph-Grammatiken beeinträchtigen. Die Mehrzahl der erzielten Ergebnisse haben Analoga zum Zeichenkettenfall, einige weichen jedoch eklatant von den entsprechenden Ergebnissen für Zeichenketten-Grammatiken ab.

Def. I.3.1: Sei $p = (d_l, d_r, E)$ eine Produktion einer Graph-Grammatik.

Die Produktion p heiße *monoton*, g.d.w. $|K_l| \leq |K_r|$

Die Produktion p heiße *kontextsensitiv*, g.d.w. ein $d_l' \in d^{1-kn}(\Sigma_V - \Delta_V, \Sigma_E), d_r' \in d(\Sigma_V, \Sigma_E) - \{d_\varepsilon\}$ existiert mit $d_l' \subseteq d_l$, $d_r' \subseteq d_r$, $d_l - d_l' = d_r - d_r'$ und die Einbettungsvorschrift auf dem *Kontext* $d_l - d_l'$ konstant ist. Letztere heiße $E_{id}(K_l - K_l') \subseteq E$ und die Einbettungsvorschrift erzeugt keine Kanten vom Wirtsgraphen in den Kontext oder aus diesem heraus.[1)]

Die Produktion heiße *kontextfrei*, g.d.w. sie kontestsensitiv ist und $|K_l| = 1$ ist. (Es handelt sich also um kontextsensitive Regeln mit leerem Kontext und ohne Löschung.)

Die Produktion heiße *kontextfrei in Normalform*, g.d.w. sie kontextfrei ist, und ferner $d_r \in d^{1-kn}(\Sigma_V - \Delta_V, \Sigma_E) \cup d^{2-kn}(\Sigma_V - \Delta_V, \Sigma_E) \cup$ $\cup d^{1-kn}(\Delta_V, \Delta_E)$ gilt.

Die Produktion heiße *linear*, g.d.w. sie kontextfrei ist und die rechte Seite höchstens einen nichtterminalen Knoten enthält.

Die Produktion heiße *regulär*, g.d.w. sie linear ist, der nichtterminale Knoten k, falls er existiert, maximal ist und ferner $k \in pr_1(r_a)$ für bel. $a \in \Sigma_E$.[2)]

---

1) D.h. die Komponenten von $E_{id}(K_l - K_l')$ sind als Zeichenketten in den Komponenten von E enthalten. Ferner enthält E keine Einbettungsanteile mehr, die Kanten zwischen dem Wirtsgraphen und $d_r(K_r - K_r')$ erzeugen.

2) pr_1 sei die erste Projektion. Diese Schreibweise ist lax in dem Sinne, daß die Einbettungskomponenten vor der Produktionsanwendung, d.h. vor einer Interpretation, keine Paarmengen sind, sondern nur wohlgeformte Zeichenketten.

Die Produktion heiße *regulär in Normalform*, g.d.w. sie regulär ist und $d_r \in d^{1\text{-}kn}(\Sigma_V,\Sigma_E) \cup d^{2\text{-}kn}(\Sigma_V,\Sigma_E)$ ist.

<u>Bemerkungen I.3.2:</u> Obige Definitionen sind *ein* Versuch, übliche Definitionen des Zeichenkettenfalls auf markierte Graphen zu verallgemeinern. Wegen der hier wesentlich größeren kombinatorischen Vielfalt gibt es auch meist mehrere, mehr oder minder naheliegende Generalisierungen. Einige werden u.a. im folgenden angedeutet:

Die Definition von Monotonie sagt nichts aus über die Anzahl der Kanten in der linken und rechten Seite. So kann diese Anzahl auch abnehmen. Eine naheliegende Einschränkung wäre somit, ebenfalls Monotonie für die Anzahl der Kanten oder etwa für die terminalen Kanten zu fordern.
Bei obiger Definition der Kontextsensitivität können die Einbettungskanten von d_r' sowohl von der Einbettung des Kontexts als auch von der Einbettung von d_l' abhängen. Eine Einschränkung wäre somit, die Einbettung von d_r' nur von der von d_l' abhängen zu lassen. In früheren Arbeiten [GG 25, 26] wurde obige Definition noch etwas allgemeiner gefaßt. Es wurde nur gefordert, daß Einbettungskanten des Kontexts erhalten bleiben müssen. Somit konnten Einbettungskanten des Kontexts hinzukommen. Die früher geringfügig allgemeinere Definition hat keine Vorteile, sondern macht nur den Beweis zu Satz 3.17 komplizierter.

Kontextfreie Produktionen im obigen Sinne gestatten durchaus Abprüfung der Umgebung, nämlich über die Einbettungsüberführung. Hier ist die Analogie zum Zeichenkettenfall am schwächsten, wie die folgenden Ergebnisse zeigen werden. Die obige Definition müßte bzgl. der Einbettungsüberführung eingeschränkt werden, wenn man auch hier ähnliche Ergebnisse wie im Zeichenkettenfall erhalten wollte.
Obige Definition von Regularität bedeutet, daß nach Anwendung einer solchen Regel aus dem nichtterminalen Knoten keine Kanten in den Wirtsgraphen herauslaufen. Die Bedingung könnte verschärft werden, daß sie für alle maximalen Knoten von d_r oder sogar für alle Knoten gilt. Ferner könnte man fordern, daß der nichtterminale Knoten das Maximum von d_r ist und die Einbet-

tungsvorschrift so einschränken, daß diese Eigenschaft ableitungsinvariant ist (vgl. I.4.).

Def. I.3.3: Eine Graph-Grammatik G heiße *uneingeschränkt*, *monoton*, .., *kontextfrei in Normalform*, g.d.w. alle Produktionen jeweils diese Eigenschaft haben. Sie heiße *linear*, g.d.w. der Startgraph genau einen nichtterminalen Knoten besitzt und alle Produktionen linear sind. Sie heiße *regulär (regulär in Normalform)*, g.d.w. der Startgraph genau einen nichtterminalen, maximalen Knoten besitzt und alle Regeln regulär (regulär in Normalform) sind. Eine Teilmenge $L \subseteq D(\Delta_V, \Delta_E)$, Δ_V, Δ_E zwei beliebige Alphabete, heiße *Graph-Sprache* von einem der obigen Typen, g.d.w. es eine Graph-Grammatik G dieses Typs gibt mit $L = L(G)$.

Bezeichne schließlich UG,MG,CSG,CFG,CFNG,LG,RG,RNG die Klasse der uneingeschränkten Graph-Sprachen, ..., regulären Graph-Sprachen in Normalform. Für uneingeschränkte Graph-Grammatik, ..., reguläre Graph-Grammatik in Normalform schreiben wir auch abkürzend U-Graph-Grammatik, ..., RN-Graph-Grammatik.

Aus den obigen Definitionen ergeben sich sofort die folgenden Lemmata:

Lemma I.3.4: Zu jeder Graph-Grammatik des Typs uneingeschränkt, monoton, kontextsensitiv, kontextfrei, linear oder regulär kann eine äquivalente angegeben werden, deren Startgraph nur aus einem nichtterminalen Knoten besteht.

Lemma I.3.5: Zu jeder kontextsensitiven Graph-Grammatik kann eine äquivalente kontextsensitive angegeben werden, die nur nichtterminale Kontextknoten besitzt.

Lemma I.3.6: Jede Graph-Satzform einer linearen oder regulären Graph-Grammatik enthält höchstens einen nichtterminalen Knoten. Im regulären Fall ist dieser Knoten maximal, falls er existiert.

Definiert man Aufzählbarkeit als Angabe eines Graphen aus seiner Äquivalenzklasse, so gilt wie üblich:

Lemma I.3.7: Jede Graph-Sprache ist aufzählbar.

Lemma I.3.8: Jede monotone Graph-Sprache ist entscheidbar.

Lemma I.3.9:

$$UG \supseteq MG \supseteq CSG \supseteq CFG \begin{array}{l} \supseteq LG \supseteq RG \supseteq RNG \\ \supseteq CFNG \end{array}$$

Aus Satz 2.21 folgt sofort das

Korollar I.3.10: Zu jeder Zeichenketten-Grammatik G des Typs uneingeschränkt, monoton, kontextsensitiv, kontextfrei (ohne Löschung), kontextfrei in Normalform, linear, regulär, regulär in Normalform gibt es eine Graph-Grammatik G' des gleichen Typs, die genau die Wortpfade von L(G) erzeugt.

Da U alle Zeichenketten-Sprachen und somit alle aufzählbaren Zeichenketten-Sprachen enthält, folgt aus L.3.8 sofort das

Korollar I.3.11: $UG \supset MG$

Satz I.3.12: Zu jeder monotonen Graph-Grammatik kann eine äquivalente kontextsensitive angegeben werden.

Bemerkung I.3.13: Für dieses Normalformtheorem, wie für die folgenden, nämlich Satz 3.17, Satz 3.21, Satz 3.29, Satz 3.32 und Satz 4.30 gilt die folgende Bemerkung: Für eine gegebene Graph-Grammatik wird eine äquivalente konstruiert, bei der die linke und rechte Seite von Produktionen eine *einfachere* Gestalt haben. Das geschieht dadurch, daß man jede Produktion, die noch nicht die gewünschte Gestalt hat, in eine *Folge von Produktionen* zerlegt, die - in der richtigen Reihenfolge angewandt - genau denselben Effekt haben wie die Produktion, aus der sie hervorgegangen sind. Um zu vermeiden, daß die so konstruierte Grammatik mehr erzeugt als die ursprüngliche, muß die Reihenfolge der Aufspaltung strikt eingehalten werden. Es darf also weder von der Reihenfolge einer Folge abgewichen werden, noch dürfen sich die einzelnen Folgen überlappen. Das wird durch folgenden Mechanismus erreicht: Man führt *blockierende* Kanten ein, das sind nichtterminale Kanten, die bei Auftreten der beiden unerwünschten Fälle erzeugt werden. Die Einbet-

tungsüberführungen der zu konstruierenden Grammatik müssen so angegeben werden, daß solche Kanten nicht gelöscht werden können. Von einem Graphen mit blockierenden Kanten kommt man also nie mehr zu einem Graphen der Sprache der ursprünglichen Grammatik. Die Beweise der oben zitierten Sätze machen extensiv Gebrauch von den Möglichkeiten der Abprüfung der Umgebung von linken Seiten, die durch das Operatorkonzept in dem Ableitungsbegriff von I.2. enthalten sind.
Innerhalb dieses angedeuteten Rahmens sind die einzelnen folgenden Beweise natürlich völlig verschieden, was durch die äußere Form nicht zum Ausdruck kommt. Welchen Preis muß man nun für die Vereinfachung der Gestalt der linken und rechten Seite zahlen? In der konstruierten äquivalenten Grammatik vergrößern sich die beiden Markierungsalphabete, die Produktionenmenge bläht sich auf und die Einbettungsüberführungen werden, da sie die Reihenfolgeüberwachung übernehmen müssen, komplizierter. Analoges gilt jedoch auch für die Normalformtheoreme der Theorie der formalen Sprachen über Zeichenketten.

Bemerkung I.3.14 (*Idee des Beweises*): Jede monotone Produktion, die nicht bereits kontextsensitiv ist, wird in eine Folge von kontextsensitiven Produktionen zerlegt, die nacheinander angewandt, die gleiche Wirkung haben wie die monotone Produktion. Diese Folge besteht aus drei Teilfolgen.
In der ersten Teilfolge wird Knoten für Knoten die linke Seite so ummarkiert, daß die neueingeführten Knotenmarkierungen eindeutig die Produktion identifizieren, die simuliert werden soll. Ferner werden die Produktionen dieser Teilfolge dazu benutzt, die Einbettung des jeweils ummarkierten Knotens zu übertragen und ferner eine strukturgleiche Einbettung mit neuen, gequerten Kantenmarkierungen zu erzeugen. Nach Abschluß dieser Teilfolge besitzt jeder Knoten zusätzlich zu seiner ursprünglichen Einbettung eine strukturgleiche mit gequerten Markierungen.

Sei $|K_l| = s$ und $|K_r| = t$. Wir nehmen nun den Knoten k_{l_s} aus der linken Seite d_l heraus und ordnen jedem anderen Knoten $k_{l_1},\ldots,k_{l_{s-1}}$ der linken Seite genau einen Knoten der rechten Seite d_r zu. Dem verbleibenden Knoten k_{l_s} ordnen wir den Rest

der Knoten $\{k_{rs}, \ldots, k_{rt}\}$ von d_r zu. Es wird nun Schritt für Schritt durch kontextsensitive Regeln die Gestalt der linken Seite in die der rechten Seite übergeführt. Im ersten Schritt werden in d_l die an k_{l1} angrenzenden Kanten gelöscht und ggf. eine Schleife am Knoten k_{l1} erzeugt, falls k_{r1} in d_r eine besitzt. Im zweiten Schritt werden die an k_{l2} angrenzenden Kanten gelöscht und die Kanten an k_{l2} bzw. zwischen k_{l2} und k_{l1} erzeugt, die an k_{r2} bzw. zwischen k_{r2} und k_{r1} vorhanden sind u.s.w.. Im letzten Schritt schließlich wird für k_{ls} der Untergraph $d_r(\{k_{rs}, \ldots, k_{rt}\})$ eingesetzt und ferner sämtliche Kanten zwischen diesem Untergraphen und dem bereits vorher generierten Teil von d_r. In dieser Teilfolge werden die gequerten Einbettungen übertragen und ferner wird die Einbettung von d_r erzeugt, und zwar Knoten für Knoten in der Regel, in der der Knoten auf die entsprechende Gestalt in d_r gebracht wird. Das geschieht durch einfache Modifikation der Einbettungsüberführung, da die gequerte Einbettung die gleiche Struktur hat wie die von d_l vor Beginn der Folge.
In der letzten Teilfolge schließlich werden durch kontextsensitive Regeln die Knoten ummarkiert, entsprechend ihrer Markierung in d_r. Um zu vermeiden, daß die Reihenfolge der Anwendung von Produktionen, die in der Zerlegungsfolge verletzt, bzw. um zu vermeiden, daß sich die einzelnen Folgen zeitlich überlappen, genügt es hier, in der ersten Teilfolge abzuprüfen, ob noch weitere Folgen aktiv sind, was sich durch das Vorhandensein entsprechender nichtterminaler Knotenmarkierungen äussert. Ein Beispiel zu der Idee des Beweises findet sich in [GG 25].

<u>Beweis zu Satz I.3.12:</u> Sei $G = (\Sigma_V, \Sigma_E, \Delta_V, \Delta_E, d_0, P, -s\rightarrow)$ eine beliebige monotone Graph-Grammatik, die o.b.d.A. separiert sei. Sei $P_M := \{p_1, \ldots, p_m\}$ die Menge der monotonen, aber nicht kontextsensitiven Produktionen von P.

Sei $\alpha := \sum_{\lambda=1}^{m} (|K_{r\lambda}|+1)$ und sei $\Pi_{MV} = \{u_1, \ldots, u_\alpha\}$ mit $\Sigma_V \cap \Pi_{MV} = \emptyset$,

d.h. wir führen für jedes $p_\lambda \in P_M$ $|K_{r\lambda}|+1$ neue (nichtterminale) Knotenmarkierungen ein. Sei ferner $\overline{\Sigma_E} := \{\overline{b} \mid b \in \Sigma_E\}$ und $\Sigma_E' = \Sigma_E \cup \overline{\Sigma_E} \cup \{c, f\}$ mit $\Sigma_E, \overline{\Sigma_E}$ und $\{c, f\}$ jeweils paarweise disjunkt, d.h. wir führen $|\Sigma_E|+2$ neue (nichtterminale) Kantenmarkierungen ein für die zu konstruierende äquivalente kontextsensitive Graph-Grammatik $G' = (\Sigma_V', \Sigma_E', \Delta_V, \Delta_E, d_0, P', \xrightarrow{s})$ mit $\Sigma_V' := \Sigma_V \cup \Pi_{MV}$.

1. Sei $p = (d_l, d_r, E) \in P_M$ eine monotone Produktion mit $|K_l|=s$, $|K_r|=t$ und sei o.B.d.A. $K_l = \{1,\ldots,s\}$, $K_r = \{s+1,\ldots,s+t\}$ und $\{u_1,\ldots,u_{t+1}\}$ die Menge der neuen nichtterminalen Knotenmarkierungen aus Π_{MV} für diese Produktion. Wir zerlegen p in eine Folge $p^1,\ldots,p^{2s+t}$ kontextsensitiver Produktionen:

   A. Sei $1 \leq j \leq s$ und $d_r^0 := d_l$. Die Produktion $p^j = (d_l^j, d_r^j, E^j)$ ergibt sich zu $d_l^j := d_r^{j-1}$, $K_r^j := K_l^j$, $\beta_r^j(j) = u_j$ und sonst seien d_l^j und d_r^j gleich, d.h. wir markieren lediglich den Knoten j um. Die Einbettungsüberführung E^j besteht aus $E_{id}^{a\in\Sigma_E'}(K_l)$.[3] Ferner werden $l_{\bar{a}}$ und $r_{\bar{a}}$ erweitert um $(L_a(j);j)$ bzw. $(j;R_a(j))$, für $a \in \Sigma_E$. Dies sei im folgenden mit $E_{quer}^{a\in\Sigma_E}(j)$ abgekürzt. Schließlich werde l_f erweitert um $(\overset{*}{u}I(1);1,2,\ldots,s)$, mit $I \in [I]$ (vgl. Bem. 2.4), wobei $\overset{*}{u}$ ein Wort aus Π_{MV}^* ist, das alle Zeichen von Π_{MV} in beliebiger Reihenfolge enthält.
   Nach Anwendung der Teilfolge $p^1,\ldots,p^s$ auf einen Wirtsgraphen d mit $d_l \subseteq d$ findet sich an der Stelle d_l ein isomorpher Untergraph d_r^s mit eindeutiger nichtterminaler Knotenmarkierung und jeder Knoten von d_r^s besitzt zu der Einbettung, die der entsprechende Knoten in d_l besaß, eine von gleicher Struktur mit gequerten Kantenmarkierungen. Weiterhin wird abgeprüft, ob eine Knotenmarkierung aus Π_{MV} außerhalb der linken Seite auftritt.

   B. Wir wählen ein beliebiges $\tilde{K}_l \subseteq K_l$ und $\tilde{K}_r \subseteq K_r$ mit $|\tilde{K}_l| = |\tilde{K}_r| = s-1$, eine bijektive Abbildung $h: \tilde{K}_l \to \tilde{K}_r$. Sei o.B.d.A. $\tilde{K}_l = \{1,\ldots,s-1\}$, $\tilde{K}_r = \{s+1,\ldots,2s-1\}$ und $h(1)=s+1,\ldots,h(s-1) = 2s-1$. Durch die Teilfolge $p^{s+1},\ldots,p^{2s}$ wird d_r^s durch ein d_r^{2s} ersetzt, das isomorph in d_r ist, bis auf die c-Kanten, die vom Knoten

3) vgl. 2.17. Da hier zwischen Kantenmarkierungsalphabeten von G und G' unterschieden werden muß, fügen wir das Markierungsalphabet, für dessen Zeichen, identische Einbettungskomponenten einzusetzen sind, hinzu: $E_{id}^{a\in\Sigma_E}(K_l)$, $E_{id}^{a\in\Sigma_E\cup\{f\}}(K_r^{2s}-\{k\})$, etc..

s+t ausgehen.
Die gequerten Einbettungen werden auf die Knoten $\widetilde{K}_r$ übertragen.
Sei $s+1 \leq m < 2s$ und $m = s+j$. Die Regel $p^m = (d_l^m, d_r^m, E^m)$ ist definiert durch $d_l^m = d_r^{m-1}$, $K_r^m = K_l^m$ und d_r^m ergibt sich aus d_l^m durch die folgende Modifikation: Alle Nachbarkanten vom Knoten j werden entfernt und folgende werden hinzugefügt:

$$(s,j) \in \varrho_{rc}^m$$
$$\left.\begin{array}{l}(k,j) \in \varrho_{ra}^m \Longleftrightarrow \exists\, k(1 \leq k \leq j \wedge (s+k,s+j) \in \varrho_{ra}) \\ (j,k) \in \varrho_{ra}^m \Longleftrightarrow \exists\, k(1 \leq k \leq j \wedge (s+j,s+k) \in \varrho_{ra})\end{array}\right\}, \text{ für } a \in \Sigma_E .$$

E^m ist bestimmt durch $E_{id}^{a \in \Sigma'_E}(K_l)$ erweitert um die folgenden Anteile, die sich aus Einbettungsüberführung von p ergeben: Sei $(A(g), s+j) \subseteq l_a$ von p, $a \in \Sigma_E$. Der daraus entstehende Anteil in l_a von p^m ist $(A^{modi}(g); j) \subseteq l_a$, wobei A^{modi} sich durch folgende Modifikation ergibt: $L_a^{modi} = L_{\bar{a}}$, $R_a^{modi} = R_{\bar{a}}$, $(vA)^{modi} = (vA^{modi})$, $(\complement A)^{modi} = (\complement A^{modi})$, $(AB)^{modi} = A(B^{modi})$, $(A \cup B)^{modi} = (A^{modi} \cup B^{modi})$, $(A \cap B)^{modi} = (A^{modi} \cap B^{modi})$.

Die Regel $p^{2s} = (d_l^{2s}, d_r^{2s}, E^{2s})$ ist bestimmt durch $d_l^{2s} = d_r^{2s-1}$, $K_r^{2s} = \widetilde{K}_l \cup \{2s, \ldots, s+t\}$; d_r^{2s} ergibt sich aus d_l^{2s} durch Entfernen des Knotens s und aller angrenzenden Kanten und durch Hinzufügen eines Graphen, der isomorph zu $d_r(\{2s, \ldots, s+t\})$ ist, dessen Knoten markiert sind mit $\beta_r^{2s}(2s) = u_{s+1}, \ldots, \beta_r^{2s}(s+t) = u_{t+1}$ und durch Hinzufügen der folgenden Kanten:

$$(s+t,k) \in \varrho_{rc}^{2s} \text{ für } 1 \leq k \leq s-1 \text{ und } 2s \leq k < s+t,$$
$$\left.\begin{array}{l}(k,s+j) \in \varrho_{ra}^{2s} \Longleftrightarrow \exists\, k(1 \leq k \leq s-1 \wedge (s+k,s+j) \in \varrho_{ra}) \\ (s+j,k) \in \varrho_{ra}^{2s} \Longleftrightarrow \exists\, k(1 \leq k \leq s-1 \wedge (s+j,s+k) \in \varrho_{ra})\end{array}\right\} \begin{array}{l}\text{für } a \in \Sigma_E \text{ und} \\ s \leq j \leq t.\end{array}$$

E^{2s} von p^{2s} ist bestimmt durch $E_{id}^{a \in \Sigma'_E}(\widetilde{K}_l)$, erweitert durch $(L_f(s); 2s, \ldots, s+t) \subseteq l_f$ und $(2s, \ldots, s+t; R_f(s)) \subseteq r_f$ und ferner erweitert durch die sich auf die Knoten $2s, \ldots, s+t$ beziehenden Einbettungsanteile mit der oben beschriebenen Modifikation.

C. In der letzten Teilfolge löschen wir die gequerten Einbettungskanten und ersetzen die Knotenmarkierungen von

d_r^{2s} durch die von d_r.

Sei $1 \leq k \leq s-1$. Die Produktion $p^{2s+k} = (d_l^{2s+k}, d_r^{2s+k}, E^{2s+k})$ ergibt sich aus $d_l^{2s+k} = d_r^{2s+k-1}$, und d_r^{2s+k} ergibt sich aus d_l^{2s+k} durch Ummarkieren des Knotens k mit $\beta_r(s+k)$. E^{2s+k} besteht aus $E_{id}^{a \in \Sigma_E'}(K_r^{2s} - \{k\})$, erweitert durch $E_{id}^{a \in \Sigma_E \cup \{f\}}(k;k)$.

Sei $s \leq k < t$. Wie oben ist $d_l^{2s+k} = d_r^{2s+k-1}$ und d_r^{2s+k} ist der Graph d_l^{2s+k}, wenn man die Markierung von s+k durch $\beta_r(s+k)$ ersetzt. E^{2s+k} besteht aus $E_{id}^{a \in \Sigma_E'}(K_r^{2s} - \{s+k\})$, erweitert durch $E_{id}^{a \in \Sigma_E \cup \{f\}}(s+k; s+k)$.

Schließlich ergibt sich p^{2s+t} durch $d_l^{2s+t} = d_r^{2s+t-1}$ und d_r^{2s+t} geht aus d_l^{2s+t} hervor durch Ummarkieren des Knotens s+t mit $\beta_r(s+t)$ und Elimination aller mit c markierten Kanten. E^{2s+t} besteht aus $E_{id}^{a \in \Sigma_E}(K_r^{2s} - \{s+t\})$, erweitert durch $E_{id}^{a \in \Sigma_E \cup \{f\}}(s+t; s+t)$.

2. Diese Zerlegung in eine Folge von Produktionen wird für alle $p \in P_M \subseteq P$ ausgeführt. Sei P_1 die Menge der auf diese Art gewonnene kontextsensitiven Produktionen. Die linken und rechten Seiten der Produktionen aus $P-P_M$ bleiben unverändert. Sei $p = (d_l, d_r, E) \in P-P_M$ und sei o.B.d.A. $K_l = \{1,\ldots,s\}$, $K_r = \{1,\ldots,t\}$. Die Einbettungsüberführung E wird um die beiden folgenden Komponenten erweitert
$l_f = (L_f(1);1,\ldots,t) \cup \ldots \cup (L_f(s);1,\ldots,t) \cup (u^* I(1);1,\ldots,t)$
$r_f = (1,\ldots,t; R_f(1)) \cup \ldots \cup (1,\ldots t; R_f(s))$,
wobei u^* ein Wort aus Π_{MV}^* ist, das in bel. Reihenfolge alle Zeichen aus Π_{MV} enthält. Sei P_2 die Menge aller so modifizierten Regeln aus $P-P_M$, und sei $P' = P_1 \cup P_2$.
3. Es gilt $G' = (\Sigma_V', \Sigma_E', \Delta_V, \Delta_E, d_o, P', \text{—s}\rightarrow) \equiv G$, denn
   a) Für jede Ableitung in G erhalten wir sofort die entsprechende Ableitung in G', wenn wir für jeden Schritt mit einem $p \in P_M$ eine Folge von Ableitungsschritten mit Produktionen nach 1. einsetzen und für jeden Ableitungsschritt mit einem $P-P_M$ einen Schritt mit der modifizierten Produktion aus P_2.

   b) Sei umgekehrt die Ableitung eines Graphen $D \in L(G')$ gegeben. Der Graph D enthält somit keine mit f markierten Kanten, d.h. keine blockierenden Kanten. D.h., daß die Produktionenfolgen, die zu Produktionen in G korrespondieren, in der Reihenfolge wie in 1. geg. angewandt worden sind und daß sich diese Regelfolgen nicht überlappen. Sonst wären wegen der oben gewählten Einbettungsüberführungen blockierende Kanten erzeugt worden. Dann ergibt sich durch Ersetzen der Teilableitungsfolgen durch entsprechende direkte Schritte von G sofort die Ableitung in G.

Korollar I.3.15: MG = CSG

Bemerkung I.3.16: Der obige Beweis wird kompliziert durch die Forderung, daß die Einbettungsüberführung konstant auf dem Kontext ist, die m.E. zur Definition der Kontextsensitivität im Graphenfall hinzugehört. Läßt man diese Bedingung weg, so wird der obige Beweis wesentlich einfacher: Die gesamte Generierung der Einbettung der rechten Seite kann dann im letzten Schritt von 1.B. des obigen Beweises erfolgen. Es muß dann nicht mehr unterschieden werden zwischen der alten Einbettung, die noch aufgehoben werden muß, bis die gesamte rechte Seite generiert ist und der neuen Einbettung bereits erzeugter Knoten der rechten Seite. In obigem Beweis bedeutet dies, daß die Kanten mit Markierung aus $\overline{\Sigma_E}$ überflüssig werden und somit auch die entsprechenden Einbettungskomponenten. Die weiteren nichtterminalen Kantenmarkierungen c und f, die für die Reihenfolgeüberwachung verwandt werden, können hingegen nicht weggelassen werden. Dies geht erst dann, wenn man die Einbettungsvorschrift so einschränkt, daß sie nur Änderungen der direkten Nachbarschaft hervorrufen kann (vgl. 2.19.a),b) u. Def. 4.4 für n=1) und eine Anwendbarkeitsbedingung für jede Produktion hinzunimmt, die besagt, daß diese Produktion nur anwendbar ist, wenn in der unmittelbaren Umgebung der linken Seite keine Knotenmarkierung auftaucht, die in der Anwendbarkeitsbedingung nicht vorkommt. Wir werden auf diese Anwendbarkeitsbedingung noch zurückkommen (vgl. I.5). Eine solche Anwendbarkeitsbedingung erlaubt ein Steuern der Produktionenfolgen in dem Sinne, daß sich diese nicht örtlich überlagern dürfen. Eine so vereinfachte Version des obigen Beweises findet sich in [GG 2].

<u>Satz I.3.17:</u> Zu jeder kontextsensitiven Graph-Grammatik kann eine äquivalente kontextfreie konstruiert werden.

<u>Bemerkung I.3.18 (*Idee des Beweises*):</u>

Der Satz und der zugehörige Beweis stammen aus [GG 18]. Die Vermutung, daß beide Sprachklassen zusammenfallen, wurde durch den in [GG 25] angegebenen Satz nahegelegt, daß es zu jeder kontextsensitiven Zeichenkettengrammatik eine äquivalente kontextfreie Graph-Grammatik gibt. Auch dort wurde Gebrauch davon gemacht, daß Kontextabprüfung über die Einbettungsvorschrift ausgeführt werden kann.

Die Beweisidee ist die folgende: Sie $p = (d_l, d_r, E)$ eine kontextsensitive, aber nicht kontextfreie Produktion einer o.B.d.A. separierten Grammatik. Sei $|K_l| = s$. Die kontextsensitive Produktion wird in eine Folge $p^1, \ldots, p^{2s}$ von kontextfreien Produktionen zerlegt, die nacheinander angewandt, den gleichen Effekt wie p haben.

Mit Hilfe von $p^1, \ldots, p^s$ werden s Knoten eines Wirtsgraphen, die die gleiche Markierung wie die Knoten der linken Seite d_l besitzen, so ummarkiert, daß ihre Markierung den jeweiligen Knoten eindeutig identifiziert. Die erste Regel markiert dabei den zu K_l' (vgl. Def. 3.1) zugehörigen Knoten um, die weiteren die Knoten des Kontexts. Diese Regeln werden ferner dazu verwandt, abzuprüfen, ob zwischen dem Knoten, der gerade ummarkiert wird, und den bereits ummarkierten Knoten die gleichen verbindenden Kanten existieren wie zwischen den entsprechenden Knoten von d_l. Falls dies zutrifft, werden zwischen diesen Knoten c-Kanten erzeugt. Das Vorhandensein dieser Kanten - sie besagen, daß der Untergraphentest erfolgreich war, - wird in der zweiten Teilfolge abgeprüft.

Mit Hilfe der zweiten Teilfolge $p^{s+1}, \ldots, p^{2s}$ wird die rechte Seite erzeugt. Hierfür inseriert p^{s+1} den Untergraphen d_r' von d_r und generiert seine Einbettung in den (modifizierten) Kontext $d_l - d_l'$ und in den Wirtsgraphen. Die danach folgenden Regeln markieren die Kontextknoten wieder so um, wie in $d_l - d_l'$ angegeben. Einbettungen in den Wirtsknoten treten keine weiteren auf als diejenigen, die schon vorhanden waren, weil Einbettungen der Kontextknoten invariant bleiben (vgl. Def. 3.1). In dieser

zweiten Teilfolge wird auch das Vorhandensein der c-Kanten abgeprüft, die in der ersten Teilfolge erzeugt wurden.
Da jede Produktion der ersten Teilfolge eine neue Markierung einfügt, kann mit einem Mechanismus, wie wir ihn bereits im Beweis von Satz 3.12 kennengelernt haben, abgeprüft werden, ob die Reihenfolge der Produktionenanwendungen dadurch verletzt wird, daß im Vorgriff eine Produktion angewandt wird, die noch nicht an der Reihe ist, also etwa $p^1, p^2, p^6, p^3, \ldots$. Ähnlich kann abgeprüft werden, ob sich verschiedene Teilfolgen, die je eine kontextsensitive Produktion simulieren, überlappen. Da ferner die zweite Teilfolge die neu eingeführten Knotenmarkierungen wieder löscht, kann hier auf analoge Weise eine Verletzung der Reihenfolge abgefangen werden, indem bei der zweiten Produktion dieser Teilfolge abgeprüft wird, ob die erste angewandt wurde, bei der dritten, ob die zweite angewandt wurde etc..
Was mit diesem uns schon bekannten Mechanismus *nicht* abgeprüft werden kann, ist, ob in der ersten Teilfolge auch *alle* Regeln angewandt wurden. Hierfür wurde ein Prüfmechanismus (edge-control) in [GG 18] erfunden; er ist der Angelpunkt des Beweises. Die Idee ist die folgende: Jede der Produktionen p^j, $1 \leq j \leq s$ erzeugt Kanten einer neuen Markierung $elab_j$ zu sämtlichen anderen Knoten des Wirtsgraphen. Die Produktion p^j prüft das Vorhandensein von $elab_j$-Kanten durch einen Einbettungsanteil.
$(\mathcal{C}(L_{elab_{j-1}} \cup R_{elab_{j-1}} L_{elab_{j-1}}(1);1) \subseteq l_f$ ab, wobei f die Markierung von blockierenden Kanten ist. Dieser Anteil erzeugt blokkierende Kanten, g.d.w. die Regel p^{j-1} *nicht* vor der Regel p^j angewandt wurde. Diese $elab_j$-Kanten werden in der zweiten Teilfolge wieder gelöscht.
Der Leser findet ein Beispiel zu der Beweisidee in [GG 18].
Um dieses Beispiel zu verstehen, mache sich der Leser die Wirkung der Folge auf einem Wirtsgraphen klar, der d_ℓ enthält.

<u>Beweis zu Satz I.3.17:</u> Sei $G = (\Sigma_V, \Sigma_E, \Delta_V, \Delta_E, d_o, P, \text{—s}\rightarrow)$ eine kontextsensitive Graph-Grammatik, die o.B.d.A. separiert sei, d.h. die abschließenden Produktionen haben nur einknotige linke Seiten. Sei $P_{CS} \subseteq P$ die Teilmenge von Produktionen von G, die kon-

textsensitiv, aber nicht kontextfrei sind, sei

$\alpha := \sum_{p_\lambda \in P_{cs}} |K_{\ell\lambda}|$ und sei $\Pi_{csv} = \{N_1, \dots, N_\alpha\}$ mit $\Sigma_v \cap \Pi_{csv} = \emptyset$, d.h. für jedes $p_\lambda \in P_{cs}$ führen wir $|K_{\ell\lambda}|$ neue (nichtterminale) Knotenmarkierungen ein. Das Kantenmarkierungsalphabet der zu konstruierenden äquivalenten kontextfreien Grammatik G' ist bestimmt durch $\Sigma_E' = \Sigma_E \cup \{elab_1, \dots, elab_b\} \cup \{c, f\}$ mit $b = \max_{p_\lambda \in P_{cs}} (|K_{\ell\lambda}|)$, d.h. wir führen b+2 neue nichtterminale Kantenmarkierungen ein, um die Simulation zu steuern.

1. Sei $p = (d_\ell, d_r, E) \in P_{cs}$ eine kontextsensitive Produktion mit $|K_\ell| = s$, $|K_r| = t$ und o.B.d.A. $K_\ell = \{1, \dots, s\}$, $K_r = \{s+2, \dots, s+t+1\}$ und sei ferner o.B.d.A. $\{N_1, \dots, N_s\}$ die Menge der für die Zerlegung dieser Produktionen eingeführten neuen nichtterminalen Knotenmarkierungen. Sei schließlich $K_\ell' = \{1\}$, $K_r' = \{2s+1, \dots, s+t+1\}$ und o.B.d.A. $h : i \mapsto s+i$, $i = 2, \dots, s$ die Zuordnung der einander entsprechenden Knoten des Kontexts $d_\ell - d_\ell' = d_r - d_r'$. Wir zerlegen p in eine Folge $p^1, \dots, p^{2s}$ von Produktionen:

   A. Mit Hilfe der ersten Teilfolge $p^1, \dots, p^s$ kontextfreier Produktionen werden alle Knoten der linken Seite d_ℓ eindeutig markiert und es wird abgeprüft, ob die sie verbindenden Kanten denen von d_ℓ entsprechen:

   A1. Die Regel $p^1 = (d_\ell^1, d_r^1, E^1)$ ist bestimmt durch: $d_\ell^1 = d_\ell(\{1\})$, d_r^1 ist der Knoten 1, markiert mit N_1. E^1 besteht aus $E_{id}^{a \in \Sigma_E'}(1;1)$, erweitert durch die folgenden Anteile: $(1; I(1)) \subseteq r_{elab_1}$ und $(N_1 \dots N_\alpha I(1); 1) \subseteq l_f$. Der erste Anteil erzeugt $elab_1$-Kanten zu allen weiteren Knoten des Wirtsgraphen, der zweite prüft ab, ob eine der Knotenmarkierungen $N_1, \dots, N_\alpha$ sonst im Wirtsgraphen auftaucht.

   A2. Sei $1 < j \leq s$. Die Regel $p^j = (d_\ell^j, d_r^j, E^j)$ ist definiert durch: $d_\ell^j = d_\ell(\{j\})$, d_r^j ist der Knoten j, markiert mit N_j. E^j besteht aus $E_{id}^{a \in \Sigma_E'}(j;j)$, erweitert durch die folgenden Anteile

   $(j; I(j)) \subseteq r_{elab_j}$ (erzeugt $elab_j$-Kanten zu sämtlichen weiteren Knoten des Wirtsgraphen),

$(\mathcal{C}(L_{elab_{j-1}} \cup R_{elab_{j-1}} L_{elab_{j-1}})(j);j) \subseteq l_f$ (erzeugt blockierende Kanten, g.d.w. die Regel p^{j-1} nicht vorher angewandt wurde),

$(N_1 \ldots N_\alpha I(j);j) \subseteq l_f$ (erzeugt blockierende Kanten, falls im Wirtsgraphen eine Knotenmarkierung auftritt, die besagt, daß eine in der Zerlegungsfolge später folgende Produktion bereits angewandt wurde oder eine zu einer anderen Sequenz gehörende Produktion angewandt wurde).

Es kommen noch folgende Einbettungsanteile hinzu:
Sei $1 \leqq i \leqq j$:

$(N_i(\bigcap_\mu L_\mu \cap \bigcap_\nu R_\nu)(j);j) \subseteq l_c$, g.d.w. $(i,j) \in \varrho_{l\mu}$, $\mu \in \Sigma_E$, $(j,i) \in \varrho_{l\nu}$, $\nu \in \Sigma_E$. Falls für alle $\mu \in \Sigma_E$ $(i,j) \notin \varrho_{l\mu}$ gilt, so ersetze man $\bigcap_\mu L_\mu$ durch I, analog für $\bigcap_\nu R_\nu$. Für den Fall, daß es überhaupt keine Kanten zwischen i und j in d_l gibt, ersetze man obigen Anteil durch

$(N_i I(j);j) \subseteq l_c$. Diese Anteile erzeugen jeweils eine c-Kante zwischen i und j, g.d.w. alle Kanten zwischen i und j in d_l auch hier zwischen diesen beiden Knoten des Wirtsgraphen vorhanden sind.

$(N_i(L_{\bar{\mu}} \cup R_{\bar{\nu}})(j);j) \subseteq l_f$, falls $(i,j) \in \varrho_{l\mu}$, $(j,i) \in \varrho_{l\nu}$ für $\mu,\nu \in \Sigma_E$ mit $L_{\bar{\mu}} = \bigcup_{\alpha \neq \mu} L_\alpha$, $R = \bigcup_{\alpha \neq \nu} R_\alpha$. Falls $(i,j) \notin \varrho_{l\mu}$ für bel. $\mu \in \Sigma_E$, dann werde $L_{\bar{\mu}}$ zu $\bigcup_{\alpha \in \Sigma_E} L_\alpha$, analog $R_{\bar{\nu}}$. Diese Anteile erzeugen blockierende Kanten, g.d.w. Kanten zwischen i und j auftauchen, die in d_l nicht vorhanden sind.[4)]

B. In der zweiten Teilfolge $p^{s+1},\ldots,p^{2s}$ wird mit Hilfe der ersten Produktion p^{s+1} der Untergraph $d_r^!$ inseriert und in den Kontext bzw. in den Wirtsgraphen eingebettet und ferner mit den weiteren Regeln der Kontext $d_l - d_l^!$ wieder hergestellt.

B1. Die Produktion $p^{s+1} = (d_l^{s+1}, d_r^{s+1}, E^{s+1})$ ist definiert durch: d_l^{s+1} ist der Knoten 1 markiert mit .

---

4) Für einen Ersetzungsbegriff mit Teilgraphenersetzung (vgl. 2.20.d)) würde dieser Anteil wegfallen.

N_1, $d_r^{s+1} := d_r(\{2s+1,\ldots,s+t+1\})$. Die Einbettungsüberführung E^{s+1} besteht aus

$(N_j I(1);q) \subseteq l_\mu \Longleftrightarrow \exists q,j\,(q \in \{2s+1,..,s+t+1\},\ 2 \leq j \leq s$ mit $(s+j,q) \in \varrho_{r\mu})$

$(q;N_j I(1)) \subseteq r_\mu \Longleftrightarrow \exists q,j\,(q \in \{2s+1,..,s+t+1\},\ 2 \leq j \leq s$ mit $(q,s+j) \in \varrho_{r\mu})$

mit $\mu \in \Sigma_E$. (Diese Anteile erzeugen die Einbettung von $d_r^!$ in den Kontext $d_r - d_r^!$.) Ferner muß noch die Einbettung von $d_r^!$ in den Wirtsgraphen erzeugt werden. Hierzu sind zwei Modifikationen nötig: Erstens kann die Einbettung von $d_r^!$ auch von der Einbettung von Kontextknoten abhängen, zweitens muß dafür gesorgt werden, daß die Einbettungsüberführung bei der Interpretation von Operatoren nicht Knoten liefert, die zu d_r, für die kontextfreie Produktion jedoch zur Umgebung gehören. Sei $(A(j);k) \subseteq l_a$ von p mit $1<j\leq s$, $k \in K_r^!$. Dieser Anteil wird ersetzt durch $(A(N_j R_{elab_1})-R_c(1);k) \subseteq l_a$ und analog für Anteile aus r_a, $a \in \Sigma_E$. Alle Anteile $(A(1);k) \subseteq l_a$ mit $k \in K_r^!$ werden ersetzt durch $(A-R_c(1);k) \subseteq l_a$ und analog für Anteile aus r_a.
Ferner enthält E^{s+1} noch $E_{id}^{f}(1;2s+1)$ [5] und die folgenden Anteile

$(\complement(L_{elab_s} \cup R_{elab_s} L_{elab_s})(1);2s+1) \subseteq l_f$ (prüft ab, ob p^{2s} vorher angewandt wurde) und

$(N_2 \ldots N_s(\complement R_c)(1);2s+1) \subseteq l_f$ (erzeugt eine blockierende Kante, falls einer der mit $N_2,\ldots,N_s$ markierten Knoten mit dem Knoten 1 nicht durch eine c-Kante verbunden ist, d.h. die zwischen ihnen liegenden Kanten nicht denen in d_l entsprechen). Da E^{s+1} keine $elab_j$-Komponenten enthält, werden diese Kanten gelöscht.

B2. Sei $1<j\leq s$. Die Regel $p^{s+j} = (d_l^{s+j}, d_r^{s+j}, E^{s+j})$ ist bestimmt durch: d_l^{s+j} ist der Knoten j markiert mit N_j, $d_r^{s+j} := d_r(\{s+j\})$. Die Einbettungsüberführung E^{s+j} besteht aus $E_{id}^{a \in \Sigma_E \cup \{f\}}(j;s+j)$, erweitert durch die beiden Anteile

---

5) Abkürzung für $l_f = (L_f(1);2s+1)$, $r_f = (2s+1;R_f(1))$.

$(N_{j+1}...N_s(\mathcal{C}R_c)(j);s+j) \subseteq l_f$ (erzeugt blockierende Kanten, falls es keine c-Kanten zwischen j und i ($j<i\leq s$) gibt, d.h. die zwischen diesen Knoten vorhandenen Kanten nicht denen in d_l entsprechen),

$(N_{j-1}I(j);s+j) \subseteq l_f$ (erzwingt, daß die Produktion p^{j-1} vorher angewandt wurde).

2. Sei $\Sigma'_V = \Sigma_V \cup \Pi_{csV}$, sei P_2 die Menge aller durch Zerlegen von Produktionen aus P_{cs} gewonnenen kontextfreien Produktionen, sei P_1 die Menge aller Produktionen aus $P-P_{cs}$, deren Einbettungsüberführung modifiziert ist in dem Sinne, daß sie blokkierende Kanten überträgt, sei $P' = P_1 \cup P_2$. Es gilt dann $G' = (\Sigma'_V, \Sigma'_E, \Delta_V, \Delta_E, d_o, P', -s\rightarrow) \equiv G$. Der Beweis dieses Schritts ist wie in Satz 3.12.

Korollar I.3.19: CSG = CFG

Beweis: Aus Lemma 3.9 und Satz 3.17.

Bemerkung I.3.20: Der obige Beweis wurde durch die modifizierte Definition der Kontextsensitivität (vgl. Bemerkung 3.2) wesentlich einfacher. Bei der ursprünglichen Definition in [GG 25] hätten noch die Einbettungsanteile der Kontextknoten, die ungleich der identischen Einbettung sind, verteilt werden müssen, die die zu simulierende kontextsensitive Regel erzeugt. Das hätte dazu geführt, daß nicht wie oben zwei, sondern drei Teilfolgen der Zerlegung benötigt worden wären. Ein Aufteilen der Einbettungsanteile der Kontextknoten in der obigen zweiten Teilfolge ist nämlich nicht möglich, weil zu diesem Zeitpunkt bereits abgespaltene Teile der rechten Seite d_r für die entsprechenden kontextfreien Produktionen nicht mehr identifizierbar sind. Somit hätte diese Einbettungsüberführung möglicherweise Kanten zu diesen Teilen erzeugt, die durch die zu simulierende Regel nicht erzeugt worden wären.
Die Technik des obigen Beweises hätte sich auch dazu heranziehen lassen, direkt die Beziehung MG $\subseteq$ CFG zu zeigen, was wegen Lemma 3.9 sofort zu MG = CSG = CFG führt. Hierbei hätte jedoch die Generierung der bei einer monotonen Regel i.a. völlig verschiedenen rechten Seite ebenfalls über die Einbettungsüberfüh-

rung erfolgen müssen. Das Ergebnis wäre ein Beweis gewesen, dessen Umfang in etwa gleich der Summe der Länge der Beweise von Satz 3.12 und 3.17 entsprochen hätte.

Satz I.3.21: Für jede kontextfreie Graph-Grammatik kann eine äquivalente kontextfreie in Normalform angegeben werden.

Bemerkung I.3.22 (*Beweisidee*): Jede Produktion $p = (d_l, d_r, E)$, die kontextfrei, aber nicht in Normalform ist, wird in eine Folge $p^1, \ldots, p^{2|K_r|-3}$ von kontextfreien Produktionen in Normalform zerlegt, die - nacheinander angewandt - die gleiche Wirkung wie p haben. Wir führen $\alpha = |K_r|-2$ neue nichtterminale Knotenmarkierungen $u_1, \ldots, u_\alpha$ und $z_1, \ldots, z_\alpha$ ein und ferner eine neue nichtterminale Kantenmarkierung f, die - wie üblich - für die Kontrolle der Reihenfolge verwandt wird. Sei $K_r = \{1, \ldots, s\}$. In der ersten Produktion p^1 wird der Knoten 1 von d_r abgespaltet und erhält die neue Markierung u_1, während der zweite Knoten mit der Markierung z_1 den Rest von d_r repräsentiert. In p^2 wird Knoten 2 mit Markierung u_2 abgespaltet und der zweite Knoten mit der Markierung z_2 repräsentiert $d_r(\{3, \ldots, s\})$ etc.. In der Produktion p^{s-1} schließlich wird der verbleibende zweiknotige Graph $d_r(\{s-1, s\})$ eingesetzt. Die Einbettung von d_l im Wirtsgraphen wird bis zum Schritt s-2 jeweils zu dem Knoten weitergegeben, der den noch nicht erzeugten Rest von d_r repräsentiert. Die Anteile der Einbettungsüberführung E, die sich auf den Knoten j, $1 \leq j \leq s$ beziehen, werden in die Einbettungsüberführung der Regel übernommen, in der der Knoten j abgespaltet wird. Die Kanten zwischen den Knoten von d_r werden über die Einbettungsüberführung von $p^1, \ldots, p^{s-1}$ erzeugt. In den weiteren Regeln $p^s, \ldots, p^{2s-3}$ werden die zur Reihenfolgesteuerung eingeführten Knotenmarkierungen $u_1, \ldots, u_{s-2}$ wieder beseitigt.

Ein Beispiel, das die Idee des Beweises verdeutlicht, findet sich in [GG 25].

Beweis zu Satz I.3.21:[6] Sei $G = (\Sigma_V, \Sigma_E, \Delta_V, \Delta_E, d_0, P, -s\rightarrow)$ eine

6) Gegenüber der allerersten Version in [GG 24] ist der folgende Beweis durch einen Hinweis von A. Rosenfeld vereinfacht worden.

beliebige kontextfreie und o.B.d.A. separierte Graph-Grammatik. Sei $P_{cf} = \{p_1, \dots, p_t\}$ die Teilmenge der Produktionen aus P, die kontextfrei sind, aber nicht Normalform besitzen. Sei ferner $\Pi_{cfV} := \{u_1, \dots, u_h, z_1, \dots, z_h\}$ mit $\Pi_{cfV} \cap \Sigma_V = \emptyset$ und $h = \sum_{p_\lambda \in P_{cf}} (|K_{r\lambda}|-2)$, d.h. wir führen für jedes $p_\lambda \in P_{cf}$ $|K_{r\lambda}|-2$ neue (nichtterminale) Knotenmarkierungen ein. Sei G' die zu konstruierende Grammatik und sei $\Sigma_V' = \Sigma_V \cup \Pi_{cfV}$, $\Sigma_E' = \Sigma_E \cup \{f\}$ mit $f \notin \Sigma_E$, d.h. wir führen zur Steuerung der Simulation eine neue (nichtterminale) Kantenmarkierung f ein.

1. Sei $p = (d_\ell, d_r, E) \in P_{cf}$ eine kontextfreie Produktion mit o.B.d.A. $K_\ell = \{0\}$, $K_r = \{1, \dots, s\}$ und sei $\{u_1, \dots, u_{s-2}, z_1, \dots, z_{s-2}\}$ die Menge der für diese Produktion neu eingeführten nichtterminalen Knotenmarkierungen Die Produktion p wird folgendermaßen in eine Folge $p^1, \dots, p^{2s-3}$ von kontextfreien Produktionen in Normalform zerlegt:

   A. Sei $K_0 := K_r$, $K_1 := K_0 - \{1\}$. Die Regel $p^1 = (d_\ell^1, d_r^1, E^1)$ ist definiert durch $d_\ell^1 = d_\ell$, $K_r^1 = \{0,1\}$ und d_r^1 hat die folgenden Kanten

   $$(1,0) \in \varrho_{ra}^1 \Longleftrightarrow \exists k (k \in K_1 \wedge (1,k) \in \varrho_{ra})$$
   $$(0,1) \in \varrho_{ra}^1 \Longleftrightarrow \exists k (k \in k_1 \wedge (k,1) \in \varrho_{ra}) \quad , a \in \Sigma_E,$$

   $\beta_r^1(0) = z_1$, $\beta_r^1(1) = u_1$. E^1 besteht aus $E_{id}^{a \in \Sigma_E}(0;0)$, erweitert um die auf den Knoten 1 von d_r entfallenden Einbettungsanteile. Schließlich enthalte E^1 noch die Einbettungskomponenten $l_f = (w^* I \cup L_f(0);0)$, $r_f = (0;R_f(0))$, wobei w^* ein Wort über Π_{cfV} ist, das alle Zeichen dieses Alphabets in beliebiger Reihenfolge enthält.

   Sei $1<j<s-1$ und $K_j := K_{j-1} - \{j\}$. Die Regel $p^j = (d_\ell^j, d_r^j, E^j)$ ist definiert durch: d_ℓ^j ist der Knoten 0 mit der Markierung z_{j-1}, d_r^j ist bestimmt durch $K_r^j = \{0,j\}$ mit folgenden Kanten

   $$(j,0) \in \varrho_{ra}^j \Longleftrightarrow \exists k \ (k \in K_j \wedge (j,k) \in \varrho_{ra})$$
   $$(0,j) \in \varrho_{ra}^j \Longleftrightarrow \exists k \ (k \in K_j \wedge (k,j) \in \varrho_{ra}) \quad , a \in \Sigma_E$$

   und ferner $\beta_r^j(j) = u_j$, $\beta_r^j(0) = z_j$. Die Einbettungsüberführung E^j besteht aus $E_{id}^{a \in \Sigma_E'}(0;0)$, erweitert durch

$$\left.\begin{array}{l} (u_q L_a(0);j) \subseteq l_a \Longleftrightarrow \exists q(q \in K_r - K_{j-1} \wedge (q,j) \in \varrho_{ra}) \\ (j;u_q R_a(0)) \subseteq r_a \Longleftrightarrow \exists q(q \in K_r - K_{j-1} \wedge (j,q) \in \varrho_{ra}) \\ (u_q L_a(0);0) \subseteq l_a \Longleftrightarrow \exists q,k(q \in K_r - K_{j-1}, k \in K_j \wedge (q,k) \in \varrho_{ra}) \\ (0;u_q L_a(0)) \subseteq r_a \Longleftrightarrow \exists q,k(q \in K_r - K_{j-1}, k \in K_j \wedge (k,q) \in \varrho_{ra}) \end{array}\right\} a \in \Sigma_E$$

und erweitert um die Anteile der Einbettungsüberführung, die sich auf den Knoten j beziehen mit der folgenden Modifikation:

Sei $(A(0);j) \subseteq l_a$ von E, so ist der modifizierte Einbettungsanteil von E^j bestimmt durch $(A^{\tilde{m}}(0);j) \subseteq l_a$ mit der durch die folgenden Regeln gegebenen Modifikation des Operators A : $L_a^{\tilde{m}} := (v^* L_a)$, $R_a^{\tilde{m}} := (v^* R_a)$, $(CA)^{\tilde{m}} = (v^*(CA^{\tilde{m}}))$, $(vA)^{\tilde{m}} := (vA^{\tilde{m}})$, $(AB)^{\tilde{m}} := (v^* A^{\tilde{m}})(v^* B^{\tilde{m}})$, $(A {\cup \atop \cap} B)^{\tilde{m}} := (A^{\tilde{m}} {\cup \atop \cap} B^{\tilde{m}})$, wobei v^* ein Wort über Σ_V sei, das alle Zeichen dieses Alphabets enthalte. Diese Modifikation bewirkt, daß bei Interpretation eines Operators nicht Knoten geliefert werden, die zum bereits abgespaltenen Teil von d_r gehören. Bezeichne im folgenden $E|_j$ diese Modifikation der sich auf den Knoten j von d_r beziehenden Anteile von E.

Die Regel $p^{s-1} = (d_l^{s-1}, d_r^{s-1}, E^{s-1})$ ist definiert durch: d_l^{s-1} ist der Knoten 0 mit Markierung z_{s-1}, $d_r^{s-1} := d_r(\{s-1,s\})$. E^{s-1} ist definiert durch $E|_{s-1}$ $E|_s$, erweitert durch

$$\left.\begin{array}{l} (u_q L_a(0);s-b) \subseteq l_a \Longleftrightarrow \exists q(q \in K_r - K_{s-3} \wedge (q,s-b) \in \varrho_{ra}) \\ (s-b;u_q R_a(0)) \subseteq r_a \Longleftrightarrow \exists q(q \in K_r - K_{s-3} \wedge (s-b,q) \in \varrho_{ra}) \end{array}\right\} \begin{array}{l} \text{mit } b=0,1, \\ a \in \Sigma_E \end{array}$$

und ferner erweitert durch die beiden Einbettungskomponenten $l_f = (L_f(0);s-1,s)$, $r_f = (s-1,s;R_f(0))$.

Der durch die Teilfolge $p^1,\ldots,p^{s-1}$ erzeugte Graph ist isomorph zu d_r (abgesehen von Schlingen, die in d_r vorhanden sein können) und besitzt die gleiche Einbettung wie d_r bei der Anwendung von p. Die neu eingeführten nichtterminalen Knotenmarkierungen $u_1,\ldots,u_{s-2}$ werden durch die folgenden Regeln durch $\beta_r(1),\ldots,\beta_r(s-2)$ ausgetauscht.

B. Sei $s \leq m \leq 2s-3$ und sei $m = s+j-1$. Die Regel $p^m = (d_l^m, d_r^m, E^m)$ ist definiert durch d_l^m ist der Knoten j markiert mit u_j, $d_r^m = d_r(\{j\})$. Die Einbettungsüberführung E^m besteht aus $E_{id}^{a \in \Sigma_E \cup \{f\}}(j;j)$, erweitert durch $(z^* I(j);j) \subseteq l_f$, wobei z^* ein beliebiges Wort über $\{z_1,\ldots,z_h\}$ ist, das alle Zeichen dieses Alphabets enthält.

2. Die oben beschriebene Zerlegung wird für alle $p \in P_{cf}$ durchgeführt. Sei P_1 die Menge der dadurch entstehenden kontextfreien Regeln in Normalform. In den Regeln von $P-P_{cf}$ wird die folgende Erweiterung der Einbettungsüberführung vorgenommen:
Sei $p = (d_l, d_r, E) \in P-P_{cf}$ mit o.B.d.A. $K_l = \{0\}$, $K_r = \{1,2\}$ bzw. $K_r = \{1\}$. Zu E werden die beiden Komponenten

$l_f = (w^* I \cup L_f(0); 1,2)$ bzw. $l_f = (w^* I \cup L_f(0); 1)$
$r_f = (1,2; w^* I \cup R_f(0))$ bzw. $r_f = (1; w^* I \cup R_f(0))$

hinzugefügt mit w^* wie oben. Sei P_2 die Menge der so modifizierten Regeln aus $P-P_{cf}$, sei $P' = P_1 \cup P_2$. Dann ergibt sich mit der üblichen Argumentation $G' = (\Sigma_V', \Sigma_E', \Delta_V, \Delta_E, d_o, P', -s\rightarrow) \equiv G$.

<u>Korollar I.3.23:</u> CFG = CFNG

<u>Korollar I.3.24:</u> Zu jeder kontextfreien Graph-Grammatik in Normalform kann eine äquivalente mit einknotigem Startgraphen angegeben werden.

Beweis: Sei d_o der Startgraph einer kontextfreien Graph-Grammatik in Normalform. Nehme die Regel $(d_o', d_o, E_\varepsilon)$ hinzu, wobei d_o' ein einknotiger Graph mit einer neuen nichtterminalen Knotenmarkierung ist, nämlich der neue Startgraph. Wende Satz 3.21 an.

<u>Bemerkung I.3.25:</u> Im Beweis von Satz 3.21 ist die Reihenfolge der abgespalteten Knoten von d_r willkürlich gewählt worden. Im konkreten Fall der Konstruktion einer äquivalenten kontextfreien Graph-Grammatik in Normalform wird man diese Reihenfolge so wählen, daß die Einbettungsüberführung der simulierenden Produktionen möglichst einfach werden. Dies ist abhängig von den Grapheneigenschaften von d_r, z.B. in welche Zusammenhangsgebiete d_r zerfällt, wie die Zusammenhangsgebiete in mehrfach zusammenhängende Teilgebiete zerfallen und wie diese verbunden sind. In [GG 25] sind eine Reihe von Überlegungen hierzu angegeben.
Dem aufmerksamen Leser wird aufgefallen sein, daß die Definition von Kontextfreiheit in Normalform - im Gegensatz zum Zeichenkettenfall - hier auch Regeln mit *einem* nichtterminalen Knoten

auf der rechten Seite vorsieht. Solche Regeln sind bis auf die Erweiterung der Einbettungsüberführung in Beweis zu Satz 3.21 nicht modifiziert worden. Im Zeichenkettenfall können solche Regeln eliminiert werden. Warum geht das hier nicht? Diese einknotigen Regeln können Zyklen enthalten und während eines solchen Zyklus kann sich die Einbettung des entsprechenden Knotens völlig ändern. Nun läßt sich die Einbettungsänderung während eines Zykeldurchlaufs durchaus durch eine einzige Einbettungsüberführung zusammenfassen, die sich aus den Einbettungsüberführungen der Regeln des Zyklus errechen läßt. Diese gilt jedoch nicht für ein beliebig oftmaliges Durchlaufen des Zyklus. Hier wäre eine *-Operation bei der Operatorbildung nötig (vgl. Bem. 2.20.b)). Sind die einknotigen nichtterminalen Regeln zyklenfrei, so lassen sie sich eliminieren (vgl. [GG 25]).

Satz I.3.26: Es gibt eine Graph-Sprache L, die kontextfrei, aber nicht linear ist.

Beweisskizze: Sei d^j der folgende Graph über den Alphabeten $\Delta_V = \{a\}$, $\Delta_E = \emptyset$ mit $K^j = \{k_1,\dots,k_j\}$ und $\beta^j(k_i) = a$ und sei $L = \{d^{2^i} \mid i \geq 0\}$, d.h. die Sprache besteht aus Graphen ohne Kanten mit einheitlicher Knotenmarkierung a. Die Knotenzahl der Graphen ist 2^i, $i \geq 0$.

1. $L \in CFG$.

Die Zeichenkettensprache $L' = \{a^{2^i} \mid i \geq 0\}$ ist eine OL-Sprache, denn sie wird trivialerweise von dem OL-System $(\{a\},\{a \rightarrow aa\},a)$ erzeugt. Zu jeder EOL-Sprache und somit auch zu jeder OL-Sprache gibt es aber eine kontextsensitive Zeichenkettengrammatik, die diese Sprache erzeugt.[7] Da wir Zeichenkettensprachen in die Graph-Sprachen einbetten können (vgl. Korollar 3.10), gibt es somit eine zugehörige kontextsensitive

7) vgl. [FL 1]. Jeder parallele Ersetzungsschritt wird durch eine Sequenz sequentieller kontextsensitiver Schritte simuliert. Hierzu durchläuft ein Signal von links nach rechts die Zeichenkette. An der Stelle des Signals wird sequentiell ersetzt. Ist das Signal am rechten Rand angekommen, so ist die Simulation eines parallelen Schritts vollzogen. Es wird nun ein Rücklaufsignal initiiert. Ist dieses Signal am linken Rand angekommen, so kann die nächste Simulation beginnen.

Graph-Grammatik, die L'_{WP} erzeugt. Nach Satz 3.17 gibt es dann auch eine kontextfreie Graph-Grammatik, die L'_{WP} erzeugt. Diese Graph-Grammatik kann nun leicht so modifiziert werden, daß die abschließenden Regeln alle am Schluß jeder Ableitung angewandt werden. Diese abschließende Regeln werden nun so modifiziert, daß die Kanten, die der Ordnung der Zeichenkette entsprechen, gelöscht werden. Somit kann eine kontextfreie Graph-Grammatik angegeben werden, die L erzeugt.

2. L ist nicht die Sprache einer linearen Graph-Grammatik:
Sei G eine lineare Graph-Grammatik, die L erzeugt. Sie besitzt trivialerweise nur nichtterminale Kanten. In jedem Ableitungsschritt gibt es nur Kanten in Form eines Büschels zum oder vom einzigen nichtterminalen Knoten, sofern ein Graph der Sprache generiert werden soll. Insbesondere gibt es keine Kanten zwischen a-Knoten, da diese nicht wieder beseitigt werden können. Zwischen einem a-Knoten und dem nichtterminalen Knoten gibt es nur endlich viele verschiedene Verbindungen durch Kanten des zugrundeliegenden Alphabets. Die Operatoren in den Einbettungsüberführungen können hier o.B.d.A. in der Form Boolescher Ausdrücke über L_a, R_a mit $a \in \Sigma_E$ angenommen werden. Hiervon gibt es nur endlich viele, die bei Interpretation ein verschiedenes Ergebnis liefern können. Diese können angegeben werden.

O.B.d.A. können wir annehmen, daß für beliebiges $i \in \mathbb{N}$ die folgende Situation vorliegt:

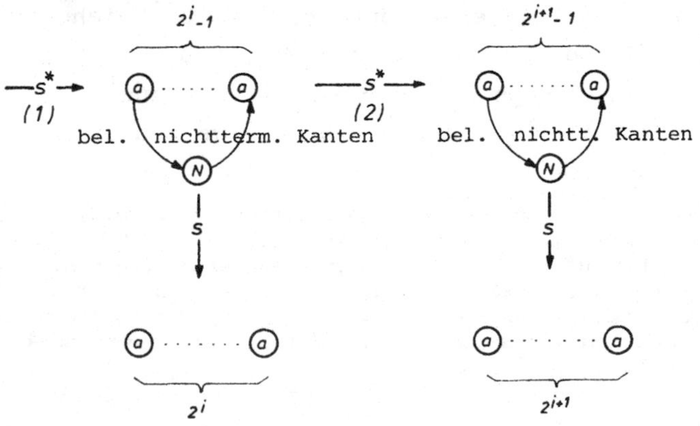

Fig. I/7

Somit muß der Schritt (2) ein Programm für die "Duplikation" der a-Knoten enthalten. Um diese Duplikation richtig ausführen zu können, müssen die einzelnen a-Knoten unterscheidbar sein. Diese Unterscheidbarkeit kann nur über eine verschiedene Verbindungsstruktur zum nichtterminalen Knoten erreicht werden, was wegen obiger Bemerkung für genügend großes i nicht möglich ist. Ebenfalls nicht möglich ist es, über diese Kanten eine totale Ordnung der a-Knoten zu codieren, um diese dann Schritt für Schritt zu duplizieren. Somit erzeugt G nicht L, sondern mehr.

Korollar I.3.27: $CFG \supset LG$

Bemerkung I.3.28: Wesentlich an der obigen Sprache ist, daß sie keine Kanten zwischen terminalen Knoten enthält. Somit ist "Verschieben" von Information unmöglich, mit dem kontrolliert werden könnte, bis zu welchem Knoten die Duplikation bereits erfolgt ist. Es ließe sich dann auch die Idee von Fußnote 7) übertragen. Mit diesem Hilfsmittel wird in [GG 25] gezeigt, daß die Wortpfad-Sprache zu $\{a^n b^n a^n \mid n \geq 1\}$ linear, ja sogar regulär erzeugbar ist. Der Satz 3.26 stammt aus [GG 18], der Beweis wurde modifiziert.

Satz I.3.29: Zu jeder linearen Graph-Grammatik kann eine äquivalente reguläre angegeben werden.

Beweis: Lineare und reguläre Graph-Grammatiken unterscheiden sich lediglich dadurch, daß im letzteren Fall in einer Graph-Satzform der nichtterminale Knoten stets maximal ist. Das gleiche gilt für den Startgraphen.
Für jede Kantenmarkierung a, zu der es im Startgraphen oder in einer rechten Seite auslaufende Kanten aus dem nichtterminalen Knoten gibt, führen wir eine neue nichtterminale Kantenmarkierung $\bar{a}$ ein. Das gleiche tun wir für die Kantenmarkierungen, für die über die Einbettungsüberführung eine aus dem nichtterminalen Knoten auslaufende Kante erzeugt werden kann. Startgraph und rechte Seiten werden nun so modifiziert, daß aus dem nichtterminalen Knoten auslaufende a-Kanten in einlaufende $\bar{a}$-Kanten verwandelt werden. Ferner müssen die Einbettungsüberführungen

der Regeln modifiziert werden. Sei p eine Regel und sei o.B.d.A. O,1 die Bezeichnung des nichtterminalen Knotens der linken bzw. rechten Seite und habe für ein $a \in \Sigma_E$ l_a und r_a die folgende Form:

$$l_a = \bigcup_\lambda (A_\lambda(O);k_\lambda) \cup (A'(O);1)$$
$$r_a = \bigcup_\lambda (k_\lambda;A''_\lambda(O)) \cup (1;A'''(O)) \quad , k_\lambda \neq 1.$$

Die modifizierten Einbettungskomponenten haben dann die Gestalt

$$l_a = \bigcup_\lambda (\widetilde{A^m_\lambda}(O);k_\lambda) \cup (\widetilde{A^m}'(O);1)$$
$$r_a = \bigcup_\lambda (k_\lambda;\widetilde{A^m}''(O))$$
$$l_{\bar{a}} = (\widetilde{A^m}'''(O);1),$$

wobei $\widetilde{A^m}$ die folgende Modifikation des Operators A bedeutet: Der am weitesten rechts stehende Elementaroperator wird geändert zu $L_{\bar{a}}$, sofern er $R_a, a \in \Sigma_E$, war.
Diese Modifikation wird für alle Einbettungskomponenten aller Regeln durchgeführt. Es ist leicht zu sehen, daß beide Grammatiken die gleiche Sprache haben.

<u>Korollar I.3.30:</u> LG = RG

<u>Bemerkung I.3.31:</u> Im Beweis zu Satz 3.29 kommt uns natürlich entgegen, daß wir lediglich Maximalität für den nichtterminalen Knoten in der Definition von Regularität gefordert haben. Deswegen ist der obige Beweis auch nur eine triviale Umformung. Die zugrundeliegende Methode ist natürlich nicht mehr anwendbar, wenn wir Regularität im Sinne von Bemerkung 3.2 einschränken.

<u>Satz I.3.32:</u> Für jede reguläre Graph-Grammatik kann eine äquivalente reguläre in Normalform angegeben werden.

<u>Bemerkung I.3.33 (*Beweisidee*):</u> Da es in regulären Graph-Grammatiken in jeder Graph-Satzform nur einen nichtterminalen Knoten gibt, läßt sich der Beweis von Satz 3.21 nicht übertragen. Aus obigem Grund ist hier andererseits die Steuerung der Reihenfolge von Produktionen trivial, sofern jede Produktion eine neue nichtterminale Markierung einführt. Es gibt hier also keine blockierenden Kanten. Die Idee der Zerlegung ist ähnlich zu Satz 3.21. Da hier die bereits abgetrennten Knoten der rechten

Seite nicht über eine eindeutige Knotenmarkierung identifiziert werden können, wird - um die Kanten der rechten Seite über die Einbettungsüberführung erzeugen zu können - von jedem abgespaltenen Knoten q eine Kante mit der Markierung $\overline{q}$ zu dem Knoten von d_r gezogen, der den noch nicht aufgespaltenen Rest von d_r repräsentiert. Hierzu braucht man $\max_{p_\lambda \in P_R}(|K_{r\lambda}|-2)$ neue (nichtterminale) Kantenmarkierungen, wenn P_R die Menge der Produktionen der gegebenen regulären Grammatik ist, die nicht bereits in Normalform sind.

Ein Beispiel zu diesem Beweis findet der Leser in [GG 25].

<u>Beweis zu Satz 3.32:</u> Sei $G = (\Sigma_V, \Sigma_E, \Delta_V, \Delta_E, d_o, P, \text{—s}\rightarrow)$ eine reguläre Graph-Grammatik und sei P_R die Teilmenge von Produktionen p_λ von P mit $|K_{r\lambda}| \geq 3$. Sei ferner $h = \sum_{p_\lambda \in P_R}(|K_{r\lambda}|-2)$ und $b = \max_{p_\lambda \in P_R}(|K_{r\lambda}|-2)$. Wir führen h neue nichtterminale Knotenmarkierungen z_μ, $\mu=1,\ldots,h$ und b+1 neue (nichtterminale) Kantenmarkierungen ein, d.h. für die zu konstruierende reguläre Graph-Grammatik G' in Normalform gilt:

$\Sigma'_V = \Sigma_V \cup \{z_1,\ldots,z_h\}$ mit $\{z_1,\ldots,z_h\} \cap \Sigma_V = \emptyset$, $\Sigma'_E = \Sigma_E \cup \{\overline{1},\ldots,\overline{b},c\}$ mit $\{\overline{1},\ldots,\overline{b},c\} \cap \Sigma_E = \emptyset$.

1. Sei $p = (d_l, d_r, E) \in P_R$ mit o.B.d.A. $K_l = \{0\}$, $K_r = \{1,\ldots,s\}$, sei ferner s der nichtterminale Knoten[8] und s-1 einer der Vorgängerknoten von s, falls s überhaupt einlaufende Kanten besitzt. Die Produktion p wird folgendermaßen in s-1 reguläre Produktionen in Normalform $p^1,\ldots,p^{s-1}$ zerlegt:

   A. Sei $K_0 := K_r$, $K_1 := K_r - \{1\}$. In der Regel p^1 ist $d_l^1 := d_l$, und d_r^1 ist gegeben durch $K_r^1 = \{0,1\}$, $\beta_r^1(1) = \beta_r(1)$, $\beta_r^1(0) = z_1$ mit den folgenden Kanten

   $(1,0) \in \varrho^1_{r\overline{1}} \Longleftrightarrow \exists k,a (k \in K_1 \wedge a \in \Sigma_E \wedge (1,k) \in \varrho_{ra} \cup \varrho_{ra}^{-1})$

   $(1,1) \in \varrho^1_{ra} \Longleftrightarrow (1,1) \in \varrho_{ra}$

   $(1,0) \in \varrho^1_{rc}$

   E^1 ist bestimmt durch $E^{a \in \Sigma_E}(0;0)$ [9], erweitert durch die

8) Die Zerlegung von Regeln mit terminalem d_r ist analog und wird nicht vorgeführt.

9) Da der nichtterminale Knoten der rechten Seite keine auslaufenden Kanten haben darf, genügen hier die Komponenten $l_a, a \in \Sigma_E$.

die Anteile der Einbettungsüberführung, die den Knoten $1 \in K_r$ betreffen.

B. Sei $1<j<s-1$ und $K_j := K_{j-1}-\{j\}$. Die Regel $p^j = (d_l^j, d_r^j, E^j)$ sei definiert durch: d_l^j ist der Knoten O markiert mit z_{j-1}, d_r^j ist gegeben durch $K_r^j = \{0,j\}$, $\beta_r^j(j) = \beta_r(j)$, $\beta_r^j(0) = z_j$ und die folgenden Kanten

$$(j,0) \in \varrho^j_{r\bar{j}} \Longleftrightarrow \exists k,a(k \in K_j \wedge a \in \Sigma_E \wedge (j,k) \in \varrho_{ra} \cup \varrho_{ra}^{-1})$$
$$(j,0) \in \varrho^j_{rc} \text{ und } (j,j) \in \varrho^j_{ra} \Longleftrightarrow (j,j) \in \varrho_{ra} \text{ für } a \in \Sigma_E .$$

E^j ist gegeben durch $E_{id}^{a \in \Sigma_E}(0;0)$, erweitert durch

$$(L_{\bar{q}}(0);j) \subseteq l_a \Longleftrightarrow \exists q,a(\ \in \{1,\dots,j-1\} \wedge a \in \Sigma_E \wedge (q,j) \in \varrho_{ra}),$$
$$(j;L_{\bar{q}}(0)) \subseteq r_a \Longleftrightarrow \exists q,a(q \in \{1,\dots,j-1\} \wedge a \in \Sigma_E \wedge (j,q) \in \varrho_{ra}),$$
$$(L_{\bar{q}}(0);0) \subseteq l_{\bar{q}} \Longleftrightarrow \exists k,q,a(k \in K_j \wedge q \in \{1,\dots,q-1\} \wedge a \in \Sigma_E \wedge (q,k) \in \varrho_{ra} \cup \varrho_{ra}^{-1}),$$
$$l_c = (L_c(0);0)$$

und ferner erweitert durch die Anteile der Einbettungsüberführung E, die sich auf den Knoten j beziehen, mit der folgenden Modifikation: Jeder in E enthaltene Operator A ist zu ersetzen durch $(A-L_c)$. Diese Modifikation verhindert bei der Interpretation von Operatoren den Zugriff zu bereits abgetrennten Teilen von d_r. Bezeichne $E|_j$ diese modifizierten Anteile von E, die sich auf den Knoten j beziehen.

C. Die letzte Regel $p^{s-1} = (d_l^{s-1}, d_r^{s-1}, E^{s-1})$ ist bestimmt durch: d_l^{s-1} ist der Knoten O markiert mit z_{s-2}, $d_r^{s-2} := d_r(\{s-1,s\})$ und E^{s-1} ist bestimmt durch $E|_{s-1} \cup E|_s$, erweitert durch:

$$(L_{\bar{q}}(0);s-b) \subseteq l_a \Longleftrightarrow \exists q,a(q \in \{1,\dots,s-2\} \wedge a \in \Sigma_E \wedge (q,s-b) \in \varrho_{ra}) \quad \text{für } b = 0,1$$
$$(s-1;L_{\bar{q}}(0)) \subseteq r_a \Longleftrightarrow \exists q,a(q \in \{1,\dots,s-2\} \wedge a \in \Sigma_E \wedge (s-1,q) \in \varrho_{ra})$$

2. Alle Produktionen aus P_R werden auf obige Weise zerlegt. Sei P_1 die Menge der dadurch entstehenden regulären Produktionen in Normalform und sei $P' = (P-P_R) \cup P_1$. Wir erhalten durch eine einfache Überlegung $G' = (\Sigma_V', \Sigma_E', \Delta_V, \Delta_E, d_0, P', \text{—s}\rightarrow) \equiv G$.

<u>Korollar I.3.34:</u> RG = RNG

<u>Korollar I.3.35:</u> Für jede reguläre Graph-Grammatik in Normalform

kann eine äquivalente reguläre in Normalform mit einknotigem Startgraphen angegeben werden.

Bemerkung I.3.36: Wegen Lemma 3.4, Korollar 3.24 und 3.35 kann also o.B.d.A. für beliebige Graph-Grammatiken von beliebigem Typ angenommen werden, daß der Startgraph nur aus einem einzigen Knoten besteht.
Anzumerken ist noch, daß sich der obige Beweis zu Satz 3.32 auch für alle eingeschränkteren Definitionen der Regularität (vgl. Bem. 3.2) übertragen läßt.

Sei EG die Klasse der aufzählbaren Graph-Sprachen.
Analog zu [GG 48] kann unter der Annahme der Richtigkeit der CHURCHschen These der folgende Satz gezeigt werden:

Satz I.3.37: UG = EG

Beweisskizze:

1. Jede Sprache einer Graph-Grammatik ist aufzählbar: Jede Graph-Sprache ist insbesondere eine Zeichenkettensprache, denn jeder l-Graph ist eine wohlgeformte Zeichenkette (vgl. Def. 1.1)[10]. Somit kann für diese Zeichenkettensprache etwa eine CHOMSKY-Grammatik angegeben werden.

2. Jede aufzählbare Menge von l-Graphen ist die Sprache einer Graph-Grammatik: Sei L eine aufzählbare Menge von l-Graphen, dann ist diese auch eine aufzählbare Zeichenkettensprache. Nun kann an die Aufzählung einer solchen Zeichenkette eine Berechnung angeschlossen werden, die diese in folgende Form umformt:

   (*) $k_1A' \ldots k_n Z' a' k_{i_1} k_{i_2} b' k_{j_1} k_{j_2} \ldots y' k_{m_1} k_{m_2}$

   mit $k_\lambda, k_{i_\lambda}, k_{j_\lambda}, k_{m_\lambda} \in K$, $A, \ldots, Z \in \Sigma_V$, $a, \ldots, y \in \Sigma_E$. Somit ist auch diese Menge L_c von Codierungen der Graphen von L aufzählbar. Also gibt es eine Zeichenkettengrammatik G' mit $L(G') = L_c$. Wegen Kor. 3.10 gibt es dann eine Graph-Gramma-

10) Somit sind natürlich Graph-Grammatiken spezielle Zeichenkettenersetzungssysteme mit einem ziemlich komplizierten Ersetzungsbegriff, denn dieser ist nichtlokal.

tik G", die die Wortpfade zu L_c erzeugt. [11] Wir formen nun
durch Hinzufügen weiterer Produktionen zu P" diese Wortpfade zu den ihnen entsprechenden Graphen um. Wir geben im folgenden nur die Produktionen und Einbettungsüberführungen
an, die diese Umformung bewirken. Durch die Technik blokkierender Kanten, die in diesem Kapitel schon öfter verwendet worden ist, d.h. durch die entsprechende Erweiterung
der Einbettungsüberführungen, läßt sich eine strikte Einhaltung der nun folgenden Ableitungssequenz erzwingen:

a) Produktionen der Form [12],[13]

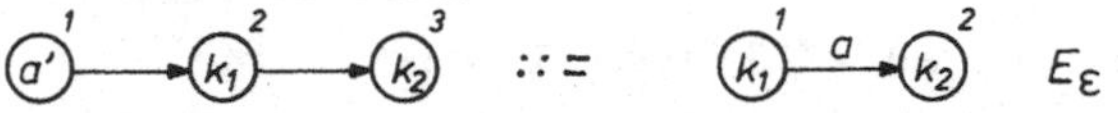

$$\overset{1}{(a')}\longrightarrow\overset{2}{(k_1)}\longrightarrow\overset{3}{(k_2)} \quad ::= \quad \overset{1}{(k_1)}\overset{a}{\longrightarrow}\overset{2}{(k_2)} \quad E_{\mathcal{E}} \qquad a)$$

erzeugen die Kanten des Graphen. Zum nächsten Schritt
wird erst übergegangen, wenn alle Kanten aus den Teil-
zeichenketten $\acute{a}k_1k_2$ des Wortpfads erzeugt sind.

b)
$$\overset{1}{(k_1)} \quad \overset{2}{(k_1)} \quad ::= \quad \overset{1}{(k_1)} \qquad E_{id} (1,2;1) \qquad b)$$

Verschmelzen der Knoten mit der gleichen Bezeichnung und
damit der Graph-Struktur aus den isolierten Kanten. Zum
nächsten Schritt wird erst übergegangen, wenn alle Knoten (die zu Kanten gehören[14]), verschmolzen sind.

c)
$$\overset{1}{(k_1)}\longrightarrow\overset{2}{(A')} \quad ::= \quad \overset{1}{(A)} \qquad E_{id} (3;1) \qquad c)$$
$$\overset{3}{(k_1)}$$

Fig. I / 8

Hiermit wird die Markierung des Knotens, die im vorderen
Teil des Wortpfads gespeichert war, übertragen. Hinzuzufügen sind noch Produktionen ohne den Knoten 3 für den
Fall, daß es sich um isolierte Knoten handelt. Diese
dürfen erst nach versuchter Anwendung von Produktionen
der Form c) zur Anwendung kommen.

Nach korrektem Ablauf dieser Produktionensequenz ist der zu
(*) gehörende 1-Graph erzeugt.

---

11) Da Alphabete endlich sein müssen, wird nicht (*) mit beliebigen k_i erzeugt,
sondern mit einer geeigneten Codierung der k_i, etwa durch Strichdarstellungen. Den unten noch hinzugefügten Produktionen entspricht dann eine Pro-
duktionenfolge, die mit Strichdarstellungen arbeitet.
12) Man beachte, daß Knotenmarkierungen während dieses Erzeugungsvorgangs zu Kantenmarkierungen werden.
13) Unmarkierte Kanten sind Kanten von Wortpfaden.
14) Im vorderen Teil des Wortpfads von (*) befindet sich noch ein Knoten mit
der gleichen Bezeichnung.

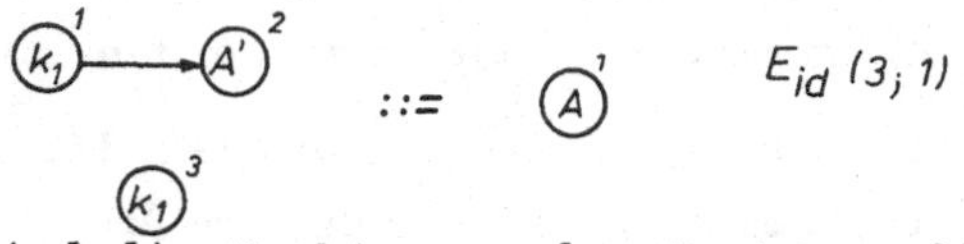

Das Ergebnis dieses Abschnitts ist das folgende Korollar:

Korollar I.3.38: EG = UG ⊃ MG = CSG = CFG = CFNG ⊃ LG = RG = RNG

Korollar I.3.39: L(G) = ∅, L(G) ist unendlich, L(G) ist endlich, ist nicht entscheidbar für Graph-Grammatiken des Typs U bis CFN. $L(G_1) = L(G_2)$ ist nicht entscheidbar für CF-Graph-Grammatiken und solche allgemeineren Typs.

Beweis: Die ersten Aussagen folgen direkt aus der Unentscheidbarkeit der Fragen für uneingeschränkte bzw. kontextsensitive Zeichenkettengrammatiken und Korollar 3.10 sowie 3.38. Die zweite Aussage folgt sofort aus Korollar 3.10.

I.4. Klassifikation durch Einbettungseinschränkungen

Die Komplexität eines sequentiellen Ersetzungsschritts nach I.2 in seiner allgemeinen Form hängt ab von der Komplexität der linken und rechten Seite, in starkem Maße aber auch von der Komplexität der verwendeten Einbettungsüberführung. Ein Indiz für diese Aussage ist die Tatsache, daß $CFG \supset RG$ (vgl. Kor. 3.38) so lange unbewiesen blieb, weil sich, trotz der starken Einschränkung der Gestalt von linken und rechten Seiten in regulären Grammatiken viele, auch ziemlich komplizierte Graph-Sprachklassen bereits regulär erzeugen ließen. Dies gilt zumindest so lange, wie die Einbettungsüberführung uneingeschränkt bleibt. Wir geben in diesem Abschnitt eine Reihe von fortschreitenden Spezialisierungen der Einbettungsüberführung an. Mit der Hierarchie von Sprachklassen aus I.3, induziert durch die fortschreitende Einschränkung der Gestalt von linker und rechter Seite, ergeben sich dadurch eine Fülle von Graph-Sprachklassen, deren Beziehungen bisher nur unzureichend untersucht sind. Dieser Abschnitt bringt einige dieser Beziehungen. Es ist dabei nicht verwunderlich, daß sich solche Beziehungen relativ einfach dort finden lassen, wo durch starke Einschränkung der linken und rechten Seite mit zusätzlicher Einschränkung der Einbettungsüberführung oder durch besonders starke Einbettungseinschränkungen bei allgemeinerer Form von linken und rechten Seiten Strukturaussagen über die erzeugbaren Graphen möglich sind.

Wir haben bei der Untersuchung von Graph-Grammatiken auch stets deren Anwendung im Auge. Die Anwendbarkeit von Graph-Grammatiken hängt aber davon ab, daß sie die Programmierfähigkeit besitzen, um die Graphenklassen für die anstehende Aufgabe zu erzeugen. Diese Programmierfähigkeit hängt in starkem Maße von den verwendeten Einbettungsüberführungen ab. Wir versuchen deshalb, durch suggestive Bemerkungen dem Leser ein Gefühl dafür zu geben, wie bei Einschränkung der Einbettungsüberführung diese Programmierfähigkeit verlorengeht. (Wir kommen auf diese Problematik noch einmal in Kapitel III zurück.)

<u>Def. I.4.1:</u> Eine Einbettungsüberführung heiße *lokal* (abgek. *loc* für local), g.d.w. alle darin enthaltenen Operatoren lokal sind (vgl. Def. 2.9).

Bemerkung I.4.2: Der Name ist insofern gerechtfertigt, als Operatoren hier stets Knoten zu der Nachbarschaft der linken Seite liefern. Die maximale Entfernung dieser Knoten geht direkt aus den Operatoren hervor. Solche Operatoren erlauben keine globale Überprüfung des Wirtsgraphen durch eine einzige Produktion, etwa auf das Vorhandensein einer Knoten- oder Kantenmarkierung im Wirtsgraphen. Globale Überprüfungen können hier nur durch Traversieren des Graphen durch eine Folge von Ableitungen durchgeführt werden.

Def. I.4.3: Eine loc-Einbettungsüberführung heiße *von der Tiefe n*, $n \in \mathbb{N}$ (abg. *depth_n*), g.d.w. alle Operatoren durch höchstens (n-1)-malige Anwendung der Regel c1) von Def. 2.1 gebildet worden sind und mindestens ein Operator durch (n-1)-malige Anwendung dieser Regel entstanden ist.

Bemerkung I.4.4: depth_n-Einbettungsüberführungen liefern nur Knoten des Wirtsgraphen, die von solchen der linken Seite über eine Kette der Länge $\leq n$ erreichbar sind. Somit ist eine loc-Einbettungsüberführung eine depth_n-Einbettungsüberführung für ein $n \in \mathbb{N}$.

Definieren wir die Tiefe T eines lokalen Operators durch:

$T(L_a) = T(R_a) = 1$, für bel. $a \in \Sigma_E$,
$T((vA)) = T(A)$,
$T(AB) = T(A) + T(B)$,
$T(A^{\cup}_{\cap}B) = \max(T(A), T(B))$,

und die Tiefe einer Einbettungsüberführung durch das Maximum der Tiefen T der in ihr enthaltenen Operatoren, so stimmt die Tiefe T mit der in Def. 4.3 gegebenen überein.

Wichtige Spezialfälle von loc-Einbettungsüberführungen sind depth_2- und depth_1-Einbettungsüberführungen. Einbettungsüberführungen des Typs depth_2 erreichen lediglich indirekte Nachbarn. Wie wir in Satz 4.29 sehen werden, kann man damit bereits beliebige loc-Einbettungsüberführungen simulieren. Die Operatoren von depth_1-Einbettungsüberführungen sind gebildet nach den Regeln a), b2), c2) und c3) von Def. 2.1. Innerhalb der direkten Nachbarschaft erlauben depth_1-Einbettungsüberführungen das Umorientieren und Ummarkieren von Einbettungskanten und dies in Abhängigkeit von der Markierung von Außenknoten (vgl. Beispiele 2.19.a) - d), h), i)), d.h. alle Außenknoten von Einbettungskanten der eingesetzten rechten Seite waren bereits Außenknoten von Einbettungskanten der linken Seite. Somit ist das Verschieben von Einbettungskanten zu weiter entfernten Knoten des Wirtsgraphen (vgl. Beispiele 2.19.e)) hier nicht möglich. Dieses Verschieben kann zur Simulation von Zählvorgängen benutzt werden (vgl. [GG 25] Anhang A.3 und A.4).

Ein weiterer wichtiger Spezialfall von loc-Einbettungsüberführungen sind die des Typs olp:

Def. I.4.5: Eine loc-Einbettungsüberführung heiße *markierungs- und orientierungserhaltend* (abg. *olp* für orientation and edge label preserving), g.d.w. am rechten Ende jedes Operators aus einer Komponente l_a der Elementaroperator L_a und am rechten Ende jedes Operators aus r_a der Elementaroperator R_a steht, für bel. $a \in \Sigma_E$.

Bemerkung I.4.6: Somit sind Operatoren in olp-Einbettungsüberführungen nach folgenden *eingeschränkten* Regeln gebildet (vgl. Def. 2.1) [1]:

(a) L_a ist zulässig für l_a, R_a für r_a für bel. $a \in \Sigma_E$.

(b) Falls A ein zulässiger Operator und B ein lokaler Operator ist, so sind BA und (vA) zulässig für beliebiges $v \in \Sigma_V^+$.

Einbettungsüberführungen dieser Form erhalten trivialerweise die Orientierung und Markierung von Einbettungskanten. Quellknoten von einlaufenden und Zielknoten von auslaufenden Einbettungskanten können in den Wirtsgraphen hinein verschoben werden, wie dies Fig. I./9 erläutert. Ferner verbleibt hier die Möglichkeit des Aufspaltens und Zusammenziehens von Einbettungskanten.

1) Zulassung von Regeln c2) und c3) aus Def. 2.1. ist nicht nötig, denn beispielsweise $AL_a \cup BL_a$ in l_a kann zusammengefaßt werden zu $(A \cup B)L_a$ und ist somit mit b) von 4.6. erzeugbar.

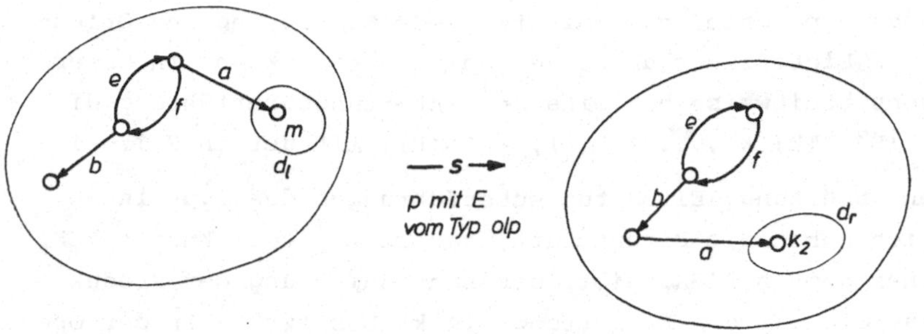

Fig. I/9

Hier entfällt die Möglichkeit der Erzeugung blockierender Kanten bei Auftreten einer unerwünschten Situation. Es verbleibt jedoch die Möglichkeit, Kanten zu löschen. Somit kann Graphenmanipulation hier dadurch programmiert werden, daß blockierende Kanten bei richtigem Wachstum sukzessiv gelöscht werden, ansonsten jedoch erhalten bleiben.

Def. I.4.7: Die Einbettungsüberführung einer Produktion $p = (d_\ell, d_r, E)$ heiße *einfach* (abg. *s* für simple), g.d.w. sie olp und depth 1 ist.
Sie heiße *elementar* (abg. *el*), g.d.w. sie s ist und in den Operatoren keine Knotenmarkierungen auftreten.
Sie heiße *einbettungsähnlich* (abg. *an* für embedding analogous), g.d.w, sie el ist und es eine Abbildung $\alpha: K_\ell \rightarrow 2^{K_r}$ gibt derart, daß für beliebiges $k_\ell \in K_\ell$ alle Knoten aus $\alpha(k_\ell) \subseteq K_r$ nach jeder Anwendung von p das gleiche Einbettungsverhalten wie k_ℓ besitzen.
Sie heiße *einbettungsinvariant* (abg. *inv*), g.d.w. sie an ist und $|\alpha(k_\ell)| = 1$ für beliebiges $k_\ell \in K_\ell$.

Bemerkung I.4.8: s-Einbettungsüberführungen gestatten Aufspalten und Zusammenziehen von Einbettungskanten, möglicherweise abhängig von der Markierung des Außenknotens (vgl. Beispiele 2.19.a), b), d)). Bei el-Einbettungsüberführung fällt letzteres weg.
Bei an-Einbettungsüberführungen sind jedem Knoten k der linken Seite keiner, genau einer oder mehrere Knoten der rechten Seite zugeordnet, die nach Anwendung der Produktion die gleichen Einbettungskanten wie k besitzen. Der Unterschied zu el-Einbettungsüberführungen liegt darin, daß dort diese Zuordnung für jede

Einbettungskomponente und somit für jede Markierung und Orientierung von Einbettungskanten verschieden sein kann. In unserer Operatorenschreibweise hat eine an-Einbettungsüberführung die Gestalt $\bigcup_{k\in K_\ell} E_{id}^{\alpha\in\Sigma_E}(k;\, k_1,\ldots,k_{|\alpha(k)|})$, $k_i \in \alpha(k)$, mit der in 2.17 eingeführten Abkürzung. Einbettungsüberführungen des Typs inv schließlich haben die Eigenschaft, daß es zu jedem Knoten $k \in K_\ell$ genau einen Knoten $k' \in K_r$ gibt, der nach Anwendung der Produktion genau die gleiche Einbettung wie k besitzt.[2] In der Operatorenschreibweise hat eine inv-Einbettungsüberführung die Form: $\bigcup_{k\in K_\ell} E_{id}^{\alpha\in\Sigma_E}(k;\, k')$. Man beachte, daß eine Produktion mit leerer rechter Seite keine inv-Einbettungsüberführung besitzen kann. Speziell für CF-Produktionen bedeutet die Eigenschaft inv, daß d_r genau einen Knoten besitzt, der nach Anwendung der Produktion wie d_ℓ eingebettet ist. Alle anderen Knoten von d_r haben nur Kanten von d_r selbst. Für kontextsensitive Produktionen (vgl. Def. 3.1) hatten wir einbettungsinvariantes Verhalten für die Kontextknoten vorausgesetzt.

Insbesondere für die Untersuchung kontextfreier Graph-Sprachen benötigen wir noch die folgenden Definitionen:

Def. I.4.9: Eine el-Einbettungsüberführung einer Produktion p heiße *einbettungsmonoton* (abg. *em*), g.d.w. bei Anwendung von p keine Einbettungskante gelöscht wird.
Eine Einbettungsüberführung heiße *terminal einbettend* (abg. *te*), g.d.w. Einbettungskanten nur in terminale Knoten der rechten Seite gehen können bzw. von solchen Knoten ausgehen können.

Bemerkung I.4.10: Bei em-Einbettungsüberführungen ist die Anzahl der Einbettungskanten nach jedem Ersetzungsschritt mindestens so groß wie vorher. Ein hinreichendes Kriterium für Einbettungsmonotonie ist, wenn jedes $k \in K_\ell$ mindestens ein k' bzw. k" aus K_r existiert so, daß $(L_a(k);k') \subseteq l_a$, $(k";R_a(k)) \subseteq r_a$. Bei CF-Graph-Grammatiken mit em-Einbettungsüberführungen machen nicht-

2) In inv-Einbettungsüberführungen gibt man meist nicht alle Zuordnungen $k \longmapsto \alpha(k) = k'$ an. Dies liegt daran, daß man aufgrund der Kenntnis der Graph-Grammatik weiß, daß bestimmte Knoten keine Einbettungskanten besitzen und diese dann auch nicht übertragen zu werden brauchen.

terminale Kanten keinen Sinn. Da sie nicht beseitigt werden können, ist jede Graph-Satzform mit nichtterminalen Kanten, die keine Schlingen sind, eine Sackgasse. Von ihnen kann kein Graph der Sprache der Grammatik abgeleitet werden. Somit können alle Produktionen, die in der rechten Seite nichtterminale Kanten enthalten, die keine Schlingen sind, eliminiert werden. Die Sprache ist leer, wenn der Startgraph eine solche Kante enthält.[3] CF-Grammatiken mit em-Einbettungsüberführungen sind momentan die einzigen, für die praktikable Syntaxanalysealgorithmen existieren (vgl. [GG 13] und Abschnitt III.3).

Die oben eingeführten *Einschränkungen für Einbettungsüberführungen übertragen sich auf Produktionen und Graph-Grammatiken* und werden durch entsprechende Präfixe gekennzeichnet: Wir sprechen etwa von einer inv-CS-Produktion, das ist eine CS-Produktion, deren Einbettungsüberführung inv ist, oder von einer olp-R-Graph-Grammatik, das ist eine R-Graph-Grammatik, deren Produktionen alle olp sind. Diese Notation übertrage sich ferner wie üblich auf Graph-Sprachklassen.

Bemerkung I.4.11: Es sei hier angemerkt, daß es eine Reihe weiterer mehr oder weniger naheliegender Einschränkungen für die Einbettungsüberführung gibt. So etwa findet sich in [GG 27],[AP 6],[AP 32] ein Ableitungsbegriff für CF-Graph-Grammatiken, zwischen inv und an angesiedelt: In jeder rechten Seite gibt es zwei Knoten mit Bezeichnung I und O. Der mit I bezeichnete Knoten übernimmt sämtliche einlaufende , der mit O bezeichnete sämtliche auslaufende Einbettungskanten der linken Seite. Dies mag die Fülle weiterer Einschränkungen andeuten.

Die in der Literatur auftauchenden Einbettungsüberführungen sind meist eine sehr starke Spezialisierung des in I.2. eingeführten Ableitungsbegriffs, d.h. sie sind meist am unteren Ende der obigen Skala angesiedelt. Wir werden darauf im nächsten Abschnitt I.5 genauer eingehen.

---

3) Bei beliebigen Graph-Grammatiken mit em-Einbettungsüberführungen können nichtterminale Kanten über den Austausch von linker durch rechte Seite eliminiert werden.

Unmittelbar aus den obigen Definitionen ergibt sich das

<u>Korollar I.4.12:</u> Für $T \in \{U, M, \ldots, RN\}$ gilt:

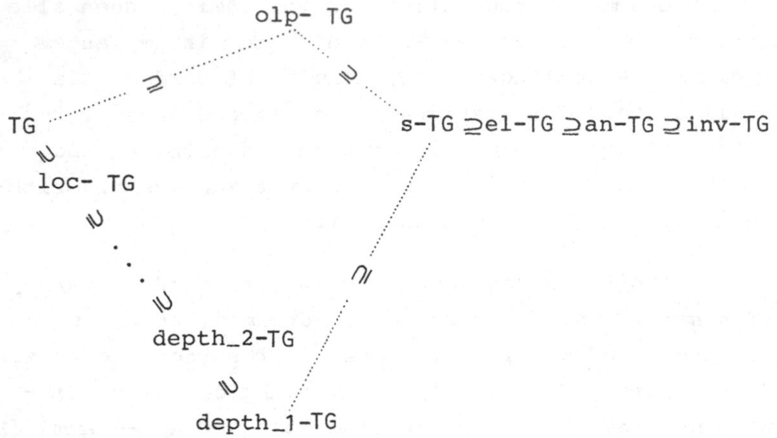

Wir wollen nun im folgenden einige der oben eingeführten Einschränkungen der Einbettungsüberführung auf reguläre, lineare bzw. kontextfreie Graph-Grammatiken anwenden. Wegen der in I.3. eingeführten Hierarchie U,...,RN bzgl. der Gestalt der linken und rechten Seite und der obigen loc,...,inv bzgl. der Einbettungsüberführung ergibt sich hier eine Unzahl möglicher Sprachklassenbeziehungen. Davon sind zwar einige trivial, es gibt aber bei weitem mehr nichttriviale, als wir im folgenden untersuchen. Diese Untersuchungen zu komplettieren und zu systematisieren ist eine lohnenswerte Aufgabe (vgl. offene Probleme, Nr. 6). Etliche der hier offengelassenen Sprachklassenbeziehungen sind möglicherweise einfach zu lösen. Ferner sei angemerkt, daß sich einige der folgenden Ergebnisse vermutlich generalisieren lassen.
Ebenfalls sofort aus den Definitionen ergeben sich die beiden folgenden Korollare:

<u>Korollar I.4.13:</u> Sei G eine olp-R-Graph-Grammatik und gelte $D_o \xrightarrow[G]{\overset{*}{s}} D \xrightarrow[G]{s} D'$. Dann besitzt der für den nichtterminalen Knoten von D eingesetzte Graph keine auslaufenden Einbettungskanten.

Somit können die Einbettungskomponenten r_a, $a \in \Sigma_E$ in olp-R-Graph-

Grammatiken weggelassen werden.

Korollar I.4.14: Zu jeder depth1-R-Graph-Grammatik kann eine äquivalente depth1-R-Graph-Grammatik in Normalform angegeben werden, d.h. depth1-RG = depth1-RNG.

Beweis: Der Beweis von Satz 3.32 muß nur geringfügig modifiziert werden. Der Zugriff auf bereits abgetrennten Knoten der rechten Seite wurde im Beweis von Satz 3.32 durch die Modifikation der Operatoren mit "$-L_c$" vermieden. Dies kann aber auch dadurch verhindert werden, daß in der ersten Produktion der Zerlegung Kanten einer neuen nichtterminalen Markierung, etwa ω, in den nichtterminalen Knoten der rechten Seite zeigend, erzeugt werden, und zwar von allen Knoten, von denen in die linke Seite der zu zerlegenden Produktion eine Kante lief. Diese Kanten werden jeweils zu dem nichtterminalen Knoten weitergeschoben, der den noch nicht zerlegten Rest der rechten Seite repräsentiert. Jedes Vorkommen von "$-L_c$" in den Einbettungsüberführungen der Grammatik des Beweises von Satz 3.32 ist dann durch "$\cap L_\omega$" zu ersetzen. Ansonsten bleibt der Beweis unverändert.

Bemerkung I.4.15: Für olp-R-Graph-Grammatiken bzw. s-R-Graph-Grammatiken gilt eine entsprechende Aussage nicht. Bei der Erzeugung der rechten Seite einer Produktion durch eine Folge regulärer Produktionen in Normalform muß man, sofern man die Gestalt der rechten Seite nicht weiter einschränkt, davon Gebrauch machen, daß aus der rechten Seite einer RN-Produktion nach deren Anwendung Kanten herauslaufen.

Wir werden nun einige der Beziehungen von Kor.4.12 verschärfen. Sei L_W die Menge aller Wälder von gerichteten Wurzelbäumen mit einheitlicher Knotenmarkierung a und konstanter Kantenmarkierung e [4]. Sei ferner G_1 die folgende olp-R-Graph-Grammatik ohne nichtterminale Kantenmarkierung, wobei $\Sigma_V = \{S,a\}$, $\Delta_V = \{a\}$, $\Sigma_E = \Delta_E = \{e\}$, d_0 : ^{1}(S), mit den folgenden Produktionen:

4) Da diese die einzige Kantenmarkierung ist, wird sie in den Produktionen der Grammatik weggelassen.

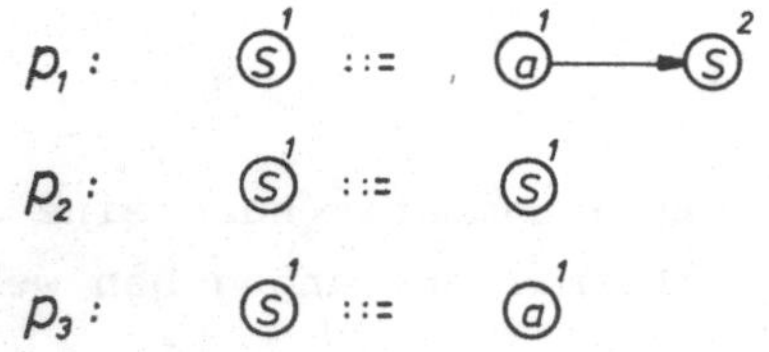

$$p_1: \quad \textcircled{s}^1 \quad ::= \quad , \textcircled{a}^1 \longrightarrow \textcircled{s}^2 \qquad E_1 \; : \; 1 = (L(1);1)$$

$$p_2: \quad \textcircled{s}^1 \quad ::= \quad \textcircled{s}^1 \qquad\qquad E_2 \; : \; 1 = (LL(1);1)$$

$$p_3: \quad \textcircled{s}^1 \quad ::= \quad \textcircled{a}^1 \qquad\qquad E_3 = E_1$$

Fig. I/10

Durch triviale Induktion über Länge von Ableitungen bzw. über die Anzahl von Knoten zeigt man das

<u>Lemma I.4.16:</u> $L_W = L(G_1)$

<u>Beispiel I.4.17:</u> Der Graph

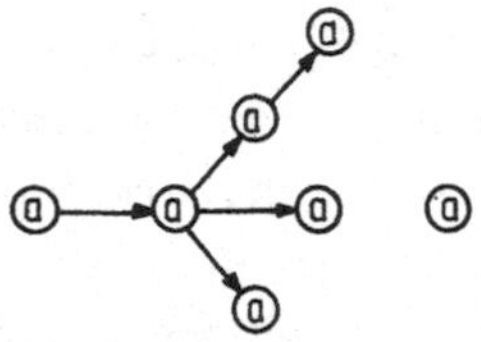

wird beispielsweise durch die folgende Ableitung in G erzeugt:

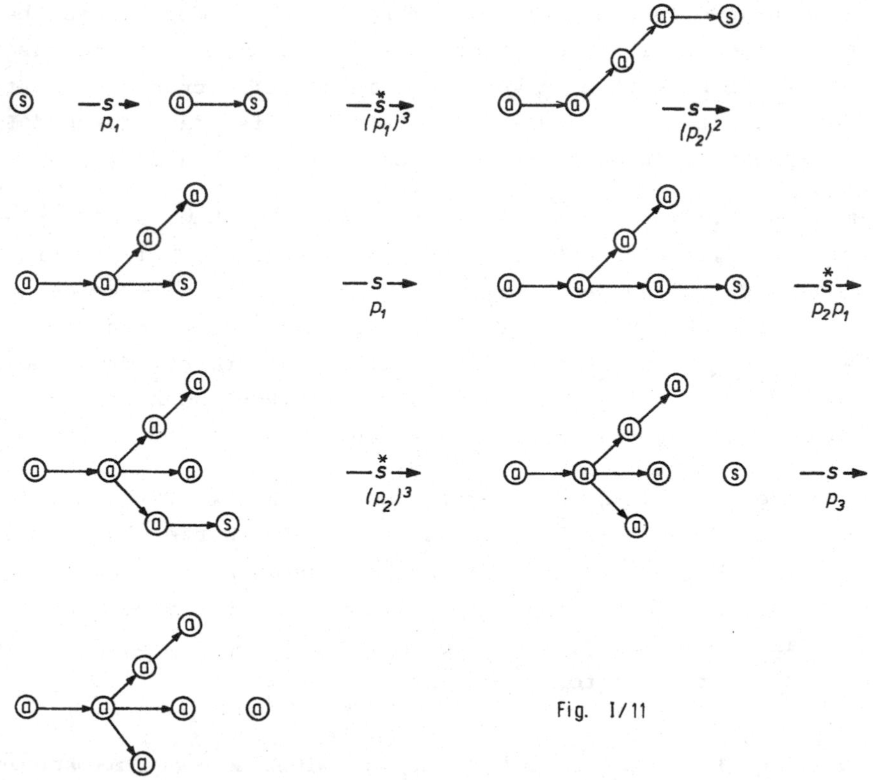

Fig. I/11

Sei L_B die Menge aller gerichteten Wurzelbäume über $(\{a\},\{e\})$. Dann gilt trivialerweise $L_B \subseteq L(G_1)$ und somit $L_B \subset L_W \in \text{olp-RG}$. Andererseits gilt aber

Lemma I.4.18: Es gibt keine depth1-R-Graph-Grammatik G mit $L_B \subseteq L(G)$.

Beweisskizze: [5] Bei der Erzeugung eines Baumes durch eine depth1-R-Graph-Grammatik ist in jedem Ableitungsschritt der Graph ohne den nichtterminalen Knoten und seine angrenzenden Kanten ein Wald. Er heiße im folgenden Restgraph. Jede Produktion, die eine terminale Kante erzeugt, fügt diese entweder an der Wurzel eines Teilbaumes des Restgraphen an (Bauweise von unten nach oben) und verschiebt diese somit, oder sie hängt diese an einen maximalen Knoten des Restgraphen, oder sie hängt diese an einen beliebigen Zwischenknoten und erzeugt somit einen maximalen Knoten (Bauweise von oben nach unten). In jedem Falle muß der Knoten, an den die Kante angehängt wurde, vor deren Erzeugung mit dem nichtterminalen Knoten direkt verbunden gewesen sein.
Wegen Beschränkung der Einbettungsüberführung auf direkte Nachbarschaft besteht hier nicht die Möglichkeit (wie in der Grammatik von L.4.16), mit dem nichtterminalen Knoten in dem bereits erzeugten Baum herumzuwandern. So muß man bei Bauweise von oben nach unten jede Verzweigung, die durch Anwenden einer einzigen Produktion nicht abgearbeitet werden kann, zu der also zurückkehrt werden muß, durch eine Markierung kennzeichnen. Bei der Bauweise von unten nach oben kann man einen Verzweigungsknoten erst dann erzeugen, wenn alle an ihm hängenden Teilbäume generiert sind. Um diese Teilbäume für verschiedene Verzweigungsknoten unterscheiden zu können, sind wieder verschiedene Kennzeichnungen nötig. In einer depth1-R-Graph-Grammatik ist Kennzeichnung möglich über Kanten verschiedener Markierung bzw. Kantenkombinationen verschiedener Markierung und über verschiedene Knotenmarkierungen des nichtterminalen Knotens. Jedenfalls sind dies nur endlich viele, für die gegebene Grammatik G seien dies n.
Wir betrachten nun einen Baum über $(\{a\},\{e\})$, der einen Verzweigungsknoten k_0 enthält, an dem zwei Bäume B^1, B^2 hängen, die die folgende Gestalt haben

---

5) eines Widerspruchsbeweises. Die Länge eines formalen Beweises steht in keinem Verhältnis zu dem Gewicht der Aussage.

B^m, m = 1,2 enthält einen Verzweigungsknoten $k_1^m \neq k_o$, an dem zwei Bäume B_1^m und B_2^m hängen,

B_i^m, i = 1,2 enthält einen Verzweigungsknoten $k_{i1}^m \neq k_1^m$, an dem zwei Bäume B_{i1}^m und B_{i2}^m hängen,

B_{ij}^m, j = 1,2 enthält einen Verzweigungsknoten $k_{ij1}^m \neq k_{i1}^m$, an dem zwei Bäume B_{ij1}^m und B_{ij2}^m hängen,

.
.
.

$\underbrace{B_{ij\ldots z}}_{n}$ enthält einen Verzweigungsknoten $k_{ij\ldots z1}^m \neq k_{ij\ldots y1}^m$, an dem zwei Bäume $B_{ij\ldots z1}^m$ und $B_{ij\ldots z2}^m$ hängen, bei denen die maximale Länge darin enthaltener gerichteter Wege größer ist als bei den rechten Seiten aller Produktionen von G.

Für n=2 liege beispielsweise die folgende Situation vor (die Knotenmarkierung ist weggelassen):

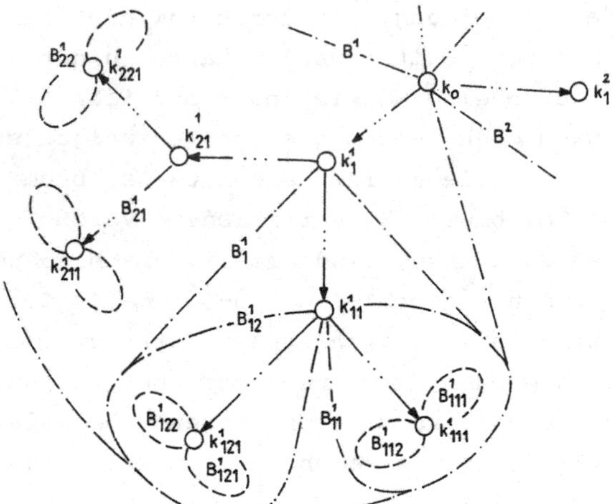

Fig. I/12

Dieser Baum ist in der vorgegebenen Grammatik nicht ableitbar. Für die verschiedenen Konstruktionsmöglichkeiten des obigen Baums gilt nämlich:

a) Bauweise von oben nach unten, beginnend mit der Wurzel k_o : Die Verzweigungsknoten müssen gemerkt werden, damit zu ihnen zurückgekehrt werden kann. Es gibt aber mehr, als Markierungsmöglichkeiten vorhanden sind, d.h. es werden entweder von der Baumstruktur abweichende Kanten im Restgraphen erzeugt, oder der Baum wird zerrissen. Die Anzahl der vorhandenen Kennzeichnungsmöglichkeiten reicht erst recht nicht hin, wenn die betrachtete Ableitung die beiden Teilbäume nicht hintereinander, sondern gleichzeitig zu generieren versucht.

b) Bauweise von unten nach oben:
Die unter einer Verzweigung liegenden Teilbäume müssen generiert sein, bevor die Verzweigung selbst erzeugt werden kann. In diesem Schritt werden die von den Teilbäumen zum nichtterminalen Knoten laufenden nichtterminalen Kanten oder Kantenkombinationen zu terminalen Kanten, die aus dem Verzweigungsknoten zu den Teilbäumen laufen. So sind beispielsweise für die Erzeugung von $k^1_{ij\ldots z1}$ mindestens zwei Kennzeichnungen nötig, um die daran hängenden zwei Teilbäume $B^1_{ij\ldots z1}$ und $B^1_{ij\ldots z2}$ zu unterscheiden. Für die Generierung von $k^1_{ij\ldots y1}$ sind mindestens drei Kennzeichnungen nötig, eine für den bereits erzeugten Teilbaum $B^1_{ij\ldots y1}$, zwei für die Unterscheidung der beiden Teilbäume $B^1_{ij\ldots (y+1)1}$ und $B^1_{ij\ldots (y+1)2}$ am Knoten $k^1_{ij\ldots (y+1)1}$. Somit ist bereits die Verzweigung k^1_{11} nicht mehr korrekt erzeugbar, weil nicht genügend Kennzeichnungsmöglichkeiten zur Verfügung stehen. Es werden wie oben von der Baumstruktur abweichende Kanten erzeugt, oder der Baum wird zerrissen. Die eben gemachte Argumentation gilt erst recht, wenn - bei sämtlichen Blättern beginnend - der Baum von unten nach oben erzeugt wird.

c) Für eine gemischte Bauweise, in der sich die Bauweise von oben nach unten und von unten nach oben vermischen, kann analog argumentiert werden.

<u>Korollar I.4.19:</u> olp-RG $\not\subseteq$ depth1-RG

Da in obigem Beweis von der Regularität kein Gebrauch gemacht wurde, folgt das

<u>Korollar I.4.20:</u> olp-LG $\not\subseteq$ depth1-LG

<u>Korollar I.4.21:</u> depth1-RG $\subset$ RG,   s-RG $\subset$ olp-RG.

Beweis: Wegen L.4.16 ist L $\in$olp-RG RG, wegen L.4.18 jedoch nicht in depth1-RG und somit auch nicht in s-RG.

Analog gilt wieder das

<u>Korollar I.4.22:</u> depth1-LG $\subset$ LG,   s-LG $\subset$ olp-LG.

Sei L_{BiPf} die Klasse von abstrakten gerichteten Graphen über ({a},{e}), die aus zwei äquivalenten Teilbäumen bestehen, die an der Wurzel zusammengeklebt sind und jeweils die folgende Gestalt haben: Jeder Teilbaum besteht aus einem gerichteten Weg beliebiger Länge und von jedem Knoten gibt es eine beliebige Anzahl auslaufender Kanten, also z.B.

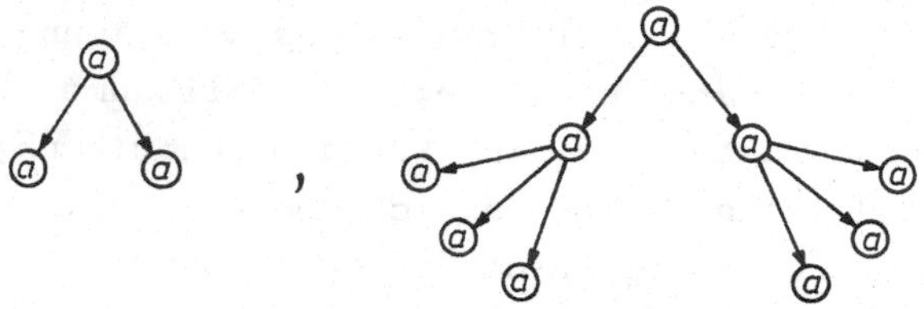

Fig. I/13

Sei G_2 die folgende depth1-R-Graph-Grammatik mit Σ_V = {S,a}, Δ_V={a}, Σ_E = {l,r,e}, Δ_E = {e},[4] dem Startgraphen d_0:

d_0:

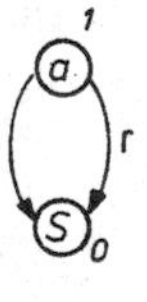

und den folgenden drei Produktionen:

p_1:

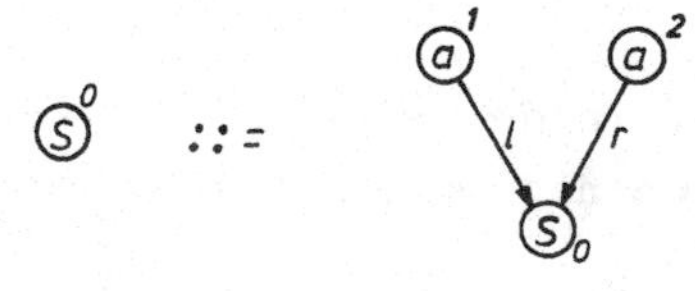

E_1 : l = $(L_l(O);1)\cup(L_r(O);2)$

(Verlängern des Pfades)

4) Fußnote S. 71.

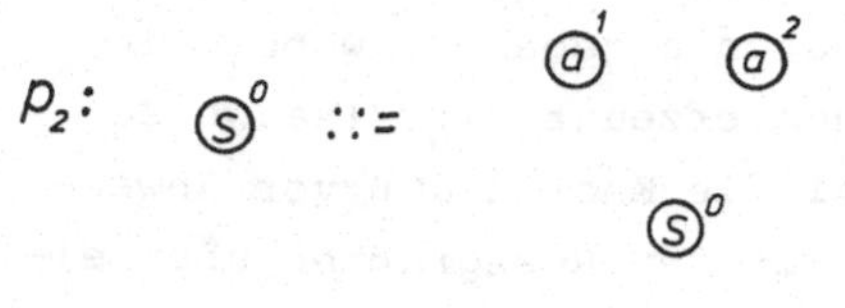

$E_2 \,:\, l = (L_l(O);1) \cup (L_r(O);2)$

$\cup E^{l,r}_{id}(O;O)$

Anhängen einer Verzweigungskante an den letzten Knoten des Pfades

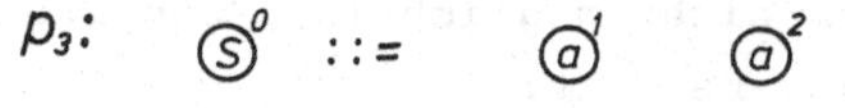

$E_3 \,:\, l = (L_l(O);1) \cup (L_r(O);2)$

abschließende Produktion

Fig. I/14

Triviale Induktion liefert das

Lemma I.4.23: $L_{BiPf} = L(G_2)$

Beispiel I.4.24: Der zweite der oben angeführten Graphen aus L_{BiPf} wird durch die folgende Ableitung in G_2 erzeugt:

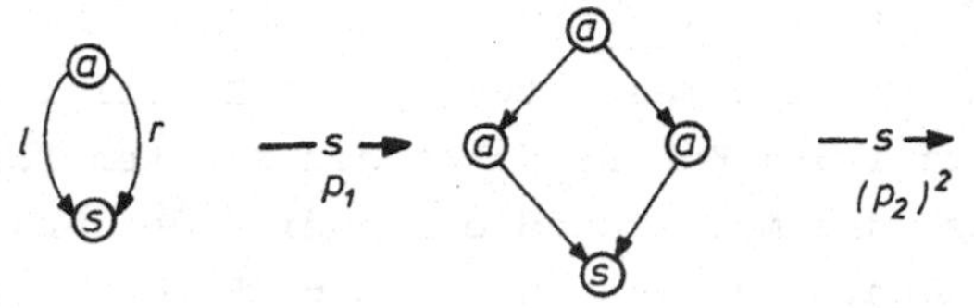

Fig. I/15

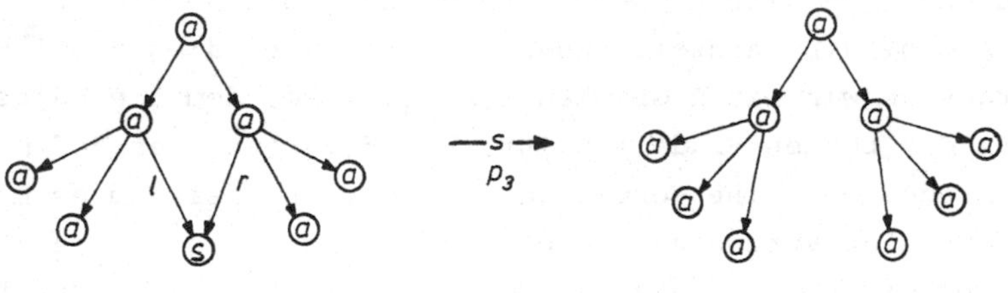

Lemma I.4.25: L_{BiPf} ist nicht olp-regulär.

Beweisskizze: [5] Es sei bemerkt, daß beim Erzeugen von Bäumen mit Hilfe von olp-R-Graph-Grammatiken in jedem Ableitungsschritt der Restgraph (Graph-Satzform ohne nichtterminalen Knoten und ohne angrenzende Kanten) selbst ein Baum sein muß. Eine terminale Kante wird entweder an einen maximalen Knoten des Restgraphen

5) Fußnote S. 73.

angehängt, wobei der maximale Knoten verschoben wird, oder sie wird an einen beliebigen anderen Knoten angehängt, wobei ein neuer maximaler Knoten im Restgraphen erzeugt wird (Bauweise von oben nach unten). Der nichtterminale Knoten muß vor Anwendung der entsprechenden Produktion mit dem Restgraphen über eine einlaufende *terminale* Kante verbunden gewesen sein. Da Kantenumkehr in olp-R-Graph-Grammatiken nicht möglich ist, scheidet die Bauweise von unten nach oben aus. Es gilt:

a) Bauweise von oben nach unten: Der nichtterminale Knoten ist mit beiden Teilbäumen verbunden. Es wird an beide Teilbäume gleichzeitig oder alternativ eine Kante angehängt. Dabei werden zwischen den beiden Teilbäumen entweder Querverbindungen erzeugt, die die Baumstruktur verletzen, oder aber die Verbindung mit einem oder mit beiden Teilbäumen wird zerstört. Da diese Verbindung nicht wieder hergestellt werden kann, kann an dem entsprechenden Teilbaum keine Kante mehr angehängt werden.

b) Fertigstellung eines Teilbaumes (etwa wie in Beispiel 4.17), Hochsteigen zur Wurzel und Konstruktion des zweiten Teilbaumes setzt voraus, daß man sich die Bauweise des ersten Teilbaumes merken kann. Das kann nur über nichtterminale Kanten bzw. Kombinationen solcher Kanten bzw. über verschiedene nichtterminale Markierungen des nichtterminalen Knotens geschehen. Bei einer vorgegebenen olp-R-Graph-Grammatik ist die Anzahl der Kennzeichnungen endlich, sei dies n bei G_2. Betrachten wir einen Graphen aus L_{BiPf}, bei dem die Länge jedes der beiden Pfade > n ist, bei dem ferner an jedem Knoten mindestens eine Verzweigung hängt, und bei dem es mindestens eine Verzweigung gibt, an der mehr als $r \cdot n$ Kanten hängen, wobei r der maximale Grad der Knoten aller Graphen in den Produktionen ist. Dieser Graph ist mit G_2 nicht ableitbar.

Bemerkung I.4.26: Auch bei der zu Def. 3.1 dualen Definition der Regularität, in der die Minimalität des nichtterminalen Knotens in jeder rechten Seite und im Startgraphen gefordert wird, ist L_{BiPf} nicht olp-regulär.

Daß L_{BiPf} depth1-R-erzeugbar ist, liegt daran, daß im Gegensatz zu beliebigen Bäumen hier eine Verzweigung durch Anwendung einer Produktion abgearbeitet werden kann und somit keine Markierung des Verzweigungsknotens nötig ist, um zu ihm zurückzukehren (vgl. L.4.16). Es ergibt sich eine einfache Graphenklasse, die weder depth1-R- noch olp-R-erzeugbar ist: die Menge aller Bibäume über ({a},{e}). Das sind Bäume, die aus zwei zueinander äquivalenten Wurzelbäumen bestehen, die an den Wurzeln zusammengeklebt sind. Wegen L.4.18 sind diese Bibäume nicht depth1-R, wegen L.4.25 sind sie nicht olp-R.[6] Sie sind jedoch regulär erzeugbar. Die Grammatik ergibt sich ziemlich einfach aus G_1 und G_2 von L.4.16 bzw. L.4.23. In [GG 25] ist eine reguläre Grammatik für die Menge aller Bibäume angegeben.

Betrachtet man olp-L-Graph-Grammatiken, so zeigt es sich, daß auch diese L_{BiPf} nicht erzeugen können. Als weitere Baumöglichkeit kommt hier nur die Bauweise von unten nach oben in Betracht. Doch auch hier gilt die Argumentation von Teil a) des Beweises von L.4.25.

Korollar I.4.27: depth1-RG $\not\subseteq$ olp-RG, depth1-LG $\not\subseteq$ olp-LG

Korollar I.4.28: olp-RG $\subset$ RG, s-RG $\subset$ depth1-RG.

Beweis: $L_{BiPf} \in$ depth1-RG $\subset$ RG, jedoch $L_{BiPf} \notin$ olp-RG. Somit gilt auch $L_{BiPf} \notin$ s-RG.

Korollar I.4.29: olp-LG $\subset$ LG, s-LG $\subset$ depth1-LG.

Wie bereits ausgeführt, sind olp-T- und depth1-T-Graph-Grammatiken Spezialfälle von loc-T-Graph-Grammatiken für beliebigen Typ T. Zwischen depth1-TG und loc-TG liegen die Klassen von Graph-Sprachen, die mit depth_n-T-Graph-Grammatiken erzeugt werden. Es entsteht nun die Frage, ob sich zwischen depth1-TG und loc-TG eine unendliche Hierarchie von Sprachklassen nach zunehmender Tiefe befindet, oder ob diese Sprachklassen bis zu einer gewissen Tiefe

---

6) Erstere können keine beliebig großen Bäume generieren, letztere sind außerstande, das Graphenwachstum so zu steuern, daß jeweils 2 äquivalente Teilbäume entstehen.

oder ab einer gewissen Tiefe zusammenfallen. Die Antwort auf diese Frage gibt der folgende Satz, dessen Beweis umfangreich, jedoch nicht allzu schwierig ist. Er ist in [GG 25] skizziert.

<u>Satz I.4.30</u>: depth1-TG $\subseteq$ depth2-TG = depth3-TG = ... = loc-TG
  für beliebigen Typ T aus {U,M,...,RN}.

Aus L.4.16 folgt $L_W \in$ depth2-RG und aus L.4.18 folgt $L_W \notin$ depth1-RG. ·
Somit gilt für reguläre und - durch analoge Argumentation - auch
für lineare Graph-Grammatiken:

<u>Korollar I.4.31</u>:   depth1-RG $\subset$ depth2-RG = ... = loc-RG,
                       depth1-LG $\subset$ depth2-LG = ... = loc-LG.

Es folgen nun einige Aussagen über einbettungsähnliche bzw. ein-
bettungsinvariante Grammatiken, die sich wegen der starken Spezialisierung der Einbettungsüberführung relativ leicht gewinnen
lassen.

<u>Lemma I.4.32</u>: Es gibt eine Graph-Sprache L·mit L$\in$(inv-CFG - inv-LG)
  Beweis: 1. Sei G_3 die folgende inv-CF-Graph-Grammatik
  G_3 = ({A,a},{e},{a},{e},d_0,{p_1,p_2,p_3}, —s→) [4] mit

p_1:   Ⓐ^{1} ::= ⓐ^{1} $E_1 = E_{id}$ (1,1) d_0: Ⓐ^{1}

p_2:   Ⓐ^{1} ::= Ⓐ^{1}——Ⓐ^{2} $E_2 = E_1$

p_3:   Ⓐ^{1} ::= Ⓐ^{1} Ⓐ^{2} $E_3 = E_1$ *Fig. I/16*

Ein einfacher Induktionsbeweis liefert $L(G_3) = L_W$, wobei L_W
wieder die Menge aller Wälder von Wurzelbäumen mit einheitlicher Knotenmarkierung a ist (vgl. L.4.16, wo wir für L_W eine
olp-R-Graph-Grammatik angegeben haben):

a) $L(G_3) \subseteq L_W$ (per Induktion über die Länge l von Ableitungen)
   Da p_1 die einzige abschließende Regel ist, die die Struktur
   des abgeleiteten Graphen unverändert läßt, genügt es zu zeigen, daß mit Hilfe von p_2,p_3 nur Wälder von Wurzelbäumen
   über ({A},{e}) erzeugt werden.
   Für l = 0 ist die Aussage richtig, da der Startgraph ein
   Wald ist. Sei die Aussage richtigt für l = n und sei
   $D_0 \overset{*}{\underset{G_3}{\text{s}}} \to D' \underset{G_3}{\text{s}} \to D$ eine Ableitung der Länge n+1. D' ist nach

---

4) Fußnote S. 71.

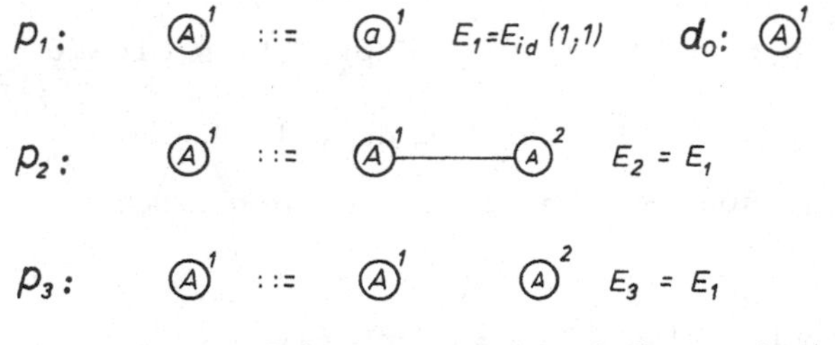

Induktionsvoraussetzung ein Wald. Wurde für $D' \xrightarrow[G_3]{s} D$ die Regel p_2 angewandt, so wurde an den Knoten der linken Seite eine neue Kante angehängt, wurde p_3 angewandt, so besteht D aus D' und einem neuen A-Knoten, einer neuen Wurzel. Somit ist D ein Wald.

b) $L_W \subseteq L(G_3)$ (per Induktion über die Anzahl n von Knoten von Graphen in L_W)
Es genügt wieder zu zeigen, daß jeder beliebige Wald mit einheitlicher Knotenmarkierung A als Graph-Satzform von G_3 auftaucht).
Für n=1 gibt es nur einen möglichen Graphen, nämlich D_o. Sei jeder Wald von Wurzelbäumen mit einheitlicher Knotenmarkierung A und n Knoten als Graph-Satzform von G_3 herleitbar, und sei D ein beliebiger Wald der gewünschten Form mit n+1 Knoten. Dann gibt es einen Wald D' mit n Knoten so, daß sich D von D' dadurch unterscheidet, daß D entweder einen zusätzlichen Zweig oder eine zusätzliche Wurzel besitzt. Da D' eine Graph-Satzform von G_3 ist, verlängere man im ersten Fall die Ableitung von D' mit p_2, im zweiten Fall mit p_3.

2. $L \notin$ inv-LG aus dem Beweis von L.4.18.

<u>Korollar I.4.33:</u> inv-LG $\subset$ inv-CFG

<u>Lemma I.4.34:</u> Die Glieder jeder Graph-Satzform D mit $D_o \xrightarrow[G]{\overset{+}{s}} D$ einer inv-CF-Graph-Grammatik mit einknotigem Startgraphen[7] d_o sind isomorph zu den Gliedern der rechten Seiten der Produktionen.

Beweis (per Induktion über die Länge l von Ableitungen):
Für l=1 ist die Graph-Satzform eine rechte Seite.
Sei die Behauptung richtig für l=n und sei $D_o \xrightarrow[G]{\overset{+}{s}} D' \xrightarrow[G]{s} D$ eine Ableitung der Länge n+1, wobei im letzten Schritt $D' \xrightarrow[G]{s} D$ die inv-CF-Produktion $p = (d_\ell, d_r, E)$ angewandt worden sei. Somit existiert genau ein $k_A \in K_r$, das nach Anwendung von p die gleichen Einbettungskanten besitzt wie der Knoten k_ℓ[8]. Der

7) Kann o.B.d.A. angenommen werden (vgl. L.3.4).
8) Präziser wäre es, von dem "dem Knoten k_ℓ bzw. k_A entsprechenden Knoten" in dem abstrakten Graphen D' bzw. D zu sprechen.

Knoten k_A ist eine Artikulation, da jeder Kantenzug von D' - D_ℓ nach D_ℓ über k_A läuft. Die Gebiete von D sind somit die Gebiete der eingesetzten rechten Seite und die Gebiete von D'.

Korollar I.4.35: In den Graph-Satzformen einer inv-CF-Graph-Grammatik treten nur endlich viele verschiedene Glieder auf, die nicht zueinander isomorph sind.

Ebenso einfach wie das vorstehende Lemma ergibt sich das folgende

Lemma I.4.36: Sie G eine inv-CF-Graph-Grammatik mit einknotigem Startgraphen. Falls die rechten Seiten aller Produktionen von G azyklisch sind, so ist jede Graph-Satzform azyklisch.

Lemma I.4.37: Die Anzahl nicht zueinander isomorpher Glieder, die in beliebigen Graphen der Sprache einer an-CF-Graph-Grammatik auftreten, ist i.a. nicht endlich.

Beweis: Sie G_4 die folgende an-CF-Graph-Grammatik mit einer einzigen Kantenmarkierung[4]:

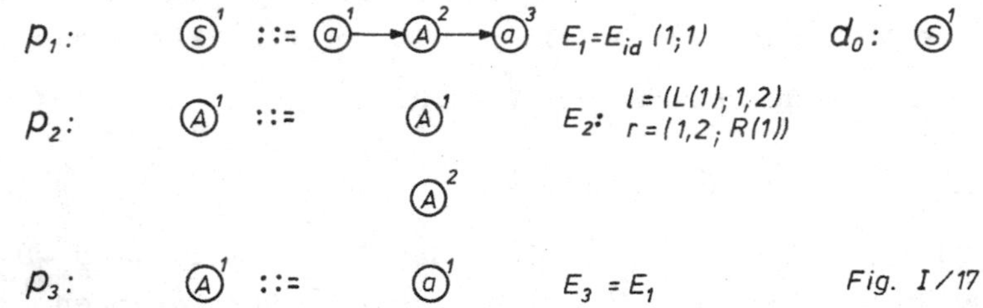

p_1:   ⓢ¹ ::= ⓐ¹ → Ⓐ² → ⓐ³ $E_1 = E_{id}$ (1;1) d_0: ⓢ¹

p_2:   Ⓐ¹ ::=   Ⓐ¹ E_2: $l = (L(1); 1,2)$
                                  $r = (1,2; R(1))$
              Ⓐ²

p_3:   Ⓐ¹ ::=   ⓐ¹ $E_3 = E_1$ Fig. I/17

Die Sprache von G_4 besteht trivialerweise aus den folgenden Graphen, die alle verschiedene Glieder sind, die nicht zueinander isomorph sind:

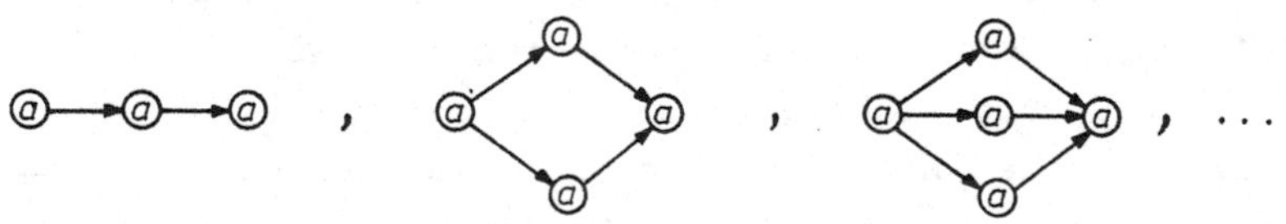

Fig. I/18

Korollar I.4.38: inv-CFG ⊂ an-CFG

Beweis: Aus Kor. 4.35 und L.4.37, wenn man in Beweis zu L.4.37 die Produktion p_2 durch das folgende p_2' ersetzt:

4) Fußnote S. 71.

$$p_2': \qquad Ⓐ \ :: \ \begin{matrix} @ \\ Ⓐ \end{matrix} \qquad\qquad E_2' = E_2 \qquad\qquad \text{Fig. I/19}$$

<u>Lemma I.4.40:</u> Es kann eine inv-CS-Graph-Grammatik angegeben wer-
den, deren Sprache die Menge aller mehrfach zusammenhängenden
ungerichteten Graphen mit einheitlicher Knotenmarkierung a ist.

Beweis: Ungerichtete Graphen lassen sich als gerichtete Graphen
auffassen, in denen zu jeder Kante eine gegenläufige existiert.
Die folgende Grammatik G_5 basiert auf einer graphentheoretischen Arbeit von Whitney [GT 15] (vgl. auch [GG 20]). Die
inv-CS-Graph-Grammatik ist gegeben durch $\Sigma_V = \{S,A,a\}$,
$\Delta_V = \{a\}$, $\Sigma_E = \Delta_E = \{e\}$ [4], d_0 und Produktionen wie in Fig. I/20:

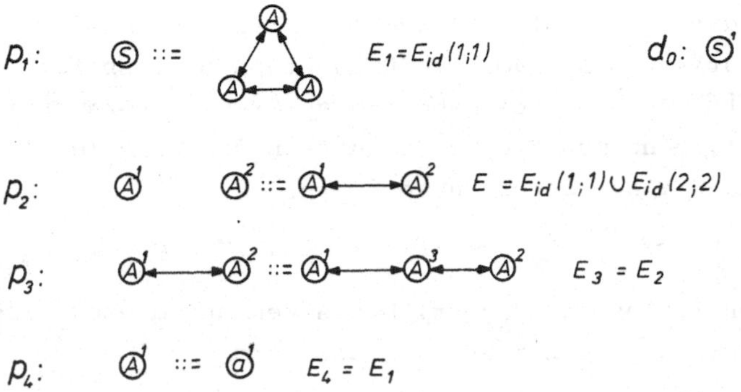

$$p_1: \qquad Ⓢ \ ::= \ \begin{matrix} & Ⓐ & \\ Ⓐ & \longleftrightarrow & Ⓐ \end{matrix} \qquad E_1 = E_{id}(1;1) \qquad\qquad d_0: Ⓢ'$$

$$p_2: \qquad Ⓐ^1 \qquad Ⓐ^2 ::= Ⓐ^1 \longleftrightarrow Ⓐ^2 \qquad E = E_{id}(1;1) \cup E_{id}(2;2)$$

$$p_3: \qquad Ⓐ^1 \longleftrightarrow Ⓐ^2 ::= Ⓐ^1 \longleftrightarrow Ⓐ^3 \longleftrightarrow Ⓐ^2 \qquad E_3 = E_2$$

$$p_4: \qquad Ⓐ^1 \ ::= \ @^1 \qquad E_4 = E_1 \qquad\qquad\qquad \text{Fig. I/20}$$

Sei MFZ die Menge aller mehrfach zusammenhängenden ungerichteter Graphen mit einheitlicher Knotenmarkierung a. Dann gilt
MFZ = L(G_5).

a) L(G_5) $\subseteq$ MFZ: In [GT 15] wurde gezeigt, daß eine notwendige
und hinreichende Bedingung für Mehrfachzusammenhang bei
Graphen mit mehr als zwei Knoten ist, daß diese keine Artikulationen besitzen. Die rechte Seite d_{r_1} hat keine Artikulation. Da durch Anwendung von p_2, p_3, p_4 keine Kante und somit kein Kantenzug gelöscht wird, bleibt trivialerweise die
Eigenschaft erhalten, keine Artikulationen zu besitzen.

b) MFZ $\subseteq$ L(G): In [GT 15] wurde gezeigt, daß es möglich ist,

---

4) Fußnote S. 71.

jeden mehrfach zusammenhängenden Graphen dadurch aufzubauen, daß man zu einem Zyklus querverbindende Kanten bzw. Kantenzüge hinzufügt. Durch Anwendung von p_1 und entsprechend oftmaligem Anwenden von p_3 kann ein Zyklus beliebiger Länge erzeugt werden. Hinzufügen einer querverbindenden Kante heißt einmalige Anwendung von p_2, eines querverbindenden Kantenzugs Anwendung von p_2 und danach entsprechend oftmaliges Anwenden von p_3.

<u>Korollar I.4.41:</u> inv-CFG $\subset$ inv-CSG

Beweis: Aus L.4.40 und Kor. 4.35.

<u>Korollar I.4.42:</u> an-CFG $\not\supseteq$ inv-CSG

Beweis: Sei ZYK die Menge aller ungerichteten Zykel beliebiger Länge mit einheitlicher Knotenmarkierung a und einheitlicher Kantenmarkierung e. Dann ist ZYK$\in$inv-CSG. Betrachte nämlich die Graph-Grammatik von L.4.40 ohne Produktion p_2 . Es ist jedoch ZYK$\notin$an-CFG. Annahme, es gäbe ein an-CF-Graph-Grammatik G mit ZYK = L(G), dann muß G eine Produktion der Form (evtl. Knotenmarkierungen a auf der rechten Seite)

$E = E_{id}(1;1) \cup E_{id}(1;n)$ Fig. I/21

haben, die einen Zyklus verlängert. Die Anwendung dieser Produktion führt jedoch zu einen Graphen der Form

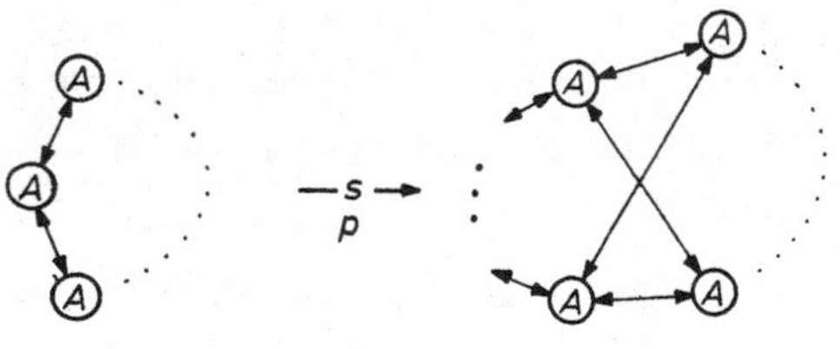

Fig I/22

und somit zu einer Verletzung der Zyklenstruktur.

<u>Korollar I.4.43:</u> Sei G eine an-CF-Graph-Grammatik. Dann gibt es i.a. keine äquivalente an-CF-Graph-Grammatik in Normalform.

Beweis: Sei G eine an-CF-Graph-Grammatik und sei p = (d_ℓ, d_r, E) eine Produktion von G und d_r ein Zykel der Länge >3. Der Rest folgt aus dem Beweis des vorangehenden Korollars.

Lemma I.4.44: an-LG $\subset$ an-CFG

Beweisskizze: Sei SV die Menge aller zusammenhängenden, ungerichteten Graphen mit einheitlicher Knotenmarkierung a und einheitlicher Kantenmarkierung[4], deren Glieder vollständige Graphen sind, sofern sie mehr als zwei Knoten haben. Sei G_6 die folgende an-CF-Graph-Grammatik mit $\Sigma_V = \{S,A,B,a\}$, $\Delta_V = \{a\}$, $\Sigma_E = \Delta_E = \{e\}$, d_0: $\textcircled{S}^1$

und folgenden Produktionen:

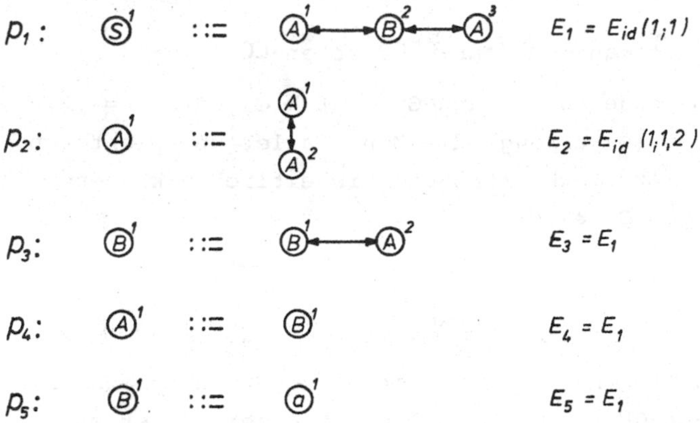

$$p_1: \quad \textcircled{S}^1 \quad ::= \quad \textcircled{A}^1 \longleftarrow \textcircled{B}^2 \longleftarrow \textcircled{A}^3 \qquad E_1 = E_{id}(1;1)$$

$$p_2: \quad \textcircled{A}^1 \quad ::= \quad \begin{array}{c} \textcircled{A}^1 \\ \uparrow \\ \textcircled{A}^2 \end{array} \qquad E_2 = E_{id}(1;1,2)$$

$$p_3: \quad \textcircled{B}^1 \quad ::= \quad \textcircled{B}^1 \longleftarrow \textcircled{A}^2 \qquad E_3 = E_1$$

$$p_4: \quad \textcircled{A}^1 \quad ::= \quad \textcircled{B}^1 \qquad E_4 = E_1$$

$$p_5: \quad \textcircled{B}^1 \quad ::= \quad \textcircled{a}^1 \qquad E_5 = E_1 \qquad\qquad Fig. I/23$$

Man sieht leicht, daß $L(G_6) = $ SV. Man beachte, daß alle Artikulationen während der Ableitung mit B markiert waren.
SV kann nicht durch eine an-L-Graph-Grammatik erzeugt werden: In einer an-L-Graph-Grammatik gibt es in jeder Graph-Satzform höchstens einen nichtterminal markierten Knoten. Somit müssen die vollständigen Glieder nacheinander aufgebaut werden. Sind diese z.B. baumartig aneinandergehängt, so muß zu einem bereits aufgebauten vollständigen Glied zurückgekehrt werden, um an einem Knoten ein weiteres vollständiges Glied anzuhängen. Dies ist bei an-Einbettungsüberführungen nicht möglich.

Korollar I.4.45: an-LG $\not\subseteq\not\supseteq$ inv-CFG

Beweis: Es gilt an-LG $\not\subseteq$ inv-CFG, wegen Beweis zu Kor. 4.39.
Es ist inv-CFG $\not\subseteq$ an-LG, da L_W von L.4.32 nicht durch eine an-L-Graph-Grammatik erzeugt werden kann, da L_W nicht einmal durch eine depth1-L-Graph-Grammatik erzeugt werden kann, wie wir aus dem Beweis von L.4.18 wissen.

---

4) Fußnote S. 71.

Lemma I.4.46: In einer te-an-CF-Graph-Grammatik gibt es für jeden Knoten jeder Graph-Satzform nur endlich viele verschiedene Formen von Einbettungen.

Beweis: Die Einbettungen der nichtterminalen Knoten sind diejenigen innerhalb rechter Seiten und somit gibt es nur endlich viele. Da mit Hilfe von an-Einbettungsüberführungen die Einbettungskanten nur in unveränderter Form weitergegeben werden und innerhalb von rechten Seiten nur endlich viele verschiedene Einbettungsanteile hinzukommen, sind wir bereits fertig.

Korollar I.4.47: te-an-CFG ⊂ an-CFG, te-an-LG ⊂ an-LG.

Beweis: Die folgende an-L-Graph-Grammatik G_7 mit $\Sigma_V = \{S,a\}$, $\Delta_V = \{a\}$ $\Sigma_E = \Delta_E = \{e\}$ erzeugt die Menge aller ungerichteten, einheitlich a-knotenmarkierten und einheitlich e-kantenmarkierten vollständigen Graphen:

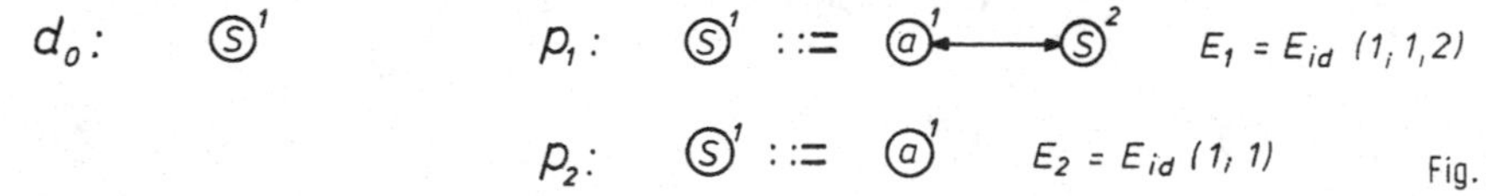

Fig. I/24

Wegen des voranstehenden Lemmas ist diese Graph-Sprache nicht durch eine te-an-CF- bzw. te-an-L-Graph-Grammatik erzeugbar.

Lemma I.4.48: Sei G eine an-CF-Graph-Grammatik ohne nichtterminale Kantenmarkierung. Dann ist L(G) = ∅ entscheidbar.

Beweis (analog zum Zeichenkettenfall): O.B.d.A. kann angenommen werden, daß d_0 ein einzelner Knoten ist, der mit $S \in \Sigma_V - \Delta_V$ markiert ist. Da G keine nichtterminalen Kanten enthält, ist $\Sigma_E = \Delta_E$. Wegen der hier möglichen Schlingen bilden wir hier nicht rekursive Mengen nichtterminaler Knotenmarkierungen, sondern einknotiger Graphen über $(\Sigma_V - \Delta_V, \Delta_E)$:

Sei $V_1^u := \{D \mid D \in D^{1-kn}(\Sigma_V - \Delta_V, \Delta_E)$ mit $D \underset{G}{-s\rightarrow} D'$, $D' \in D(\Delta_V, \Delta_E)\}$,
d.h. die Menge einknotiger Graphen mit nichtterminaler Knotenmarkierung, aus denen sich jeweils direkt ein terminaler Graph ableiten läßt.

$V_{i+1}^u := V_i^u \cup \{D \mid D \in D^{1-kn}(\Sigma_V - \Delta_V, \Delta_E)$ mit $D \underset{G}{-s\rightarrow} D'$, wobei alle einknotigen Untergraphen von D' terminal oder aus V_i^u sind$\}$.

Da die Anzahl einknotiger Graphen über $(\Sigma_V - \Delta_V, \Delta_E)$ endlich ist und $V_i^u \subseteq V_{i+1}^u$, folgt: Es gibt ein $t \in \mathbb{N}$ mit $V_j^u = V_t^u$ mit $j \geq t$. Somit ist $L(G) = \emptyset$, g.d.w. $d_o \in V_t^u$.

Lemma I.4.49: Sei G eine CF-Graph-Grammatik. Dann ist für jedes $D' \in D^{1\text{-}kn}(\Sigma_V, \Sigma_E)$ das Prädikat $\exists D(D \in D(\Sigma_V, \Sigma_E) \wedge D_o \overset{*}{\underset{G}{-s\rightarrow}} D \wedge D' \subseteq D)$ entscheidbar.

Beweis: Sei o.B.d.A. d_o wieder ein einzelner Knoten, der mit S markiert ist. Der Beweis ist wieder analog zu dem entsprechenden des Zeichenkettenfalls mit der obigen Modifikation wegen eventueller Schlingen. Man definiert Mengen einknotiger Graphen induktiv wie folgt:

$$V_1^o := \{D_o\}$$

$$V_{i+1}^o := V_i^o \cup \{D'_{einkn} \mid D' \in D^{1\text{-}kn}(\Sigma_V, \Sigma_E) \wedge \exists D, D''_{einkn}(D \in D(\Sigma_V, \Sigma_E) \wedge \wedge D''_{einkn} \in D(\Sigma_V - \Delta_V, \Sigma_E) \wedge D'_{einkn} \in V_i^o \wedge D''_{einkn} \underset{G}{-s\rightarrow} D \wedge D'_{einkn} \subseteq D)\}$$

Die Anzahl einknotiger Graphen ist endlich. Wegen $V_i^o \subseteq V_{i+1}^o$ wird diese aufsteigende Mengenfolge stationär, d.h. existiert $V_{t'}^o$ mit $V_{t'}^o = V_j^o$ für $j \geq t'$. Somit existiert ein D wie in der Behauptung, g.d.w. $D' \in V_{t'}^o$. Der Beweis wird von der Gestalt der Einbettungsüberführung nicht berührt, da diese auch in der allgemeinsten Form keine Schleifen erzeugen kann.

Def. I.4.50: Eine CF-Graph-Grammatik $G = (\Sigma_V, \Sigma_E, \Delta_V, \Delta_E, d_o, P, -s\rightarrow)$ heiße *reduziert*, g.d.w. sie keine Produktionen und nichtterminale Knotenmarkierungssymbole besitzt, die in keiner Ableitung $D_o \overset{+}{\underset{G}{-s\rightarrow}} D$ mit $D \in L(G)$ vorkommen.

Satz I.4.51: Zu jeder an-CF-Graph-Grammatik G ohne nichtterminale Kanten kann eine äquivalente reduzierte G' angegeben werden. Diese ist ebenfalls an-CF ohne nichtterminale Kanten.

Beweis: Ist $L(G) = \emptyset$ (entscheidbar nach L.4.48), so ist die reduzierte Grammatik trivial.
Ist $L(G) \neq \emptyset$, so entferne alle Produktionen, in denen ein einknotiger Untergraph vorkommt, der nicht in $V_{t'}^o$ (vgl. L.4.49) enthalten ist. Kommt für ein $m \in \Sigma_V - \Delta_V$ keiner der einknotigen Graphen über $(\{m\}, \Delta_E)$ in $V_{t'}^o$ vor, so eliminiere m aus Σ_V. Die so entstehende Grammatik ist trivialerweise äquivalent zu G.
Entferne nun alle Produktionen, in denen ein einknotiger Unter-

graph vorkommt, der nicht in V_t^u von L.4.48 enthalten ist. Sind für ein $m \in \Sigma_V - \Delta_V$ dann keine einknotigen Untergraphen über $(\{m\}, \Delta_E)$ mehr in den Produktionen enthalten, so eliminiere $m \in \Sigma_V$. Die so erhaltene Grammatik erfüllt die Behauptung.

Bemerkung I.4.52: Durch eine einfache Modifikation des obigen Beweises kann erreicht werden, daß auch alle überflüssigen terminalen Knotenmarkierungssymbole bzw. alle überflüssigen Kantenmarkierungssymbole aus der reduzierten Grammatik entfernt werden.

Aus [GG 42] kann ein dort angegebener Zerlegungssatz für CF-Graph-Grammatiken leicht verallgemeinert werden:

Satz I.4.53: Sei G eine depth1-CF-Graph-Grammatik über Σ_V, Σ_E und seien $D, D' \in D(\Sigma_V, \Sigma_E)$ mit $D \overset{*}{\underset{G}{-s\rightarrow}} D'$. Dann kann für jede Zerlegung $\bigcup_\lambda D_\lambda$ von D eine Zerlegung $\bigcup_\lambda D'_\lambda$ von D' angegeben werden mit $D_\lambda \overset{*}{\underset{G}{-s\rightarrow}} D'_\lambda$

Beweis: Es genügt, obige Behauptung für einen direkten Ableitungsschritt $D \underset{G}{-s\rightarrow} D'$ zu zeigen. Sei $D \underset{G}{-s\rightarrow} D'$, d.h. es gibt ein $d, d' \in d(\Sigma_V, \Sigma_E)$ und ein $p = (d_\ell, d_r, E)$ mit $d \underset{p}{-s\rightarrow} d'$. Sei ferner $\bigcup_\lambda d_\lambda$ eine Zerlegung von d. Da G kontextfrei ist, folgt $d_\ell \subseteq d_{\lambda_0}$, für genau ein λ_0. Sei $K'_{\lambda_0} := (K_{\lambda_0} - K_\ell) \cup K_r$, $K'_\lambda := K_\lambda$ für $\lambda \neq \lambda_0$ und $d'_\lambda := d'(K'_\lambda)$. Dann ist $d'_\lambda = d_\lambda$ für $\lambda \neq \lambda_0$ und $d_{\lambda_0} \underset{p}{-s\rightarrow} d'_{\lambda_0}$, da die Einbettungskanten des Ableitungsschritts $d \underset{p}{-s\rightarrow} d'$ innerhalb von d'_{λ_0} nicht von d_λ mit $\lambda \neq \lambda_0$ abhängen.

Bemerkung I.4.54: Obiger Satz gilt *nicht* für beliebige CF-Graph-Grammatiken, wie bereits das folgende triviale Beispiel zeigt:

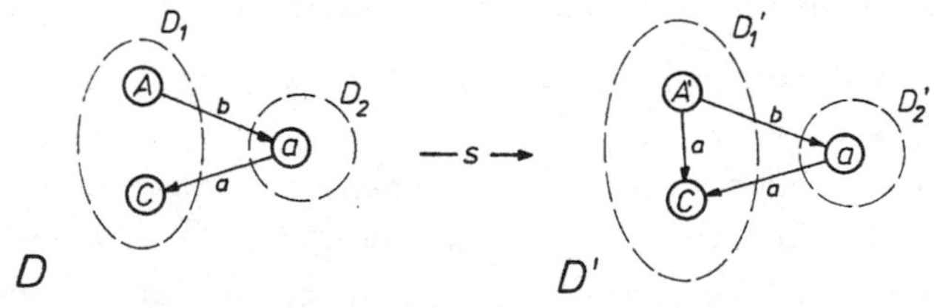

Fig. I/25

Angewandte Produktion:

p: Ⓐ^{1} ::= Ⓐ'^{1} E: $E^b_{id}(1;1)$ erweitert durch $r_a = (1; R_a R_b(1))$.

Es gilt nicht $D_1 \overset{}{\underset{p}{—s\rightarrow}} D_1'$, da die a-Kante in D' vom A'-Knoten zum C-Knoten dadurch erzeugt wurde, daß der Operator $R_a R_b$ den Untergraphen D_2 durchlief. Satz 4.53 könnte insoweit verschärft werden, als die Zerlegung von D' weitgehend strukturgleich mit der von D ist. Ebenfalls aus [GG 42] stammt der

Satz I.4.55: Sei G eine schlingenfreie[9] el-em-CF-Graph-Grammatik und sei $D \overset{*}{\underset{G}{—s\rightarrow}} D'$. Dann ist D ein schwach homomorphes Bild von D'.

Beweis: Es genügt, die Behauptung für einen direkten Ableitungsschritt $D \underset{G}{—s\rightarrow} D'$ zu zeigen. Sei $D —s\rightarrow D'$, d.h. es existieren $d \in D, d' \in D'$, $p = (d_l, d_r, E) \in P$ mit $d \underset{p}{—s\rightarrow} d'$. Wähle $f(k') = k'$ für $k' \in K' - K_r$ und $f(k') = k_l$ für $k' \in K_r$. Da $d - d_l = d' - d_r$ und d_l keine Schleifen enthält, verbleibt lediglich zu zeigen, daß jede Einbettungskante aus $Em(d_l, d)$ mindestens eine Urbildkante in $Em(d_r, d')$ besitzt. Das ist jedoch trivial bei el-em-Graph-Grammatiken.

Bemerkung I.4.56: Falls d_l eine Schlinge mit der Markierung $a \in \Sigma_E$ besitzt, g.d.w. es in d_r eine a-Kante gibt, so ist die Abbildung f aus dem Beweis von S.4.55 sogar ein Homomorphismus.

Ähnlich zu [GG 4] gilt der folgende Satz:

Satz I.4.57: Sei G eine depth1-Graph-Grammatik, sei $d \underset{p}{—s\rightarrow} d'$ mit $p = (d_l, d_r, E)$ und sei $d \subseteq \overline{d}$ so, daß $Em(d_l, \overline{d}) = \emptyset$.[10] Dann gilt: $\overline{d} \underset{p}{—s\rightarrow} \overline{d}'$, wobei $\overline{d}' := d' \cup (\overline{d} - d) \cup Em(d, \overline{d})$[11].

Beweis: o.B.d.A. kann angenommen werden, daß $\overline{K} - K \cap K_r = \emptyset$. Wegen $d \underset{p}{—s\rightarrow} d'$ gilt $d - d_l = d' - d_r$, wegen $Em(d' - d_r, \overline{d}') := Em(d - d_l, \overline{d})$, und da es somit keine Kanten zwischen $d', \overline{d}'$ gibt, folgt $\overline{d} - d_l = \overline{d}' - d_r$. Wegen $Em(d_l, \overline{d}) = \emptyset$ und G depth1 folgt, daß $Em(d_r, \overline{d}') = Em(d_r, d')$.

Bemerkung I.4.58: Obiger Satz ist eine Verallgemeinerung der Aussage: $w \rightarrow w' \Longrightarrow uwv \rightarrow uw'v$ des Zeichenkettenfalls. Im Zeichenket-

---

9) d.h. Startgraph und Produktionen enthalten keine Schlingen.
10) d.h. natürlich nicht, daß $Em(d, \overline{d}) = \emptyset$ ist.
11) Trivialerweise ist dann $Em(d, \overline{d}) = Em(d - d_l, \overline{d}) = Em(d' - d_r, \overline{d}')$.

tenfall ist es egal, ob die ersetzte Zeichenkette am Rand von w oder in der Mitte liegt, hier jedoch nicht. Ferner ist obiger Satz nur für depth1-Graph-Grammatiken gültig, denn schon für depth2-Produktionen kann eine Verbindung zwischen $\bar{d}$-d und d geschaffen werden, auch wenn vor Anwendung der Produktion zwischen beiden Untergraphen keine Verbindung bestand (Beispiel ähnlich einfach wie Fig. I/25). Weitere Ergebnisse dieser Art für Graph-Grammatiken im Sinne von [GG 4] finden sich in [GG 6].

Eine Reihe wichtiger Ergebnisse über Vertauschbarkeit von Ableitungen kontextfreier Graph-Grammatiken im Sinne von [GG 4], [GG 37] (sog. CHURCH-ROSSER-Theoreme) findet der Leser in [GG 8, 9, 15, 17].

Ziemlich analog zum Zeichenkettenfall läßt sich für te-an-CF-Graph-Grammatiken ein Pumping-Lemma beweisen (vgl. [GG 2, 14], ja es zeigt sich sogar, daß dieses Ergebnis auf sog. kantenkontextfreie Graph-Grammatiken verallgemeinert werden kann (vgl. [GG 16]), wo durch jede Produktion nicht ein einknotiger Untergraph, sondern eine Kante ersetzt wird.

Vermutlich können noch eine Reihe weiterer Struktur- und Entscheidbarkeitsergebnisse aus der Theorie der kontextfreien Zeichenketten-Sprachen auf Graph-Grammatiken übertragen werden.

Ein Teil der Ergebnisse dieses Abschnitts wird durch folgendes Korollar zusammengefaßt:

Korollar I.4.59:

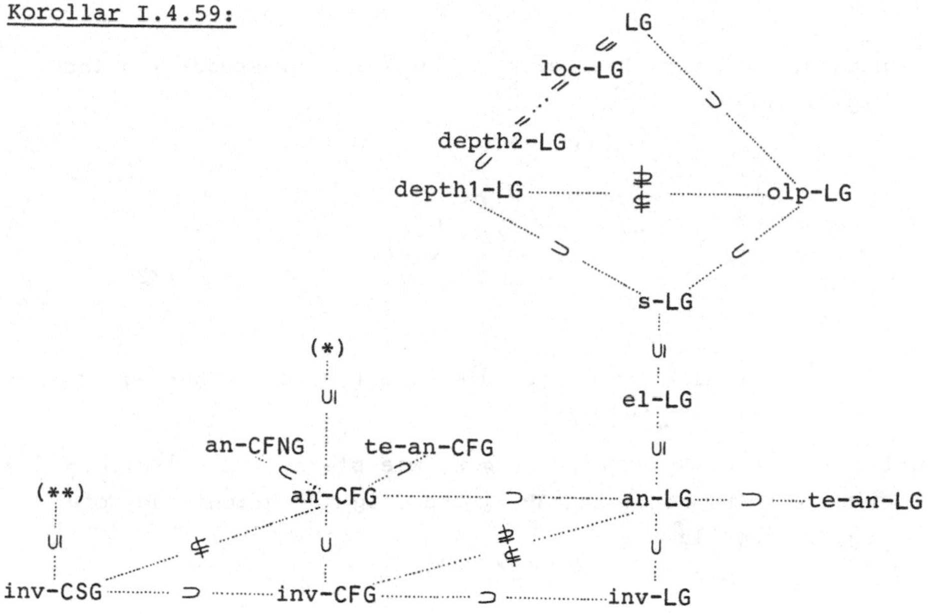

Dabei ist (*) bzw. (**) durch Kor. 4.12 für CF- bzw. CS-Graph-Sprachen zu ergänzen. Die Beziehungen für L-Graph-Sprachen gelten alle auch analog für R-Graph-Sprachen.

Bemerkung I.4.60: (*graphische Darstellung von Einbettungsüberführungen*): Für Produktionen mit den oben angegebenen Einschränkungen der Einbettungsüberführung finden sich graphische Notationen in der Literatur. Motivation für eine graphische Repräsentation von Produktionen ist, daß diese ihre Funktion suggestiver beschreibt, als dies bei linearer Notation der Einbettungsüberführung der Fall ist.

a) Für den Fall *inv-Einbettungsüberführungen* ergibt sich eine graphische Darstellung allein durch geschickte Wahl von Knotenbezeichnungen (vgl. [GG 4], [AP 28] etc.). So sind '1 und 1' bzw. '2 und 2' zueinander korrespondierende Knoten unter der Funktion α (vgl. Def. 4.7). Man beachte, daß durch die graphische Darstellung eines Knotens implizit eine Knotenbezeichnung eingeführt wird (vgl. Fußnote I.1.6)). Für Knoten, die von der Einbettungsüberführung unberührt bleiben, ist es also überflüssig, eine explizite Knotenbezeichnung einzuführen. Ein Beispiel für eine inv-Produktion ist Fig. I/26.

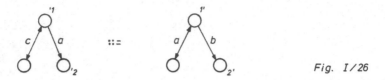

Fig. I/26

In linearer Notation lautet die Einbettungsüberführung $E_{id}^{a\in\Sigma_E}('1;1') \cup E_{id}^{a\in\Sigma_E}('2;2')$.

b) Für *el-Einbettungsüberführungen*, wie sie in [GG 42] eingeführt wurden, wurde in [AP 7] die folgende graphische Notation vorgeschlagen:

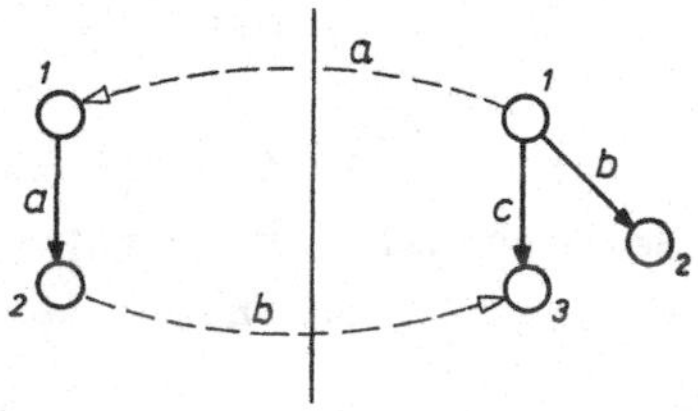

Fig. I/27

Der senkrechte Strich trennt die linke Seite von der rechten Seite (erstere links, zweite rechts vom Trennstrich). Die durch diesen Trennstrich hindurchlaufenden gestrichelt gezeichneten Kanten beschreiben die Einbettungsüberführung. Kanten von d_ℓ nach d_r mit Markierung a stehen für die Einbettungskomponente l_a, solche in umgekehrter Richtung mit Markierung a für r_a, $a\in\Sigma_E$. So steht die obige graphische Notation für $l_b = (L_b(2);3)$, $r_a = (1;R_a(1))$. Es sei hier angemerkt, daß Knotenbezeichnungen in Fig. I/27 überflüssig sind.

c) In [GG 2] ist für *depth1-Produktionen* eine graphische Notation folgender Art angegeben:

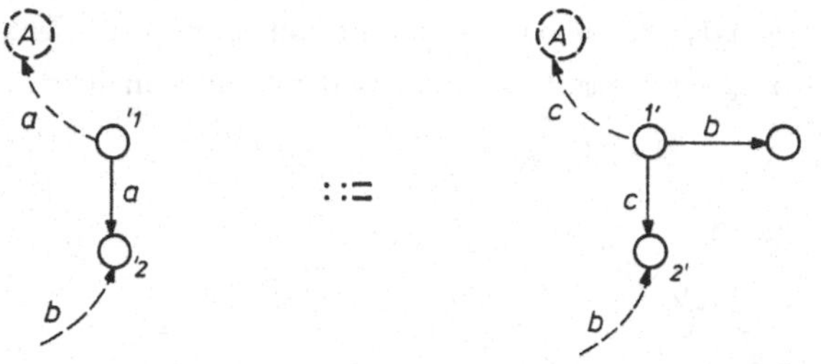

Fig. I/28

Die gebogenen und gestrichelten Kanten charakterisieren die Einbettungsüberführung. Der Bezug auf die Knotenmarkierung des Außenknotens wird dadurch angegeben, daß dieser Außenknoten gestrichelt auftaucht. Wie wir in I.5 sehen werden, spielt bei [GG 2] die Außenmarkierung nicht die Rolle wie in Beispiel 2.19.d), sondern bestimmt lediglich die Anwendbarkeit einer Produktion. Ferner sind Einbettungsüberführungen in [GG 2] richtungserhaltend. Obige graphische Notation läßt sich jedoch für beliebige depth1-Produktionen verwenden, für die in der linearen Notation von I.2 (einschl. der Abkürzungen L.17) jeder Knoten von K_l oder K_r nur einmal auftaucht. Die entsprechende lineare Notation zur graphischen von Fig. I/28 ist dann l_b = $(L_b('2);2')$, r_c = $(1';AL_a('1))$.

d) Eine graphische Notation für kompliziertere Einbettungsüberführungen findet sich in [AP 20]. Linke Seite, rechte Seite und Einbettungsüberführung werden durch ein "Y" voneinander getrennt (vgl. Fig. I/29). Der obere Teil der Darstellung charakterisiert die Einbettungsüberführung. Die Kanten in die rechte Seite oder aus der rechten Seite heißen neue Kanten, ihre Endknoten im oberen Teil heißen Ankerknoten. Die graphische Notation von Fig. I/29 verstehen wir hier als Abkürzung einer Einbettungsüberführung, die aus der Komponente l_b = $((R_e \cap L_b)R_a(k_1);k_2)$ besteht. Wir gehen auf den Ableitungsbegriff, der dieser graphischen Notation entspricht, in III.2 genauer ein. Da hier, wie auch in b) und c), eine Produktion einschließlich der Einbettungsüberführung als Graph notiert wird, kann diese Notation zur Definition von zweistufigen Graph-Grammatiken verwandt werden (vgl. III.2).

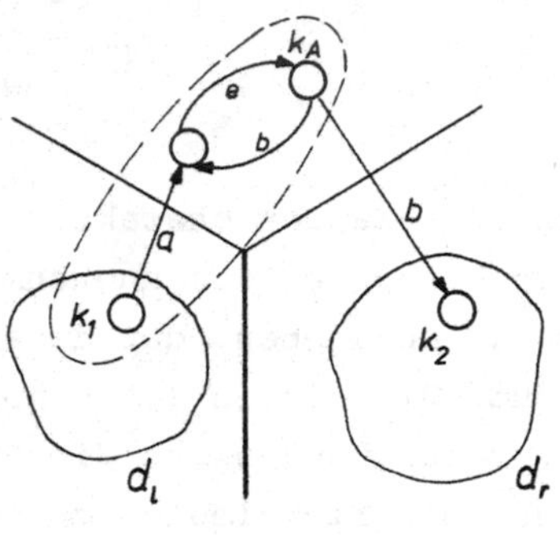

Fig. I/29

I.5 Vergleich mit anderen sequentiellen Ansätzen

Wie in der Einleitung bereits ausgeführt, war die grammatikalische Mustererkennung Ausgangspunkt der Theorie der Graph-Grammatiken (vgl. Literaturverzeichnis, Abschnitt PA). Es gab aus diesem Anwendungsbereich einige Vorschläge, Grammatiken von Strukturen zu definieren, die allgemeiner als Zeichenketten sind. Alle diese Strukturen lassen sich als markierte Graphen auffassen. Diese Erkenntnis war der Ausgangspunkt für eine Theorie sequentieller Ersetzungssysteme, unabhängig von der konkreten Anwendung.
Erstmals wurden Graph-Grammatiken in etwa zur selben Zeit, jedoch unabhängig voneinander, von PFALTZ/ROSENFELD 1969 [GG 31] und SCHNEIDER 1970 [GG 42] definiert. Das Anwachsen dieser Disziplin seither mag der Leser dem Literaturverzeichnis entnehmen. Wir werden im folgenden einige der Arbeiten über Graph-Grammatiken kurz besprechen und uns insbesondere bemühen, die Bezüge zu den Definitionen dieses Kapitels herauszuarbeiten.

In PFALTZ/ROSENFELD [GG 31] bleiben die Einbettungsüberführung - und somit auch der Ableitungsbegriff - noch *informal*. Vielleicht *wegen* dieser Unvollständigkeit war [GG 31] Ausgangspunkt einer ganzen Reihe darauf aufbauender Arbeiten [GG 20], [AP 24], [GG 41], [GG 1], [GG 23] und [GG 2]. Die Anwendung von Graph-Grammatiken auf die Graphentheorie wird in [GG 31] erstmals demonstriert: Für einfache Graphenklassen wie Bäume, Wälder, Transportnetzwerke werden Grammatiken angegeben. Es sind auch erste Ansätze sichtbar, Begriffe aus der CHOMSKY-Theorie zu übertragen und die sich daraus ergebenden Graph-Sprachklassen und ihre Beziehungen untereinander zu diskutieren. Es findet sich hier ebenfalls der Vorschlag, Produktionen um eine Anwendbarkeitsbedingung zu erweitern, der uns bei [GG 20], [GG 41], [GG 1] wieder begegnet. Die [GG 31] zugrunde liegenden Strukturen sind nicht l-Graphen im Sinne von I.1, sondern *Webs*, das sind ungerichtete Graphen mit Knotenmarkierung, aber ohne Kantenmarkierung.

Die in SCHNEIDER [GG 42, 43, 44] gegebene Definition einer Graph-Grammatik ist die erste formal saubere der Literatur.

Was wir hier l-Graphen genannt haben, heißt in diesen Arbeiten *n-Diagramme*, die Grammatiken über diesen Diagrammen heißen *Diagramm-Grammatiken*. n-Diagramme und l-Graphen unterscheiden sich lediglich dadurch, daß die Kanten in n-Diagrammen mit natürlichen Zahlen von 1,...,n markiert sind, in l-Graphen mit bel. Markierungssymbolen aus Σ_E. Dieser Unterschied ist formal unwesentlich. Stellt man sich vor, daß die Kantenmarkierung ein beliebig langes Datum sein darf, so stellen n-Diagramme eine implementierungsnahe Codierung von l-Graphen dar. Die Relationen ϱ_a eines beliebigen l-Graphen wurden in [GG 42, 43] als Halbordnung vorausgesetzt. Diese Einschränkung hat ebenfalls keinen Einfluß auf die Definition des Ableitungsbegriffs. In [GG 44] werden notwendige und hinreichende Kriterien für Produktionen angegeben so, daß bei einem Ableitungsschritt $d \underset{Sch}{\overset{s}{\longrightarrow}} d'$ die Relationen ϱ'_a, $a\in\Sigma_E$ wieder Halbordnungen sind. Ein Unterschied zu den in I.2 definierten Graph-Grammatiken besteht darin, daß in [GG 42, 43, 44] nur zwischen terminalen und nichtterminalen Markierungen für Knoten unterschieden wird, nicht jedoch für Kanten[1]. In der in I.4 eingeführten Terminologie handelt es sich bei [GG 42, 43] um el-Graph-Grammatiken. Für jede Kantenmarkierung $a\in\Sigma_E$ werden die ein- bzw. auslaufenden Einbettungskanten von d' über *Relationen* $\pi_{-a}, \pi_a \subseteq K_l \times K_r$ definiert zu

$$In_a(d_r,d') := \pi_{-a} \circ In_a(d_l,d)$$
$$Out_a(d_r,d') := Out_a(d_l,d) \circ \pi_a^{-1}$$

Diese Relationen π_{-a}, π_a lassen sich direkt in Einbettungskomponenten l_a, r_a im Sinne von I.2 übersetzen. Sei für eine Produktion

$$\pi_{-a} = \{(k_{i_1},k'_{i_1}),\ldots,(k_{i_m},k'_{i_m})\}$$
$$\pi_a = \{(k_{j_1},k'_{j_1}),\ldots,(k_{j_q},k'_{j_q})\} \text{ mit } k_{i_\lambda},k_{j_\mu}\in K_l, k'_{i_\lambda},k'_{j_\mu}\in K_r.$$

Die entsprechenden Einbettungskomponenten für ein- bzw. auslaufende a-Kanten ergeben sich dann zu:

$$l_a = \bigcup_{\lambda=1}^{m}(L_a(k_{i_\lambda});k'_{i_\lambda}), \quad r_a = \bigcup_{\mu=1}^{q}(k'_{j_\mu};R_a(k_{j_\mu})).$$

Neben einer formal sauberen Einführung von Graph-Grammatiken

1) Das gilt für fast alle Arbeiten über Graph-Grammatiken, mit Ausnahme derer des Autors.

und ihres Ableitungsbegriffs liegt der Schwerpunkt von [GG 42, 43] auf der Untersuchung eines eingeschränkten Grammatiktyps mit einer einzigen Kantenmarkierung, der in [GG 42, 43] *1-regulär* heißt. Dies ist ein Spezialfall der Regularität von I.3: Die rechten Seiten besitzen ein Maximum, das mit dem nichtterminalen Knoten zusammenfällt, falls einer existiert. Ferner ist die Einbettungsüberführung so beschaffen, daß aus der Existenz einer einlaufenden Einbettungskante zu einem Knoten $k \in K_r$ auch die Existenz von einlaufenden Einbettungskanten zu sämtlichen, auch indirekten Nachfolgern von k folgt. In [GG 42, 43] ist nun eine Reihe von Resultaten angegeben, die diesen Grammatiktyp charakterisieren, insbesondere ein Normalformtheorem, das besagt, daß es zu jeder 1-regulären Grammatik G eine äquivalente 1-reguläre G' gibt, deren rechte Seiten primitive Präfixe der mit den Regeln von G assoziierten Graphen (vgl. Fig. I/27) sind. Das besagt, daß diese Produktionen nicht noch weiter vereinfacht werden können. [GG 42] war Ausgangspunkt einer Reihe von Arbeiten, unter anderem auch des Autors.

Wie [GG 31] handelt auch die Arbeit von MONTANARI [GG 20] von Webs, d.h. von knotenmarkierten, aber kantenunmarkierten Graphen. Die Einbettungsüberführung bleibt wie bei [GG 31] informal. Die in Beispielen und Sätzen verwandten Grammatiken sind alle einbettungsähnlich und einbettungsmonoton bzw. einbettungsinvariant. Letztere heißen in [GG 20] normal. Eine Produktion $p = (d_l, d_r, E, AB)$ umfaßt hier ferner eine - ebenfalls nicht formalisierte - *Anwendbarkeitsbedingung* AB, die erfüllt sein muß, wenn eine Produktion anwendbar sein soll.[2)] Der Ableitbarkeitsbegriff ist entsprechend zu erweitern. Für Einbettungsüberführung bzw. Anwendbarkeitsbedingung kann man sich prinzipiell eine beliebige berechenbare Funktion bzw. ein beliebiges berechenbares Prädikat vorstellen. Zu vermuten ist jedoch aus bestimmten Andeutungen, daß [GG 20] bei der informal gebliebenen Einbettungsüberführung bzw. Anwendbarkeitsbedingung an solche der Eigenschaft depth1 mit der Erwei-

---

2) [GG 20] deutet auch die Möglichkeit sog. negativer Anwendbarkeitsbedingungen NAB an, die nicht erfüllt sein dürfen, sofern mit Hilfe einer Produktion $p = (d_l, d_r, E, NAB)$ eine Ableitung fortgesetzt werden soll. Wir kommen darauf in III.1 zurück.

terung 2. 20.b.e) bzw. an Prädikate gedacht hat, die nur von der direkten Nachbarschaft der linken Seite abhängen. Ferner gehen Grammatiken in [GG 20] von einer endlichen Menge von Startgraphen aus, was aber i.a. auf einen einzigen (einknotigen) Startgraphen zurückgeführt werden kann.
Neben der Sprache einer Grammatik, die wie in I.2 definiert ist, betrachtet [GG 20] indirekt erzeugte Mengen von Graphen. Sei $\Delta_V, \{e\}$ das terminale Knoten- bzw. Kantenmarkierungsalphabet[3], und sei $\Delta_M \subseteq \Delta_V$. Eine Menge $L \subseteq D(\Delta_M, \{e\})$ heißt *indirekt* von G *erzeugt*, g.d.w. jedes Element von L Untergraph eines Elements von L(G) ist und ferner folgende Bedingung gilt: Für jede Graph-Satzform von G, in der N Knoten mit Symbolen aus Δ_M markiert sind, darf die Anzahl der mit $\Sigma_V - \Delta_M$ markierten Knoten eine Schranke S_N nicht überschreiten. In [GG 20] sind für eine Reihe interessanter Graphenklassen Grammatiken angegeben, die diese direkt oder indirekt erzeugen. Es sind dies die *nichtseparierbaren* Graphen (vgl. L.4.40), *zusammenhängenden separierbaren* Graphen, *planaren* Graphen, *nichtseparierbaren planaren* Graphen etc.. Diese Grammatiken verzichten auf Anwendbarkeitsbedingungen, d.h. diese ist stets die triviale Bedingung true. Für kontextfreie Web-Grammatiken ist diese definitionsgemäß stets true.

Ebenso wie [GG 31], [GG 20] behandelt ABE/MIZUMOTO/TOYODA/TANAKA [GG 1] Grammatiken über Webs, weshalb es bei Kanten auch keine Unterscheidung zwischen terminalen und nichtterminalen geben kann. Der Aufsatz ist eine Weiterführung von [GG 20]. Die Produktionen haben eine vierte Komponente, die Anwendbarkeitsbedingung, die jedoch auch hier noch informal bleibt. Sie ist in fast allen angegebenen Beispielen die triviale Bedingung true. Die Einbettungsüberführung sind vom Typ an (vgl. Def. 4.7).[4] Untersucht wurde auch ein Spezialfall hiervon, nämlich inv-Einbettungsüberführungen. Einige der in [GG 1] angegebenen Ergebnisse sind in I.4 eingearbeitet worden. Ferner sind in [GG 1], wie in [GG 20],

3) Kantenunmarkierte Graphen kann man auffassen als kantenmarkierte Graphen mit einer einzigen Kantenmarkierung, hier e .

4) Da [GG 1] auf Webs aufbaut, gibt es nur eine Einbettungskomponente. Die in [GG 1] angegebene Definition läßt sich jedoch unmittelbar auf beliebige 1-Graphen ausdehnen.

Grammatiken für einige interessante Graphenklassen angegeben, wie z.B. *Eulersche* Graphen, *dreifach zusammenhängende* Graphen etc.. Schließlich wurden in [GG 1] indirekt erzeugte Graph-Sprachen untersucht, mit der Definition der indirekten Erzeugung aus [GG 20].

In ROSENFELD/MILGRAM [GG 41] werden Webs zugrunde gelegt, die schlingenfrei und zusammenhängend sind. Wie bereits bekannt, lassen sich diese als gerichtete 1-Graphen mit einer einzigen Kantenmarkierung auffassen, in denen zu jeder Kante eine gegenläufige existiert. Das zugrunde liegende Knotenmarkierungsalphabet sei Σ_V. Produktionen haben die Form

$$p = (d_\ell, d_r, \Phi) \text{ mit } d_\ell, d_r \text{ wie oben und } \Phi : K_\ell \times K_r \rightarrow 2^{\Sigma_V}.$$

Es heißt *d' aus d direkt ableitbar*, g.d.w.

(1) $d_\ell \subseteq d, d_r \subseteq d'$, $d - d_\ell = d' - d_r$ (wie üblich)

(2) Für jedes $k \in K_\ell$ sind entweder alle Markierungen seiner Nachbarn in $d-d_\ell$ aus $\Phi(k,k')$ für ein $k' \in K_r$, oder die Regel ist nicht anwendbar.

(3) Für alle $k_1, k_2 \in K_\ell$ und $k' \in K_r$ gilt:
Jeder Nachbar von k_1 in $d-d_\ell$, der eine Markierung aus $\Phi(k_1,k') \cap \Phi(k_2,k')$ besitzt, ist ebenfalls ein Nachbar von k_2 in $d-d_\ell$ oder die Regel ist nicht anwendbar.

(4) d' hat folgende Form (falls (2) und (3) erfüllt sind):
$d' = (d-d_\ell) \cup d_r$ mit folgenden zusätzlichen Einbettungskanten: Wenn $\Phi(k,k') = U$, dann übernimmt k' die Einbettung, die k in d hatte (vorausgesetzt, alle Markierungen von Nachbarknoten von k in $d-d_\ell$ sind in U enthalten).

Die Bedingungen (2) und (3) sind *globale Anwendbarkeitsbedingungen*, global deshalb, weil sie für alle Produktionen gelten. Im Gegensatz dazu waren Anwendungsbedingungen in [GG 20] Teile von Produktionen, d.h. für jede Produktion konnte die Anwendungsbedingung anders sein. Abgesehen von den Anwendungsbedingungen, handelt es sich hier um an-Einbettungsbedingungen, die Einbettungskanten hängen jedoch ab von der Markierung von Außenknoten (vgl. Beispiele 2.19.d)). Der Unterschied zu Beispiel

2.19.d) besteht jedoch darin, daß dort in Abhängigkeit von der Markierung von Außenknoten Kanten erzeugt werden oder nicht. Hier spielt die Markierung nur in den Anwendungsbedingungen eine Rolle, bestimmt also lediglich, ob eine Produktion anwendbar ist oder nicht.
Die Anwendbarkeitsbedingung (3) läßt sich folgendermaßen veranschaulichen: Sei $v' \in \Phi(k_1,k') \cap \Phi(k_2,k')$, dann ist

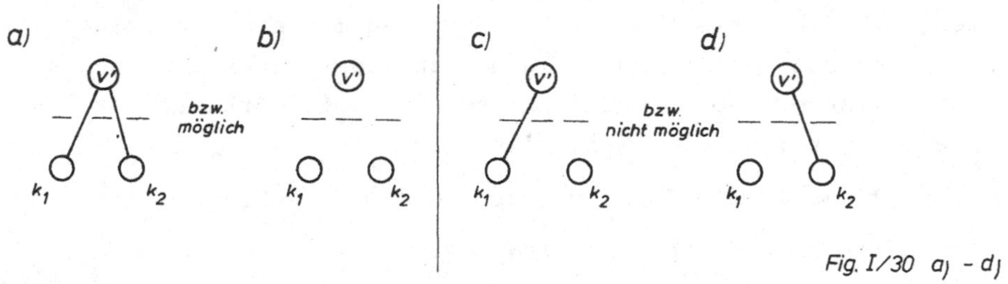

Fig. I/30 a) - d)

Wir wollen nun zeigen, wie sich diese *Anwendbarkeitsbedingungen* in den Ableitungsbegriff von I.2 *einfügen*:
Seien c und f zwei nichtterminale Kantenmarkierungen[5)] und sei $\Phi(k,k') = \{v_1, \ldots, v_m\} \subseteq \Sigma_V$. Sei ferner $v_{\overline{\Phi(k,k')}} \in (\Sigma_V - \{v_1, \ldots, v_m\})^*$ ein Wort, das alle Zeichen des Alphabets $\Sigma_V - \{v_1, \ldots, v_m\}$ in beliebiger Reihenfolge enthält. Die Anwendbarkeitsbedingung (2) drückt sich dann durch folgende Einbettungskomponenten aus:[6,7)]

(2') $n = (v_1 \ldots . v_m N(k);k')$

$(v_{\overline{\Phi(k,k')}} N(k);k') \subseteq n_f$

Um die Anwendbarkeitsbedingung (3) in unserem Operatorenkalkül übersetzen zu können, wären Ausdrücke der Form $(v'N(k_1) \cap \not{c}N(k_2);k') \subseteq n_f$ für $v' \in \Phi(k_1,k') \cap \Phi(k_2,k')$ nötig. Solche Ausdrücke sind jedoch nicht zulässig (vgl. Def. 2.10 und Bem. 2.20.c)). Der gleiche Effekt läßt sich jedoch durch einen Zwischenschritt bei der Ableitung erreichen, d.h. wir spalten eine anzuwendende Produk-

---

5) c steht für "connected", f (false) wird wieder für blockierende Kanten benutzt.

6) Da wir hier ungerichtete Kanten als Doppelkanten verstehen, benötigen wir zwei Komponenten l und r, die jedoch die gleiche "Gestalt" haben. n ist eine Abkürzung hiervon. N steht hier stellvertretend für L und R. Die einzige terminale Kantenmarkierung ist wieder weggelassen.

7) Die Einbettungsüberführung enthalte ferner Anteile, die die Erhaltung blokkierender Kanten gewährleisten.

tion p in zwei Produktionen p^1, p^2 auf, die nacheinander anzuwenden sind: [8)]

(3') 1. Schritt: $(v'N(k_2);k_1) \cup (v'N(k_1);k_2) \subseteq n_c$
$(N(k_2);k_2) \cup (N(k_1);k_1) \subseteq n$
mit $d_\ell^1 = d_r^1 = d_\ell$

2. Schritt: $(v'N \cap \complement N_c(k_1);k_1) \cup (v'N \cap \complement N_c(k_2);k_2) \subseteq n_f$
mit $d_\ell^2 = d_\ell$, $d_r^2 = d_r$.

Somit ist dieser Ableitungsbegriff in dem von I.2 enthalten. Wegen der Anwendbarkeitsbedingung (2) und der Verwendung zusammenhängender Graphen in den Produktionen folgt sofort, daß alle Graph-Satzformen zusammenhängend sind. Sei p^{-1} für $p = (d_\ell, d_r, \Phi)$ definiert als $p^{-1} := (d_r, d_\ell, \Phi^{-1})$ mit $\Phi^{-1}: K_r \times K_\ell \rightarrow 2^{\Sigma_v}$ definiert durch $\Phi^{-1}(k', k) = \Phi(k, k')$ $\forall (k, k') \in K_\ell \times K_r$. Die Produktion p^{-1} heißt *Umkehrproduktion* von p. Sei $d \underset{p}{-s\rightarrow} d'$, dann gilt $d' \underset{p^{-1}}{-s\rightarrow} d$. Jetzt wird auch der Sinn der Anwendbarkeitsbedingung (3) sichtbar: Annahme, diese Bedingung gelte nicht und p sei eine Produktion, die zwei Knoten zu einem zusammenzieht. Dann würde nach Anwendung von p und anschließend p^{-1} aus einer Situation Fig. I/30 c) oder d) eine der Form Fig. I/30 a), d.h. die Umkehrung von Produktionen ist nicht eindeutig.

In [GG 41] wird nun die Frage der Rekognition von Graph-Sprachen durch *Graph-Akzeptoren* untersucht. Ein Graph-Akzeptor ist ist ein Automat mit endlicher Zustandsmenge, Anfangszustand q_I, Endzustand q_F und einer komplexen Überführungsfunktion, die - grob skizziert - folgende *Übergänge* gestattet:

. In Abhängigkeit von Zustand q, von der Markierung A des Knotens k, über dem sich der Automat gerade befindet, und von dem Vorhandensein einer Markierung (etwa C) auf einem Nachbarknoten k", kann der Automat den Zustand wechseln, eine neue Knotenmarkierung drucken und sich zu k" bewegen. Falls die Nachbarknotenmarkierung C nicht auftaucht, bewegt er sich nicht nach dem Drucken.

---

8) Angegeben sind nur die Einbettungsanteile, die sich auf die Simulation von (3) beziehen. (2') muß in den 2. Schritt integriert werden.

. Der Automat kann in Abhängigkeit von Zustand, Markierung des aktuellen Knotens und Auftauchen einer Nachbarmarkierung den aktuellen Knoten und den Nachbarknoten zu einem verschmelzen, eine neue Markierung auf diesen drucken und einen neuen Zustand einnehmen.

. Der Automat kann in Abhängigkeit vom Zustand und der Markierung des aktuellen Knotens k diesen in zwei miteinander durch eine Kante verbundene Knoten k' und k" aufspalten, diese Knoten neu markieren und sie mit der Umgebung von k verbinden. In Abhängigkeit von der Markierung der Nachbarknoten werden sie mit k' oder k" verbunden. Der Automat geht in einen neuen Zustand über und steht auf k'.

Ein Graph d wird *akzeptiert*, g.d.w der Automat in Zustand q_I, auf einem beliebigen Knoten von d beginnend, nach endlich vielen Schritten nach q_F kommt. In [GG 41] ist nun gezeigt, daß es zu jeder Graph-Grammatik G in dem hier eingeführten Sinne einen Akzeptor gibt, der genau L(G) akzeptiert und umgekehrt, daß es zu jedem Akzeptor eine Graph-Grammatik gibt, deren Sprache die Menge der akzeptierten Graphen des Automaten ist. Für den Beweis der ersten Behauptung werden Umkehrproduktionen so lange angewandt, bis man beim Startgraphen angekommen ist (die Anwendung einer Umkehrproduktion läßt sich durch obige Übergänge des Automaten leicht simulieren). Im zweiten Beweis erzeugt man mit einer Graph-Grammatik zunächst symmetrische Graphen der Form dzd (d ein beliebiger Graph, der mit seinem Duplikat folgendermaßen verbunden ist 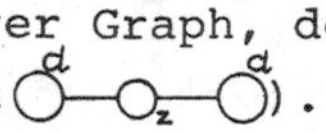). Auf einem dieser Graphen simuliert man dann das Verhalten des Automaten durch Ableitungsschritte einer Graph-Grammatik. Kommt der Automat in einen Endzustand, so löscht man den "Arbeitsgraphen" und die Verbindung über z.

Eine weitere Arbeit, die sich mit einer speziellen Klasse von Graph-Grammatiken und zugehörigen Akzeptoren beschäftigt, ist MYLOPOULOS [GG 21].

Die Arbeit von BRAYER/FU [GG 2] gehört ebenfalls zu den Aufsätzen, die aus [GG 31] entstanden sind; sie nimmt stark Bezug auf [GG 41]. Es liegen hier nicht mehr Webs, sondern 1-Graphen zugrunde, allerdings mit folgenden Einschränkungen: Es gibt keine Schlingen und zwischen zwei Knoten existiert nur *eine* Kante (mit bel. Markierung aus Σ_E). Der Ableitungsbegriff ist eine geringfügige Generalisierung von [GG 41]. Er erlaubt das Ummarkieren von Einbettungskanten, aber nicht das Umorientieren. Insoweit handelt es sich um einen Spezialfall von depth1-Graph-Grammatiken. Hinzu kommt eine Anwendbarkeitsbedingung: Sie entspricht der 1. Anwendbarkeitsbedingung (vgl. (2) des letzten Absatzes) von [GG 41] und ist insoweit eine Verallgemeinerung hiervon, als hier verschiedene Kantenmarkierungen zugelassen sind. Die Einbettungsüberführung Φ einer Produktion ist definiert als $\Phi : K_\ell \times K_r \rightarrow 2^{\Sigma_E \times \Sigma_V \times \Sigma_E}$. Sei für $(k_1, k_2) \in K_\ell \times K_r$: $\Phi(k_1, k_2) = \{(a,v,b)\}$. Wie der Ableitungsmechanismus definiert ist, gehe aus Fig. I/31 a) hervor; der Knoten k_2 übernimmt die Einbettungskanten (die in einem Knoten der Markierung v beginnen oder enden), die jedoch von a zu b ummarkiert werden (vgl. Fig. I/31.a)). Die Anwendbarkeitsbedingung besagt, daß eine Produktion nicht anwendbar ist, wenn die "Umgebung" eines Knotens k_1 nicht übereinstimmt mit den ersten beiden Komponenten eines Tripels aus $\Phi(k_1, k_2)$. So ist eine Produktion mit obigem $\Phi(k_1, k_2)$ auf Wirtsgraphen der Form I/31 b) nicht anwendbar.[9]

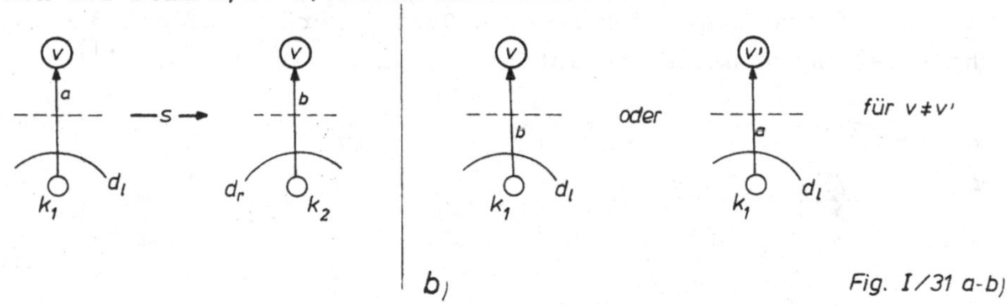

Fig. I/31 a-b)

In [GG 2] werden insbesondere kontextfreie Graph-Grammatiken studiert. Einige der Ergebnisse sind in Abschnitt I.4 eingearbeitet worden. Kontextfrei heißt dabei in unserer Terminologie an-em-CF. Ferner enthält [GG 2] ebenfalls einen Beweis für MG=CSG (vgl. Bem. 3.16), der jedoch einfacher ist als der von Satz 3.12 (aus [GG 24]). Dies liegt daran, daß einmal die obige Anwendbarkeitsbedingung gefordert wird, daß ferner die Definition von Kontextsensitivität keine Forderung der Art "Die Ein-

9) Diese Anwendbarkeitsbedingung kann natürlich wieder durch Operatoren und f-Kanten simuliert werden.

bettung ist konstant auf dem Kontext" kennt, und daß die Einbettungsüberführung im Vergleich zu I.2 eine wesentlich einfachere Gestalt besitzt. Für te-em-an-CF-Graph-Grammatiken bzw. te-em-an-L-Graph-Grammatiken, deren rechte Seiten ohne die (bzw. den) nichtterminalen Knoten zusammenhängend sind, sind in [GG 2] Akzeptoren angegeben, die die entsprechenden Graph-Sprachen annehmen.

Erwähnenswert ist auch eine Arbeit von RAJLICH [GG 32], weil sie eine der früheren Graph-Grammatik-Arbeiten ist und weil sie keine l-Graphen zugrunde legt, sondern bel. *Relationalstrukturen.* Diese sind definiert als S = (V,E), V die Knotenmenge, $E \subseteq ((\Sigma_1 \times V) \cup (\Sigma_2 \times V^2) \cup \ldots \cup (\Sigma_n \times V^n))$, wobei $\Sigma = \Sigma_1 \cup \Sigma_2 \cup \ldots \Sigma_n$ ein Markierungsalphabet ist. Σ_1 ist in obiger Terminologie das Knotenmarkierungsalphabet[10], Σ_2 das Kantenmarkierungsalphabet. Für die weiteren $\Sigma_3, \ldots, \Sigma_n$ gibt es oben kein Pendant. Regeln sind definiert als Paare $p = (S_l, S_r)$ von Strukturen. Ableitung $S_1 \xrightarrow[p]{s} S_2$ ist so definiert, daß es einen injektiven Homomorphismus $e : S_l \cup S_r \rightarrow S_1 \cup S_2$ gibt mit $S_2 = (S_1 - e(S_l)) \cup S_r$, $e(S_l) \subseteq S_1$, $e(S_r) \cap (S - e(S_l)) = \emptyset$. Dabei ist bei $(S_1 - e(S_l)) \cup S_r$ nicht etwa gemeint, daß die einbettenden Relationen wegfallen, sondern sie werden auf die Knoten der rechten Seite übertragen, die die gleiche Bezeichnung haben. So ist in Fig. I/32 $S_1 \xrightarrow[p]{s} S_2$,[11]

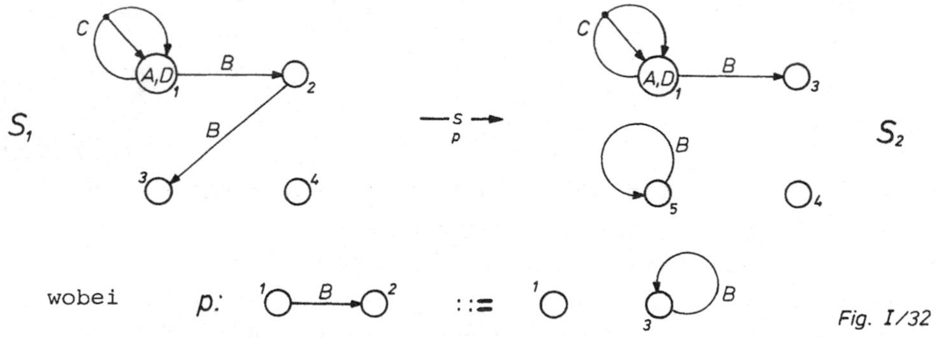

Fig. I/32

10) Hier kann ein Knoten mit mehreren Symbolen aus Σ_1 markiert sein oder überhaupt nicht.

11) Der Knoten 1 hat in S_1 zwei Markierungen A,D; als Kanten gibt es (B,1,2), (B,2,3) und als einziges Element einer dreistelligen Relation gibt es (C,1,1,1).

die angewandte Regel ist. Der Knoten 3 von S_2 hat dieselbe Einbettung wie 2 von S_1, da beide den Knoten mit der Bezeichnung 1 in S_r bzw. S_l entsprechen. Wenn wir obige Strukturen auf unäre und binäre Relationen beschränken - wir erhalten dann in etwa l-Graphen -, so handelt es sich um inv-Graph-Grammatiken. Die Veränderungen des Graphen müssen also ganz innerhalb linker und rechter Seite vor sich gehen.

Der zentrale Gedanke der *algebraischen* Graph-Grammatik-Ansätze [GG 4, 37, 45 und die auf diesen Ansätzen aufbauenden Arbeiten], die mit EHRIG/PFENDER/SCHNEIDER [GG 3, 4] ihren Ausgangspunkt hatten, war es, den Begriff *Konkatenation* von Zeichenketten zu verallgemeinern auf Graphen. Hierfür wurde eine aus der Kategorientheorie bekannte Konstruktion herangezogen, nämlich das *Pushout*. Wegen des grundsätzlich anderen Ansatzpunktes wurden diese Ansätze in [OV 5] algebraische Ansätze genannt, im Gegensatz zu den algorithmischen Ansätzen, von denen etwa I.2 ein typischer Vertreter ist. Grundlage sind hier ebenfalls markierte Graphen,[12] jedoch mit expliziter Kantenbezeichnung.[13] Ein *markierter Graph* über den Alphabeten Σ_V, Σ_E ist definiert durch $G = (V,E,q,z,m_V,m_E)$ mit V Knoten-, E Kantenmenge (beide im folgenden stets als endlich vorausgesetzt), Abbildungen $q,z:E \rightarrow V$ (Quell- und Zielfunktion) und $m_V: V \rightarrow \Sigma_V$, $m_E: E \rightarrow \Sigma_E$, die Markierungsfunktionen für Knoten und Kanten. Somit erlaubt die Definition markierte Graphen mit mehreren Kanten gleicher Richtung und Markierung zwischen zwei Knoten. Eine Produktion ist hier definiert als $p = ('B \xleftarrow{'p} K \xrightarrow{p'} B')$, 'B,B' markierte Graphen, K ein unmarkierter Graph,[14] 'p,p'Graph-Morphismen.[15] Ein Graph H ist aus einem Graphen G direkt ableitbar, g.d.w. es eine Erweiterung, das ist ein *injektiver* Graph-Morphismus $d : K \longrightarrow D$ (D teilweise markiert) gibt so, daß das folgende Diagramm gilt:

12) Wegen des mangelnden Platzes sind die folgenden Bemerkungen eher informal.
13) Vorne sind Kanten nicht explizit, sondern durch Knotenpaare gekennzeichnet.
14) Wäre K markiert, so müßten die *Verklebungsknoten* in der linken und rechten Seite stets gleich markiert sein, eine zu starke Einschränkung.
15) Die Definition von Graph-Morphismen ist hier schwächer als die eines Homomorphismus von Def. 1.3: Graph-Morphismen sind nicht allgemein surjektiv, und es gilt nur sinngemäß die Kantenbedingung von Def. 1.3, also nicht allgemein die von Def. 1.2.

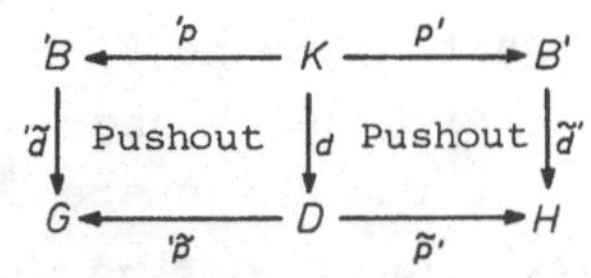

Fig. I/33

Ein einfaches Beispiel für diese Konstruktion ist in Fig. I/34 angegeben. Die Morphismen 'p,p',d sind durch die Wahl geeigneter Knotenbezeichnungen ausgedrückt. Anschaulich bedeutet obige Pushout-Konstruktion, daß G bzw. H die disjunkte Vereinigung von 'B und D bzw. B' und D ist, in der man jeweils Knoten und Kanten von D mit ihren Bildern in 'B bzw. B' verschmilzt.[16] Da diese Konstruktion nur bis auf Isomorphie (entspricht Äquivalenz von Def. 1.5) bestimmt ist, entfällt hier die Unterscheidung zwischen 1-Graphen und abstrakten 1-Graphen. Grammatiken und Sprachen sind dann wie üblich definiert. Der Ableitungsbegriff ist symmetrisch in dem Sinne, daß aus $G \underset{p}{\overset{s}{\longrightarrow}} H$ die Beziehung $H \underset{p^{-1}}{\overset{s}{\longrightarrow}} G$ folgt, wobei p^{-1} die gleiche Regel ist wie p, in der linke und rechte Seite inklusive ihrer Morphismen vertauscht sind. Vergleichen wir diesen Ableitungsbegriff mit dem in I.2., so ist festzustellen,

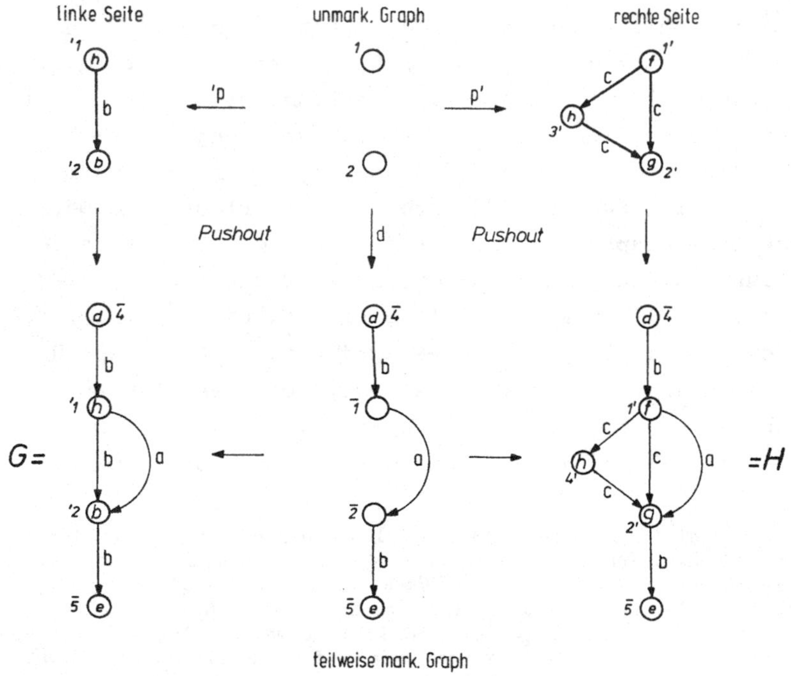

Fig. I/34

16) Man kann zeigen, daß die Allgemeinheit dieses Ansatzes nicht darunter leidet, daß K nur Knoten und keine Kanten enthält, so wie in Fig. I/34.

daß es sich hier um eine Teilgraphenersetzung und nicht um eine Untergraphenersetzung wie in I.2 handelt (vgl. a-Kante in Fig. I/34). In der Notation von I.4 handelt es sich etwa um el-em-Einbettungsüberführungen, die durch obige Konstruktion realisiert werden, wobei allerdings eine Eigenschaft hinzukommt, eine Möglichkeit, Einbettungskanten zu *verteilen*, die durch Fig. I/35 erläutert werde:

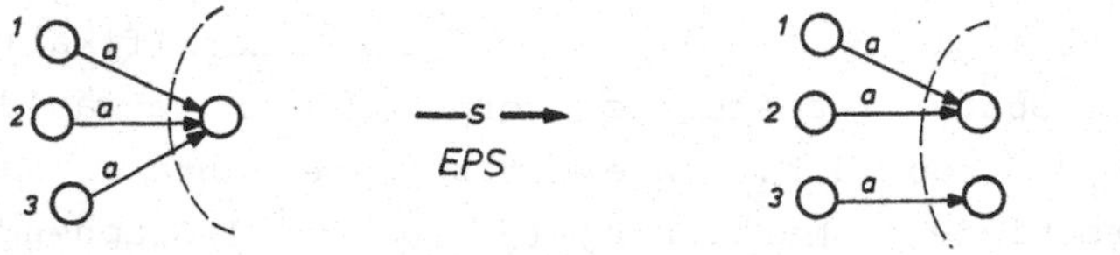

Fig. I/35

Dies ist in I.2 ebenfalls möglich, jedoch nur dann, wenn die Knotenmengen {1,2} und {3} durch verschiedene Operatoren charakterisiert werden können.
Das Ergebnis einer Ableitung $G \xrightarrow[p]{s} H$ mit Hilfe einer Regel p, deren linke Seite als Teilgraph in G enthalten ist, hängt von der Wahl der Erweiterung d ab. Um diese Nichtdeterminiertheit zu beschränken, wurden in [GG 4] auch *Grammatiken mit Erweiterungen* betrachtet, das sind Grammatiken, in denen eine (i.a. nichtendliche) Menge von Erweiterungen vorgegeben ist. Ein in [GG 4] studierter Unterfall hiervon ist der *eindeutiger Graph-Grammatiken*, das sind solche, wo es zu jeder linken Seite einer Regel, die Teilgraph eines Wirtsgraphen G ist, genau eine Erweiterung aus der vorgegebenen Menge von Erweiterungen gibt so, daß G pushout von Teilgraph und Erweiterung ist.
Selbst wenn die linke Seite einer Regel Teilgraph eines Wirtsgraphen ist, ist nicht gesichert, daß es ein H mit $G \xrightarrow{s} H$ gibt. Dies liegt daran, daß 'p bereits die Einhängungsknoten festlegt und andererseits die linke Seite durch andere Knoten in den Wirtsgraphen eingehängt sein kann. Für den Fall, daß 'p injektiv ist[17] und eine *Verschmelzungsbedingung* gilt, die - anschaulich gesprochen - bedeutet, daß die Quell- oder Zielknoten von Kanten des Restgraphen (Wirtsgraph minus Kanten- und Kno-

17) Dann ist obiges "Verteilen" aus Fig. I/35 natürlich nicht möglich.

ten der linken Seite[18]) nur Knoten sind, die entweder nicht in der linken Seite liegen oder, die Verschmelzungsknoten sind, ist sowohl stets eine Ableitung $G \xrightarrow{s} H$ *möglich* als auch das Ergebnis H *eindeutig*. Die Produktion von Fig. I/34 erfüllt diese Eigenschaft. Falls K = {1}, ist diese Verschmelzungsbedingung in Fig. I/34 nicht erfüllt.
Neben der Klassifikation von Graph-Sprachen durch Einschränkung der Gestalt von linker und rechter Seite bzw. Einbettungsüberführung von I.2 und I.3 wurde in [GG 4] eine weitere Klassifikation nach graphentheoretischen Eigenschaften vorgeschlagen, etwa 'B,B' total geordnet, 'B,B' treu, d.h. von einem zu einem anderen Knoten nur Kanten verschiedener Markierung (entspricht 1-Graphen von vorne), K ohne Kanten etc..
Ferner ist in [GG 4] eine Bedingung enthalten, die garantiert, daß eine Ableitung $G \xrightarrow[p]{s} H$ zu einer $\overline{G} \xrightarrow[p]{s} \overline{H}$ erweitert werden kann, wobei $\overline{G}$ und $\overline{H}$ markierte Graphen sind, die G bzw. H enthalten. Schließlich werden in [GG 4] Ableitungskategorien von Graph-Grammatiken definiert.

In SCHNEIDER/EHRIG [GG 45] wurde der eben beschriebene Ansatz so erweitert, daß *partielle Graphen* ersetzt werden, das sind Graphen, die Kanten ohne Quelle oder Ziel besitzen dürfen. Durch Hinzunahme der noch fehlenden Knoten läßt sich dieser Ansatz zwar auf [GG 4] zurückführen, doch diese Zurückführung ist nur *theoretisch*. Dabei wächst der Regelsatz stark an, da wir für die fehlenden Knoten beliebige Markierung annehmen müssen.[19,20]
Eine Regel p = $('B \xleftarrow{'p} K \xrightarrow{p'} B')$ ist ähnlich zu oben durch zwei markierte partielle 'B,B', ein unmarkiertes K und zwei Graph-Morphismen 'p,p' definiert. Unter folgenden Bedingungen (1) - (3) liefert die bereits bekannte pushout-Konstruktion keine partiellen Graphen G,H, sondern Graphen: (1) Alle offenen Kanten von 'B bzw. B' sind Bilder offener Kanten von K. (2) Wenn mehrere offene Kanten $e_1, \ldots, e_j$ von K mittels 'p bzw. p' auf eine offene

18) Der Restgraph ist dann eigentlich kein Graph mehr, sondern ein partieller Graph (vgl. nächsten Absatz).

19) Man kann also Graph-Grammatiken im Sinne von [GG 45] als Abkürzung solcher in [GG 4] auffassen.

20) Wenn man an Implementierung denkt, ist dies aus Speicherplatz- und Rechenzeitgründen unvernünftig.

Kante abgebildet werden, so müssen diese durch die Erweiterung d : K→D auf Kanten abgebildet werden, in denen der noch fehlende Knoten übereinstimmt (vgl. Kanten 4,5 in Fig. I/36). (3) Die Erweiterung d : K→D ist ein injektiver schwacher Graph-Morphismus.[21,22] D sei dabei wieder wie oben auf dem Teil markiert, der nicht Bild bzgl. d ist. Die oben zu [GG 4] gemachten Aussagen sind hier zu wiederholen. Auch hier gilt für eine Regel mit injektivem 'p, daß, wenn die linke Seite 'B als Teilgraph[23] in einem G enthalten ist und die Verschmelzungsbedingung des obigen Absatzes gilt, stets eine Ableitung G—s→H möglich ist und dieses H eindeutig bestimmt ist.

Durch Hinzunahme offener Kanten ist eine Entkoppelung der Einbettungsüberführung für verschiedene Kantenmarkierungen eingetreten, diese kann für verschiedene Kantenmarkierungen verschieden geregelt werden. Dies ist wie bei el-Einbettungsüberführungen (vgl. Bem. 4.8). Da Einbettungskanten auch ummarkiert werden können, kann mit Hilfe der obigen Konstruktion in etwa das Verhalten von richtungserhaltenden depth1-Einbettungsüberführungen simuliert werden.

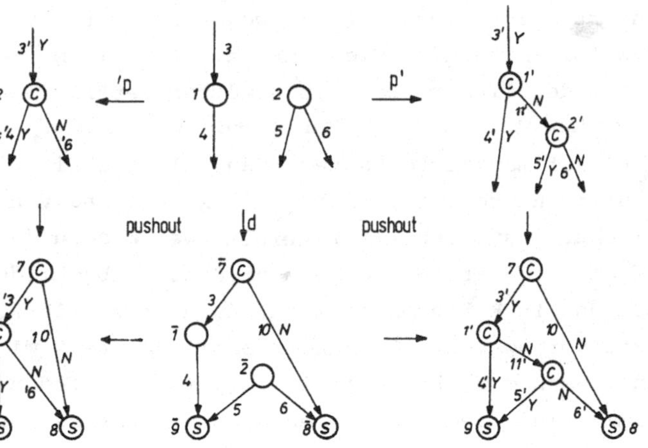

Fig. I/36

---

21) Schwacher Graph-Morphismus heißt, im Bild kann eine Kante einen Quell- oder Zielknoten haben, obwohl die Urbildkante(n) keinen Quell- oder Zielknoten besaßen.

22) Im Gegensatz zu d müssen 'p und p' Graph-Morphismen sein, sonst ist es möglich, daß etwa 'p und d einer Kante verschiedene Quellknoten zuordnet, die nicht zusammenfallen, obwohl die zwei Kanten verschmolzen werden, da sie das gleiche Urbild haben.

23) Diese informale Ausdrucksweise besage, daß es einen injektiven schwachen Graph-Morphismus d gebe, der die Eigenschaft hat, daß offene Kanten nicht vermöge von Bildern von Knoten von 'B zu geschlossenen Kanten werden.

In [GG 45] wurden *konvexe Graph-Grammatiken* studiert. Das sind Graph-Grammatiken mit Erweiterungen, in denen jede aktuelle Erweiterung $d : K \longrightarrow D$ konvex ist:[24] Wenn in D zwischen zwei Bildknoten von K eine Kette existiert, dann ist sie das Bild einer Kette in K. Solche Grammatiken erhalten Zyklenfreiheit von Wirtsgraphen, wenn die rechten Seiten der Regeln zyklenfrei sind.

Eine weitere Generalisierung von [GG 4] ist der Ansatz von ROSEN [GG 37]. Hier sind die fehlenden Knoten aus [GG 45] in der linken bzw. rechten Seite enthalten, diese sind jedoch unmarkiert (aus dem oben bereits erwähnten Grund). Eine Produktion $p = ('B \xleftarrow{'p} K \xrightarrow{p'} B')$ besteht hier aus drei teilweise markierten Graphen 'B,K,B' und zwei Morphismen 'p,p'. Produktionen erfüllen die Bedingungen: (1) Alle unmarkierten Kanten und Knoten aus 'B bzw. B' sind Bilder von Kanten und Knoten aus K. (2) Der Urbildbereich der markierten Kanten oder Knoten von 'B bzw. B' bzgl. 'p bzw. p' stimmt überein. Erweiterungen $d : K \rightarrow D$ werden hier nicht als injektiv vorausgesetzt. Ableitung $G \overset{s}{\longrightarrow} H$ ist hier wieder definiert durch die Existenz zweier Pushouts (vgl. Fig. I/33) mit den folgenden drei Bedingungen: (1') Die Markierungen des Bildes der linken Seite in G müssen verträglich sein mit mit denen von 'B. (2') Werden Knoten (Kanten) a_1, a_2 von K, die bzgl. p' auf markierte Knoten (Kanten) abgebildet werden, bzgl. d aufeinandergelegt, so muß die Markierung von $p'(a_1)$ und $p'(a_2)$ übereinstimmen. (3') Werden zwei Knoten (Kanten) bzgl. p' auf einen unmarkierten Knoten (Kante) abgebildet, so muß ihre Markierung in K übereinstimmen. Auch hier gilt wieder, daß es für ein vorgegebenes G, p kein oder mehrere H mit $G \underset{p}{\overset{s}{\longrightarrow}} H$ geben kann. Wenn d nicht injektiv ist, ist auch $'\tilde{d}$ nicht injektiv u.u.. Somit sind die Anwendungen dieses Ansatzes insoweit komplizierter, als hier nicht nur der ohnehin zeitaufwendige Untergraphentext - etwa für die linke Seite - durchgeführt wird, sondern ein verallgemeinerter Test, wo nach dem Bild der linken Seite unter einem unbekannten Morphismus gesucht wird.

---

24) Somit ergibt sich hier eine weitere Untersuchungsmöglichkeit von Graph-Grammatiken durch Forderung graphentheoretischer Eigenschaften für Erweiterungen $d : K \longrightarrow D$.

Für den Spezialfall, daß für ein vorgegebenes G,p ein injektiver Morphismus $'\tilde{d}$ existiert, der mit der Markierung von G verträglich ist (d.h. die linke Seite Teilgraph von G ist), die obige Verschmelzungsbedingung gilt und schließlich die Bedingung gilt, daß Knoten (Kanten) a_1, a_2, mit $p'(a_1) = p'(a_2)$ und $'p(a_1)$ unmarkiert, vermöge $'\tilde{d}'p$ auf Knoten (Kanten) mit gleicher Markierung abgebildet werden, gibt es ein eindeutig bestimmtes H mit $G \xrightarrow{s} H$. Ein weiterer Spezialfall neben d bzw. $'\tilde{d}$ injektiv wurde in [GG 37] betrachtet, sog. *natürliche* Erweiterungen. Natürlich heiße: $'\tilde{p}$ ist injektiv (vgl. Fig. I/33).

In EHRIG/KREOWSKI [GG 8] und ROSEN [GG 35] werden nun CHURCH-ROSSER-Theoreme für Graph-Grammatiken im Sinne von [GG 4] bzw. [GG 37] angegeben, das sind Aussagen, unter welchen Voraussetzungen unabhängig *Teilableitungen* einer Ableitung miteinander *vertauscht werden können*. Solche Aussagen sind wünschenswert im Hinblick auf die Definition kanonischer Ableitungssequenzen für Graph-Grammatiken als Generalisierung der Begriffe Links- oder Rechtsableitung des Zeichenkettenfalls. In [GG 8] sind zwei CHURCH-ROSSER-Theoreme für natürliche Ableitungen ($'\tilde{p}$ in jedem Pushout injektiv) angegeben, die sich informal folgendermaßen beschreiben lassen: Seien $G \xrightarrow[p_1]{s} H_1$, $G \xrightarrow[p_2]{s} H_2$ und $H_1 \xrightarrow[p_3]{s} H_3$ drei direkte Ableitungsschritte und seien $G \xrightarrow[p_1]{s} H_1$, $G \xrightarrow[p_2]{s} H_2$ *parallel unabhängig*, d.h. die linke Seite der ersten Regel p_1 ist bis auf Homomorphie im Erweiterungsgraphen D_2 der zweiten Ableitung enthalten und umgekehrt. Dann gibt es einen Graphen $\tilde{H}$ und direkte Ableitungen $H_1 \xrightarrow[p_2]{s} \tilde{H}$, $H_2 \xrightarrow[p_1]{s} \tilde{H}$ (vgl. Fig. I/37 a)). Seien $G \xrightarrow[p_1]{s} H_1$, $H_1 \xrightarrow[p_3]{s} H_3$ *sequentiell unabhängig*, d.h. die rechte Seite B_1' von p_1 ist im Erweiterungsgraphen D_3 der zweiten Ableitung bis auf Homomorphie enthalten und die linke Seite $'B_3$ von p_3 in D_1. Dann existiert ein Graph H_2 und natürliche Ableitungen $G \xrightarrow[p_3]{s} H_2$ und $H_2 \xrightarrow[p_1]{s} H_3$ so, daß diese beiden Ableitungen sequentiell unabhängig sind und $G \xrightarrow[p_1]{s} H_1$, $G \xrightarrow[p_3]{s} H_2$ sind

Fig. I/37

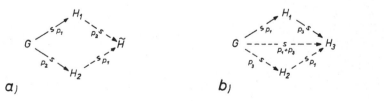

parallel unabhängig. Darüber hinaus gibt es eine natürliche parallele Ableitung im Sinne von [GL 4], die die beiden sequentiellen Ableitungen zusammenfaßt (vgl. Fig. I/37 b)). Obige sequentielle bzw. parallele Unabhängigkeit bedeutet nicht, daß der Durchschnitt der linken Seiten leer sein muß, er darf aber nur aus gemeinsamen Verschmelzungsknoten bestehen. Die Zusammenfassung zweier sequentieller Ableitungen durch eine einzige $G \xrightarrow[p_1+p_3]{s} H_3$ bedeutet einen gemischt sequentiell-parallelen Ableitungsbegriff (vgl. auch Abschnitt III.2). Der zweite Satz ist nun Grundlage der Definition *kanonischer Ableitungssequenzen* in [GG 15]. Die grundlegende Idee ist, nicht eine sequentielle Ableitung durch eine andere mit vertauschter Regelanwendung zu ersetzen, sondern beide durch ihre parallele Ableitung. Wir können auf die interessanten Ergebnisse aus Platzgründen nicht eingehen.

Neben diesen Arbeiten, die sich mit Graph-Grammatiken selbst beschäftigen und eine Fülle theoretischer Ergebnisse enthalten, gibt es viele Aufsätze (vgl. Abschnitt AP des Literaturverzeichnisses), die sich nur mit der Anwendung von sequentiellen Graphersetzungsmechanismen beschäftigen, wo also der Grammatik-Aspekt außer acht bleibt. In diesen Arbeiten wird jeweils eine für die Anwendung zweckmäßige Definition der Einbettungsüberführung benutzt. Meist handelt es sich um Spezialisierungen des Typs s.

II. THEORIE DER PARALLELEN ERSETZUNGSSYSTEME (GRAPH-L-SYSTEME)

In Kapitel I haben wir uns mit der sequentiellen Ersetzung auf l-Graphen beschäftigt, d.h. in jedem Ableitungsschritt wird genau ein Untergraph durch einen anderen ersetzt, der neue muß eingebettet werden und der Restgraph bleibt unverändert. Dieses Kapitel handelt von der *parallelen* Ersetzung auf l-Graphen. In einem solchen Schritt wird der gesamte Graph überschrieben, es gibt keinen unveränderten Teil. Falls der l-Graph d' durch einen direkten parallelen Ableitungsschritt aus dem l-Graphen d hervorgegangen ist, dann haben wir eine Zerlegung von d und d' in Untergraphen so, daß zu jedem Untergraphen d_l^j von d ein d_r^j von d' gehört und umgekehrt (vgl. Fig. II/1). Jedes Paar (d_l^j, d_r^j) gehört zu einer angewandten Graph-Regel. Ferner brauchen wir eine algorithmische Festlegung, wie die eingesetzten Untergraphen durch Kanten zu verbinden sind. Diese Verbindungen werden i.a. von den Verbindungen der zugehörigen ersetzten Graphen abhängen.

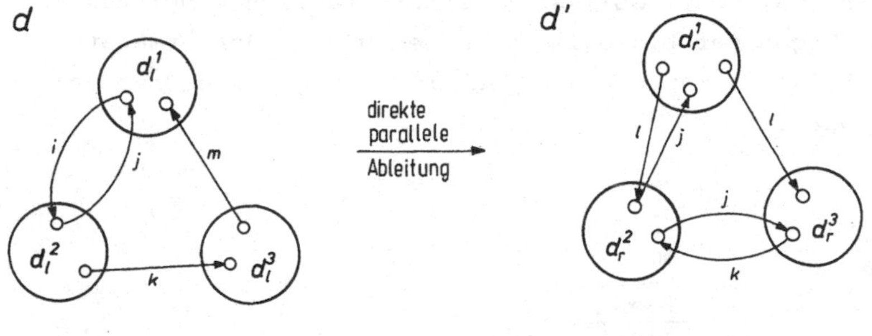

Fig. II/1

Wir wollen uns im folgenden auf den Spezialfall beschränken, daß alle d_l^j einknotig sind, d.h. in einem Ersetzungsschritt werden alle Knoten eines Graphen durch Graphen ersetzt, wofür natürlich an jedem Knoten von d eine Graph-Regel anzuwenden ist (vgl. Fig. II/2). Die so entstehenden Ersetzungssysteme nennen wir *Graph-Lindenmayer-Systeme*, abgekürzt *Graph-L-Systeme* oder *GL-Systeme*, denn sie sind eine direkte Verallgemeinerung der Zeichenketten-L-Systeme (für eine Übersicht dieser, vgl. etwa [FL 1, 8]) auf

Graphen. Die Motivation für die Einführung von GL-Systemen war zunächst eine biologische,[1] nämlich die Beschreibung mehrdimensionalen Wachstums (vgl. [GL 2], [GL 14, 15]). Diese macht mit üblichen L-Systemen Schwierigkeiten, da bei der Linearisierung eines mehrdimensionalen Sachverhalts durch eine Zeichenkette die Nachbarschaftsverhältnisse verwischt werden. Bei dem Übergang der Codierung eines Wachstumszustands durch eine Zeichenkette und umgekehrt, bei der Ermittlung eines Wachstumszustands aus einer Zeichenkette, sind bei komplizierteren Wachstumsverhältnissen eine Reihe von Zusatzannahmen zu machen, die in den Beispielen der L-System-Literatur nur unpräzise formuliert sind. In GL-Systemen ist dieser *Codier-* und *Dekodiervorgang* einfach. Den Zellen des Organismus entsprechen die Knoten eines l-Graphen, die verschiedenen Zelltypen sind durch unterschiedliche Knotenmarkierungen gekennzeichnet. Den biologischen, chemischen, geometrischen etc. Beziehungen entsprechen verschieden markierte Kanten zwischen den Knoten. Zu der Vereinfachung des oben erwähnten Codier- bzw. Dekodiervorgangs korrespondiert eine Komplizierung der Definition dieser verallgemeinerten L-Systeme: GL-Systeme sind natürlich komplexer als L-Systeme. Wegen der biologischen Anwendung heißen ersetzte Knoten auch *Mutterknoten* und zugehörige eingesetzte Graphen *Tochtergraphen*.

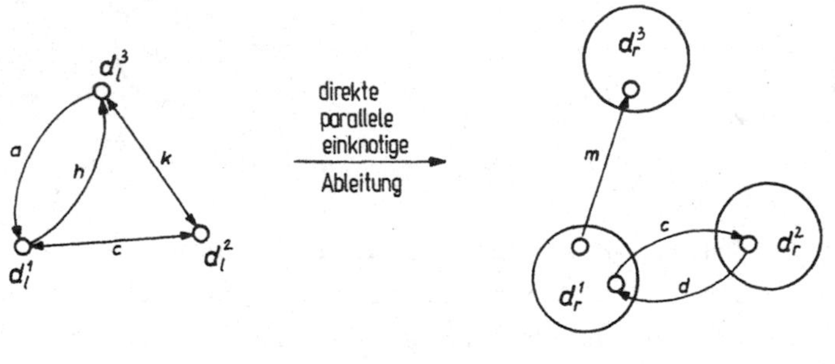

Fig. II/2

Was bei Graph-Grammatiken das Einbettungsproblem ist, ist bei Graph L-Systemen das *Verbindungsproblem:* Es ist nichttrivial

1) Da diese biologische Anwendung in Kap. IV nicht weiter erwähnt wird, wollen wir in diesem Kapitel kurz auf sie eingehen.

und Unterscheidungsmerkmal der verschiedenen Ansätze (vgl. Abschnitt II.4). Man kann hier zweierlei Ansätze unterscheiden, die wir im folgenden implizite und explizite Ansätze nennen wollen. Bei *expliziten* Ansätzen unterscheidet man zwei Arten von Graph-Regeln: Ersetzungsregeln und Verbindungsregeln. Ersetzungsregeln $r = (d_l, d_r)$ geben an, welcher Knoten d_l durch welchen Graphen d_r ersetzt wird, Verbindungsregeln $c = (d_e, d_{st})$ geben an, wie eine Kante zwischen Mutterknoten in eine Verbindung durch eine oder mehrere Kanten zwischen den zugehörigen Tochtergraphen übergeht. Explizite GL-Systeme werden wir in Abschnitt II.3 besprechen.
In *impliziten* Ansätzen enthält eine Graph-Produktion $p = (d_l, d_r, C)$ neben linker und rechter Seite eine dritte Komponente, die *Verbindungsüberführung* C , die angibt, wie die Verbindung zwischen Mutterknoten in solche zwischen zugehörigen Tochtergraphen zu überführen sind. Da eine Kante zwischen zwei Tochtergraphen beide Tochtergraphen berührt, die wiederum zu zwei verschiedenen Produktionen gehören, führen implizite Ansätze zwangsläufig zu einem *Halbkantenmechanismus*: Jede der beteiligten Verbindungsüberführungen erzeugt eine Halbkante, und es wird eine Verbindung in Form einer Kante genau dann erzeugt, wenn zwei Halbkanten *zusammenpassen*. Vorteilhaft an diesen impliziten Ansätzen ist, daß die dritte Komponente genau das gleiche Aussehen haben kann wie im sequentiellen Fall. Somit ist nur *eine* Definition einer Graph-Produktion nötig, die Interpretation der dritten Komponente ist natürlich beim sequentiellen und parallelen Fall verschieden, da die beiden Ableitungsbegriffe differieren. Dies ist eine Analogie zum Zeichenkettenfall, wo ebenfalls eine Definition für Regeln genügt (bis auf eine Einschränkung der Gestalt der Regeln im parallelen Fall), diese aber zu zwei völlig verschiedenen Ableitungsbegriffen verwendet werden. Ferner wirkt sich die Verwendung einer einzigen Definition von Graph-Produktionen in einem *verminderten Implementierungsaufwand* aus, worauf wir in Kap. V noch einmal zu sprechen kommen.

II.1 Graph-L-Systeme mit impliziter Verbindungsüberführung

Wir wenden uns jetzt den impliziten Graph-L-Systemen zu, die sich dadurch auszeichnen, daß wir die gleiche Definition für Graph-Produktionen verwenden können wie bei Graph-Grammatiken. Parallele Anwendung von Produktionen bedeutet i.a. Mehrfachanwendung einer Produktion. Deswegen benötigen wir die folgenden Definitionen:

Def. II.1.1: Zwei Produktionen $p = (d_\ell, d_r, C)$ und $p' = (d'_\ell, d'_r, C')$ der Gestalt von Def. I.2.10 über Σ_V, Σ_E heißen *äquivalent*, abg. $p \equiv p'$), g.d.w. $d_\ell \underset{f}{\equiv} d'_\ell, d_r \underset{g}{\equiv} d'_r$ und C' aus C dadurch hervorgeht, daß jedes $k_\lambda \in K_\ell$ durch $f(K_\lambda)$ und $k_\mu \in K_r$ durch $g(k_\mu)$ ersetzt wird.

Def. II.1.2: Sei P eine Menge von Produktionen. Eine Produktion p heiße in P *bis auf Äquivalenz enthalten*, abg. $p \underset{\equiv}{\in} P$), g.d.w. ein $p' \in P$ existiert mit $p \equiv p'$.

Def. II.1.3: Eine Menge $\{p_1, \ldots, p_q\}$ von Produktionen (die zueinander äquivalente Produktionen enthalten kann) heiße *knotendisjunkt*, g.d.w. die linken Seiten $d_{\ell\lambda}$ paarweise knotendisjunkt sind das gleiche für die $d_{r\lambda}$ gilt.

Def. II.1.4: Eine Produktion $p = (d_\ell, d_r, C)$ heiße *einknotig*, g.d.w. $d_\ell \in d^{1-kn}(\Sigma_V, \Sigma_E)$ und d_r beliebig aus $d(\Sigma_V, \Sigma_E)$ ist.[1] Eine Produktion heiße *schlingenfrei*, g.d.w. d_ℓ und d_r schlingenfrei sind.

Def. II.1.5: Sei P eine Menge einknotiger, schlingenfreier Produktionen über Σ_V, Σ_E. P heiße *vollständig*, g.d.w. es zu jedem $a \in \Sigma_V$ mindestens ein $p = (d_\ell, d_r, C) \in P$ gibt, wobei a die Knotenmarkierung von d_ℓ ist.

Def. II.1.6: Sei $d \in d(\Sigma_V, \Sigma_E) - \{d_\varepsilon\}$, $d' \in d(\Sigma_V, \Sigma_E)$. Dann heiße

---

1) Der Unterschied zu kontextfreien Regeln (vgl. Def. I.3.1) besteht darin, daß einknotige Regeln löschend sein dürfen ($d_r = d_\varepsilon$) und, daß die Knotenmarkierung von d_ℓ hier terminal sein darf.

d' *direkt implizit parallel ableitbar*[2)] aus d (abg. $d \xrightarrow{pi} d'$), g.d.w. es eine Menge knotendisjunkter Produktionen $\{p_1, \ldots, p_q\}$ gibt so, daß gilt:

a) $\bigcup_{\lambda=1}^{q} d_{l\lambda}$ ist eine Zerlegung von d,

b) $\bigcup_{\lambda=1}^{q} d_{r\lambda}$ ist eine Zerlegung von d',

c) zwei Tochtergraphen d_{rm} und d_{rj} sind durch eine a-Kante von $k_1 \in K_{rm}$ nach $k_2 \in K_{rj}$ in d' verbunden, g.d.w. die Verbindungskomponente l_a von p_j einen Anteil $(A(k_{lj});k_2)$ enthält und $k_{lm} \in A^{d_{lj},d}(k_{lj})$, die Verbindungskomponente r_a von p_m einen Anteil $(k_1;B(k_{lm}))$ enthält und $k_{lj} \in B^{d_{lm},d}(k_{lm})$.

Bemerkung II.1.7: Bedingung a) von Def. 1.6 bedeutet, daß es für jeden einknotigen Untergraphen von d eine Produktion gibt, die diesen Untergraphen als linke Seite besitzt. Bedingung b) heißt, daß alle Tochtergraphen der angewandten Regeln Untergraphen von d' sind und ihre Knotenmengen eine Partition von K' bilden. Es kommen zur Bestimmung von d' keine Knoten, aber noch die zwischen den Tochtergraphen verlaufenden Kanten hinzu. Sie werden durch die Bedingung c) bestimmt, die sich durch die folgende Fig. II/3 veranschaulichen läßt. Sie stelle einen Ausschnitt aus d bzw. d' dar.

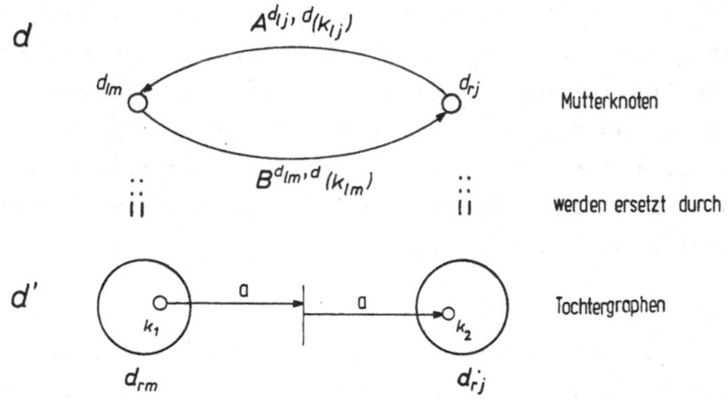

Fig. II/3

2) *Implizit* und *parallel* fallen dort weg, wo aus dem Kontext klar hervorgeht, daß nichts anderes gemeint ist.

Man kann sich die Wirkungsweise von Bedingung c) dadurch *vorstellen*, daß jede der beiden Teilbedingungen eine *Halbkante* erzeugt. Die erste legt fest, daß eine a-Kante, die irgendwo im Tochtergraphen d_{rm} beginnt, im Knoten k_2 von d_{rj} endet. Somit ist die rechte Halbkante von Fig. II./1 spezifiziert. Analog bestimmt die zweite Bedingung, daß eine a-Kante, im Knoten k_1 von d_{rm} beginnend, zum Tochtergraphen d_{rj} läuft und legt so die linke Halbkante fest. Bedingung c) bedeutet somit, daß eine a-Kante von k_1 aus d_{rm} nach k_2 von d_{rj} läuft, g.d.w. zwei entsprechende Halbkanten *zusammenpassen*. Die Bestimmung, daß d_{rm} Quelle einer einlaufenden a-Halbkante und d_{rj} Ziel einer auslaufenden Halbkante ist, geschieht nun analog wie im sequentiellen Ableitungsbegriff aus Kap. I.2., d.h. im Wirtsgraphen *vor* dem Ableitungsschritt. Der in der Verbindungskomponente l_a von p_j enthaltene Operator A liefert - auf die linke Seite und d angewandt - den entsprechenden Mutterknoten k_{lm}. Er ist ja nichts anderes als ein Algorithmus zur Knotenbestimmung in l-Graphen. Analog bestimmt der Operator B in r_a von p_m den Tochtergraphen d_{rj} als Ziel der a-Halbkante.
Der Leser mache sich klar, daß die Festlegung von Kanten, die die Tochtergraphen verbinden, über Verbindungsüberführungen, die Teile von Produktionen sind, zwangsläufig zu einem Mechanismus passender Halbkanten führt. Wie oben angedeutet, kann etwa die Verbindungsüberführung C_j zwar die in k_2 endende Halbkante festlegen. Die Bestimmung der gesamten Kante von k_1 nach k_2 scheitert daran, daß d_{rm} nicht Teil der Produktion p_j ist und somit p_j nicht festlegen kann, daß $k_1 \in K_{rm}$ Quellknoten dieser Kante ist. Eben wegen dieser Eigenschaft haben wir obigen Ableitungsbegriff *implizit* genannt.

Def. II.1.8: Ein *Graph-L-Schema mit impliziter Verbindungsüberführung* (abg. i-GL-Schema) ist ein Quadrupel $S = (\Sigma_V, \Sigma_E, P, \text{-pi}\rightarrow)$ mit Σ_V, Σ_E, wie üblich, dem Knoten- und Kantenmarkierungsalphabet und P einer endlichen Menge einknotiger, schlingenfreier und vollständiger Produktionen über Σ_V, Σ_E. Schließlich ist —pi→ der implizite, parallele Ableitungsbegriff von Def. 1.6, wobei die dafür verwandten Produktionen äquivalent zu solchen aus P seien. Wir schreiben dann auch $d \xrightarrow{pi} d'$ für Ableitungen in S. Ein i-Gl-Schema S heiße *deterministisch* (i-DGL-Schema), g.d.w. es für jedes $a \in \Sigma_V$ genau eine Produktion gibt, wobei a die Knotenmarkierung der linken Seite ist. Schließlich heiße ein i-Gl-Schema *wachsend* (i-PGL-Schema[3]), g.d.w. alle rechten Seiten von Produktionen verschieden von d_ε sind.

Def. II.1.9: Sei S ein i-Gl-Schema über Σ_V, Σ_E. Dann heiße $D' \in D(\Sigma_V, \Sigma_E)$ *direkt (parallel implizit) ableitbar* aus $D \in D(\Sigma_V, \Sigma_E)$, g.d.w. ein $d \in D, d' \in D'$ existiert mit $d \xrightarrow{pi} d'$.

Def. II.1.10: Sei S ein i-GL-Schema und sei $\xrightarrow[S]{pi^*}$ die reflexive und transitive Hülle von $\xrightarrow[S]{pi}$ über $d(\Sigma_V, \Sigma_E)$ bzw. $D(\Sigma_V, \Sigma_E)$. Es heiße d' bzw. D' *(parallel implizit) ableitbar* aus d bzw. D, g.d.w. $d \xrightarrow[S]{pi^*} d'$ bzw. $D \xrightarrow[S]{pi^*} D'$.

Die folgenden Lemmata sind einfache Folgerungen aus den Definitionen:

Lemma II.1.11: Sei S ein i-GL-Schema, $D \xrightarrow[S]{pi} D'$ und sei $d \in D, d' \in D'$. Dann ist $d \xrightarrow[S]{pi} d'$.

Lemma II.1.12: Sei S ein i-Gl-Schema über Σ_V, Σ_E und sei $d \in d(\Sigma_V, \Sigma_E) - \{d_\varepsilon\}$ schlingenfrei. Dann gibt es ein $d' \in d(\Sigma_V, \Sigma_E)$ mit $d \xrightarrow[S]{pi} d'$.

Beweis: Für jeden markierten Knoten von d wählen wir eine Produktion $p = (d_\ell, d_r, C) \in P$, deren linke Seite die gleiche Markierung besitzt. Wegen der Vollständigkeit gibt es eine solche Produktion. Wir nehmen den markierten Knoten von d als Mutterknoten und einen zu d_r äquivalenten Graphen als Tochtergraphen so, daß die so entstehende Menge von Produktionen $\{p_1, \dots, p_n\}$ knotendisjunkt ist und jede Produktion bis auf Äquivalenz in P enthalten ist. Wir nehmen $\bigcup_{\lambda=1}^{n} d_{r\lambda}$ und verbinden diese Tochtergraphen gemäß Def. 1.6 c). Dann gilt trivialerweise $d \xrightarrow[S]{pi} d'$.

---

3) P für "propagating". Wachsende Produktionen sind somit monoton (vgl. Def. I.3.1) mit einknotiger linker Seite.

In einem i-GL-Schema gibt es im allgemeinen zu einem $D \in D(\Sigma_V, \Sigma_E)$ mehrere D' mit D—pi→D'. Dies liegt daran, daß es zu einer linken Seite mehrere rechte Seiten geben kann, die diese linke Seite ersetzen, aber auch, daß es Produktionen geben kann, die bzgl. linker und rechter Seite äquivalent sind, jedoch verschiedene Verbindungsüberführungen besitzen. Für i-DGL-Schemata gilt jedoch das

Lemma II.1.13: Sie S ein i-DGL-Schema über Σ_V, Σ_E und sei $d \xrightarrow[S]{pi} d'$. Dann ist D' eindeutig bestimmt.

Beispiel II.1.14 *(zum Begriff direkte parallele implizite Ableitung)*:

Sei $\Sigma_V = \{A,B,M\}$, $\Sigma_E = \{k,j,h,k\}$, das Knoten- bzw. Kantenmarkierungsalphabet eines i-GL-Schemas, dessen Produktionen in Fig. II/5 angegeben sind, und sei $d \in d(\Sigma_V, \Sigma_E)$ der 1-Graph von Fig. II/4.

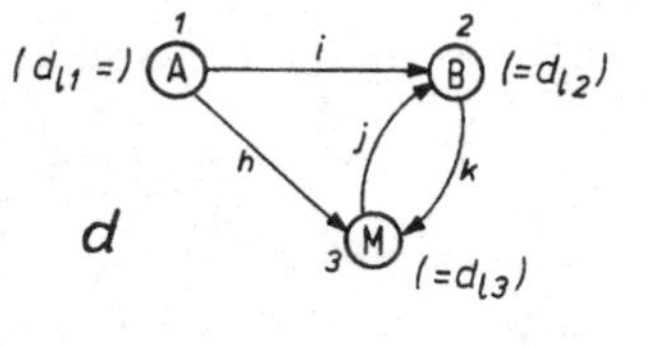

Fig. II/4

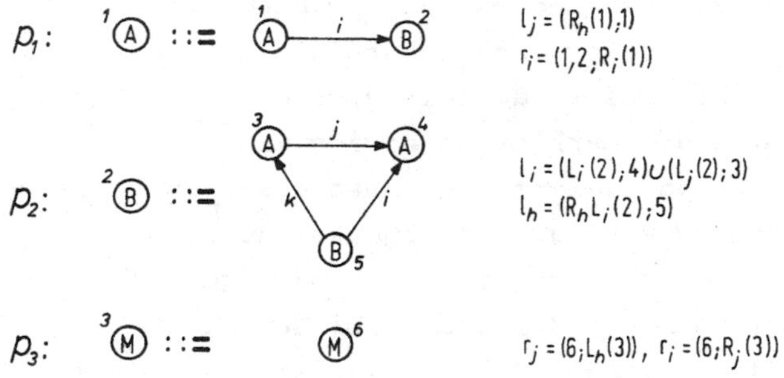

Fig. II/5

Die Produktionen sind hier bereits knotendisjunkt und somit direkt für den Ableitungsschritt anwendbar. Die i.a. erforderliche Umwandlung der Produktionen, wie in L.1.12 beschrieben, ist hier weggelassen worden.
Zur Verdeutlichung des Ableitungsschritts geben wir in Fig. II/6 eine *Zwischenform*[4] des abzuleitenden Graphen d' an. Tochtergraphen sind durch gestrichelte Linien gekennzeichnet, die sie umschließen. Ferner sind hier alle Halbkanten, die wir zur Verdeutlichung in Bem. 1.7 eingeführt haben, angegeben. Sie sind mit schräggestellten Ziffern *1*,..., *8* notiert.

Die erste Komponente l_j von p_1 spezifiziert, daß eine einlaufende j-Kante in den Knoten 1 von d_{r_1} gehen soll. Der Tochtergraph, von dem diese Kante kommen soll, wird durch den Ausdruck $R_h(1)$ festgelegt, der auf den Knoten 1 von d angewendet wird. Das Ergebnis ist der Knoten 3 von d. Somit ist der zugehörige Tochtergraph d_{r_3} die Quelle der Kante, die in 1 von d_{r_1} endet. Beides zusammen bestimmt die Halbkante *1*. Analog bestimmt r_i von p_1 die Halbkanten *2* und *3*. Schließlich bestimmen l_i bzw. l_h von p_2 die Halbkanten *4*, *5* bzw. *6* und r_j, r_i von p_3 die Halbkanten *7* und *8*. Die Halbkanten *1* und *7* passen zusammen und liefern eine j-Kante von Knoten 6 von d_{r_3} zu Knoten 1 von d_{r_1}. Ferner ergeben die Halbkanten *2*, *3* und *4* zwei i-Kanten von 1 bzw. 2 nach 4, und *5* und *8* eine i-Kante von 6 nach 3. Die Halbkante *6* fällt weg, sie besitzt keine Pendant-Halbkante.

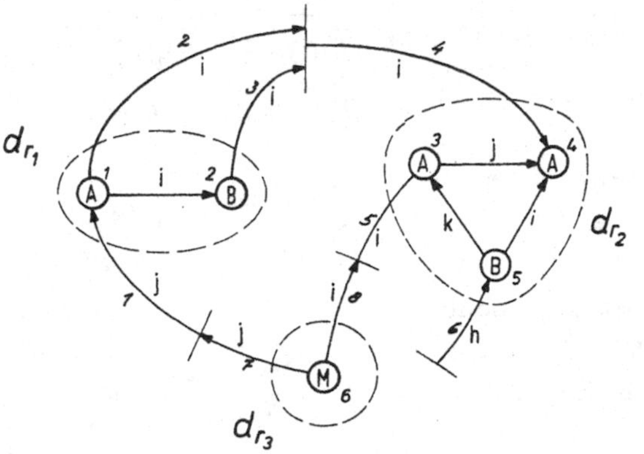

Fig. II/6

4) Sie dient lediglich zur Verdeutlichung, sie ist kein l-Graph.

Das Ergebnis dieses Ableitungsschrittes ist der l-Graph von Fig. II/7.

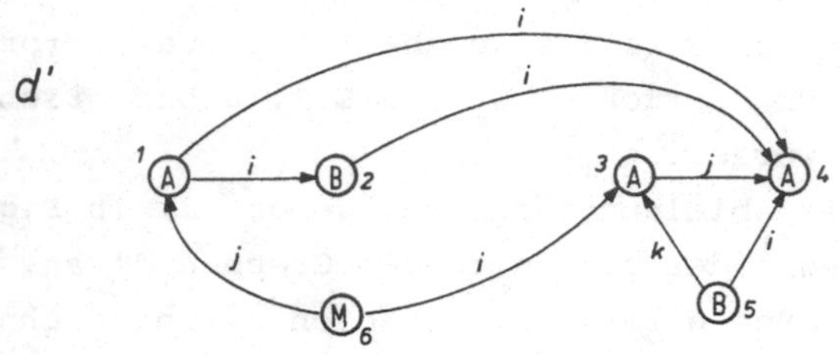

Fig. II/7

Beispiele II.1.15: Wir wollen im folgenden zusammenfassen, in welchem Maße der obige Ansatz *Manipulationen von Verbindungen* in einem direkten Ableitungsschritt gestattet. Die hierzu nötigen Verbindungsüberführungen sind angegeben. Neben der trivialen Möglichkeit, Verbindungen zu löschen, kann man

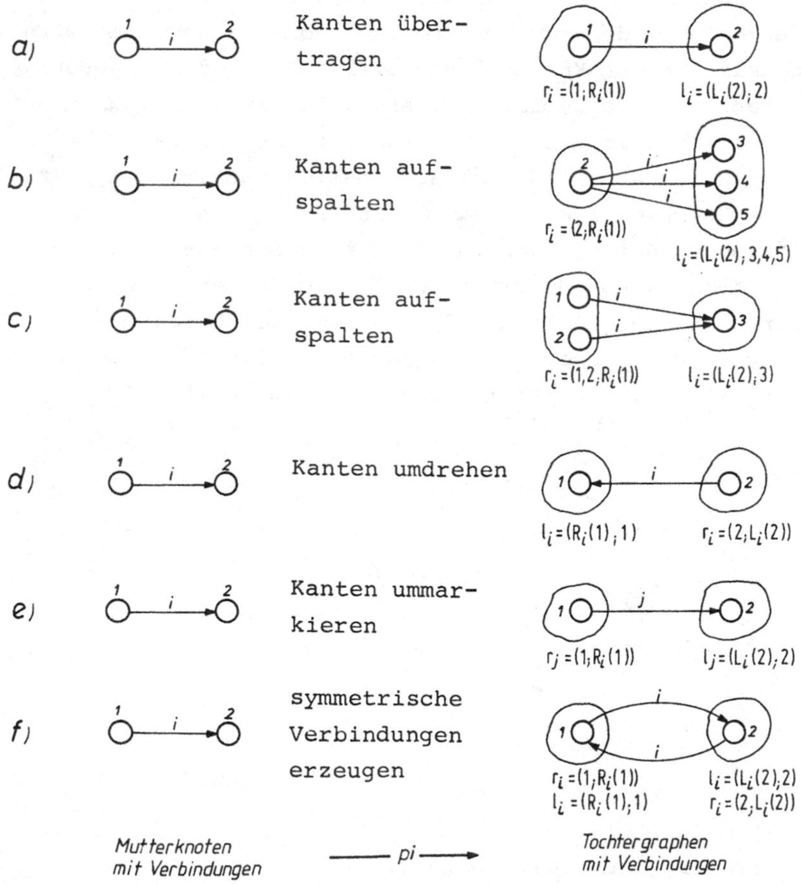

Fig. II/8a

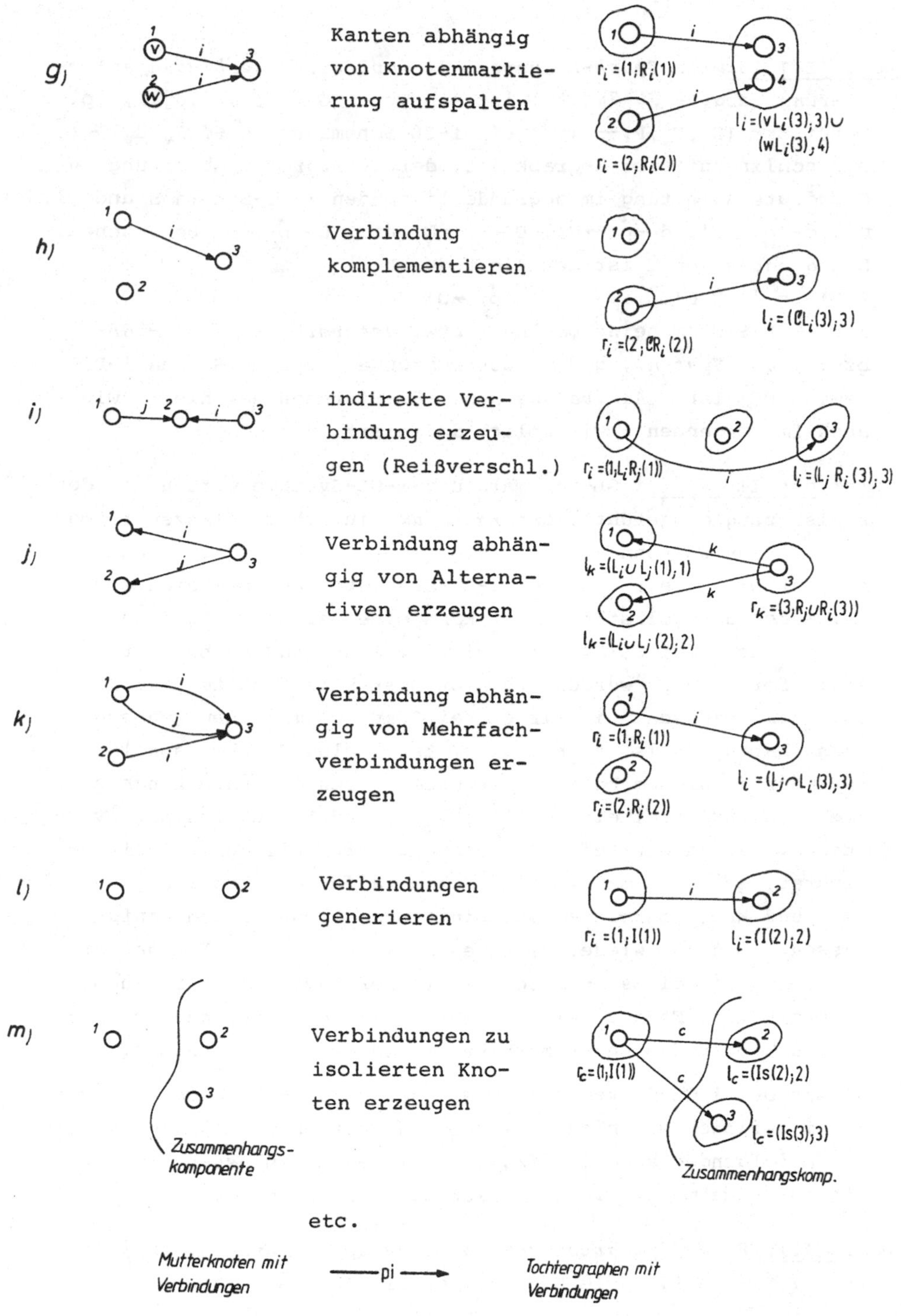
g)
Kanten abhängig von Knotenmarkierung aufspalten
ri =(1;Ri(1))
li =(vLi(3);3)∪ (wLi(3);4)
ri =(2;Ri(2))
h)
Verbindung komplementieren
li = (CLi(3);3)
ri =(2;CRi(2))
i)
indirekte Verbindung erzeugen (Reißverschl.)
ri =(1;LiRj(1))
li =(Lj Ri(3);3)
j)
Verbindung abhängig von Alternativen erzeugen
lk =(Li∪Lj(1);1)
rk =(3;Rj∪Ri(3))
lk =(Li∪Lj(2);2)
k)
Verbindung abhängig von Mehrfachverbindungen erzeugen
ri =(1;Ri(1))
li =(Lj∩Li(3);3)
ri =(2;Ri(2))
l)
Verbindungen generieren
ri =(1;I(1))
li =(I(2);2)
m)
Verbindungen zu isolierten Knoten erzeugen
Zusammenhangskomponente
rc =(1;I(1))
lc =(Is(2);2)
lc =(Is(3);3)
Zusammenhangskomp.
etc.
Mutterknoten mit Verbindungen
pi
Tochtergraphen mit Verbindungen

Fig. II/8b

Def. II.1.16: Ein *Graph-L-System mit impliziter Verbindungsüberführung* (abg. *i-GL-System*) ist ein Tupel $G = (\Sigma_V, \Sigma_E, d_o, P, \text{—pi}\rightarrow)$, wobei $S = (\Sigma_V, \Sigma_E, P, \text{—pi}\rightarrow)$ ein i-GL-Schema und $d_o \in d(\Sigma_V, \Sigma_E) - \{d_\varepsilon\}$ ein schlingenfreier l-Graph ist, der *Startgraph*. Ableitung in G bedeute Ableitung im zugrunde liegenden i-GL-Schema S und wird mit $d \text{—}\underset{G}{\text{pi}}\rightarrow d'$, $d \text{—}\underset{G}{\overset{*}{\text{pi}}}\rightarrow d'$, $D \text{—}\underset{G}{\text{pi}}\rightarrow D'$ bzw. $D \text{—}\underset{G}{\overset{*}{\text{pi}}}\rightarrow D'$ bezeichnet. Die *Sprache* von G ist definiert durch
$L(G) := \{D \mid D \in D(\Sigma_V, \Sigma_E) \wedge D_o \text{—}\underset{G}{\overset{*}{\text{pi}}}\rightarrow D\}$.
Ein i-GL-System heiße *wachsend* bzw. *deterministisch (i-PGL- bzw. i-DGL-System)*, g.d.w. das zugrunde liegende Schema i-PGL bzw. i-DGL ist. *Äquivalenz* von i-GL-Systemen sei hier - wie auch im folgenden - wie üblich definiert.

Bemerkung II.1.17: i-GL-Schemata und i-GL-Systeme wurden mit der Zielsetzung eingeführt, das *Wachstum* einfacher Pflanzen formal *beschreiben* zu können. Die biologische Annahme, daß Wachstum nie aufhört, liegt auch den i-GL-Schemata und -Systemen zugrunde. Wegen der Vollständigkeit kann eine beliebige Ableitungsfolge, die bei i-GL-Systemen mit dem Startgraphen beginnt, stets fortgesetzt werden. Es gibt hier kein Anhalten des Ableitungsprozesses, wie wir es bei Graph-Grammatiken kennengelernt haben, falls man bei einem terminalen Graphen angelangt ist. Nur in diesem Kontext ist unsere oben gemachte Annahme über Schlingenfreiheit von Startgraph und Produktionen zu verstehen. Hätten wir auf die Forderung der Schlingenfreiheit verzichtet, so hätte man in i-GL-Schemata für alle möglichen Schlingen- und Knotenmarkierungskombinationen Produktionen einführen müssen, um diese wieder ersetzen zu können. Das bläht den Produktionensatz eines i-GL-Schemas in der Regel bis zur Unhandlichkeit auf. Ferner sei hier darauf hingewiesen, daß Schlingen auch über die Knotenmarkierung codiert werden können.

Da wir bei i-GL-Systemen - im Gegensatz zu i-GL-Schemata - von einem definierten Anfang d_o ausgehen, können wir für i-GL-Systeme im folgenden auch *Schlingen* in l-Graphen zulassen, sofern wir die folgende modifizierte Vollständigkeit fordern:

Def. II.1.18 *(Modifikation von Vollständigkeit und Determiniertheit)*: Sei $D^{1\text{-}kn}(G)$ die Menge aller einknotigen Graphen aus

$D(\Sigma_V,\Sigma_E)$, die im Startgraphen bzw. in den rechten Seiten von Produktionen eines i-GL-Systems G über Σ_V,Σ_E vorkommen. Das i-GL-System G heiße *vollständig*, g.d.w. es zu jedem $D \in D^{1-kn}(G)$ mindestens eine Produktion $p = (d_l, d_r, C)$ in P von G gibt mit $d_l \in D$. Ein i-GL-System heiße *deterministisch*, g.d.w. es zu jedem $D \in D^{1-kn}(G)$ genau eine Produktion gibt mit $d_l \in D$.

Bemerkung II.1.19: Def. 1.18 heißt, daß alle strukturverschiedenen einknotigen Untergraphen ersetzt werden können und garantiert die *Fortsetzung* jeder Ableitung (vgl. Lemma 1.12), da Schlingen nicht über Verbindungsüberführungen erzeugt werden können. Die Definition ist insoweit noch grob, als sie fordert, daß auch für solche einknotigen Untergraphen Produktionen vorhanden sein müssen, die in keiner Ableitung vorkommen.

Wie der aufmerksame Leser festgestellt haben wird, haben wir in den obigen Definitionen nirgendwo wesentlichen Gebrauch davon gemacht, daß die linke Seite jeder Produktion einknotig sein muß. Lediglich die Erzeugung von Halbkanten (vgl. Def. 1.6) muß bei *beliebigen l-Graphen als linke Seite* geringfügig modifiziert werden: Ein anderer Tochtergraph wird als Quelle oder Ziel einer Halbkante dadurch spezifiziert, daß ein in der Produktion enthaltener Operator *einen* Knoten des zugehörigen Muttergraphen liefert. Hier stellt sich allerdings das *Problem der Vollständigkeit* viel stärker als bei der Zulassung von Schlingen. Eine einfache Möglichkeit, stete Fortsetzbarkeit von Ableitungen zu erreichen, besteht darin, eine Vollständigkeit zu fordern, die 1.18 einschließt. Dann kann zumindest mit einknotigen Produktionen jede Ableitung fortgesetzt werden. Der Preis, den man dafür zahlen muß, ist ein um die einknotigen Produktionen aufgeblähter Produktionensatz. Eine Alternative besteht darin, auf diese einknotigen Produktionen zu verzichten und bei einem vorgegebenen (nicht einknotigen) i-GL-System zu versuchen zu beweisen, daß es stete Fortsetzung von Ableitungen gewährleistet. Die Schwierigkeit dieses Beweises hängt sicher auch von der Komplexität der verwendeten Verbindungsüberführungen ab. Die Frage nach der Fortsetzbarkeit jeder Ableitung für ein beliebiges (nicht einknotiges) i-GL-System ist vermutlich nicht entscheidbar.

Eine Möglichkeit, bei (einknotigen) i-GL-Systemen Schlingen zuzulassen und bei der alten, einfachen Definition der Vollständigkeit (vgl. Def. 1.5) zu bleiben, besteht darin, Schlingen wie andere Kanten über die Verbindungsüberführung zu erzeugen.[5)] Linke Seiten enthalten dann keine Schlingen. Hierzu ist neben der Modifikation von Def. 1.6 auch nötig, die Definition der Interpretation eines Operators (vgl. I.2.2) abzuändern: Während der Auswertung eines Operators darf zu der linken Seite zurückgekehrt werden, bei der die Auswertung begann. Ein so modifizierter Ableitungsbegriff gestattet nicht nur die Erzeugung von Kanten zwischen verschiedenen Tochtergraphen, sondern auch innerhalb eines Tochtergraphen, mithin also auch Schlingen. Dieser Ableitungsbegriff ist eine parallele Teilgraphenersetzung: Linke Seiten legen nur teilweise die einknotigen Untergraphen fest, die ersetzt werden sollen, und innerhalb von rechten Seiten können weitere Kanten erzeugt werden, d.h. rechte Seiten sind Teilgraphen im abzuleitenden Graphen.

i-GL-Systeme unterscheiden nicht zwischen terminalen und nichtterminalen Knoten- und Kantenmarkierungen. Alles, was aus dem Startgraphen erzeugt werden kann, gehört auch der Sprache an. Bei der Wachstumsbeschreibung liegt dann die Vorstellung zugrunde, daß jeder Graph einen möglichen Zustand des zu beschreibenden Organismus widerspiegelt und, daß sich alle Veränderungen des Organismus durch direkte Ableitungsschritte im obigen Sinne beschreiben lassen. Bei erweiterten GL-Systemen unterscheiden wir wieder zwischen terminalen und nichtterminalen Kanten- und Knotenmarkierungen, wie wir es bei Graph-Grammatiken getan haben. Nichtterminale Graphen entsprechen dann internen Veränderungen, die keine Codierung eines tatsächlichen Organismuszustands dar-

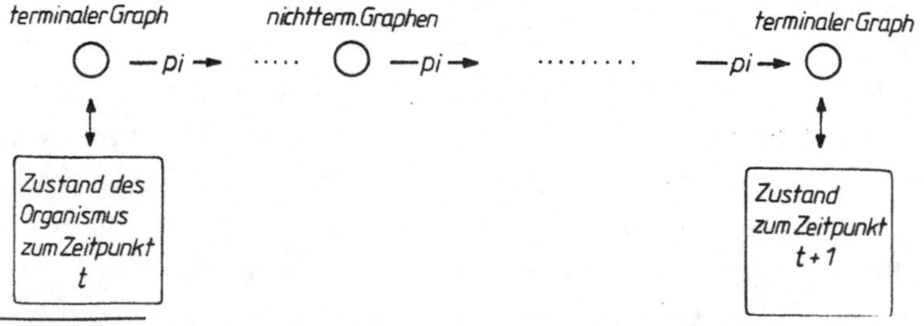

Fig. II/9

5.) Bemerkung nach einem Hinweis von A. Solymosi.

stellen (vgl. Fig. II/9). Für die Modellierung des Graphen bis zum Zeitpunkt t+1 kann hier eine Sequenz von Ableitungsschritten verwandt werden, was sehr komplexe Organismusveränderungen zu beschreiben gestatttet.

Def. II.1.20: Ein *erweitertes i-GL-System* (abg. *i-EGL-System*) ist ein Tupel $G = (\Sigma_V, \Sigma_E, \Delta_V, \Delta_E, d_o, P, \text{—pi→})$ mit Σ_V, Σ_E, wie üblich, dem Knoten- bzw. Kantenmarkierungsalphabet, $\Delta_V \subseteq \Sigma_V$, $\Delta_E \subseteq \Sigma_E$ dem terminalen Knoten- bzw. terminalen Kantenmarkierungsalphabet und $G' = (\Sigma_V, \Sigma_E, d_o, P, \text{—pi→})$ ist ein i-GL-System. Ableitung in G bedeute Ableitung im zugrunde liegenden i-GL-System und werde mit $d \underset{G}{\text{—pi→}} d'$, $d \underset{G}{\overset{*}{\text{—pi→}}} d'$ etc. gekennzeichnet. Die *Sprache von G* ist definiert als

$L(G) := \{D \mid D \in D(\Delta_V, \Delta_E) \wedge D_o \underset{G}{\overset{*}{\text{—pi→}}} D\}$.

Ein i-EGL-System heiße ein *i-PEGL-* bzw. *i-DEGL-System*, g.d.w. G' ein i-PGL- bzw. i-DGL-System ist.

Bemerkung II.1.21: Wie bei Graph-Grammatiken gehören auch hier nur die terminalen Graphen, die aus dem Startgraphen d_o abgeleitet werden können, zur Sprache eines i-EGL-Systems. Darüber hinaus gibt es aber noch mehr *Analogien* zwischen Graph-Grammatiken und i-EGL-Systemen. Zu der Form der einknotigen Produktionen gibt es im sequentiellen Fall ein Pendant, nämlich die kontextfreien Produktionen. Die Struktur der Produktionen ist in beiden Fällen gleich, bis auf die in i-EGL-Systemen möglicherweise vorkommende Löschung, sie ist gleich bei kontextfreien Grammatiken und i-PEGL-Systemen. Bei Graph-Grammatiken haben wir vorausgesetzt, daß jede linke Seite und auch der Startgraph mindestens einen nichtterminalen Knoten haben. Dem liegt die Vorstellung zugrunde, daß nichtterminale Knoten Teile in einer Graph-Satzform darstellen, die noch abgeleitet werden müssen und, daß die Ableitung beendet ist, wenn alle nichtterminalen Knoten ersetzt worden sind und keine nichtterminalen Kanten vorhanden sind. Bei i-EGL-Systemen kann der Startgraph terminal sein und somit zur Sprache gehören, eine Ableitung kann stets fortgesetzt werden, auch von einem terminalen Graphen aus, wie in Fig. II/10 skizziert. Diese oben beschriebenen Unterschiede sind jedoch nur scheinbare. Wir werden im nächsten Satz feststellen, daß es zu jedem i-EGL-System ein synchronisiertes i-EGL-System gibt, das die gleiche Sprache erzeugt und das die folgenden Eigenschaften besitzt: Die Ableitung eines beliebigen Graphen der Sprache findet ausschließlich mit nichtterminalen Graphen statt, lediglich im letzten Ersetzungsschritt werden alle Knoten terminal markiert. Von diesem Zeitpunkt an läuft die Ableitung in eine Sackgasse und erzeugt nur noch

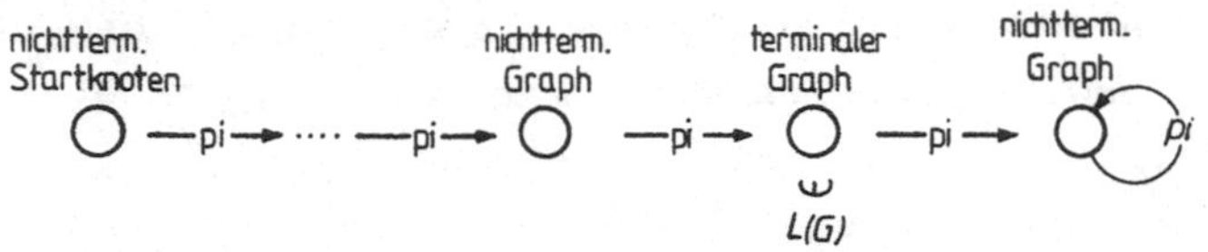

Fig. II/10

nichtterminale Graphen, die somit nicht zur Sprache gehören (vgl. Fig. II/10). Somit verbleibt als einziger wesentlicher Unterschied zwischen i-EGL-Systemen und kontextfreien Graph-Grammatiken der in beiden Ersetzungssystemen *völlig verschiedene Ableitungsbegriff*. Um dies deutlich zu machen, haben wir in beiden Fällen den Ableitungsbegriff in die Definition selbst mit aufgenommen.
Die Beziehung zwischen i-PEGL-Systemen und CF-Graph-Grammatiken wird im Abschnitt II.2 beleuchtet.

Def. II.1.22: Ein i-EGL-System G heiße *synchronisiert*, g.d.w. es in jeder Ableitung eines Graphen $D \in L(G)$ keinen terminalen Graphen gibt und wenn alle bis zur Ableitung von D verwandten Produktionen eine linke Seite mit nichtterminaler Knotenmarkierung besitzen.

Satz II.1.23: Für jedes i-EGL-System kann ein äquivalentes synchronisiertes angegeben werden.

Beweis (analog zu dem entsprechenden Beweis im Zeichenkettenfall (vgl. [FL 1] und analog zu Satz II.2.23):
Sei $G = (\Sigma_V, \Sigma_E, \Delta_V, \Delta_E, d_o, P, \text{—pi}\rightarrow)$ ein i-EGL-System und sei $\Sigma_V' = \Sigma_V \cup \overline{\Delta_V} \cup \{S,F\}$ mit $\Sigma_V, \overline{\Delta_V}, \{S,F\}$ paarweise disjunkt und $\overline{\Delta_V} = \{\bar{a} \mid a \in \Delta_V\}$, d.h. für jede terminale Knotenmarkierung a in G führen wir ein neues (nichtterminales) Symbol $\bar{a}$ in dem zu konstruierenden synchronisierten i-EGL-System G' ein, ferner zwei (nichtterminale) Knotenmarkierungen S,F. Sei $d \in d(\Sigma_V, \Sigma_E)$

und sei $\overline{d} \in d(\Sigma'_V, \Sigma_E)$ der Graph, der aus d dadurch hervorgeht, daß alle Markierungen aus Δ_V durch die entsprechenden aus $\overline{\Delta_V}$ ersetzt werden. Sei $\overline{p} = (\overline{d}_l, \overline{d}_r, \overline{C})$ eine Produktion über Σ'_V, Σ_E, die aus $p = (d_l, d_r, C)$ über Σ_V, Σ_E dadurch entsteht, daß d_l, d_r durch $\overline{d}_r, \overline{d}_l$ und in der Verbindungsüberführung alle Vorkommnisse von Markierungen aus Δ_V durch die entsprechenden aus $\overline{\Delta_V}$ ersetzt werden. Sei $p_0 = (d'_0, \overline{d}_0, C_\varepsilon)$ eine Produtkion, in der d'_0 ein einzelner, mit S markierter Knoten ist und C_ε die leere Verbindungsüberführung. Seien ferner P_1 und P_2 die folgenden Mengen von Produktionen:[6,7]

$$P_1 := \{(d_{\overline{a}}, d_a, C_{id}^{b \in \Sigma_E}(1;1)) \mid \overline{a} \in \overline{\Delta_V}, d_a \in D_a \in D^{1\text{-}kn}(G,a), a \in \Delta_V\},$$

$P_2 := \{(d_a, d_F, C_{id}^{b \in \Sigma_E}(1;1)) \mid a \in \Delta_V\}$, wobei $d_{\overline{a}}, d_a, d_F$ jeweils die Knotenbezeichnung 1 und jeweils die Markierung $\overline{a}$,a,F haben.
Sei $P' := \{\overline{p} \mid p \in P\} \cup \{p_0\} \cup P_1 \cup P_2$ und sei
$G' := (\Sigma'_V, \Sigma_E, \Delta_V, \Delta_E, d'_0, P', \text{—pi→})$. Dann hat G' trivialerweise die oben geforderten Eigenschaften.

Im folgenden führen wir Tafel-i-GL-Systeme ein. Sie sind sowohl eine Verallgemeinerung von TOL-Systemen über Zeichenketten als auch von i-GL-Systemen. Motivation für die Einführung von TOL-Systemen war die Beschreibung von Wachstum unter sich verändernden Umwelteinflüssen wie Tag/Nacht etc..

Def. II.1.24: Ein *Tafel-i-GL-System* (abg. *i-TGL-System*) ist ein Tupel
$G = (\Sigma_V, \Sigma_E, d_0, \mathcal{P}, \text{—pi→})$, mit Σ_V, Σ_E, d_0 wie bekannt und wobei $\mathcal{P} = \{P_1, \ldots, P_m\}$. Die P_λ sind Mengen von Produktionen über Σ_V, Σ_E, die *Tafeln* des i-TGL-Systems. $G_\lambda = (\Sigma_V, \Sigma_E, d_0, P_\lambda, \text{—pi→})$ sind i-GL-Systeme für $1 \leq \lambda \leq m$, die *Komponentensysteme* von G. Direkte Ableitung $\xrightarrow[G]{pi}$ bedeute $\xrightarrow[G_\lambda]{pi}$ für ein λ mit $1 \leq \lambda \leq m$, d.h. alle in diesem Schritt angewandten Produktionen stammen aus genau einer Tafel. Sei $P_{GES} := \bigcup_{\lambda=1}^{m} P_\lambda$. Jedes Komponentensystem G_λ sei vollständig bezüglich d_0, P_{GES} im Sinne von Def. 1.18, d.h.

---

6) für $D^{1\text{-}kn}(G,a)$ vgl. I.2.17.c).
7) Da Verbindungsüberführungen dieselbe Form wie Einbettungsüberführungen besitzen, übernehmen wir auch für sie die für Einbettungsüberführungen in I.2.17 eingeführten Abkürzungen.

die Ableitung kann mit jeder Tafel fortgesetzt werden.

Ein *erweitertes i-TGL-System* (abg. *i-ETGL-System*) ist ein Tupel $G = (\Sigma_V, \Sigma_E, \Delta_V, \Delta_E, d_o, \mathcal{P}, \text{—pi}\rightarrow)$, wobei $G' = (\Sigma_V, \Sigma_E, d_o, \mathcal{P}, \text{—pi}\rightarrow)$ ein i-TGL-System ist, und wie üblich $\Delta_V \subseteq \Sigma_V, \Delta_E \subseteq \Sigma_E$. Direkte Ableitung $\underset{G}{\text{—pi}\rightarrow}$ bedeute $\underset{G'}{\text{—pi}\rightarrow}$.

Die *Sprache eines i-TGL-Systems* bzw. *eines i-ETGL-Systems* sei definiert wie in Def. 1.16 bzw. 1.20.

Ein i-TGL-System bzw. i-ETGL-System heiße *deterministisch* (*i-DTGL-* bzw. *i-DETGL-System*) bzw. *wachsend* (*i-PTGL-* bzw. *i-PETGL-System*), g.d.w. alle Komponentensysteme diese Eigenschaft haben.

Korollar II.1.25: Sei $D \in D(\Sigma_V, \Sigma_E)$. Dann ist $D \in L(G)$ entscheidbar für jedes i-PGL-, i-PTGL-, i-PEGL- bzw. i-PETGL-System über Σ_V, Σ_E.

Bemerkung II.1.26: Falls in jeder Tafel eines i-DTGL- bzw. i-DETGL-Systems alle Produktionen bis auf eine identisch sind, d.h. linke und rechte Seite übereinstimmen und die Verbindungsüberführung $C^{\ell \in \Sigma_E}(1;1)$ ist (1 sei dabei die Knotenbezeichnung von d_ℓ und d_r), so impliziert dies den folgenden Ersetzungsmechanismus auf Graphen: *Alle Vorkommnisse* der linken Seite der nichtidentischen Produktion werden *gleichzeitig ersetzt*, während der *Rest* des Graphen *unverändert* bleibt. Ein solcher Ersetzungsbegriff läßt sich mit Tafelsystemen formal einfach beschreiben, eine Implementierung auf diese Art ist ineffizient. Einer effizienten Implementierung würde ein gemischter sequentiell-paralleler Ableitungsbegriff zugrunde liegen, wo nur die Vorkommnisse der linken Seite der nichtidentischen Regel parallel ersetzt werden, der Rest jedoch unverändert bleibt. Wir gehen darauf in III.2 ein.

Bemerkung II.1.27: Wir haben oben *alle* Definitionen über Zeichenketten *L-Systeme* auf den Graph-Fall *übertragen*, mit einer *Ausnahme*: *IL-Systeme*. Das sind L-Systeme, wo zusätzlich zur linken und rechten Seite in jeder Regel eine Kontextbedingung angegeben wird, die sagt, in welcher Umgebung ein Symbol stehen muß, damit es mit dieser Regel ersetzt werden kann.[8] Solche IL-Systeme können im Zeichenkettenfall so definiert werden, daß sie vollständig sind. Dies ist möglich, da die Kontextbedingungen nur eine fest vorgegebene endliche Tiefe haben und somit alle möglichen Formen von Kontextbedingungen explizit hingeschrieben werden können. Im Graph-Fall ist nun der Kontext (die Unterscheidung zwischen linkem und rechtem Kontext, wie im Zeichenkettenfall, ist ohnehin sinnlos) nicht mehr endlich, da ein Knoten beliebig viele ein- und auslaufende Kanten haben kann. Also kann man keine IGL-Systeme angeben, die von vornherein vollständig sind. Für ein vorgegebenes GL-System mit Kontextbedingungen ist deshalb die Vollständigkeit nachzuweisen. Dies ist sicher nicht leicht. Die Schwierigkeit des Beweises hängt hauptsächlich von der Komplexität der Verbindungsüberführung ab. Allgemein ist die Frage, ob ein IGL-System vollständig ist, vermutlich unentscheidbar.

Eine andere Möglichkeit, IGL-Systeme zu definieren, wäre, in den linken Seiten einen Kontext vorzusehen, bei der Anwendung einer Produktion aber nur zu verlangen, daß der spezifizierte Kontext im aktuellen Kontext *enthalten* sein muß. Das führt prinzipiell auf dieselben Probleme wie oben. Nur der konkrete Nachweis, daß ein vorliegendes IGL-System vollständig ist, dürfte einfacher sein.

Neben diesen Schwierigkeiten ist ein weiterer Grund, auf die Einführung von IGL-Systemen zu verzichten, der, daß wir über die Verbindungsüberführung - speziell bei i-EGL- und i-ETGL-Systemen - mit dem im obigen Ansatz enthaltenen Operatorkonzept die Möglichkeit von Kontextabprüfungen besitzen (vgl. etwa Beweis zu Satz 1.34 und 1.35).

Falls i-GL, i-EGL, i-TGL, i-ETGL die Klassen von Graph-Sprachen sind, die durch i-GL-, i-EGL-, i-TGL-, bzw. i-ETGL-Systeme erzeugt werden, so folgt sofort aus den Definitionen:

---

8) Diese Kontextbedingung ist nicht zu verwechseln mit dem Kontext bei kontextsensitiven Zeichenketten-Grammatiken. Sie ist nur eine Anwendbarkeitsbedingung, die die Anwendbarkeit einer Regel steuert und sie ist nach der Ersetzung i.a. nicht mehr vorhanden, denn sie wird ebenfalls überschrieben.

Lemma II.1.28:

$$\text{i-GL} \subsetneq \text{i-EGL} \subsetneq \text{i-ETGL}$$

$$\text{i-GL} \subsetneq \text{i-TGL} \subsetneq \text{i-ETGL}$$

Es folgen nun einige Sätze über die Einbettung von Zeichenketten-L-Systemen in i-GL-Systeme. Wie in der Bemerkung nach Def. I.1.1 ausgeführt, kann man jedes Wort w über einem Alphabet durch den Wortpfad d_w codieren. Es folgt dann analog zu Satz I.2.21 das

Lemma II.1.29: Zu jedem POL-System G kann ein i-PGL-System G' angegeben werden so, daß L(G') genau aus den Wortpfaden zu L(G) besteht.

Beweis: Sei $G = (\Sigma,P,\omega)$ ein POL-System. Das i-PGL-System G' erzeugt die Elementen w von L(G) entsprechenden Wortpfade d_w und ist definiert durch $G' = (\Sigma,\{n\},d_\omega,P',\text{—pi→})$, wobei n das Markierungssymbol der einzigen Kantenart von Wortpfaden sei. Ferner ist d_ω der Wortpfad von ω, und P ist die Menge der Graph-Produktionen, die völlig analog zu Beweis Satz I.2.21 zu den Regeln von G angegeben werden können. Der Rest ist trivial.

Korollar II.1.30: $L(G_1) = L(G_2)$ ist nicht entscheidbar für i-PGL-Systeme G_1 und G_2.

Beweis: Folgt sofort aus der Unentscheidbarkeit dieses Prädikats für POL-Systeme.

Da die Frage der Unterscheidung zwischen terminalen und nichtterminalen Symbolen für den Beweis von L.1.29 keine Rolle spielt und da sich ferner der Beweis einfach auf Tafelsysteme übertragen läßt, folgt sofort das

Korollar II.1.31: Zu jedem PEOL-System (PTOL-System, PETOL-System) kann ein i-PEGL-System (i-PTGL-System, i-PETGL-System) angegeben werden, das die gleiche Sprache erzeugt.[9]

---

9) Diese Formulierung ist lax. Gleiche Sprache ist im Sinne des vorangehenden Lemmas gemeint.

Somit sind P0L-, PE0L-, PT0L- und PET0L-Systeme in impliziten Graph-L-Systemen enthalten. Es ist bekannt (vgl. etwa [FL 8] Thm. 5.1), daß sich E0L-Sprachen und PE0L-Sprachen lediglich durch das leere Wort unterscheiden.[10] Ferner ist, vom leeren Wort abgesehen, jede ET0L-Sprache und somit auch jede T0L-Sprache eine PET0L-Sprache. Es ergeben sich somit

Korollar II.1.32: Für jedes 0L- und E0L-System kann ein i-PEGL-System angegeben werden, das, bis auf das leere Wort, die gleiche Sprache erzeugt.

Korollar II.1.33: Für jedes T0L- und ET0L-System kann ein i-PETGL-System angegeben werden, das, bis auf das leere Wort, die gleiche Sprache erzeugt.

Als nächstes wollen wir untersuchen, wie IL-Systeme in Graph-L-Systeme eingebettet werden können. Eine Verallgemeinerung auf den Graph-Fall haben wir ja nicht vorgenommen (vgl. Bem. 1.27). Zunächst sei bemerkt, daß man IL-Systeme auch mit Begrenzungszeichen definieren, kann. Sei G ein (k,l)-System (k ist die Tiefe der linken, l der rechten Kontextbedingung). In diesem Fall beginnen wir mit einem Axiom, das links und rechts von einem Begrenzungszeichen # berandet ist. Ferner kann die linke bzw. rechte Kontextbedingung kürzer als l bzw. k sein, nämlich dann, wenn die linke bzw. rechte Kontextbedingung links bzw. rechts mit dem Begrenzer # berandet ist. Hier spielt der Begrenzer die Rolle des Umgebungssymbols von IL-Systemen. Begrenzer werden durch identische Regeln ohne Kontextbedingungen ersetzt. Die Sprache eines solchen (k,l)-Systems besteht aus allen ableitbaren Wörtern, in denen die Begrenzungszeichen eliminiert wurden.

Satz II.1.34: Für jedes PIL-System kann ein i-PEGL-System angegeben werden, das die gleiche Sprache erzeugt.

Beweis: Sei $G = (\Sigma, P, \#\omega\#)$ ein PIL-System ((k,l)-System) mit Begrenzungszeichen $\# \notin \Sigma$. Wir konstruieren ein i-PEGL-System G' mit $\Sigma_E' = \{n,f\}$, wobei n die terminale Kantenmarkierung für Wortpfade und f eine nichtterminale Kantenmarkierung ist, die dazu benutzt wird, mit Hilfe der Verbindungsüberführung nachzuprüfen, ob der linke bzw. rechte Kontext eines zu ersetzenden Knotens mit dem in der (k,l)-Regel übereinstimmt. Falls

10) Hinweis von S. Skyum.

dies nicht der Fall ist, so erzeugen wir blockierende f-Kanten.

Sei $(\alpha,a,\beta)\rightarrow c_1\ldots c_q$ eine Regel des wachsenden (k,l)-Systems, d.h. α hat entweder die Form $\alpha = a_1\ldots a_h$ mit $a_i\in\Sigma, h=k$, oder $\alpha = \# a_2\ldots a_h$, $a_i\in\Sigma, h\leq k$ und analog ist β entweder von der Form $\beta = b_1\ldots b_j$, $b_i\in\Sigma, j=l$ oder $\beta = b_1\ldots b_{j-1}\#$, $b_i\in\Sigma, j\leq l$. Die entsprechende Produktion des i-PEGL-Systems G' hat dann die Form

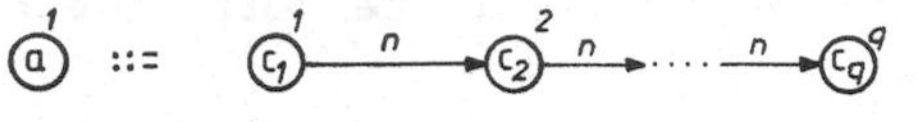

c: $l_n=(L_n(1);1)$
$r_n=(q;R_n(1))$
$l_f=(L_f\cup A_{LCONT}\cup A_{RCONT}(1);1)$
$r_f=(1;I(1))$

Fig. II/11

wobei $A_{LCONT} := \overline{a_1}\,L_n(a_2L_n(\ldots(a_hL_n)\ldots))\cup\ldots\cup\overline{a_{h-1}}\,L_n(a_hL_n)\cup\overline{a_h}\,L_n$ und

$A_{RCONT} := \overline{b_j}\,R_n(b_{j-1}R_n(\ldots(b_1R_n)\ldots))\cup\ldots\cup\overline{b_2}\,R_n(b_1R_n)\cup\overline{b_1}\,R_n$ und

wobei $\overline{a}_\lambda$ und $\overline{b}_\lambda$ Wörter über $(\Sigma\cup\{\#\}) - \{a_\lambda\}$ bzw. $(\Sigma\cup\{\#\}) - \{b_\lambda\}$ sind, die alle Symbole dieses Alphabets in einer beliebigen Reihenfolge enthalten. Schließlich brauchen wir noch eine identische Regel für den Begrenzer:

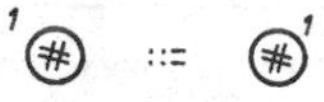

c: $l_n=(L_n(1);1)$
$r_n=(1;R_n(1))$
$l_f=(L_f(1);1)$
$r_f=(1;I(1))$

Fig. II/12

Die Verbindungskomponenten l_n und r_n jeder Regel fügen die eingesetzten rechten Seiten wieder zu einem Wortpfad zusammen. Die Operatoren A_{LCONT} und A_{RCONT} sind eine direkte Übersetzung der entsprechenden Kontextbedingungen α und β. Sie erzeugen blokkierende f-Kanten, g.d.w. der aktuell vorgefundene linke bzw. rechte Kontext eines zu ersetzenden Symbols nicht die Gestalt der entsprechenden Kontextbedingung hat. Schließlich sind die Komponenten l_f und r_f so konstruiert, daß einmal erzeugte f-Kanten erhalten bleiben.

<u>Satz II.1.35:</u> Für jedes IL- und EIL-System kann ein i-EGL-System angegeben werden, das die gleiche Sprache erzeugt.

Beweisskizze: Der Unterschied zum Beweis von Satz 1.34 besteht darin, daß hier in den Zeichenketten-Systemen löschende Regeln zugelassen sind. Ferner können in einer beliebigen Satzform be-

liebig viele Symbole nebeneinander stehen, die im nächsten
Schritt gelöscht werden.

Sei $G = (\Sigma, P, \#\omega\#)$ ein IL-System. Wir führen für jedes A, für
das es eine Regel $(\alpha, A, \beta) \rightarrow \gamma$ mit $\gamma \neq \varepsilon$ gibt, drei neue Symbole
A', A", A''' ein und ebenso jeweils drei neue Symbole $\underline{B}'$, $\underline{B}''$, $\underline{B}'''$
für jedes B, für das eine Regel $(\alpha', B, \beta') \rightarrow \varepsilon$ existiert. Jede
der obigen Regeln $(\alpha, A, \beta) \rightarrow \gamma = c_1 \ldots c_q$ und $(\alpha', B, \beta') \rightarrow \varepsilon$ wird
nun folgendermaßen in fünf Graph-Produktionen zerlegt:

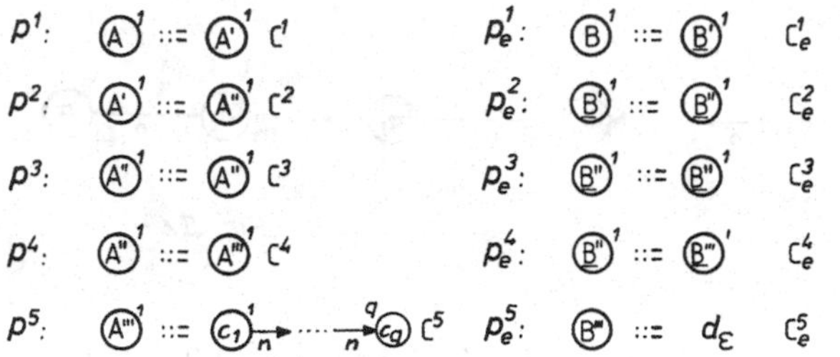

$$p^1: \quad \text{(A)}^1 ::= \text{(A')}^1 \, c^1 \qquad\qquad p_e^1: \quad \text{(B)}^1 ::= \text{(B')}^1 \, c_e^1$$

$$p^2: \quad \text{(A')}^1 ::= \text{(A'')}^1 \, c^2 \qquad\quad p_e^2: \quad \text{(B')}^1 ::= \text{(B'')}^1 \, c_e^2$$

$$p^3: \quad \text{(A'')}^1 ::= \text{(A'')}^1 \, c^3 \qquad\quad p_e^3: \quad \text{(B'')}^1 ::= \text{(B'')}^1 \, c_e^3$$

$$p^4: \quad \text{(A'')}^1 ::= \text{(A''')}^1 \, c^4 \qquad\quad p_e^4: \quad \text{(B'')}^1 ::= \text{(B''')}^1 \, c_e^4$$

$$p^5: \quad \text{(A''')}^1 ::= \text{(c}_1)\frac{1}{n} \rightarrow \cdots \frac{q}{n} \text{(c}_q) \, c^5 \qquad p_e^5: \quad \text{(B''')} ::= d_\varepsilon \, c_e^5 \qquad \textit{Fig. II / 13}$$

Die Verbindungsüberführung C^1 bzw. C_e^1 ist analog zum obigen
Beweis so konstruiert, daß sie nachprüft, ob der aktuelle Kontext im Graphen übereinstimmt mit den beiden Kontextbedingun-
gen α, β bzw. α', β'. Ist dies nicht der Fall, so werden - wie
im obigen Beweis - blockierende Kanten erzeugt. Die jeweils
nächsten Produktionen der obigen Zerlegungen werden einmal
angewandt, die jeweils darauffolgenden k-mal, wenn k die Länge des längsten Teilworts der aktuellen Satzform ist, das nur
aus Symbolen besteht, die im IL-System im aktuellen Schritt gelöscht werden. Die darauffolgenden Produktionen werden wieder
nur einmal angewandt. Die Funktion dieser Ableitungssequenz sei
an folgendem Beispiel erläutert (die Verbindungsüberführungen
sind entsprechend zu konstruieren):

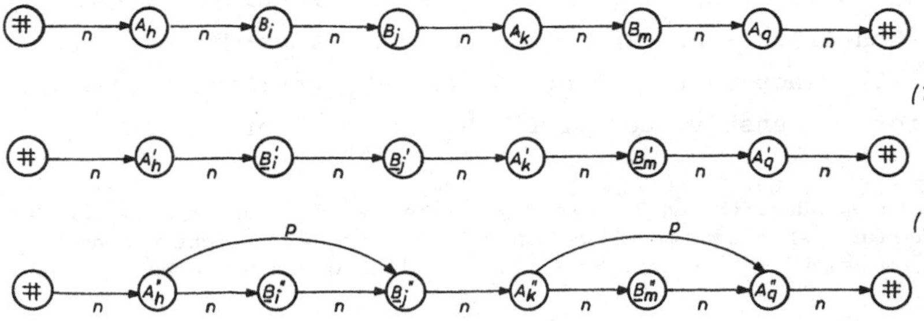

(1)

(2)

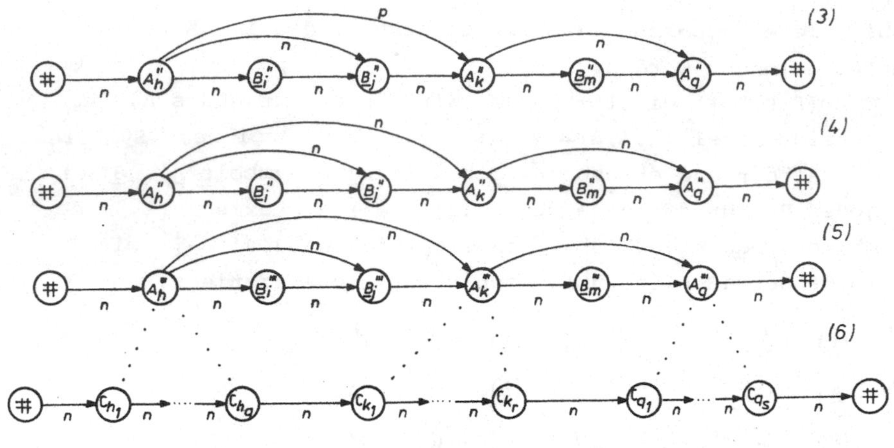

Fig. II/14

Seien P_1 - P_5 die Mengen von Produktionen der obigen Zerlegung. Nach korrektem Ablauf der Ableitungssequenz mit Produktionen aus $P_1 P_2 (P_3)^*$ (also entsprechend oftmaligem Anwenden der dritten Produktionen der obigen Zerlegung, in obigem Beispiel nach Schritt 4), sind alle Teilwortpfade aus zu löschenden Symbolen so zu überbrücken, daß die folgende Löschung die Pfadstruktur nicht zerreißt.[11] Ein vorzeitiges Verlassen dieser Teilsequenz kann dadurch abgeprüft werden, als dann eine p-Kante auf einen $\underline{B}''_{ji}$ -Knoten zeigt. Ferner sind, was aus Gründen der Übersichtlichkeit nicht eingezeichnet wurde, alle Knoten des Wortpfads mit beiden Begrenzern durch Kanten einer weiteren Kantenart verbunden. Diese Kantenart wird dazu benutzt, eine blockierende Kante, die eine Fehlersituation anzeigt, zwischen die beiden Begrenzer zu übertragen. Das geht dadurch in einem Ersetzungsschritt. Sonst besteht die Gefahr, daß diese blockierenden Kanten durch löschende Regeln eliminiert werden. Aus diesem technischen Grund sind die beiden Ummarkierungs-Teilschritte (1) und (5) eingeführt worden. Im letzten Schritt der obigen Simulation (in unserem Beispiel Schritt (6)) werden die ver-

11) Die Verbindungsüberführung kann so konstruiert werden, daß ein beliebiges Verlängern der Ableitung mit Regeln aus P_3 die Struktur nicht verändert. In unserem Beispiel kann dann Schritt (4) beliebig oft wiederholt werden.

längernden oder löschenden Produktionen eingesetzt. Wegen der vorher erzeugten überbrückenden Kanten erhalten wir nach Abschluß dieser Simulation wieder einen Wortpfad.
Die Reihenfolge der obigen Simulation kann analog zu der in Kap. I bereits mehrfach verwandten Technik über die Verbindungsüberführung erzwungen werden.
Obige Argumentation gilt gleichermaßen für EIL-Systeme.

Bemerkung II.1.36: Graph-L-Systeme sind nicht nur eine Verallgemeinerung von Zeichenketten-L-Systemen, sie enthalten auch zweidimensionale Ersetzungssysteme. *Beschränkte zellulare Automaten* (vgl. etwa [AR 7], [AR 15]) sind i-PEGL-Systeme im folgenden Sinne: Für jeden beschränkten zellularen Automaten können wir ein i-PEGL-System angeben so, daß es für jede mögliche Folge von Konfigurationen des zellularen Automaten eine Ableitungsfolge im i-PEGL-System gibt, die der Konfigurationenfolge entspricht. Diese Behauptung kann mit einer Technik analog zu der im Beweis von Satz 1.34 gezeigt werden. Der Grund hierfür liegt darin, daß wir ein rechteckiges, markiertes Gitter als einen markierten Graphen mit zwei Kantenmarkierungen für "liegt direkt oberhalb von", "liegt direkt rechts von" auffassen können.

Im Rest dieses Kapitels wollen wir einige Eigenschaften von i-GL-Systemen untersuchen. Für OL-Sprachen gelten eine Reihe von Abschlußeigenschaften nicht. Zwei davon gelten trivialerweise auch hier nicht:

Lemma II.1.37: Die Klasse der i-GL-Sprachen ist nicht abgeschlossen, bezüglich Vereinigung und Durchschnitt.

Beweis: Betrachte die beiden Sprachen $L_1=\{D_1\}$ und $L_2=\{D_2\}$, wobei D_1 und D_2 die beiden Wortpfade  und  sind. Beide sind trivialerweise i-GL-Sprachen, $L_1 \cup L_2$ ist keine, wie man sich leicht überlegt. Der Durchschnitt von L_1 und L_2 ist $\emptyset$, was trivialerweise ebenfalls keine i-GL-Sprache ist.

Bemerkung II.1.38: Um das Vorhanden- oder Nichtvorhandensein weiterer Abschlußeigenschaften für i-GL-Sprachen nachzuweisen, müß-

ten wir erst geeignete Generalisierungen für die im Zeichenkettenfall üblichen Begriffe *Konkatenation*, *Sternoperation*, *Homomorphie* etc. definieren. Eine naheliegende Generalisierung für nichtlöschenden Homomorphismus wäre etwa: Knotensubstitution durch nichtleere Graphen so, daß die inverse Substitution einen 1-Graphen-Homomorphismus im Sinne von Def. I.1.3 darstellt. Für die Generalisierung der Konkatenation könnte die Graphverschmelzung durch Pushout-Konstruktionen von [GG 4], [GG 45], [GL 4] oder mit Hilfe von Mengen von Schablonengraphen (vgl. II.3) im Sinne von [GL 2] herangezogen werden. Hier liegen jedoch noch keine Ergebnisse vor.
Im Zeichenkettenfall werden durch die Unterscheidung zwischen terminalen und nichtterminalen Zeichen, d.h. durch den Übergang von OL- zu EOL-Systemen, die Abschlußeigenschaften wieder gültig. Ein naheliegendes Ergebnis im Graph-Fall ist der folgende Satz.

Satz II.1.39: Die Klasse der i-EGL-Sprachen ist abgeschlossen, bezüglich Vereinigung.

Beweis: Seien L_1 und L_2 zwei i-EGL-Sprachen, d.h. es gibt zwei synchronisierte i-EGL-Systeme $G^1 = (\Sigma_V^1, \Sigma_E^1, \Delta_V^1, \Delta_E^1, d_o^1, P^1, \text{—pi→})$ und $G^2 = (\Sigma_V^2, \Sigma_E^2, \Delta_V^2, \Delta_E^2, d_o^2, P^2, \text{—pi→})$ mit $L(G^1) = L_1$ und $L(G^2) = L_2$. O.B.d.A. können wir annehmen, daß terminale Symbole von G^1 nicht nichtterminal in G^2 sind u.u.und, daß die nichtterminalen Symbole beider Systeme verschieden sind, d.h.
$((\Sigma_V^1 - \Delta_V^1) \cup (\Sigma_E^1 - \Delta_E^1)) \cap (\Sigma_V^2 \cup \Sigma_E^2) = \emptyset$ und
$((\Sigma_V^2 - \Delta_V^2) \cup (\Sigma_E^2 - \Delta_E^2)) \cap (\Sigma_V^1 \cup \Sigma_E^1) = \emptyset$.

Sei $\Sigma_V := \Sigma_V^1 \cup \Sigma_V^2 \cup \{S\}$ mit $S \notin \Sigma_V^1, \Sigma_V^2$, $\Sigma_E := \Sigma_E^1 \cup \Sigma_E^2$, $\Delta_E := \Delta_E^1 \cup \Delta_E^2$, $\Delta_V := \Delta_V^1 \cup \Delta_V^2$, $P := P^1 \cup P^2 \cup \{p_1, p_2\}$ mit $p_1 = (d_S, d_o^1, C_\varepsilon)$, $p_2 = (d_S, d_o^2, C_\varepsilon)$, wobei d_S ein einzelner mit dem neuen Symbol S markierter Knoten ist. Dann folgt trivialerweise für das (synchronisierte) i-EGL-System $G = (\Sigma_V, \Sigma_E, \Delta_V, \Delta_E, d_S, P, \text{—pi→})$, daß $L(G) = L_1 \cup L_2$.

Satz II.1.40: Für jedes i-PTGL-System kann ein äquivalentes i-PEGL-System angegeben werden.

Beweis: Sei $G = (\Sigma_V, \Sigma_E, d_o, \{P_1, \ldots, P_m\}, \text{—pi→})$ ein i-PTGL-System.

Wir konstruieren ein i-PEGL-System $G' = (\Sigma'_V, \Sigma'_E, \Delta'_V, \Delta'_E, d_o, P', \text{—pi→})$ mit $\Delta'_V := \Sigma_V$, $\Delta'_E := \Sigma_E$, $\Sigma'_E = \Delta'_E \cup \{f\}$, d.h. die terminalen Knotensymbole von G' sind die Knotensymbole von G und ebenso bei den Kantenmarkierungssymbolen. Ferner besitzt G' ein neues nichtterminales Kantenmarkierungssymbol f. Die f-Kanten werden dazu benutzt zu erzwingen, daß in jedem Ableitungsschritt von G' nur Produktionen einer Tafel von G verwandt werden. Für jede linke Seite einer Produktion $p_{\mu\lambda}$ einer Tafel P_μ führen wir in G' ein neues nichtterminales Knotenmarkierungssymbol $a'_{\mu\lambda}$ ein:
$\Sigma'_V := \Sigma_V \cup \{a'_{\mu\lambda} \mid 1 \leq \lambda \leq |P_\mu|,\ 1 \leq \mu \leq m\}$.
Sei $p_{\mu\lambda}$ eine Produktion der Tafel P_μ mit o.B.d.A. $K_{\ell\mu\lambda} = \{1\}$, $K_{r\mu\lambda} = \{1,\ldots,s\}$. Wir zerlegen $p_{\mu\lambda}$ in zwei Produktionen $p^1_{\mu\lambda}$ und $p^2_{\mu\lambda}$ von G'. Die Produktion $p^1_{\mu\lambda}$ ist definiert durch $d^1_{\ell\mu\lambda} := d_{\ell\mu\lambda}$, $d^1_{r\mu\lambda}$ ist der Knoten 1 markiert mit $a'_{\mu\lambda}$, $C^1_{\mu\lambda} = C^{b\in\Sigma'_E}_{id}(1;1)$, d.h. die erste Produktion ersetzt den einknotigen Graphen $d_{\ell\mu\lambda}$ durch einen Knoten, dessen Markierung angibt, welche Produktion welcher Tafel angewandt wird. Die Produktion $p^2_{\mu\lambda} = (d^2_{\ell\mu\lambda}, d^2_{r\mu\lambda}, C^2_{\mu\lambda})$ ist definiert durch $d^2_{\ell\mu\lambda} := d^1_{r\mu\lambda}$, und $d^2_{r\mu\lambda} := d_{r\mu\lambda}$. Die Verbindungsüberführung $C^2_{\mu\lambda}$ ergibt sich aus $C_{\mu\lambda}$, indem man die Symbole $b \in \Sigma_V$ durch ein Wort aller der Symbole $a'_{\mu\kappa}$ ersetzt, die eine Produktion charakterisieren, deren linke Seite mit b markiert ist. Ferner enthält $C^2_{\mu\lambda}$ noch die beiden Verbindungskomponenten
$l_f = (L_f \cup w_{\bar\mu} I(1);1,\ldots,s)$ und $r_f = (1,\ldots,s;I(1))$, wobei $w_{\bar\mu} \in \{a'_{\kappa\lambda} \mid 1 \leq \lambda \leq |P_\kappa|, 1 \leq \kappa \leq m, \kappa \neq \mu\}^*$ ein Wort ist, das alle neu eingeführten Knotenmarkierungssymbole aller anderen Tafeln in beliebiger Reihenfolge enthält. Sei P' die Menge aller Produktionen, die so aus den Produktionen aller Tafeln von G entstehen. Dann gilt mit der üblichen Argumentation L(G) = L(G'). Jede Ableitung in G' hat die doppelte Länge der entsprechenden Ableitung in G. Durch die Verbindungskomponenten l_f und r_f jeder Produktion erzwingen wir, daß in einem Schritt in G' nur die zu einer Tafel von G gehörenden Produktionen verwendet werden dürfen, andernfalls werden blockierende Kanten erzeugt.

<u>Bemerkung II.1.41:</u> Satz 1.40 ist ein theoretisches Ergebnis. Aus praktischen Gründen empfiehlt es sich nicht, auf Tafel-Graph-L-Systeme zu verzichten. i-TGL-Systeme reflektieren auf evidentere

Art das *"Bauprogramm"* der zu erzeugenden Graphen als die ihnen entsprechenden i-EGL-Systeme. In letzteren ist das Programm in mehr oder minder komplexen Verbindungsüberführungen versteckt. Wir werden auf diese Problematik, Graphersetzungssysteme mit möglichst evidentem Programm zu verwenden, in Kap. III noch einmal zurückkommen. Da in obigem Beweis die Frage der Unterscheidung zwischen terminalen und nichtterminalen Markierungssymbolen keine Rolle gespielt hat, folgt sofort das

Korollar II.1.42: Für jedes i-PETGL-System kann ein äquivalentes i-PEGL-System angegeben werden.

Korollar II.1.43: i-GL $\subset$ i-EGL

Beweis: Die Sprache $\{D_1, D_2\}$ mit D_1 und D_2, wie im Beweis von L.1.37, ist eine i-EGL-Sprache, aber keine i-GL-Sprache.

Korollar II.1.44: i-GL $\subset$ i-TGL

Beweis: Die Zeichenkettensprache $L = \{a^{2^m 3^n} \mid n,m \geq 0\}$ ist eine PTOL-Sprache, denn sie wird durch folgendes PTOL-System $G = (\{a\},\{\{a \to a^2\},\{a \to a^3\}\},a)$ erzeugt. Wegen Kor. 1.31 ist sie auch eine i-PTGL-Sprache, wenn man die Zeichenketten als Wortpfade auffaßt. Andererseits sieht man leicht, daß L keine i-GL-Sprache ist.

Korollar II.1.45: i-PTGL $\subset$ i-PETGL = i-PEGL $\subset$ i-EGL

Beweis: Zunächst gilt, da trivialerweise i-PEGL $\subseteq$ i-PETGL, wegen Kor. 1.42 i-PEGL = i-PETGL. Die Sprache $\{D_1, D_2\}$, mit D_1, D_2 wie oben, ist i-PEGL aber nicht i-PTGL. Ferner enthält eine Sprache aus i-EGL möglicherweise den leeren Graphen. Somit ist auch i-PEGL $\subset$ i-EGL richtig.

Als Zusammenfassung der Ergebnisse dieses Abschnitts ergibt sich der folgende Satz, wobei hier EIL,...,EOL die Klasse der entsprechenden Zeichenkettensprachen sei hier als Klasse von Wortpfadsprachen aufgefaßt.

<u>Satz II.1.46:</u>

$$
\begin{array}{ccccccccc}
\text{i-TGL} & \supset & \text{i-GL} & & & & & & \\
\cap & & \cap & & & & & & \\
\text{i-ETGL} & \supseteq & \text{i-EGL} & \supset & \text{i-PEGL} & = & \text{i-PETGL} & \supset & \text{i-PTGL} \\
 & \swarrow\!\!\!\cup & \cup & & \swarrow\!\!\!\cup & \cup & \searrow\!\!\!\cup & & \\
 & \text{EIL} & \text{IL} & & \text{ETOL} & \text{TOL} & \text{EOL} & &
\end{array}
$$

<u>Bemerkung II.1.47:</u> In Kapitel I wurden eine Reihe von Einschränkungen für die Form von Einbettungsüberführungen definiert. Diese Einschränkungen sind auch Einschränkungen für die Verbindungsüberführungen des parallelen Falls, da diese ja syntaktisch genau dieselbe Form haben. Angewandt auf die oben definierten i-GL-, i-EGL-, i-TGL- und i-ETGL-Systeme ergeben sich somit eine Fülle paralleler Sprachklassen i-restr-GL, i-restr-EGL-, i-restr-TGL und i-restr-ETGL, wobei restr $\in$ {loc, depth_n, olp, s, an, inv} ist. Ergebnisse über Beziehungen dieser Sprachklassen sind zur Zeit noch unbekannt.

II.2 Beziehung zu sequentiellen Ersetzungssystemen

Wir wollen in diesem Abschnitt die Beziehungen zwischen sequentiell erzeugten und parallel erzeugten Graph-Sprachklassen untersuchen. Im Zeichenkettenfall stimmen die beiden obersten Sprachklassen, nämlich EIL und U überein, ansonsten liegen alle Sprachklassen schief. Hier gibt es in der sequentiellen und parallelen Sprachklassenhierarchie je eine Sprachklasse, nämlich CFG und PEGL, die zusammenfallen. Ein analoges Ergebnis gibt es, wie bereits gesagt, im Zeichenkettenfall nicht.

Satz II.2.1: Zu jeder CF-Graph-Grammatik kann ein äquivalentes i-PEGL-System angegeben werden.[1)]

Bemerkung II.2.2 (*Idee des Beweises*): Im folgenden Satz zeigen wir, daß kontextfreies sequentielles Ersetzen durch parallele Ersetzung im Sinne von Abschnitt II.1 simuliert werden kann. Dies ist die einfachere Richtung es oben genannten Ergebnisses. Die Idee ist ähnlich zu der Idee des Zeichenkettenergebnisses, daß jede kontextfreie Sprache eine EOL-Sprache ist, nur ist hier mehr Verwaltungsaufwand für die Simulation nötig. Man ersetzt parallel alle Knoten identisch, mit Ausnahme des Knotens, wo die kontextfreie Produktion angewandt wird. Um nun zu erzwingen, daß in jeder parallelen Simulation des sequentiellen Ableitungsschritts nur eine nichtidentische Regel angewandt wird, spaltet man den parallelen Ersetzungsschritt in zwei Teilschritte auf. Im ersten Schritt wird der Knoten, auf den die nichtidentische Regel angewandt wird, mit einer neuen nichtterminalen Markierung versehen, während alle restlichen Knoten und ihre Verbindungsstruktur gleich bleiben. Im zweiten Schritt wird der gekennzeichnete Knoten durch die rechte Seite der nichtidentischen Produktion ersetzt, während die anderen Knoten wiederum identisch ersetzt werden. Durch diese Aufspaltung des parallelen Schritts können nun jetzt sogar zwei unerwünschte Situationen auftreten, die durch die folgende Fig. II/15 skizziert seien. Beide Fälle können jedoch mit den uns

---

1) Der Leser erinnere sich, daß wir in Def. I.3.1 Kontextfreiheit *ohne* Löschung definiert haben.

Fig. II/15

mittlerweile vertrauten Techniken der Erzeugung blockierender Kanten abgefangen werden. Der Leser findet ein Beispiel zur Beweisidee in [GL 16], was hier aus Platzgründen nicht wiederholt werden kann.

Beweis zu Satz II.2.1: Sei $G = (\Sigma_V, \Sigma_E, \Delta_V, \Delta_E, d_0, P, \text{—s→})$ eine kontextfreie Graph-Grammatik.

1. Wir konstruieren ein i-PEGL-System $G' = (\Sigma_V', \Sigma_E', \Delta_V, \Delta_E, d_0, P', \text{—pi→})$ mit den gleichen terminalen Alphabeten, wobei $\Sigma_V' = \Sigma_V \cup \Omega'$ mit $\Omega' = \{A_1, \ldots, A_{|P|}\}$ und $\Sigma_V \cap \Omega' = \emptyset$, d.h. für jeden einknotigen nichtterminalen Untergraphen, der in G ersetzt werden kann, führen wir in G' eine neue nichtterminale Knotenmarkierung ein. Ferner ist $\Sigma_E' = \Sigma_E \cup \{f\}$ mit $f \notin \Sigma_E$, d.h. für die Steuerung der Simulation führen wir eine neue nichtterminale Kantenmarkierung ein. Die f-Kanten sind blockierende Kanten, die genau dann erzeugt werden, wenn eine der obengenannten Situationen auftritt. Die Produktionenmenge P' von G' kann aus P von G folgendermaßen konstruiert werden:

   Sei $p = (d_\ell, d_r, E)$ eine Produktion von G, der Knoten von d_ℓ habe die Bezeichnung 1 und $d_r \in d(\Sigma_V, \Sigma_E) - \{d_\varepsilon\}$. Diese Produktion wird in zwei Produktionen p^1 und p^2 von G' zerlegt. Die Produktion p^1 ist definiert durch $p^1 = (d_\ell, d_\ell', C^1)$ mit d_ℓ' ist ein einzelner Knoten mit Bezeichnung 1, der mit dem neueingeführten Symbol markiert ist, das die Produktion p charakterisiert. C^1 ist gegeben durch $C_{id}^{a \in \Sigma_E}(1;1)$, erweitert um die beiden Verbindungskomponenten $l_f = (L_f(1);1)$ und

$r_{\ddagger}$ = $(1;w'I\cup R_{\ddagger}(1))$, wobei w' ein beliebiges Wort über Ω' ist, das alle Zeichen dieses Alphabets enthält. In der zweiten Produktion $p^2 = (d_l^{'}, d_r, C^2)$ ist die linke Seite die rechte von p^1 und die rechte die rechte von p. Die Verbindungsüberführung C^2 ist gegeben durch $C^2 = ((l_a, r_a)_{a \in \Sigma_E})$, wobei die Verbindungskomponenten l_a und r_a genau die gleiche Form wie die entsprechenden Einbettungskomponenten von E besitzen, erweitert um die beiden Verbindungskomponenten $l_{\ddagger} = (I(1);1)$ und $r_{\ddagger} = (1;w'I\cup R_{\ddagger}(1))$. Dabei sei 1 die Bezeichnung eines Knotens von d_r und w' wie oben gewählt. Die Verbindungskomponenten $l_{\ddagger}$ und $r_{\ddagger}$ erzeugen blockierende Kanten im zweiten Schritt der Simulation, falls mehr als eine nichtidentische Regel gleichzeitig angewandt wird (vgl. Fig. II/15.a)). Analog bewirken $r_{\ddagger}$ aller p_i^1 und $l_{\ddagger}$ aller p_j^2, daß blockierende Kanten erzeugt werden, wenn die Situation von Fig. II/15.b) auftritt. Sei P_1 die Menge der Produktionen, die so aus P von G entsteht. Ferner brauchen wir wegen der geforderten Vollständigkeit von G' je eine identische Produktion für alle einknotigen Untergraphen, die in rechten Seiten von G oder im Startgraphen d_0 auftreten. Sei d_{ek} ein solcher Untergraph. Wir fügen dann eine Produktion $p_{ek} = (d_{ek}, d_{ek}, C_{ek})$ hinzu, wobei $C_{ek} = ((l_a, r_a)_{a \in \Sigma_E})$ ist definiert durch $l_a = (w'I\cup L_b(1);1)$, $r_a = (1;w'I\cup R_b(1))$ für $b \in \Sigma_E$ und $l_{\ddagger} = (L_{\ddagger}(1);1)$, $r_{\ddagger} = (1;R_{\ddagger}(1))$. Dabei sei 1 die Bezeichnung des Knotens von d_{ek}. Sei P_2 die Menge der so entstehenden identischen Produktionen und sei $P' = P_1 \cup P_2$. Damit ist die Konstruktion von G' beendet.

2. a) $L(G) \subseteq L(G')$ (per Induktion über die Länge l von Ableitungen in G): Für l=0 ist die Behauptung richtig, da G und G' den gleichen Startgraphen besitzen. Sei D' ein Graph mit $D_0 \xrightarrow[G]{s^*} D \xrightarrow[G]{s} D'$, wobei l = n+1 und sei $p_i \in P$ die im letzten Schritt angewandte Produktion von G. Der Schritt $D \xrightarrow[G]{s} D'$ kann durch zwei Schritte $D \xrightarrow[G']{pi} D'' \xrightarrow[G']{pi} D'$ simuliert werden, wobei in $D \xrightarrow[G']{pi} D''$ p_i^1 und identische Produktionen sonst angewandt werden und analog in $D'' \xrightarrow{pi} D'$, p_i^2 und identische Produktionen. Nach obiger Konstruktion ist offensichtlich, daß beide

parallelen Schritte $D \xrightarrow[G]{s} D'$ simulieren. Da nach Induktionsvoraussetzung D eine Ableitung in G' hat, kann diese durch $D \xrightarrow[G']{pi} D'' \xrightarrow[G']{pi} D'$ verlängert werden, was eine Ableitung von D' in G' ergibt. Somit gibt es insbesondere für jedes $D \in L(G)$ eine Ableitung in G' und somit ist $D \in L(G')$, da G und G' die gleichen terminalen Alphabete besitzen.

b) Umgekehrt können wir per Induktion über die Länge l von Ableitungen in G' zeigen, daß für für jeden Graphen $D \in D(\Sigma_V, \Sigma_E)$ mit $D_0 \xrightarrow[G]{pi^*} D$, und somit insbesondere für alle Graphen aus L(G'), eine sequentielle Ableitung in G gibt. Für l=O gilt die Behauptung. Sei l=n und sei die Behauptung für alle l<n richtig. Es kann in jedem Schritt der Ableitung in G' genau eine der drei folgenden Situationen auftreten:

(i) Genau ein einknotiger, nichtterminaler Untergraph wird mit Hilfe eines p_i^1 durch eine neue nichtterminale Markierung ummarkiert, alle anderen Knoten werden identisch ersetzt mit Hilfe von Produktionen aus P_2,

(ii) Genau ein Knoten mit einer neuen Markierung wird mit Hilfe einer nichtidentischen Produktion p_j^2 ersetzt, alle anderen durch identische aus P_2,

(iii) Alle Knoten werden identisch mit Hilfe von Produktionen von P_2 ersetzt.

In allen anderen Situationen werden durch die Verbindungskomponenten l_f und r_f blockierende Kanten erzeugt, die erhalten bleiben. Insbesondere können im letzten Ableitungsschritt nur die Situationen (ii) oder (iii) auftreten. Falls (iii) gilt, dann wurde im letzten Schritt nur der Graph reproduziert und wir sind fertig. Falls (ii) auftrat, muß im vorletzten Schritt (i) an derselben Stelle im Graphen aufgetreten sein. Im letzteren Fall können die beiden letzten Schritte in G' durch einen sequentiellen Schritt in G ersetzt werden. Wir sind fertig, da nach Voraussetzungen Graphen aus $D(\Sigma_V, \Sigma_E)$ mit einer kürzeren Ableitung als n eine Ableitung in G besitzen.

Bemerkung II.2.3: Im Beweis des entsprechenden Satzes für Zeichenketten-Systeme fügt man einfach für jedes Symbol des Alphabets eine identische Regel hinzu. Man erzwingt also nicht, daß das die kontextfreie Zeichenketten-Grammatik simulierende EOL-System in jedem Ableitungsschritt genau eine nichtidentische Regel anwendet. Dies liegt daran, daß es hier zu jedem parallelen Ableitungsschritt mit mehr als einer nichtidentischen Regel in der kontextfreien Grammatik stets eine zugehörige Ableitung mit sequentiellen Einzelschritten mit dem gleichen Ergebnis gibt, in der die Ersetzungen nacheinander stattfinden. Dies ist im Graph-Fall nicht mehr gültig, wie das folgende triviale Beispiel zeigt, was auch somit begründet, daß im obigen Beweis im i-PEGL-System *höchstens eine nichtidentische Produktion* angewendet werden darf. Die beiden Produktionen p_1 und p_2 führen nämlich - parallel auf d angewandt - zum Graphen d_1, - hintereinander angewandt, in beliebiger Reihenfolge - jedoch zu d_2.

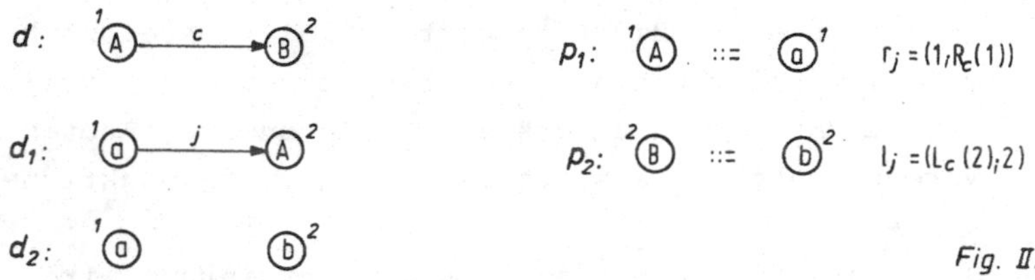

Fig. II/16

Daraus folgt, daß die obige Idee des Zeichenkettenbeweises nur übertragen werden kann, d.h. der Beweis des obigen Satzes nur vereinfacht werden kann, wenn man die Einbettungsüberführung der zu simulierenden CF-Graph-Grammatik stärker einschränkt als depth-1. Für s-Einbettungsüberführungen läßt sich ebenfalls ein triviales Gegenbeispiel finden, da hier von der Markierung von Nachbarknoten Gebrauch gemacht werden kann. Hingegen läßt sich der Beweis für el-CF-Graph-Grammatiken entsprechend vereinfachen.

Bemerkung II.2.4 (*Idee des Beweises der Umkehrung*): Der folgende Satz ist die Umkehrung von Satz 2.1. Der Beweis ist jedoch wesentlich komplizierter. Wir wollen dem Beweis eine informale Erläuterung der ihm zugrunde liegenden Idee voranstellen. Wir verwenden hierzu den in Beispiel 1.14 dargestellten direkten parallelen Ableitungsschritt d—pi→d'. Dieser parallele Ablei-

tungsschritt wird hier durch eine Folge sequentieller kontextfreier Ableitungsschritte simuliert. Diese Folge besteht aus drei Teilfolgen f_1, f_2, f_3, die sich in ihrer Funktion unterscheiden.
In der ersten Teilfolge f_1 werden alle Knoten von d so ummarkiert, daß die neuen Knotenmarkierungen die Produktion identifizieren, die an diesem Knoten angewandt wird. So bedeute die Markierung $\overline{A}_2$ von Fig. II/17.b), daß hier die zweite Produktion des i-PEGL-Systems mit A als Knotenmarkierung der linken Seite anzuwenden ist. In dieser ersten Teilfolge f_1 verändert sich somit die Verbindungsstruktur von d nicht (vgl. Fig. II/17.a), b)).
Die Teilfolgen f_1 und f_3 stellen nur Vorbereitung bzw. Nachbearbeitung dar. Die Simulation des Schritts d—pi→d' findet in f_2 statt. Diese Ersetzungen, die im parallelen Schritt auf einmal durchgeführt werden, werden hier Knoten für Knoten nacheinander ausgeführt. So ist in Fig. II/17.c) der Knoten 1 ersetzt, in d) zusätzlich der Knoten 2 und in e) sind schließlich alle Knoten ersetzt. Da die Verbindungsstruktur von d erhalten bleiben muß, bis alle Ersetzungen stattgefunden haben (die letzte Ersetzung kann Bezug nehmen auf die Verbindungsstruktur bereits ersetzter Knoten), ziehen wir einen Knoten jeder eingesetzten rechten Seite dazu heran, die Verbindungsstruktur der entsprechenden linken Seite aufrecht zu erhalten (Knoten 4, 6, 9 in Fig. II/17.e).[2] Ferner wird die Knotenmarkierung jeder ersetzten linken Seite als Index in die Markierung dieses ausgezeichneten Knotens eingetragen, da Verbindungsüberführungen auf Knotenmarkierungen Bezug nehmen können. Um nun Kanten, die zu der alten Verbindungsstruktur gehören,

2) Falls die linke Seite Schlingen enthält, so werden diese ebenfalls auf diesen Knoten übertragen. Da jedoch dieser ausgezeichnete Knoten der rechten Seite ebenfalls Schlingen enthalten kann, die hier noch unterdrückt werden müssen, ist die Knotenmarkierung hier zusätzlich mit der Nummer i der angewandten Produktion versehen, nämlich etwa $\underline{A}^i_B$. Aufgrund dieser zusätzlichen Charakterisierung können dann die Schlingen dieses Knotens in f_3 erzeugt werden. Wir haben die Behandlung von Schlingen aus dieser Bem. 2.4 herausgelassen, da sie ein nur unwesentliches Detail darstellen, das die Übersicht behindert.

von solchen bereits eingesetzter rechter Seiten unterscheiden zu können, um so bei der Auswertung von Operatoren nicht in bereits eingesetzte rechte Seiten hineinzulaufen, werden die rechten Seiten durch neu eingeführte c-Kanten geklammert. Ferner werden die Markierungen der neu erzeugten Verbindungen zwischen rechten Seiten gequert, damit diese Kanten von solchen von d und solchen von eingesetzten rechten Seiten unterschieden werden können. Schließlich muß die Erzeugung von Kanten zwischen Tochtergraphen im sequentiellen Fall simuliert werden. Eine Hilfsvorstellung im parallelen Fall war die Erzeugung von Halbkanten, die zusammenpassen müssen, damit eine Kante erzeugt wird. Dies wird hier in zwei Schritten simuliert: Im ersten Schritt wird eine Kante erzeugt, falls im parallelen Fall die entsprechende Halbkante erzeugt worden wäre, und falls der zweite Knoten noch nicht ersetzt worden ist. Im zweiten Schritt, der den noch verbleibenden Knoten ersetzt, bleibt diese Kante nur dann erhalten, falls hier bei der Ersetzung im parallelen Fall die zugehörige zweite Halbkante erzeugt worden wäre. Die Unterscheidung, ob ein Knoten bereits ersetzt ist oder nicht, ist dadurch möglich, daß die Markierung noch nicht ersetzter Knoten gequert, die von Knoten eingesetzter rechter Seiten unterstrichen ist. So gehören die beiden $\bar{i}$-Kanten von Fig. II/17.c) zu den Halbkanten *2* und *3* von Fig. II/6, die $\bar{j}$- und $\bar{h}$-Kanten von Fig. II/17.d) zu den Halbkanten *1* und *6* von Fig. II/6, die $\bar{i}$-Kanten von Fig. II/17.d) repräsentieren jedoch bereits die i-Kanten von Fig. II/6.[3)] Nach der letzten Ersetzung von f_2 (vgl. Fig. II/17.e)) ist ein Graph entstanden, der noch die Verbindungsstruktur von d enthält, aber auch die Verbindungsstruktur von d' mit gequerten Kantenmarkierungen.

In der letzten Teilsequenz f_3 werden lediglich die Knoten so ummarkiert, wie sie in den ursprünglichen Produktionen gegeben sind. Ferner kann jetzt die alte Verbindungsstruktur vergessen werden, die Simulation ist ja beendet. Das gleiche gilt für die

---

3) Es ist hier vielleicht von Interesse anzumerken, daß sich dieses Prinzip der Simulation von zusammenpassenden Halbkanten in der Implementierung von Kap. V wiederfindet.

c-Kanten (vgl. Fig. II/17.f)).
Die Einhaltung der Reihenfolge des obigen Ablaufs wird mit bereits bekannter Technik realisiert. Die Länge der simulierenden Folge hängt natürlich von d und von den angewandten Produktionen ab. Sie beträgt für f_1 $|K|$, für f_2 $|K|$ und für f_3 $|K'|$, falls K und K' die Knotenmengen von d und d' sind.

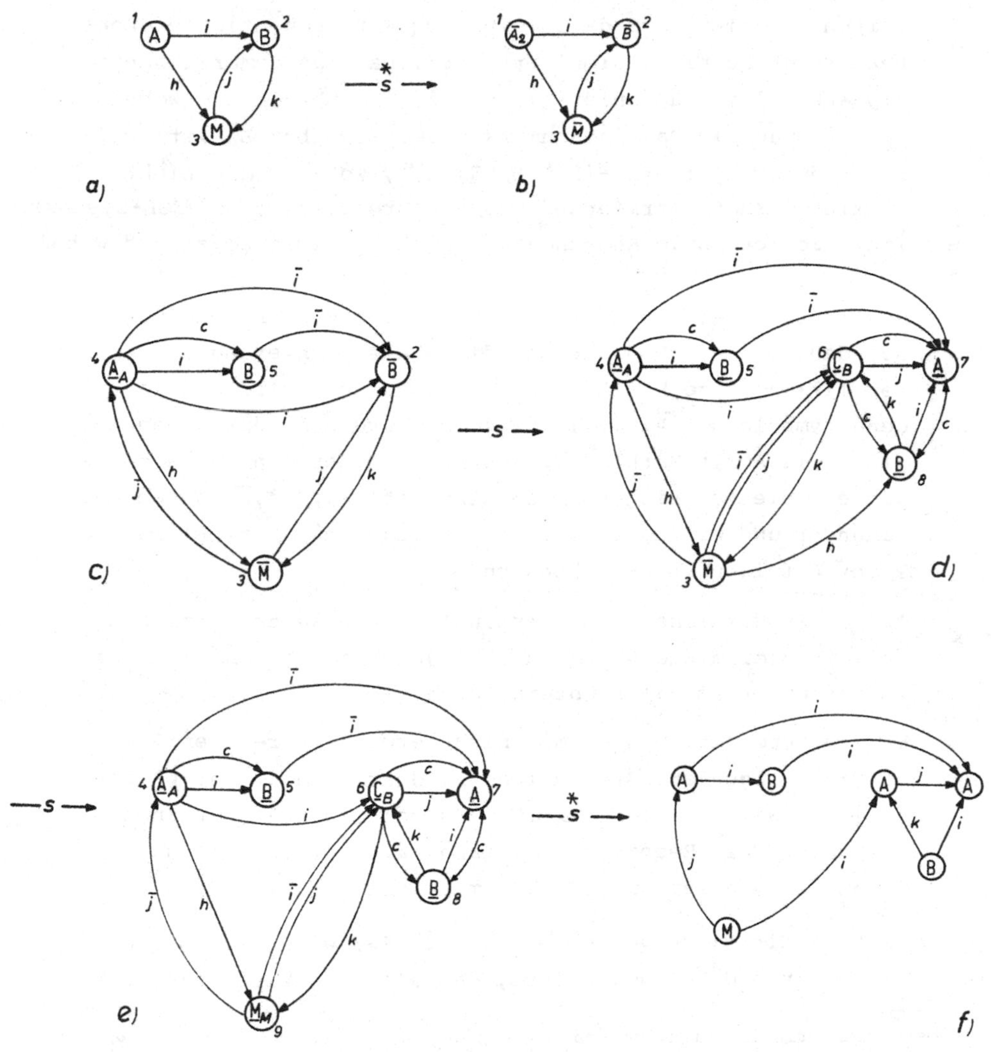

Fig. II/17

Satz II.2.5: Zu jedem i-PEGL-System kann eine äquivalente CF-Graph-Grammatik angegeben werden.

Beweis:

1. Sei $G = (\Sigma_V, \Sigma_E, \Delta_V, \Delta_E, d_o, P, \text{—pi}\rightarrow)$ ein synchronisiertes i-PEGL-System. Wir konstruieren eine CF-Graph-Grammatik $G' = (\Sigma_V', \Sigma_E', \Delta_V, \Delta_E, d_o, P', \text{—s}\rightarrow)$, die die gleichen terminalen Alphabete hat, und in der jeder direkte parallele Ableitungsschritt in G durch eine Sequenz sequentieller kontextfreier Schritte simuliert wird. Das Kantenmarkierungsalphabet Σ_E' ist definiert durch $\Sigma_E' := \Sigma_E \cup \overline{\Sigma}_E \cup \{f,c\}$, wobei $\overline{\Sigma}_E := \{a \mid a \in \Sigma_E\}$. Das Knotenmarkierungsalphabet Σ_V' ist definiert durch $\Sigma_V' := (\Sigma_V - \{F\}) \cup \overline{\Sigma}_V \cup \underline{\Sigma}_V \cup \underline{\Sigma}_V^{lab}$, wobei F die nichtterminale Knotenmarkierung des synchronisierten i-PEGL-Systems ist, die terminale Knotenmarkierungssymbole ersetzt und wobei $\underline{\Sigma}_V := \{\underline{A} \mid A \in \Sigma_V - \{F\}\}$, $\underline{\Sigma}_V^{lab} := \{\underline{A}_B^k \mid A \in \Sigma_V - \{F\} \wedge B \in \Sigma_V - (\Delta_V \cup \{F\}) \wedge 1 \leq k \leq |P|\}$. Schließlich besteht $\overline{\Sigma}_V$ aus Symbolen der Form $\overline{A}$ für $A \in \Sigma_V - \{F\}$ so, daß für jede Produktion, die A als Markierung des Knotens der linken Seite besitzt, ein $\overline{A}$ eingeführt wird und verschiedene Symbole $\overline{A}_1$, $\overline{A}_2, \ldots$, falls es mehrere Produktionen in G gibt, die A als Markierung des Knotens der linken Seite besitzen. Die neu eingeführten Alphabete $\underline{\Sigma}_V, \underline{\Sigma}_V^{lab}, \overline{\Sigma}_V$ seien untereinander und mit Σ_V fremd. Die Produktionenmenge P' wird aus P von G folgendermaßen konstruiert:

A) Die Produktionen, die terminale linke Seiten besitzen, werden eliminiert, da es in Graph-Grammatiken keine Ersetzung terminaler Untergraphen gibt.[4)]

B) Jede Produktion $p_i \in P$ mit nichtterminaler rechter Seite wird folgendermaßen in zwei Produktionen p_i^1 und p_i^2 zerlegt. Sei $p_i = (d_{li}, d_{ri}, C_i)$, wobei o.B.d.A. der Knoten von d_{li} die Bezeichnung 1 habe, $K_{ri} = \{1,\ldots,n\}$ sei, und sei ferner Knoten $1 \in K_{ri}$ markiert mit B.

B.1) Mit Hilfe von $p_i^1 = (d_{li}^1, d_{ri}^1, E_i^1)$ wird der Knoten von d_{li} so ummarkiert, daß die neue Markierung die

4) Der Leser erinnere sich, daß nach Anwendung dieser Produktionen im synchronisierten i-EGL-System kein Graph der Sprache mehr erhalten werden kann.

alte Markierung und die Produktion p_i identifiziert. Die Produktion p_i^1 ist definiert durch $d_{li}^1 := d_{li}$, $d_{ri}^1 \rightleftarrows d_{li}^1$ und die Knotenmarkierung von d_{ri}^1 ist $\overline{A}_\lambda \in \overline{\Sigma_V}$, wobei λ der Index in einer beliebigen, aber fixierten Abzählung der Produktionen von P mit gleicher Knotenmarkierung A der linken Seite ist. Gibt es nur ein $p_i \in P$, mit Knotenmarkierung von d_{li} gleich A, so ist $\overline{A}$ die Knotenmarkierung von d_{ri}. Die Einbettungsüberführung E_i^1 ist definiert durch $E_{id}^{a\in\Sigma_E}(1;1)$, erweitert durch die beiden Einbettungskomponenten $l_{\ddagger} = (L_{\ddagger} \cup \underline{w}I(1);1)$ und $r_{\ddagger} = (1;R_{\ddagger} \cup \underline{w}I(1))$, wobei $\underline{w}$ ein Wort über $\underline{\Sigma}_V \cup \Sigma_V^{lab}$ ist, das alle Zeichen beider Alphabete in beliebiger Reihenfolge enthält.

B.2) Die Produktion $p_i^2 = (d_{li}^2, d_{ri}^2, E_i^2)$ ist definiert durch $d_{li}^2 = d_{ri}^1$ und d_{ri}^2 ist bestimmt durch

$K_{ri}^2 = \{1,\ldots,n\}$, $\beta_{ri}^2(1) = \underline{B}_A^i$
$\beta_{ri}(\mu) = A \Longleftrightarrow \beta_{ri}^2(\mu) = \underline{A}$, $1<\mu\leq n$, $A\in\Sigma_V$, $\underline{A}\in\underline{\Sigma}_V$
$(\mu,\nu)\in\varrho_{ria} \Longleftrightarrow (\mu,\nu)\in\varrho_{ria}^2$, $1\leq\mu,\nu\leq n$, $a\in\Sigma_E$, aber nicht $\mu=\nu=1$,
$(1,\mu)\in\varrho_{ric}$ für $1<\mu\leq n$,
$(\mu,\nu)\in\varrho_{ria}\cup\varrho_{ria}^{-1} \Longleftrightarrow (\mu,\nu)\in\varrho_{ric}^2$, $1<\mu,\nu\leq n$, $a\in\Sigma_E$, $\mu\neq\nu$
und schließlich
$(1,1)\in\varrho_{ria}^2 \Longleftrightarrow (1,1)\in\varrho_{lia}$, $a\in\Sigma_E$.

Die Knotenmarkierungen von d_{ri}^2 sind also die unterstrichenen Markierungen der entsprechenden Knoten von d_{ri}, die Markierung des Knotens 1 enthält zusätzlich die Knotenmarkierung A von d_{li} und zusätzlich den Index i von p_i, damit eventuelle Schlingen von Knoten 1 in d_{ri} richtig eingesetzt werden können. Alle Kanten von d_{ri} tauchen auch in d_{ri}^2 auf, bis auf Schlingen von Knoten 1, da dieser Knoten eventuelle Schlingen von d_{li} übernehmen muß. Zusätzlich enthält d_{ri}^2 c-Kanten, um d_{ri}^2 als bereits eingesetzte rechte Seite kenntlich zu machen. Die Einbettungsüberführung E_i^2 ist definiert durch $E_{id}^{a\in\Sigma_E}(1;1)$, erweitert durch $l_{\ddagger} = (L_{\ddagger} \cup wI(1);1)$, $r_{\ddagger} = (1;R_{\ddagger} \cup wI(1))$, wobei w ein Wort über Σ_V ist, das alle Symbole dieses Alphabets enthält. Ferner muß E_i^2 noch die Anteile der Einbettungsüberführung enthalten, die den Halbkantenmechanismus des parallelen Falles simulieren. Sei $(\Omega(1);\mu)$ enthalten in l_a von C_i. Dann enthält E_i^2 den folgenden daraus modifizierten Anteil in $l_{\bar{a}}$: $((L_{\bar{a}} \cap R_c \underline{w} \Omega^m) \cup (L_{\bar{a}} \cap \underline{w} \Omega^m) \cup \overline{w} \Omega^m(1);\mu)$, wobei $\underline{w}$ ein Wort über $\overline{\Sigma}_V$ ist, das alle Symbole von $\overline{\Sigma}_V$ enthält und $\underline{w}$ wie oben. Der Operator Ω^m ergibt sich aus Ω durch die folgendermaßen definierte Modifikation: $(A \overset{\cup}{\cap} B)^m := (A^m \overset{\cup}{\cap} B^m)$, $(AB)^m := A^m B^m$, $(vA)^m := (v^m A^m)$, $(\mathcal{C}A)^m := (w_M(\mathcal{C}A^m))$, $L_a^m := (w_M L_a)$, $R_a^m := (w_M R_a)$. Dabei ist w_M ein Wort über $\overline{\Sigma}_V \cup \underline{\Sigma}_V^{lab}$, das alle Zeichen dieser Alphabete enthält. Schließlich ist v^m folgendermaßen definiert: Sei v = ABC ... ein Wort von Knotenmarkierungen aus Σ_V^+, dann ist $v^m = \overline{A}_1 \ldots \overline{A}_\tau \overline{B}_1 \ldots \overline{B}_\sigma \overline{C}_1 \ldots \overline{C}_\pi \ldots \underline{v}_{ind}$, wobei $\overline{A}_1, \ldots, \overline{A}_\tau$ alle gequerten Symbole zu A etc. sind und $\underline{v}_{ind}$ ein Wort über $\underline{\Sigma}_V^{lab}$ ist, das alle Symbole enthält, die mit A, B, C, ... indiziert sind. Diese Modifikationen von Operatoren bewirken, daß das Ergebnis bei einer Interpretation nicht durch bereits eingesetzte rechte Seiten beeinflußt wird. Analog wird $(\mu;\Omega(1))$ in r_a von C_i modifiziert zu $(\mu;(R_{\bar{a}} \cap R_c \underline{w} \Omega^m) \cup (R_{\bar{a}} \cap \underline{w} \Omega^m) \cup \overline{w} \Omega^m(1))$ in $r_{\bar{a}}$ von E_i^2.

B.3) Für alle Knoten mit Markierungen aus $\underline{\Sigma}_V$ und $\underline{\Sigma}_V^{lab}$, die in B.2) erzeugt worden sind, führen wir eine Produktion ein, die diesen Knoten wieder ummarkiert. Sei $d^{1\text{-}kn}(\underline{A})$ ein beliebiger einknotiger Graph mit Knotenmarkierung $\underline{A}$, der als Untergraph in einem d_{rj}^2 auftritt. Hierfür führen wir die Produktion $p^{\underline{A}} = (d_l^{\underline{A}}, d_r^{\underline{A}}, E^{\underline{A}})$ ein mit $d_l^{\underline{A}} = d^{1\text{-}kn}(\underline{A})$, $d_r^{\underline{A}} \rightleftarrows d_l^{\underline{A}}$ und die Knotenmarkierung von $d_r^{\underline{A}}$ sei A. Sei 1 jeweils die Bezeichnung des Knotens von $d_l^{\underline{A}}$ und $d_r^{\underline{A}}$. Dann haben die Einbettungskomponenten von $E^{\underline{A}}$ die folgende Gestalt:

$l_{\bar{a}} = (\underline{w}L_{\bar{a}}(1);1)$, $r_{\bar{a}} = (1;\underline{w}R_{\bar{a}}(1))$

$l_a = (wL_{\bar{a}}(1);1) \cup (L_c \cup R_c) \cap L_a(1);1)$, $r_a = (1;wR_{\bar{a}}(1)) \cup (1;(L_c \cup R_c) \cap R_a(1))$

$l_c = (\underline{w}L_c(1);1)$, $r_c = (1;\underline{w}R_c(1))$

$l_{\not{t}} = (\overline{w}I \cup L_{\not{t}}(1);1)$, $r_{\not{t}} = (1;\overline{w}I \cup R_{\not{t}}(1))$, $a \in \Sigma_E$, $w, \underline{w}, \overline{w}$ wie oben.

Für Knoten mit Symbolen aus $\underline{\Sigma}_V^{lab}$ ist die Konstruktion analog. Sei $\underline{A}^j_B \in \underline{\Sigma}_V^{lab}$. Die überschreibende Produktion $p^{\underline{A}^j_B} = (d_\ell^{\underline{A}^j_B}, d_r^{\underline{A}^j_B}, E^{\underline{A}^j_B})$ hat hier die Gestalt: $d_\ell^{\underline{A}^j_B}$ ist der Knoten 1 mit Markierung $\underline{A}^j_B$ und den Schleifen von d_ℓ^j, falls d_ℓ^j Schleifen besitzt, $d_r^{\underline{A}^j_B}$ ist der Knoten 1 mit Markierung A und den Schleifen, die der Knoten 1 von d_r^j besitzt. Die Einbettungsüberführung $E^{\underline{A}^j_B}$ hat dieselbe Gestalt wie $E^{\underline{A}}$.

C) Die terminalen Produktionen des synchronisierten i-PEGL-Systems G, d.h. die Produktion mit einem terminalen Knoten als rechte Seite, werden analog zu B.1) - B.3) zerlegt:

C.1) Sei $p_j = (d_{\ell j}, d_{rj}, C_j)$ eine terminale Produktion von G mit o.B.d.A. $K_{\ell j} = K_{rj} = \{1\}$ und $\beta_{\ell j}(1) = A$, $\beta_{rj}(1) = t$. Dann ist $p_j^1 = (d_{\ell j}^1, d_{rj}^1, E_j^1)$, bestimmt durch $d_{\ell j}^1 := d_{\ell j}$, $d_{rj}^1 \Longleftrightarrow d_{rj}$ und $\beta_{rj}^1(1) = \overline{A}_\lambda$, wobei λ der Index dieser Produtkion in der Abzählung der Produktionen von G ist, die A als Knotenmarkierung der linken Seite haben. E_j^1 hat die Gestalt wie in B.1).

C.2) Die Produktion $p_j^2 = (d_{\ell j}^2, d_{rj}^2, E_j^2)$ ist bestimmt durch $d_{\ell j}^2 = d_{rj}^1$, $d_{rj}^2 \Longleftrightarrow d_{\ell j}^1$ und $\beta_{rj}^2(1) = \underline{t}_A^j$, falls 1 wieder die Bezeichnung des Knotens von d_{rj}^2 ist. Die Einbettungsüberführung E_j^2 erhält man aus C_j wie in B.2) angegeben. Darüber hinaus werden die Komponenten $l_{\not{t}}$ und $r_{\not{t}}$ erweitert durch $(w_{nont}I(1);1)$ bzw. $(1;w_{nont}I(1))$, wobei w_{nont} ein Wort über $\overline{\Sigma}_V \cup \underline{\Sigma}_V \cup \underline{\Sigma}_V^{lab}$ ist, das alle Zeichen dieser Alphabet enthält, die in Teil B dieses Beweises eingeführt worden sind.

C.3) Die Produtkion $p_j^3 = (d_{\ell j}^3, d_{rj}^3, E_j^3)$, die den Knoten mit Markierung $\underline{t}_A^j$ überschreiben soll, hat das folgende Aussehen: $d_{\ell j}^3 = d_{rj}^2$, $d_{rj}^3 = d_{rj}$. Die Einbettungsüber-E_j^3 hat die Gleiche Form wie in B.3).

Sei P' die Menge aller Produktionen, die gemäß B) - C) erzeugt wurden. Damit ist die Konstruktion von G' beendet.

2. Wir zeigen nun, daß L(G) = L(G').

A) Wir zeigen per Induktion über die Länge l einer Ableitung in G, daß es für jede Ableitung $D_0 \xrightarrow[G]{pi\,*} D$ eine Ableitung $D_0 \xrightarrow[G']{s\,*} D$ gibt, die den gleichen Graphen D liefert.[5] Für l = O ist die Behauptung richtig, da die Startgraphen von G und G' übereinstimmen. Sei die Behauptung für l = n richtig und sei $D_0 \xrightarrow[G]{pi\,*} D'' \xrightarrow[G]{pi} D$ eine Ableitung der Länge n+1. Wir müssen nur zeigen, daß $D'' \xrightarrow[G]{pi} D$ durch eine Sequenz $D'' \xrightarrow[G']{s} \ldots \xrightarrow[G']{s} D'$ von direkten sequentiellen Ableitungsschritten in G' simuliert werden kann. Der Schritt $D'' \xrightarrow[G]{pi} D$ kann ein abschließender Schritt sein oder nicht.[6] Wir nehmen an, $D'' \xrightarrow[G]{pi} D$ ist nicht abschließend. Dann kann dieser Schritt durch folgende Sequenz $f = (f_1, f_2, f_3)$ aus den folgenden drei Teilfolgen simuliert werden. In f_1 werden mit Hilfe von Produktionen aus B.1) alle Knoten so ummarkiert, daß die neue Markierung sowohl die alte Knotenmarkierung als auch die Produktion charakterisiert, die angewandt werden soll. In f_2 wird der parallele Ersetzungsschritt simuliert, indem nur Produktionen aus B.2) angewandt werden (vgl. Bem. 2.4). Dieser Schritt umfaßt insbesondere die Simulation des Halbkantenmechanismus der parallelen Ersetzung. Hierzu ist einige Technik nötig, die der Leser nachvollziehen möge. Die Konsequenz ist, daß am Ende der Teilfolge f_2 noch nicht D steht, sondern ein Zwischengraph, der einerseits noch die Verbindungsstruktur von D" erhält, aber auch die von D mit gequerten Kantenmarkierungen. Ferner besitzt er noch Knotenmarkierungen, die eingeführt worden sind, um die Einhaltung der simulierenden Sequenz zu überwachen. In f_3 schließlich müssen alle in f_2 eingeführten Knotenmarkierungen $\underline{A}$, $\underline{A}^j_B$ eliminiert werden, ferner die alte Verbindungsstruktur

5) Trivialerweise wird der blockierende Graph des i-PEGL-Systems, der nur f-Knoten besitzt, hier nicht betrachtet.

6) Das i-PEGL-System G ist synchronisiert.

und die c-Kanten; die neue Verbindungsstruktur muß ummarkiert werden (durch Ersetzen gequerter Markierungen durch nichtgequerte). Dies wird dadurch erreicht, daß auf jeden einknotigen Untergraphen die entsprechende Produktion aus B.3) angewandt wird.
Falls $D'' \xrightarrow[G]{pi} D$ ein abschließender Schritt ist, so verfahre man analog unter Verwendung von Regeln aus C.1) - C.3). Da nach Induktionsannahme D" eine Ableitung in G' besitzt, kann diese mit obiger Sequenz zu einer Ableitung von D verlängert werden.
Somit gibt es speziell für jeden Graphen aus L(G) eine Ableitung in G'. Da die terminalen Alphabete von G und G' übereinstimmen, folgt dann $L(G) \subseteq L(G')$.

B) Sei $D_0 \xrightarrow[G']{s} {}^{*} D$ umgekehrt eine Ableitung in G' mit $D \in L(G')$ und habe D q Knoten. Dann hat D weder nichtterminale Knoten, noch nichtterminale Kanten. Dies impliziert, daß in den letzten 3 Schritten $D' \xrightarrow[G']{s} D'' \xrightarrow[G']{s} D''' \xrightarrow[G']{s} D$ nur Produktionen aus C.1) - C.3) zur Anwendung kamen. Das heißt insbesondere, daß keine Produktion vom Typ B.2 in dieser abschließenden Sequenz angewandt wurde und, daß keine der Produtkionen vom Typ C) vor den letzten 3 Ableitungsschritten angewandt wurden. Sonst hätten die l_f- und r_f-Komponenten der Produktionen aus C.2) blockierende f-Kanten erzeugt. Analog müssen vor der Ableitung $D' \xrightarrow[G']{s^{3q}} D$ die Produktionen aus B) so angewandt worden sein, daß sie einen parallelen Schritt in G simulieren. Falls nämlich einer der folgenden Fälle auftritt:

i) Produktionen vom Typ B.2) werden angewandt, bevor alle Knoten mit Hilfe von Produktionen aus B.1) ummarkiert worden sind,

ii) Produktionen vom Typ B.3) werden angewandt, bevor alle Ersetzungen mit Produktionen aus B.2) ausgeführt worden sind,

iii) Produktionen vom Typ B.1 werden angewandt, bevor alle Ersetzungen mit Produktionen aus B.3) ausgeführt wurden, d.h. die letzte Simulation nicht korrekt beendet wurde, dann werden blockierende f-Kanten erzeugt. Die Einhaltung der Reihenfolge wird dabei dadurch kontrolliert, daß auf das Vorhandensein von Knotenmarkierungen anderer Teilsequenzen abgeprüft wird. Somit simulieren alle Ableitungen $D_o \overset{*}{\underset{G'}{\xrightarrow{s}}} D \in L(G')$ lediglich Ableitungen in G, d.h. $L(G') \subseteq L(G)$.

Aus Satz 2.3 und 2.5 erhalten wir unmittelbar das Hauptergebnis dieses Abschnitts:

Korollar II.2.6: CFG = i-PEGL

Aus diesem Korollar und Kor. I.3.39 folgt sofort das

Korollar II.2.7: $L(G) = \emptyset$ ist für beliebige i-PEGL-Systeme nicht entscheidbar.

II.3. Graph-L-Systeme mit expliziter Verbindungsüberführung

Wie in der Einleitung von Kap. II bereits ausgeführt, unterscheiden sich explizite GL-Systeme von impliziten dadurch, daß es in expliziten zwei verschiedene Arten von Graph-Regeln gibt, nämlich für die Ersetzung der Mutterknoten und für die Generierung der Kanten zwischen den eingesetzten Tochtergraphen. Der hier gebrachte Ansatz (vgl. [GL 15]) ist, sowohl was die Definition als auch Handhabbarkeit angeht, eine Vereinfachung von [GL 2]. Die grundlegenden Ideen sind jedoch dieselben. Wir werden in diesem Abschnitt die Beziehung dieses expliziten Ansatzes zu den i-GL-Systemen untersuchen. Auf die Beziehungen zwischen dem hier gebrachten Ansatz und [GL 2] werden wir in Abschnitt II.4 kurz eingehen. Für eine detailliertere Darstellung dieser Beziehungen siehe [GL 7], [GL 8]. Weitere explizite Ansätze finden sich in [GL 6]. Wir werden sie ebenfalls im nächsten Abschnitt kurz besprechen. Sei Σ_V, Σ_E wie bisher ein Alphabet von Knoten- bzw. Kantenmarkierungen.

Def. II.3.1: Eine *Ersetzungsregel* ist ein Paar $r = (d_\ell, d_r)$ mit $d_\ell \in d^{1-kn}(\Sigma_V, \Sigma_E)$ und $d_r \in d(\Sigma_V, \Sigma_E)$, letzteres möglicherweise leer.

Eine Ersetzungsregel ist nichts anderes als eine Graph-Produktion für i-GL-Systeme, wenn man die dritte Komponente eliminiert. Wie in i-GL-Systemen nennen wir bei Anwendung einer solchen Regel den ersetzten einknotigen Graphen *Mutterknoten* und den eingesetzten Graphen *Tochtergraphen*. Die rechten Seiten von Verbindungsregeln sind l-Graphen einer speziellen Gestalt. Sie sollen die Verbindung zwischen eingesetzten Tochtergraphen herstellen.

Def. II.3.2: Ein *Schablonengraph* (engl. stencil) $d_{st} \in d(\Sigma_V, \Sigma_E)$ ist ein bipartiter l-Graph, d.h. $d_{st} = (K_s \cup K_t, (\varrho_\alpha)_{\alpha \in \Sigma_E}, \beta)$ mit $K_s \cap K_t = \emptyset$. Da die Reihenfolge von K_s und K_t im folgenden von Wichtigkeit ist, schreiben wir auch $d_{st}(K_s; K_t)$. Die Untergraphen $d_s := d_{st}(K_s)$ und $d_t := d_{st}(K_t)$ heißen *Quell*- bzw. *Zielgraph* von d_{st}.

<u>Def. II.3.3:</u> Ein Schablonengraph $d_{st}(K_s;K_t)$ heiße *anwendbar* auf ein geordnetes Paar von l-Graphen $(d,d')\in(d(\Sigma_V,\Sigma_E))^2$, g.d.w. d und d' knotendisjunkt sind und $d_s\sqsubseteq d$, $d_t\sqsubseteq d'$. Sei $d_{st}(K_s;K_t)$ anwendbar auf (d,d'), dann heißt $d\cup d'\cup d_{st}(K_s;K_t)$ die *Verschmelzung* von (d,d') *mittels des Schablonengraphen* d_{st}.

<u>Def. II.3.4:</u> Sei ST eine endliche Menge von Schablonengraphen über Σ_V,Σ_E. Der Schablonengraph $d_{st} \overset{\in}{\equiv}$ ST heiße *ST-maximal* für ein Paar (d,d'), g.d.w. d_{st} anwendbar auf (d,d') ist und es kein $d'_{st} \overset{\in}{\equiv}$ ST gibt mit d'_{st} ist anwendbar auf (d,d'), $d_s\cup d_t \subset d'_s\cup d'_t$ und $d_s\subseteq d'_s, d_t\subseteq d'_t$, wobei d_s, d'_s, d_t, d'_t die Quell- bzw. Zielgraphen der Schablonengraphen d_{st} bzw. d'_{st} sind.[0)]

<u>Def. II.3.5:</u> Eine *Verbindungsregel* c ist ein Paar $c = (d_e,d_{st})$, wobei d_e ein l-Graph der Form $(v_1)\xrightarrow{a}(v_2)$ mit $v_1, v_2 \in\Sigma_V, a\in\Sigma_E$ ist und $d_{st}(K_s;K_t)$ ein Schablonengraph.

<u>Def. II.3.6:</u> Zwei Ersetzungsregel $r = (d_l,d_r)$ und $r' = (d'_l,d'_r)$ heißen *äquivalent*, g.d.w. $d_l \equiv d'_l$, $d_r \equiv d'_r$. Zwei Verbindungsregeln $c = (d_e,d_{st})$, $c' = (d'_e,d'_{st})$ heißen *äquivalent*, g.d.w. $d_e \equiv d'_e$, $d_{st} \equiv d'_{st}$, wobei zusätzlich $d_s \equiv d'_s$ und $d_t \equiv d'_t$ gilt. *Knotendisjunktheit* von Ersetzungsregeln sei wie bei Produktionen definiert. Eine Menge von Verbindungsregeln heiße *kantendisjunkt*, g.d.w. alle linken Seiten voneinander verschieden sind.[1)]

<u>Def. II.3.7:</u> Sei $d\in d(\Sigma_V,\Sigma_E)-\{d_\varepsilon\}$ und $d'\in d(\Sigma_V,\Sigma_E)$. Der l-Graph d' heiße *direkt explizit parallel ableitbar* aus d (abg. $d \text{—pe}\rightarrow d'$), g.d.w. es eine Menge $\{r_1,\ldots,r_k\}$ knotendisjunkter Ersetzungsregeln und eine Menge $\{c_1,\ldots,c_q\}$ kantendisjunkter Verbindungsregeln gibt mit

$\bigcup_{i=1}^{k} d_{li}$ ist eine Zerlegung von d, $\bigcup_{i=1}^{k} d_{ri}$ ist eine Zerlegung von d',

$d = \bigcup_{i=1}^{k} d_{li} \cup \bigcup_{j=1}^{q} d_{ej}$ [2)] und $d' = \bigcup_{i=1}^{k} d_{ri} \cup \bigcup_{j=1}^{q} d_{st_j}$ mit der folgenden

Einschränkung: Seien d_{l_j} und d_{lk} zwei Mutterknoten, die in

---

0) $d \overset{\in}{\equiv} MD$, $d\in d(\Sigma_V,\Sigma_E)$, $MD\subseteq d(\Sigma_V,\Sigma_E)$ heißt analog zu Def. I.1.6: Es existiert ein $d'\in MD$ mit $d'\equiv d$.

1) Linke Seiten können natürlich äquivalent sein.

2) Würden wir Schlingenfreiheit aller Graphen voraussetzen, so ergäbe sich hier für Graphen ohne isolierte Knoten vereinfacht $d = \bigcup_{j=1}^{q} d_{ej}$, d.h. $\bigcup_{j=1}^{q} d_{ej}$ und d stimmen bis auf evtl. Schleifen bereits überein.

einer Kante d_{ej} (bis auf eventuelle Schlingen) enthalten sind, sei also d_{ej} etwa eine a-Kante von d_{lj} nach d_{lk} und sei $c_j = (d_{ej}, d_{stj})$ die zu d_{ej} gehörende Verbindungsregel. Dann ist d_{stj} anwendbar auf (d_{rj}, d_{rk}) und die Verschmelzung von (d_{rj}, d_{rk}) mittels d_{stj} ist in d' enthalten.[3)] Die linken Seiten angewandter Verbindungsregeln heißen wir *Mutterkanten*.

Def. II.3.8: Ein *Graph-L-System mit expliziter Verbindungsüberführung* (abg. *e-GL-System*) ist ein Tupel $G = (\Sigma_V, \Sigma_E, d_o, RR, CR, \text{—pe}\!\rightarrow)$, wobei Σ_V, Σ_E wie üblich das *Knoten-* bzw. *Kantenmarkierungsalphabet* und $d_o \in d(\Sigma_V, \Sigma_E) - \{d_\varepsilon\}$ der *Startgraph* ist. RR ist eine endliche Menge von Ersetzungsregeln, die *vollständig* ist im Sinne von Def. II.1.18. CR ist eine endliche Menge von Verbindungsregeln, die *vollständig* ist in dem Sinne, daß es für jedes Tripel $(v_1, a, v_2) \in \Sigma_V \times \Sigma_E \times \Sigma_V$ eine Verbindungsregel gibt, wobei v_1, v_2 die Markierung des ersten bzw. zweiten Knotens der Kante und a die Markierung der Kante ist. Schließlich ist —pe→ der Ableitungsmechanismus von Def. 3.7. Eine Ableitung $d \;\text{—}\underset{G}{\text{pe}}\!\rightarrow d'$ in G bedeute, daß alle für die Ableitung benutzten Ersetzungs- und Verbindungsregeln äquivalent zu solchen aus RR bzw. CR seien. Die *Sprache* eines e-GL-Systems ist wie üblich definiert durch $L(G) := \{D \mid D \in D(\Sigma_V, \Sigma_E) \wedge D_o \;\text{—}\underset{G}{\overset{*}{\text{pe}}}\!\rightarrow D\}$, wobei $\text{—}\underset{G}{\overset{*}{\text{pe}}}\!\rightarrow$ die reflexive und transitive Hülle von $\text{—}\underset{G}{\text{pe}}\!\rightarrow$ sei.

Erweiterte e-GL-Systeme (abg. e-EGL-Systeme) und ihre *Sprache* seien analog zu Def. 1.20 definiert. Das gleiche gelte für Tafel-e-GL-Systeme (abg. e-TGL-Systeme) und e-ETGL-Systeme. In einem e-TGL-System sei jede Tafel vollständig, bzgl. $\bigcup_{i=1}^{m} P_i$ (m ist die Anzahl der Tafeln) und d_o im Sinne von Def. 1.18.[4)] Wachsende Systeme seien wie üblich definiert.

---

3) Diese Verschmelzung muß noch nicht die gesamte Verbindung von d_{rj} und d_{rk} sein, weil hier möglicherweise mehrere Verbindungsregeln zur Anwendung kommen können.

4) Bei Tafelsystemen könnte man analog zur Aufspaltung der Ersetzungsregeln in Tafeln auch eine Aufspaltung der Verbindungsregeln in gleich viele Tafeln vorsehen. Ableitung wäre dann ein direkter expliziter Schritt, unter Verwendung von Regeln aus RR_i, CR_i. Von dieser Möglichkeit wollen wir im folgenden jedoch keinen Gebrauch machen.

<u>Bemerkung II.3.9:</u> Die *Konstruktion* einer direkten Ableitung d' zu einem l-Graphen d läuft in zwei Schritten ab. Zuerst werden alle Knoten ersetzt. Hierbei muß für jeden Mutterknoten, d.h. jeden einknotigen Untergraphen von d eine Ersetzungsregel ausgewählt werden, deren linke Seite äquivalent zu dem Mutterknoten ist. Falls mehrere Regeln von RR hierfür in Frage kommen, wähle eine aus. Ebenso kann *eine* Ersetzungsregel für die Ersetzung mehrerer Mutterknoten ausgewählt werden, falls diese zueinander äquivalent sind. Gehe nun über zu knotendisjunkten Regeln, die äquivalent zu den ausgewählten sind und die die Mutterknoten als linke Seiten enthalten. Wurde für mehrere Mutterknoten oben die gleiche Ersetzungsregel ausgewählt, so tauchen jetzt verschiedene, zueinander äquivalente und knotendisjunkte Ersetzungsregeln auf, die äquivalent zu der ausgewählten Ersetzungsregel sind. Ersetze alle Mutterknoten durch die ihnen entsprechenden Tochtergraphen der knotendisjunkten Ersetzungsregeln. Im zweiten Schritt müssen nun die Tochtergraphen miteinander verbunden werden. Falls die Mutterkante $d'_e = {}^{k_1}(v_1) \xrightarrow{a} (v_2)^{k_2}$ als Teilgraph in d vorkommt, dann wähle eine Verbindungsregel $c = (d_e, d_{st})$ aus CR so aus, daß es zu dieser eine äquivalente Regel $c' = (d'_e, d'_{st})$ gibt, deren Schablonengraph d'_{st} anwendbar ist auf die Tochtergraphen $(d_{\tau 1}, d_{\tau 2})$, wobei $d_{\tau 1}, d_{\tau 2}$ der Tochtergraph ist, der den Mutterknoten mit der Bezeichnung k_1 bzw. k_2 ersetzt.

Somit kann eine Schablone nur auf Tochtergraphen angewandt werden, deren Mutterknoten so markiert sind, wie in der Mutterkante angegeben. Die folgende Figur erläutere den Sachverhalt. In ihr ist aus Gründen der Übersichtlichkeit nur die Ersetzung von zwei Mutterknoten und einer Mutterkante angegeben:

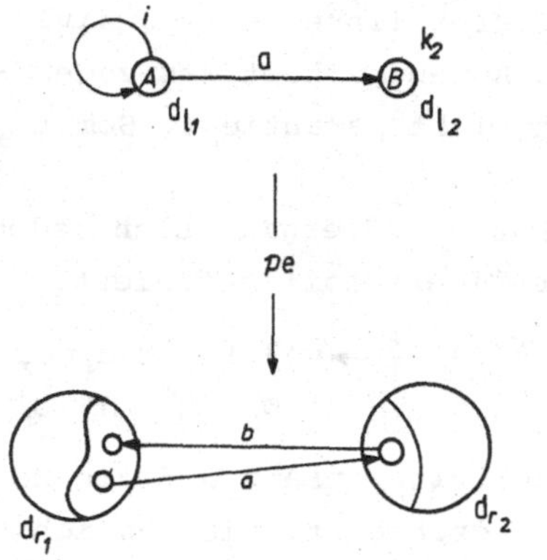

Mutterknoten, Mutterkanten

werden ersetzt durch

Tochtergraphen, die durch Schablonen verbunden sind,

unter Verwendung von Ersetzungsregeln ($\in$ in RR)

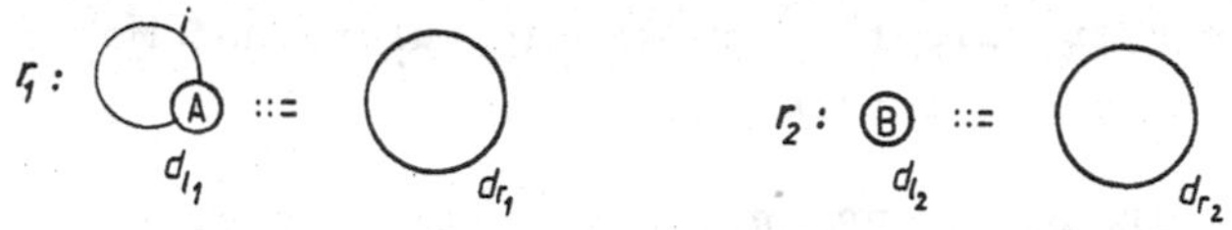

und Verbindungsregel ($\in$ CR) 5)

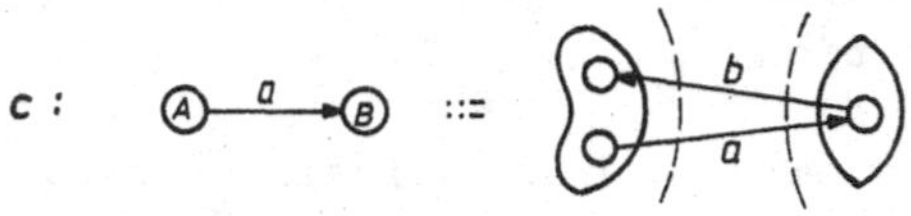

Fig. II/18

Es ist zu bemerken, daß Tochtergraphen auch unverbunden sein können, nämlich einmal, wenn zwischen den entsprechenden Mutterknoten keine Verbindung bestand oder wenn die Verbindungsregel, die zur Anwendung kommt, d_ε als Schablonengraph besitzt oder der Schablonengraph keine Verbindungen zwischen Quell- und Zielgraph aufweist. Wir haben zwar e-GL-Systeme als vollständig definiert, doch diese Vollständigkeit erfüllt nicht Eigenschaften des intuitiven Vollständigkeitsbegriffs von Bem. 1.19. Es ist garantiert, daß es für jeden Knoten eine Ersetzungsregel gibt, die anwendbar ist. Ebenso gibt es für jede

---

5) Quell- und Zielgraph seien durch)(getrennt. Wir werden im folgenden die linken Seiten von Verbindungsregeln stets so aufzeichnen: 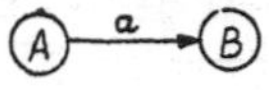 .
Somit steht links von ") " der Quellgraph, rechts von " (" der Zielgraph des Schablonengraphen.

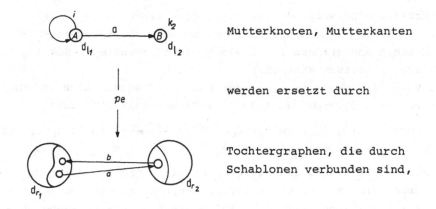

Mutterkante eine Verbindungsregel, deren linke Seite äquivalent zu dieser Mutterkante ist, die Anwendbarkeit des zugehörigen Schablonengraphen ist jedoch nicht garantiert. Somit kann eine Ableitung abbrechen.
Eine Vollständigkeit im Sinne von Bem. 1.19 ergibt sich jedoch, wenn man e-GL-Systeme mit folgender Eigenschaft definiert:

Für jedes $c = (d_e, d_{st}) \in CR$ mit $d_e = {}^{k_1}(v_1) \xrightarrow{a} (v_2)^{k_2}$ folgt $d_s \sqsubseteq d_r, d_t \sqsubseteq d_r'$.
für jedes $r = (d_l, d_r)$, $r' = (d_l', d_r')$ mit $(v_1) \sqsubseteq D_l$, $(v_2) \sqsubseteq D_l'$.

Wie man sofort sieht, ist dieser explizite Ansatz auf die Modellierung direkter Nachbarschaften beschränkt. Die Möglichkeiten a) - g), j) von Beispiele 1.15 können hier direkt nachgebildet werden. Von den noch verbleibenden Veränderungen innerhalb eines Ersetzungsschritts, die hier nicht möglich sind, dürfte insbesondere i) (Reißverschluß)[6] und k) (Abprüfung auf Mehrfachkanten) von praktischem Interessse sein.

<u>Def. II.3.10:</u> Sei $G = (\Sigma_V, \Sigma_E, d_0, RR, CR, \text{—pe→})$ ein e-GL-System. G heiße *komplett*, g.d.w. es für jeden Schablonengraphen d_{st} einer Verbindungsregel von G Ersetzungsregeln gibt, die d_s bzw. d_t von d_{st} als rechte Seite besitzen.

<u>Lemma II.3.11:</u> Für jedes e-GL-System kann ein äquivalentes komplettes angegeben werden.

Beweis: Sei $G = (\Sigma_V, \Sigma_E, d_0, RR, CR, \text{—pe→})$ ein e-GL-System mit $CR = \{c_1, \ldots, c_q\}$. Man blähe alle Verbindungsregeln so auf, daß Quell- und Zielgraph rechte Seiten von Ersetzungen sind:
Sei $c_i = (d_{ei}, d_{st\,i})$ eine Verbindungsregel mit $d_{ei} = {}^{k}(v_1) \xrightarrow{a} (v_2)^{k'}$.
Sei ferner $D^{1\text{-}kn}(G, v_1)$, $D^{1\text{-}kn}(G, v_2)$ die Menge aller einknotigen Graphen D mit Knotenmarkierung v_1 bzw. v_2, die in einer beliebigen Graph-Satzform von G vorkommen können. Da Verbindungsregeln keine Schlingen erzeugen können, sind dies, wie in I.2.17, die einknotigen Untergraphen, die im Startgraphen bzw. in den rechten Seiten von Ersetzungsregeln vorkommen. Betrachte alle zweiknotigen Graphen der Form ${}^{\lambda}d_{ei}^{komp} = {}_{d_{l1}}\bigcirc \xrightarrow{a} \bigcirc_{d_{l2}}$ mit $d_{l1} \in D_{l1} \in D^{1\text{-}kn}(G, v_1)$, $d_{l2} \in D_{l2} \in D^{1\text{-}kn}(G, v_2)$. Für jeden dieser

6) vgl. [GL 12], p. 306.

Graphen betrachte alle in einem Ersetzungsschritt ${}^{\lambda}D_{ei}^{komp}$ —pe→ ${}^{\lambda_j}D_{st\,i}^{komp}$ ableitbaren Graphen ${}^{\lambda_j}D_{st\,i}^{komp}$ .7) Sei $M_{st\,i}^{komp}$ die so entstehende Menge von direkt abgeleiteten Graphen, wenn D_{ℓ_1} und D_{ℓ_2} die Menge $D^{1\text{-}kn}(G,v_1)$ bzw. $D^{1\text{-}kn}(G,v_2)$ durchläuft. Für jedes ${}^{\lambda_j}D_{st\,i}^{komp} \in M_{st\,i}^{komp}$ bilden wir nun eine Verbindungsregel $(d_{ei}, d_{st\,i}^{komp})$ mit $d_{st\,i}^{komp} \in {}^{\lambda_j}D_{st\,i}^{komp}$. Sei $C_{st\,i}^{komp}$ die Menge der so aus d_{ei} entstehenden Verbindungsregeln und sei $CR^{komp} := \bigcup_{i=1}^{q} C_{st\,i}^{komp}$. Dann hat $G' = (\Sigma_V, \Sigma_E, d_o,$ RR, CR^{komp}, —pe→) trivialerweise die geforderte Eigenschaft.

Bemerkung II.3.12: Man beachte, daß in einem kompletten e-GL-System nicht garantiert wird, daß Schablonengraphen, die bei der Verschmelzung zur Anwendung kommen, auch die jeweiligen Tochtergraphen *ganz* enthalten. Es kann nämlich rechte Seiten von Ersetzungsregeln geben, die wiederum in rechten Seiten von Ersetzungsregeln enthalten sind.

Def. II.3.13: Sei $G = (\Sigma_V, \Sigma_E, d_o, RR, CR,$ —pe→) ein e-GL-System und ST die Menge der in CR vorkommenden Schablonengraphen. Dann heißt G ein *e-GL-System mit Maximalitätsbedingung (e-max-GL-System)*, g.d.w. für beliebige Ableitungsschritte d —pe→ d' gilt: Alle auf beliebige Paare von Tochtergraphen angewandten Schablonengraphen sind ST-maximal. Die Sprache eines e-max-GL-Systems und e-max-GL-Sprachen seien wie üblich definiert. Analog seien e-max-EGL-Systeme, e-max-TGL-Systeme und e-max-ETGL-Systeme definiert.

Lemma II.3.14: Jede e-GL-Sprache ist auch eine e-max-GL-Sprache.

Beweis: Sei L(G) eine e-GL-Sprache. Gehe von G über zum äquivalenten kompletten System G' und fasse G' als e-max-GL-System auf. L(G) und L(G') stimmen dann trivialerweise überein.

Man beachte, daß in kompletten Systemen mit Maximalitätsbedingung und ohne Schleifen die Ersetzungsregeln eigentlich überflüssig geworden sind. Die Information, durch welchen Graphen ein Knoten ersetzt wird, ist nämlich in den Verbindungsregeln mit enthalten. Dies gilt jedoch nur für Graphen ohne isolierte

---

7) Zu einem ${}^{\lambda}D_{ei}^{komp}$ gibt es i.a. *mehrere* daraus direkt ableitbare Graphen.

Knoten und ohne Schlingen. Eine Definition von GL-Systemen auf diese Art wäre jedoch für praktische Anwendungen unzweckmäßig, weil der Satz von Verbindungsregeln stark redundant, und somit sehr umfangreich ist.

Bevor wir die verschiedenen expliziten Systeme und ihre Sprachen miteinander vergleichen, wollen wir uns mit der Frage beschäftigen, wie Zeichenketten-L-Systeme hier eingebettet werden können.

<u>Satz II.3.15:</u> Für jedes POL-System (PEOL-, PTOL-, PETOL-System) kann ein e-max-PGL-System (e-max-PEGL-, e-max-PTGL-, e-max-PETGL-System) angegeben werden, das die gleiche Sprache erzeugt.[8)]

Beweis: Sei $G = (\Sigma, P, \omega)$ ein POL-System. Das zu konstruierende e-max-PGL-System $G' = (\Sigma_V', \Sigma_E', d_o', RR', CR', \text{—pe}\rightarrow)$ ist bestimmt durch $\Sigma_V' = \Sigma$, $\Sigma_E' = \{n\}$, wobei n wieder die Markierung der Kanten innerhalb von Wortpfaden ist. Der Startgraph $d_o' = d_\omega$, wobei d_ω der Wortpfad zu $\omega \in \Sigma^+$ ist. Die Ersetzungsregeln von RR ergeben sich aus P folgendermaßen: Sei $p = (a, v)$, $a \in \Sigma$, $v \in \Sigma^+$, dann ist die zugehörige Ersetzungsregel $p' = (d_a, d_v)$, wobei d_a ein einzelner mit a markierter Knoten und d_v der Wortpfad zu v ist. Die Verbindungsregeln von CR ergeben sich dadurch, daß für jede Kante $(a) \xrightarrow{n} (b)$ mit $a, b \in \Sigma$ alle Wortpfade

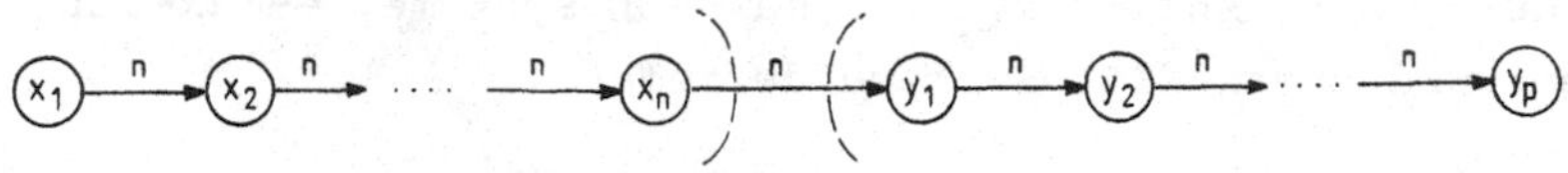

Fig. II/19

als Schablonen betrachtet werden, für die $a \rightarrow x_1 x_2 \ldots x_m$, $b \rightarrow y_1 y_2 \ldots y_q$ Regeln in P sind. Für jedes Paar (Kante, möglicher Schablonengraph) nimm die so konstruierte Verbindungsregel in CR auf. Der Rest ist trivial: Wegen der Maximalitätsbedingung können nur die Schablonen angewandt werden, deren Quell- bzw. Zielgraph ein Tochtergraph ist. Solche Anwendungen erhalten die Pfadstruktur.

Obiger Beweis gilt in der gleichen Form auch für PEOL-Systeme. Bei PTOL- bzw. PETOL-Systemen muß beachtet werden: Für jede Tafel von Regeln konstruiere - wie oben - eine Tafel von Er-

8) Wieder in dem Sinn, daß es genau die zugehörigen Wortpfade erzeugt.

setzungsregeln. Sei $P'_{GES} = \bigcup_{\lambda} P'_{\lambda}$, P'_{λ} die so entstehenden Tafeln von Ersetzungsregeln. Die Verbindungsregeln werden nun bezüglich P'_{GES}, wie oben gezeigt, konstruiert.

Analog zu Kor. 1.32 und 1.33 bzw. Kor. 1.30 ergeben sich:

<u>Korollar II.3.16:</u> Für jedes OL- und EOL-System kann ein e-max-PEGL-System angegeben werden, das, bis auf das leere Wort, die gleiche Sprache besitzt.

<u>Korollar II.3.17:</u> Für jedes TOL- und ETOL-System kann ein e-max-PETGL-System angegeben werden, das, bis auf das leere Wort, die gleiche Sprache besitzt.

<u>Korollar II.3.18:</u> $L(G_1) = L(G_2)$ ist nicht entscheidbar für beliebige e-max-PGL-Systeme G_1 und G_2.

<u>Bemerkung II.3.19:</u> Zeichenketten-L-Systeme können nicht in e-PEGL-Systeme eingebettet werden, d.h. auf die Maximalitätsbedingung kann *nicht* verzichtet werden. Selbst bei Verwendung kompletter Schablonen können für den in Bem. 3.12 skizzierten Fall Graphen erzeugt werden, die keine Pfadstruktur mehr besitzen.

Die Aussagen von Kor. 3.16 und 3.17 sind nur möglich, weil man die zugrunde liegenden Zeichenkettensysteme äquivalent in wachsende Systeme umformen kann. Der Fall der Löschung in Zeichenketten kann mit Hilfe expliziter GL-Systeme nicht nachgebildet werden. Wie wir im Beweis von Satz 1.35 gesehen haben, ist dazu das Reißverschlußprinzip nötig. Explizite GL-Systeme erlauben jedoch nur die Modellierung direkter Nachbarschaften: Tochtergraphen können nur dann verbunden werden, wenn die entsprechenden Mutterknoten bereits verbunden waren.

Eine Reihe von Ergebnissen, die die Einbettung wachsender Zeichenketten-L-Systeme in explizite GL-Systeme betreffen, finden sich in [GL 2].

Es folgen einige Aussagen, die sich durch direkte Übertragung von Beweistechniken aus dem Bereich der kontextfreien Sprachen ergeben (vgl. [GL 2]):

<u>Satz II.3.20:</u> Sei G ein e-PGL- oder ein e-PTGL-System über Σ_V, Σ_E und sei $D_u \in D(\Sigma_V, \Sigma_E)$. Dann ist $(\exists D(D \in L(G) \wedge D_u \subseteq D))$ entscheidbar.

Beweis: Sei G = $(\Sigma_V, \Sigma_E, d_o, RR, CR, \text{—pe}\rightarrow)$ ein e-PGL-Systeme (der Beweis läuft völlig analog für e-PTGL-Systeme). Wir konstruieren folgendermaßen einen markierten Graphen HGR = $(K, \varrho_{abl}, \beta)$ mit einer einzigen Kantenmarkierung abl, der so viele Knoten besitzt, wie es Graphen $D \in D(\Sigma_V, \Sigma_E)$ gibt, deren Knotenzahl kleiner gleich der von D_u ist. Die Knoten von HGR sind mit diesen verschiedenen Graphen markiert. Betrachte folgende Relation r_{abl} auf $(D(\Sigma_V, \Sigma_E))$: X r_{abl} Y, g.d.w. $(\exists Z(Z \in D(\Sigma_V, \Sigma_E)$ mit $X \underset{G}{\text{—pe}\rightarrow} Z$ und $Y \subseteq Z))$. Da G wachsend ist, folgt aus $X \underset{G}{\text{—pe}\rightarrow} Z$ und $Y \subseteq Z$, daß es $X', Z' \in D(\Sigma_V, \Sigma_E)$ gibt mit $X' \underset{G}{\text{—pe}\rightarrow} Z'$, $Y \subseteq Z'$ und X' hat nicht mehr Knoten als Y. Wir tragen diese Beziehung folgedermaßen in obigen Graphen HGR ein: $(k_1, k_2) \in \varrho_{abl}$, g.d.w. $\beta(k_1)\ r_{abl}\ \beta(k_2)$. Sei ferner K_s die Menge aller Knoten von HGR, die mit Untergraphen von D_o markiert sind. Somit ergibt sich sofort: D_u ist Untergraph eines Graphens $D \in L(G)$, g.d.w. es einen Kantenzug gibt, der, von einem Knoten von K_s ausgehend, bei dem Knoten endet, der mit D_u markiert ist. Da HGR endlich ist, sind wir fertig.

<u>Korollar II.3.21:</u> Sei G ein e-PEGL-Systeme oder ein e-PETGL-System über Σ_V, Σ_E und sei $D_u \in D(\Sigma_V, \Sigma_E)$. Dann ist $(\exists D(D_o \underset{G}{\overset{*}{\text{—pe}\rightarrow}} D \wedge D_u \subseteq D))$ entscheidbar.

<u>Korollar II.3.22:</u> $L(G) = \emptyset$ ist entscheidbar für e-PEGL-Systeme ohne nichtterminale Kantenmarkierungen.

Beweis: Sei o.B.d.A. G synchronisiert und schlingenfrei. Der Beweis läuft dann über die Definition rekursiver Mengen von Knotenmarkierungssymbolen analog zu dem entsprechenden Beweis für kontextfreie Zeichenkettengrammatiken.

<u>Bemerkung II.3.23:</u> Der obige Satz 3.20 kann nun dazu benutzt werden, e-PGL- und e-PEGL-Systeme zu *reduzieren*, d.h. überflüssige Kanten und Knotenmarkierungen und entsprechende Ersetzungs- und Verbindungsregeln zu streichen. Hierbei gehe man etwa für e-GL-Systeme folgendermaßen vor:

Für eine beliebige Knotenmarkierung m betrachte alle einknotigen Graphen über $\{m\},\Sigma_E$. Falls einer dieser Graphen in keinem Graphen der Sprache vorkommt, prüfe, ob es eine Ersetzungsregel gibt, mit diesem Graphen als linker Seite. Falls ja, eliminiere diese Ersetzungsregel. Falls keiner dieser einknotigen Untergraphen zu einem gegebenen $m \in \Sigma_V$ in einem Graphen der Sprache vorkommt, streiche diese Markierung m aus Σ_V. Eliminiere alle Verbindungsregeln aus CR, deren Quell- oder Zielknoten der linken Seite mit einem der aus Σ_V eliminierten Symbole markiert ist. Für die verbleibenden Verbindungsregeln führe folgendes aus: Sei $c = (d_e, d_{st})$ eine Verbindungsregel. Betrachte alle zweiknotigen Graphen aus $D(\Sigma_V,\Sigma_E)$, die sich aus d_e dadurch ergeben, daß zum Quell- bzw. Zielknoten Schlingen hinzugefügt werden. Prüfe für jeden so erhaltenen Graphen nach, ob er in einem Graphen der Sprache vorkommt. Gilt dies für keinen der so erhaltenen zweiknotigen Graphen, so eliminiere die entsprechende Verbindungsregel. Von den verbleibenden Verbindungsregeln prüfe nach, ob Quell- oder Zielgraph jeweils als Teilgraphen in einer rechten Seite enthalten sind, deren linke Seite die gleiche Knotenmarkierung trägt wie der Quell- bzw. Zielknoten der linken Seite der Verbindungsregel. Ist dies nicht der Fall, so eliminiere diese Verbindungsregel. Wir haben jetzt ein e-GL-System, das keine überflüssigen Markierungssymbole bzw. Regeln besitzt.

Bei e-PEGL-Systemen kann obiges Verfahren dazu benutzt werden, die Knotenmarkierungssymbole herauszufinden, die vom Startgraphen aus nicht erreichbar sind. Die entsprechenden Ersetzungs- und Verbindungsregeln könnnen dann ebenfalls eliminiert werden. Falls das e-PEGL-System keine nichtterminalen Kantenmarkierungen besitzt, können - wie im Zeichenkettenfall - leicht diejenigen nichtterminalen Knotenmarkierungen herausgefunden und eliminiert werden, aus denen kein terminaler Graph ableitbar ist.

Es folgen nun einige Ergebnisse über die Beziehungen der verschiedenen Ansätze von GL-Systemen.

<u>Lemma II.3.24:</u> Es gibt eine e-max-GL-Sprache, die keine e-GL-Sprache ist.

Beweis: Sei G das folgende e-max-GL-System[9)]

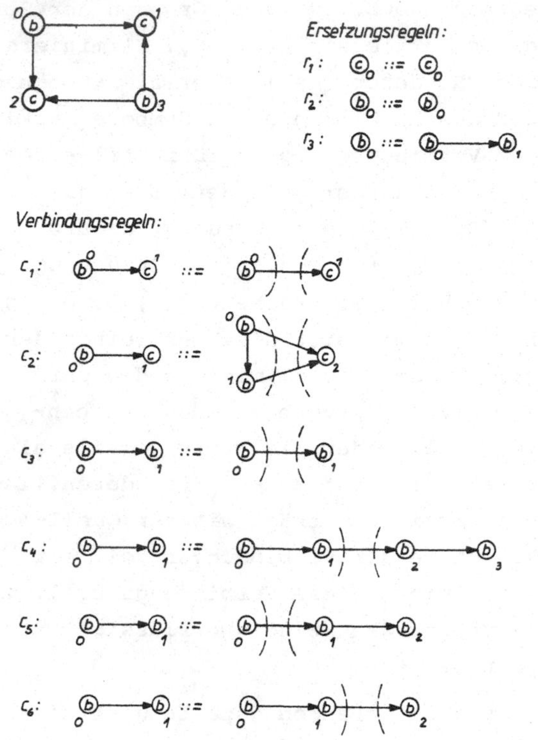

Fig. II/20

9) Da es nur eine Kantenmarkierung in G gibt, ist diese weggelassen worden.

Die Sprache L = L(G) besteht aus den 1-Graphen der folgenden Ableitungssequenz:

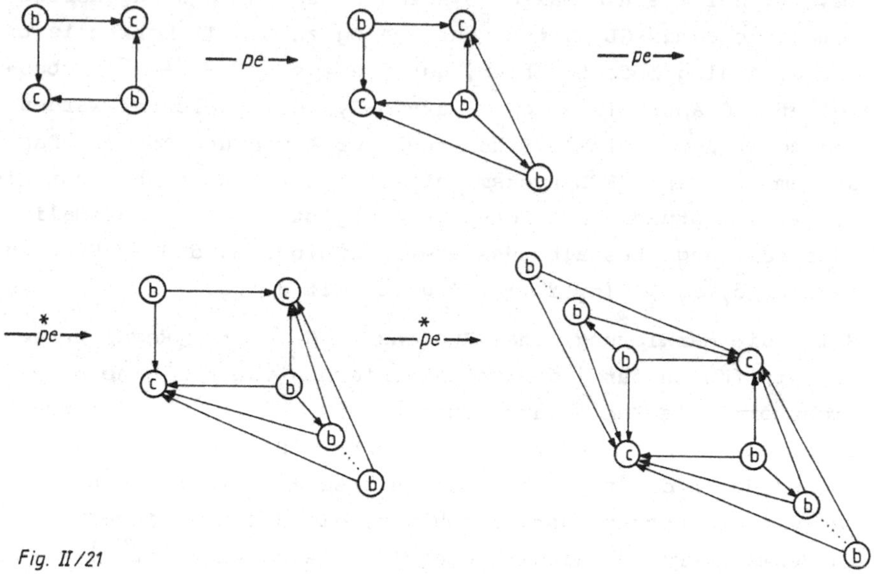

Fig. II/21

Diese Sprache L ist keine e-GL-Sprache. Annahme: G' sei ein e-GL-System mit L = L(G'). Dann sieht man sofort:

1. Es gibt keine löschenden Ersetzungsregeln in G'.
2. Der Graph d_0 ist auch der Startgraph von G'.
3. G' enthält die Verbindungsregel c_1 und die Ersetzungsregeln r_1 und r_3.

Dann ist aber auch der Graph von Fig. II/22 ableitbar in G', der nicht zu L(G) gehört. Wi!

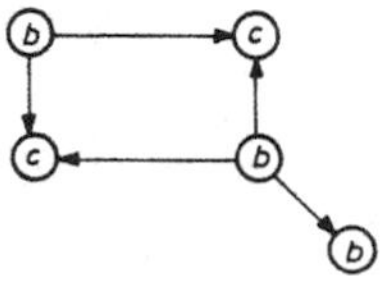

Fig. II/22

<u>Korollar II.3.25:</u> e-GL $\subset$ e-max-GL

<u>Satz II.3.26:</u> Für jedes e-max-GL-System kann ein äquivalentes e-EGL-System angegeben werden.

Beweis: Sei G ein e-max-GL-System und sei G' das zugehörige komplette e-max-GL-System, das analog zu L.3.11 konstruiert werde. Analog bedeutet hier, daß die aus $_{d_{t_1}}\bigcirc \xrightarrow{a} \bigcirc_{d_{t_2}}$ abgeleiteten Graphen in einem e-max-GL-System abgeleitet werden und somit nur maximale Schablonen zur Anwendung kommen. Das System G', als e-EGL-System aufgefaßt, erfüllt noch nicht die obige Behauptung. In e-EGL-Systemen gibt es keine Maximalitätsbedingung. Deshalb müssen wir verhindern, daß es Ersetzungsregeln (d_ℓ, d_{r_1}), $(d_\ell, d_{r_2}) \in RR'$ gibt, mit $d_{r_1} \sqsubseteq d_{r_2}$.

Sei t die Markierung eines Knotens in d_{r_j} einer Regel r_j von G'. Wir führen für jede Knotenmarkierung von d_{r_j} eine neue nichtterminale Knotenmarkierung t_j ein. Sei r_j' die Ersetzungsregel, die aus r_j dadurch hervorgeht, daß alle Knotenmarkierungen durch die neu eingeführten ersetzt werden. Ferner fügen wir die Ersetzungsregeln hinzu, die die neu eingeführten Knotenmarkierungen wieder beseitigen, also etwa $\textcircled{t_j}^{\circ} ::= \textcircled{t}^{\circ}$. Da die rechten Seiten von Ersetzungsregeln in der Konstruktion von L.3.11 in die Verbindungsregeln eingingen, sind diese Verbindungsregeln entsprechend zu modifizieren. Hinzuzufügen von trivalen Verbindungsregeln der Gestalt $\textcircled{t_j} \xrightarrow{a} \textcircled{t_j'} ::= \textcircled{t} \xrightarrow{a} \textcircled{t'}$ bzw. $\textcircled{t_i} \xrightarrow{a} \textcircled{t_j'} ::= \textcircled{t} \xrightarrow{a} \textcircled{t'}$ beendet die Konstruktion des zu konstruierenden e-EGL-Systems G". Jeder Schritt des e-max-GL-Systems G' wird in G" durch zwei Schritte simuliert.

<u>Satz II.3.27:</u> Es gibt eine e-EGL-Sprache, die keine e-max-GL-Sprache ist.

Beweis: Die folgende Sprache L ist eine e-EGL-Sprache, da sie endlich ist.

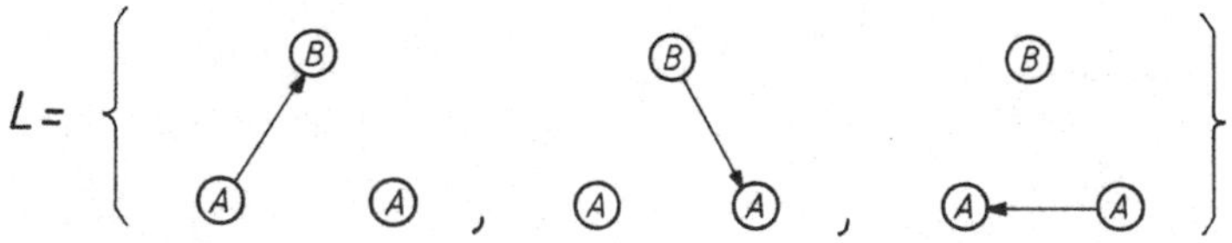

Fig. II/23

L ist jedoch keine e-max-GL-Sprache. Wir können keine Kante zwischen Tochtergraphen erzeugen, wenn keine zwischen den entsprechenden Mutterknoten vorhanden war, d.h. die Kante kann nicht zirkulieren. Somit müssen wir versuchen, die Knotenmarkierungen zirkulieren zu lassen. Dann brauchen wir die folgenden Ersetzungsregeln

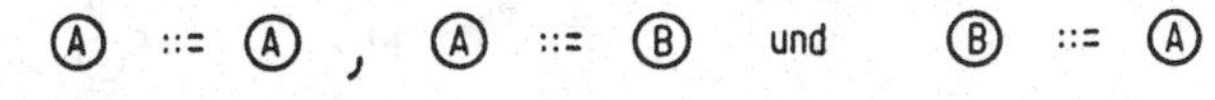

$$Ⓐ ::= Ⓐ \,, \quad Ⓐ ::= Ⓑ \quad \text{und} \quad Ⓑ ::= Ⓐ \qquad \textit{Fig. II/24}$$

Da es keine Möglichkeit gibt, die korrekte Anwendung dieser Ersetzungsregeln im Sinne der obigen Sprache L zu erzwingen, erzeugt dieses e-max-GL-System mehr als die obigen drei Graphen, z.B. drei A-Knoten.

Korollar II.3.28: e-max-GL $\subset$ e-EGL

Satz II.3.29: Es gibt eine i-GL-Sprache, die keine e-max-GL-Sprache ist.

Beweis: Sei d_0 der Startgraph und seien p_1, p_2 die Regeln des folgenden i-GL-Systems G

$$d_0: \qquad p_1: Ⓐ^0 ::= Ⓐ^0 \qquad c_1: \ell = (RcL(0); 0) \\ r = (0; cL(0))$$

$$p_2: Ⓑ^0 ::= Ⓑ^0 \qquad c_2 = c_1$$

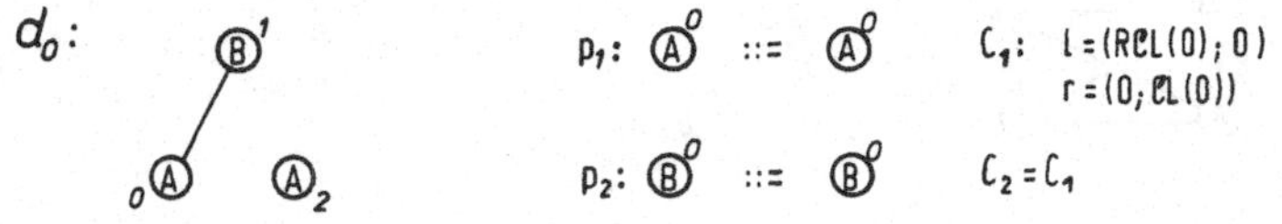

Dann gilt für alle Graph-Satzformen:

Fig. II/25

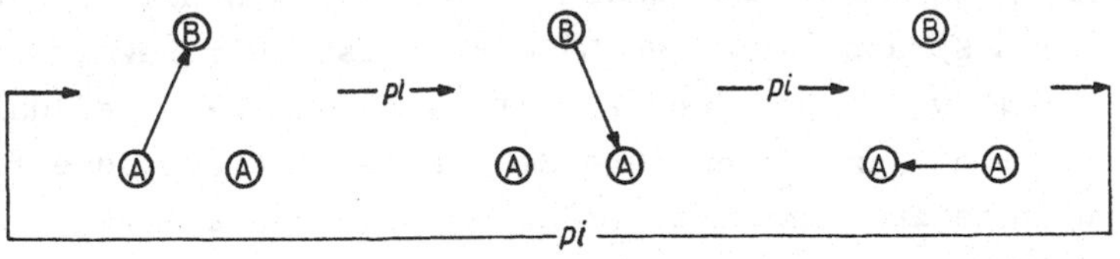

Wegen Beweis zu Satz 3.27 ist L(G) keine e-max-GL-Sprache.

Satz II.3.30: Es gibt eine e-max-GL-Sprache, die keine i-GL-Sprache ist.

Beweis: Ein triviales Beispiel ist das folgende:

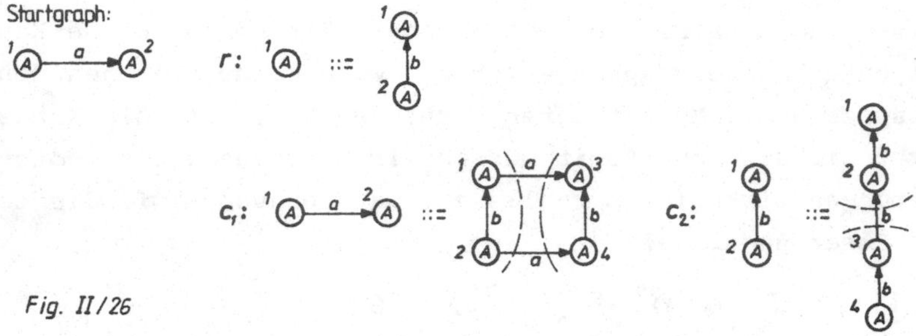

Fig. II/26

Die Sprache besteht aus allen Graphen der folgenden Ableitung:

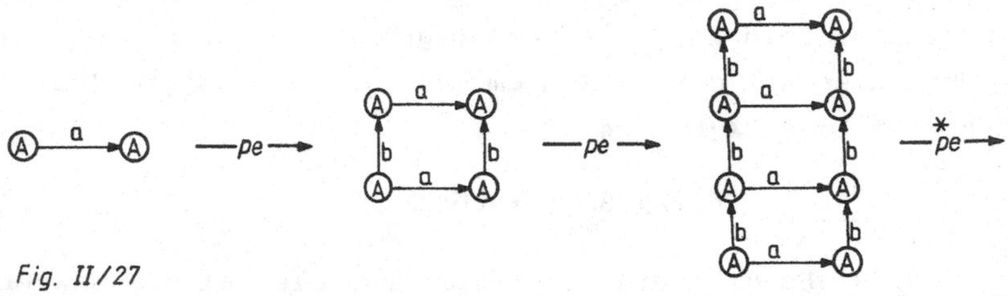

Fig. II/27

Diese Sprache ist keine i-GL-Sprache, da i-GL-Systeme entweder keine Verbindung zwischen Tochtergraphen erzeugen oder eine Mehrfachverbindung der Form von Fig. II/28.

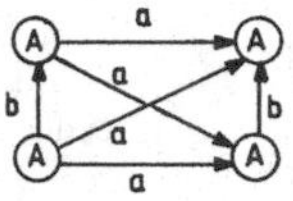

Fig. II/28

<u>Bemerkung II.3.31:</u> Die im Beweis von Satz 3.30 aufgeführte Sprache ist zwar keine i-GL-Sprache, jedoch trivialerweise eine i-EGL-Sprache. Mann kann nun zeigen, daß *jede e-EGL-Sprache eine i-EGL-Sprache* ist, was wegen Satz 3.26 auch heißt, daß jede e-max-GL-Sprache eine i-EGL-Sprache ist. Der Beweis ist ziemlich lang (vgl. [GL 7] p. 73 ff), weswegen wir hier darauf verzichten, ihn anzuführen. Die Beweisidee ist etwa die folgende: Man gehe zunächst über zu einem synchronisierten, kompletten e-EGL-Systeme G', das äquivalent zu dem e-EGL-System G ist, von dem wir ausgehen. In der Konstruktion synchronisierter EGL-Systeme in Beweis von Satz 1.23 haben wir an keiner Stelle davon Gebrauch gemacht, da es sich um implizite Systeme handelt; die Konstruktion gilt also gleichermaßen für e-EGL-Systeme. Jeder Ableitungsschritt in G' wird nun durch zwei

Schritte in dem zu konstruierenden i-EGL-System realisiert. Es ist trivial, ein i-EGL-System zu G' anzugeben, das alle Verbindungen, die G' erzeugt, ebenfalls erzeugt. Der Aufwand in diesem Beweis steckt darin, zu verhindern, daß das zu konstruierende i-EGL-System G" nicht mehr Verbindungen erzeugt als G' (vgl. Fig. II/28). Dies geschieht über die Einführung nichtterminaler Kanten im Zwischenschritt. Es wird für jede Verbindung zwischen zwei Tochtergraphen mit gleicher Markierung eine Verbindung mit je einer neuen Kantenmarkierung eingeführt. Zusätzlich werden in diesem Zwischenschritt neue nichtterminale Knotenmarkierungen eingeführt, mit denen verhindert werden kann, daß von einem Zwischengraphen ein terminaler Graph abgeleitet wird. Die Ableitung in G' und G" korrespondiert dann nach folgendem Schema:

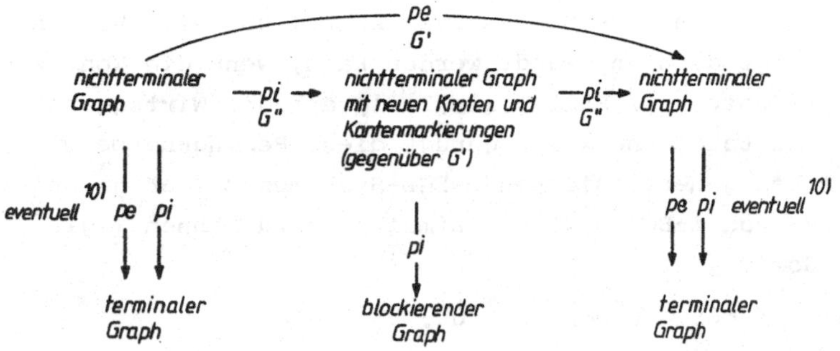

Fig. II/29

Die Umkehrung

(1) $\text{i-EGL} \subseteq \text{e-EGL}$

ist vermutlich *nicht* gültig. Beschränkt man i-EGL-Systeme auf die Modellierung direkter Nachbarschaften, so gilt diese Inklusion (vgl. [GL 7]):

(2) $\text{i-depth1-EGL} \subseteq \text{e-EGL}$.

---

10) Eventuell bedeutet hier, daß es nicht für jeden nichtterminalen Graphen in einem synchronisierten i-EGL-System einen direkten Übergang zu einem terminalen Graphen geben muß. Es muß nämlich nicht für jeden nichtterminalen, einknotigen Untergraphen eine abschließende Regel existieren.

Dabei seien i-depth1-EGL-Systeme solche i-EGL-Systeme, bei denen in den Verbindungsüberführungen nur Operatoren der in I.4.4 eingeführten Einschränkung auftreten dürfen. Eine weitere Möglichkeit, ein Resultat ähnlich wie (1) zu erhalten, besteht darin, e-EGL-Systeme zu erweitern. In [GL 7] sind sogenannte e-context-EGL-Systeme eingeführt worden (vgl. Bem. 1.27). Das sind e-EGL-Systeme, bei denen auf der linken Seite einer Verbindungsregel eine einknotige Kontextbedingung auftreten darf:

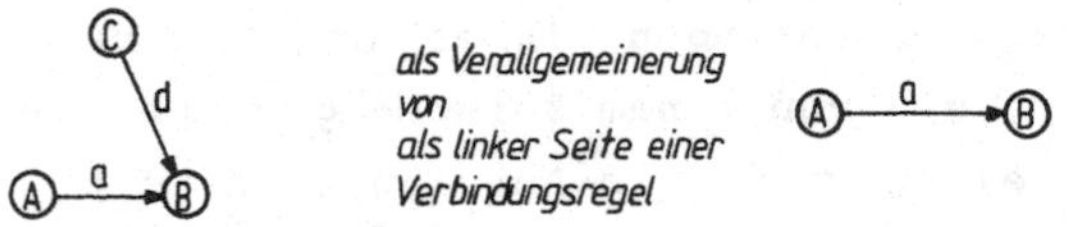

Fig. II/30

Ableitung in e-context-EGL-Systemen heißt, daß eine Verbindungsregel nur dann angewandt werden kann, wenn die Kontextbedingung (Knoten und Kante) als Teilgraph des Wirtsgraphen vorkommt. Erstaunlicherweise genügt diese Bedingung bereits, um in solchen generalisierten e-EGL-Systemen beliebige Ableitungsfolgen von i-EGL-Systemen simulieren zu können (vgl. [GL 7]). Somit gilt

(3) $\quad$ i-EGL $\subseteq$ e-context-EGL.

Daß die Umkehrung

(4) $\quad$ e-context-EGL $\subseteq$ i-EGL

gilt, ist hingegen weniger erstaunlich. Als zusammenfassendes Ergebnis dieses Abschnitts, einschl. der zuletzt nur zitierten Resultate, ergibt sich das

<u>Korollar II.3.32:</u>

$$\begin{array}{ccccc} \text{e-context-EGL} = \text{i-EGL} & \supseteq & \text{e-EGL} & \supseteq & \text{i-depth1-EGL} \\ \cup & & \cup & & \\ \text{i-GL} & \begin{smallmatrix}\not\subseteq\\ \not\supseteq\end{smallmatrix} & \text{e-max-GL} & \supset & \text{EOL} \\ & & \cup & & \\ & & \text{e-GL} & & \end{array}$$

Bemerkung II.3.33 *(Vergleich expliziter mit impliziten Systemen):* Bisher haben wir explizite GL-Systeme mit impliziten jeweils unter dem Gesichtspunkt verglichen, wie mit Hilfe des einen ein anderes simuliert werden kann, oder ob das nicht möglich ist. Ein anderer Vergleichsmaßstab ist der: Welches der beiden Systeme ist für praktische Anwendungen, wie etwa die Wachstumsbeschreibung, überhaupt geeignet bzw. besser geeignet. Diese Frage läßt sich so allgemein nicht beantworten. Für die expliziten Systeme läßt sich ins Feld führen, daß der Ableitungsbegriff möglicherweise näher an der Intuition des Benutzers liegt als der implizite, der nicht ohne Halbkantenmechanismus auskommt. Dies gilt insbesondere dann, wenn die Anwendung nicht die im impliziten Ansatz von II.1 enthaltenen Möglichkeiten benötigt, die der explizite Ansatz nicht bieten kann, da er auf direkte Nachbarschaften beschränkt ist (wie etwa den Reißverschlußmechanismus). Ist die Anwendung etwas komplizierter, so stellt sich allerdings heraus, daß dieser Vorteil rasch schwinden kann. In diesem Fall benötigt man leicht einen großen Satz von Verbindungsregeln, der die anfänglich gegebene Übersichtlichkeit zerstören kann. Eine Verbindungsüberführung mit k Komponenten entspricht mindestens k "halben" Verbindungsregeln, mindestens deshalb, weil sich durch verschiedene Operatoren in einer Komponente mehrere Alternativen der Verbindung zusammenfassen lassen. Ein gewichtiges Argument für den impliziten Ansatz ist auch, daß Produktionen für den sequentiellen und parallelen Fall die gleiche Gestalt haben. Dies ist für den expliziten Ansatz auch prinzipiell möglich. Man kann auch für den sequentiellen Fall Ersetzungs- und Einbettungsregeln unterscheiden, wobei letztere die gleiche Form wie Verbindungsregeln haben müssen, lediglich, daß ein Knoten der Mutterkante im Schablonengraphen unverändert auftaucht. Diese Aufspaltung der Produktionen in *Ersetzungs-* und *Einbettungsregeln* scheint jedoch nicht sehr naheliegend zu sein, denn in den vielen Arbeiten über Graph-Grammatiken wurde in keiner dieser Weg beschritten.

<u>Bemerkung II.3.34:</u> Die oben eingeführten e-EGL-Systeme sind zwar auf die Modellierung direkter Nachbarschaften beschränkt, bieten in diesem Rahmen jedoch alle wünschenswerten Manipulationen in einem direkten Ableitungsschritt. Wegen i-depth1-EGL ⊆ e-EGL sind alle in i-depth1-EGL-Systemen möglichen Veränderungen auch hier durchführbar. Somit sind alle in I.4 angegebenen *Einschränkungen von depth1* auch Einschränkungen des parallelen expliziten Ansatzes. Ergebnisse über die sich durch Einschränkung ergebenden expliziten parallelen Sprachklassen liegen bislang nicht vor.

II.4 Vergleich mit anderen parallelen Ansätzen

Für die Wachstumsbeschreibung wurden einige mehrdimensionale Ersetzungssysteme vorgeschlagen, die nicht direkt Graph-L-Systeme sind, sich aber bei geeigneter Codierung als solche auffassen lassen (vgl. etwa Bem. 1.36). Hierzu zählen zellulare Automaten [GL 11], Landkarten-Ersetzungssysteme (Map-Models) [GL 11, GL 12, GL 1] und Globus-Modelle (Globe-Models) [GL 11]. Sie sind nicht Gegenstand des nun folgenden Vergleichs. Nur eine Bemerkung über Map-Modelle sei hier gemacht: Sie erlauben die direkte Modellierung des zweidimensionalen Bildes eines Wachstumszustands, es ist also keine Codierung durch eine Zeichenkette bzw. einen Graphen nötig, wie bei L-Systemen bzw. GL-Systemen. Dafür ist der Ableitungsbegriff ziemlich kompliziert (vgl. etwa [GL 1, GL 11]), und ihre Anwendung ist auf zweidimensionales Wachstum beschränkt. Es folgt nun ein Vergleich der in II.1 und II.3 vorgestellten GL-Systeme mit anderen der Literatur, bis auf [GL 7] in der chronologischen Reihenfolge deren Erscheinens.

In MAYOH [GL 11] wird eine parallele Web-Grammatik als paralleles Gegenstück zu [GG 31] vorgeschlagen. Der Leser erinnere sich, daß Webs knotenmarkierte Graphen mit nur einer ungerichteten Kantenart sind. Ein paralleler Ableitungsschritt sieht vor, daß alle Knoten parallel durch Webs ersetzt werden, gemäß einer endlichen Menge von Ersetzungsregeln (insoweit wie in II.1 bzw. II.3). Die Verbindung zwischen eingesetzten Tochtergraphen, die für Knoten k_l und k_l' eingesetzt wurden, ergibt sich dadurch, daß zunächst *jeder* Knoten von d_r mit jedem Knoten von d_r' verbunden wird, falls k_l und k_l' im Graphen vor Anwendung des Ableitungsschritts miteinander verbunden waren. Ferner gibt es eine sogenannte *"verbotene Liste"* VL $\subseteq \Sigma_v \times \Sigma_v$. Aus dem oben gebildeten Graphen werden nun diejenigen, die eingesetzten Tochtergraphen verbindenden Kanten wieder entfernt, bei denen das Paar (Markierung des Quellknotens, Markierung des Zielknotens) in VL vorkommt. Wie der Leser sofort sieht, handelt es sich um einen eingeschränkten expliziten Ansatz. Man braucht für eine Mutterkante nur komplette Schablonen zu betrachten, alle Verbindungen zwischen Quell- und Zielknoten hinzuzunehmen und diejenigen wieder zu eliminieren, wo das Paar der Knotenmarkierungen aus VL ist. In [GL 11] finden sich keine Ergebnisse über den so definierten Ableitungsbegriff, die Darstellung ist mehr informal.

Wie bereits gesagt, ist der in II.3 eingeführte explizite Ableitungsbegriff eine Vereinfachung des Ansatzes von [GL 2]. Die Unterschiede zwischen beiden werden nun im folgenden informal und stichpunktartig zusammengestellt:

CULIK/LINDENMAYER [GL 2] sehen in jedem Graphen einen speziellen Knoten vor, dem Umgebungsknoten, den man sich unendlich weit entfernt vorstellen kann. Kanten zu diesen Knoten bzw. Kanten von diesem Knoten werden als offene Kanten gezeichnet, die in die Umgebung zeigen bzw. aus der Umgebung kommen. Diese Kanten heißen *"open hands"*.[1] Die Ersetzung erfolgt wie bei e-GL-Systemen: Alle Mutterknoten werden gleichzeitig durch Tochtergraphen ersetzt, diese Tochtergraphen besitzen jedoch i.a. open hands. Die Verbindung zwischen zwei Tochtergraphen wird durch Verbindungsregeln der Form von Fig. II/31 geregelt.

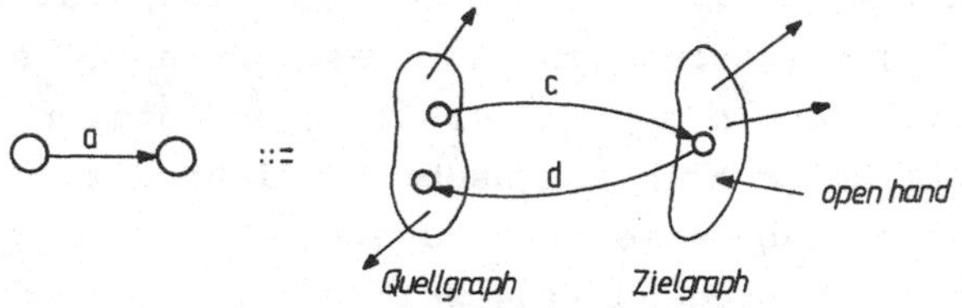

Fig. II/31

Der Schablonengraph besitzt ebenfalls i.a. open hands. Die linke Seite einer Verbindungsregel besteht aus einer Kante mit Randknoten, die hier nicht markiert sind, d.h. insbesondere, die Anwendbarkeit einer Schablone wird nicht beeinflußt durch die Markierung des Quell- und Zielknotens dieser Kante. Die Anwendbarkeit eines Schablonengraphen auf ein Paar von Tochtergraphen wird folgendermaßen gesteuert: Quell- und Zielgraph müssen als Teilgraphen in den entsprechenden Tochtergraphen enthalten sein.

1) Wir vermeiden im folgenden die Benennung "offene Kanten", um keine Verwechselungen mit den in I.5 aus [GG 45] eingeführten offenen Kanten zu implizieren.

Wir schneiden ferner den anzuwendenden Schablonengraphen zwischen Quell- und Zielgraphen auseinander und betrachten die dabei entstehenden auseinandergeschnittenen Kanten als Paare von open hands (in [GL 2] als *matching hands* bezeichnet). Ein Schablonengraph ist nun nur anwendbar, wenn die so entstehenden open hands und die bereits vorhandenen open hands des Quell- bzw. Zielgraphen in den entsprechenden Knoten des Tochtergraphen in dem der Quell- bzw. Zielgraph enthalten ist, vorhanden sind. Somit wird die Anwendbarkeit eines Schablonengraphen auf ein Paar von Tochtergraphen durch zwei Dinge gesteuert: *Enthaltensein von Quell- bzw. Zielgraph* im entsprechenden Tochtergraphen und *Zutreffen der Open-hands-Bedingung*. Ferner erfüllen die in [GL 2] eingeführten expliziten GL-Systeme die Maximalitätsbedingung 3.13: Es wird stets ein *maximaler* Schablonengraph ausgewählt. Für die *Übertragung* der open hands bei einem Ableitungsschritt $d \underset{cu/li}{-pe\rightarrow} d'$ gilt die folgende Regel: Falls es an einem Mutterknoten von d eine auslaufende open hand gab und der eingesetzte Tochtergraph am Knoten k eine auslaufende open hand besitzt, so besitzt k in d' ebenfalls eine open hand. In allen anderen Fällen wird eine open hand gelöscht. Analoges gilt für einlaufende open hands. Ferner besitzen die expliziten Systeme von [GL 2] bzgl. der Verbindungsüberführung eine *starke* Vollständigkeitsbedingung, d.h. für jede Mutterkante in d gibt es mindestens eine *anwendbare* Verbindungsregel. In II.3 haben wir zwar nicht die Anwendbarkeit mindestens eines Schablonengraphen gefordert, es ließ sich aber relativ leicht eine Bedingung angeben, die die stete Anwendbarkeit garantiert (vgl. Bem. 3.9).

In GRÖTSCH [GL 7] wurden die Beziehungen dieses expliziten Ansatzes zu dem impliziten von II.1 und dem expliziten von II.3 untersucht. Sei e-max-env-GL-System[2] der Name für die hier informal eingeführten expliziten Systeme aus [GL 2]. Ferner wurden in [GL 7] zusätzlich erweiterte e-max-env-GL-Systeme betrachtet, die sich, wie üblich, durch Aufspalten des Knoten- und Kantenmarkierungsalphabets in je ein terminales und nichtterminales ergeben. Es gelten dann die folgenden Beziehungen (vgl. [GL 7]):

---

2) env steht für <u>env</u>ironmental node.

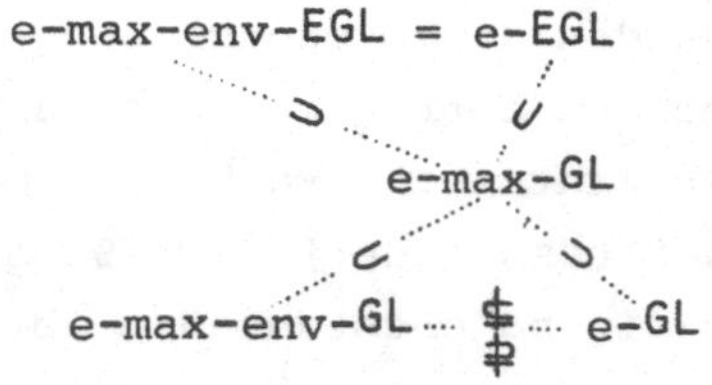

Dabei bedeute ein Vergleich zwischen einer Sprachklasse, die Graphen mit open hands enthält (wie e-max-env-GL) mit einer ohne open hands, daß die open hands bei diesem Vergleich unberücksichtigt bleiben. In [GL 2] sind eine Reihe weiterer Ergebnisse über die Einbettung von Zeichenkettensystemen in e-max-env-GL-Systemen angegeben. Ferner findet man dort eine Generalisierung von Rekurrenzsystemen (vgl. [FL 1]) auf Graphen, inklusive des Vergleichs der von ihnen erzeugten Sprachklasse mit den Sprachklassen, die von verschiedenen e-max-env-Systemen erzeugt werden.
Vergleichen wir nun umgekehrt den expliziten Ansatz von II.3 mit obigen e-max-env-GL-Systemen, so ist der Hauptvorteil der Definition von II.3, daß diese wesentlich einfacher ist, was sich aus dem Weglassen des open/matching-hands-Mechanismus ergibt, unter Beibehaltung des intuitiv einfachen Ableitungsbegriffs durch explizite Angabe von Verbindungsregeln. Man verliert dadurch zwar eine Steuerungsmöglichkeit bzgl. der Einbettung von Quell- und Zielgraphen in Tochtergraphen, wir haben durch Hinzunahme der Markierungen der Knoten in die linke Seite von Verbindungsregeln jedoch eine weitere Steuermöglichkeit gewonnen. Schließlich wird eine mehr oder minder eindeutige Einbettung von Quell- und Zielgraphen in Tochtergraphen dadurch erreicht, daß man mehr Struktur der Tochtergraphen in die Quell- bzw. Zielgraphen aufnimmt, bis man schließlich bei kompletten Schablonen angekommen ist.

In EHRIG/ROZENBERG [GL 6] sind zwei verschiedene Vorschläge enthalten, parallele Ersetzung auf Graphen zu definieren: Grammatiken mit *paralleler Knotenersetzung* (node subsitution parallel grammars) bzw. mit *paralleler Kantenersetzung* (handle substitution parallel grammars). Die ersteren sind, ebenso wie der in II.3 vorgestellte explizite Ansatz, von [GL 2] abgeleitet. Es handelt sich in der Terminologie von II.3 um komplette GL-Systeme in dem Sinne, daß die Schablonengraphen von Verbindungsregeln die ganzen zugehörigen Tochtergraphen als Quell- bzw. Zielgraphen enthalten, jedoch ohne die zugehörigen Kanten. Somit sind diese Verbindungsregeln stark redundant. Da durch die Vernachlässigung von Kanten in den Quell- bzw. Zielgraphen viel Strukturinformation über diese verlorengeht, und somit die Einbettung von Quell- und Zielgraphen in die Tochtergraphen i.a. stark nichtdeterministisch wird, wurde in [GL 6] für die eindeutige Einbettung dieser Quell- und Zielgraphen eine ähnliche *Indizierungstechnik* angewandt, wie sie in PRATT [AP 24] eingeführt wurde, um bei Paar-Graph-Grammatiken die verschiedenen Vorkommnisse von nichtterminalen Symbolen in den zwei verschiedenen Ableitungen einander zuzuordnen. Wie in [GL 2], enthalten die linken Seiten von Verbindungsregeln keine Knotenmarkierungen, somit entfällt die in II.3 enthaltene Steuerungsmöglichkeit, Schablonengraphen nur in solche Tochtergraphen einzubetten, deren entsprechende Mutterknoten solche Knotenmarkierung besitzen, wie in der Mutterkante spezifiziert. Die Indizierungstechnik erfüllt hier den gleichen Zweck wie

a) die eben erwähnte Steuerungsmöglichkeit, zusammen mit der Teilgrapheneigenschaft von Quell- und Zielgraph in II.3 , bzw.
b) open-/matching-hands-Mechanismus, zusammen mit Teilgrapheneigenschaft in [GL 2].

Die Beziehungen dieses Ansatzes zu [GL 2] bzw. dem expliziten Ansatz von II.3 sind bisher nicht untersucht. Da jedoch [GL 6] und der explizite Ansatz aus II.3 von [GL 2] abgeleitet sind, dürften die Unterschiede nicht spektakulär sein. Zum Abschluß seien noch drei Bemerkungen gemacht. Wie auch in [GL 6] bereits angedeutet, ist die Tatsache, daß Verbindungsregeln komplett sein müssen, in vielen Fällen unnötig. Auch bei nichtkompletten Schablonen läßt sich die oben angedeutete Indizierungstechnik anwenden. Ferner sind in [GL 6] in Schablonengraphen nur Kanten von Quell- zum Zielgraphen zugelassen, d.h. diese Schablonen lassen die Richtungen von Verbindungen unverändert. Die Definition in [GL 6] wird durch richtungsumkehrende Verbindungen

jedoch keineswegs komplizierter. Schließlich lassen sich hier natürlich - ebenso wie in II.3 - TGL-, EGL- und ETGL-Systeme definieren.
In Grammatiken mit paralleler Kantenersetzung ist die parallel zu ersetzende Einheit nicht ein einzelner Knoten, sondern eine Kante, zusammen mit ihren beiden Endknoten. Da dieser Ansatz eine Spezialisierung des Verschmelzungsansatzes in [GL 4] ist, wollen wir erst diesen kurz besprechen und dann auf diese parallele Kantenersetzung noch einmal kurz zurückkommen.

In EHRIG/KREOWSKI [GL 4] wird die Verschmelzung parallel eingesetzter Graphen nicht über einzubettende Schablonengraphen gelöst, wie in obigen expliziten Ansätzen, sondern über eine Generalisierung der aus I.5 bekannten Pushout-Konstruktion. Der Ansatz [GL 4] kann als Verallgemeinerung der obigen expliziten Ansätze aufgefaßt werden, denn die parallele Ersetzung ist nicht auf einknotige Untergraphen beschränkt (vgl. auch Bem. 1.19).
Die grundlegende Idee ist, daß in d und d' mit den Regeln verträgliche Überdeckungen vorliegen müssen, wenn $d \underset{Eh/Kr}{-p\rightarrow} d'$ gelten soll. Angewandte Regeln haben hier die Form

$$\pi = (d_i \xleftarrow{k_{ij}} K_{ij} \, , \, K'_{ij} \xrightarrow{k'_{ij}} d'_i) \qquad 1 \leq i \neq j \leq n, \; K_{ji} = K_{ij} \, , \; K'_{ji} = K'_{ij} \, .$$

Die K_{ij} heißen *Verschmelzungsgraphen*. Verträgliche Überdeckungen bedeutet, daß es für jede anzuwendende linke Seite d_i bzw. rechte Seite d'_i einen Morphismus $u_i : d_i \rightarrow d$ bzw. $u'_i : d'_i \rightarrow d'$ $(i=1,..,n)$ gibt so, daß d bzw. d' eine *"Sternverschmelzung"* ist, d.h. es ergeben sich kommutative Diagramme der Form (hier für n = 3):

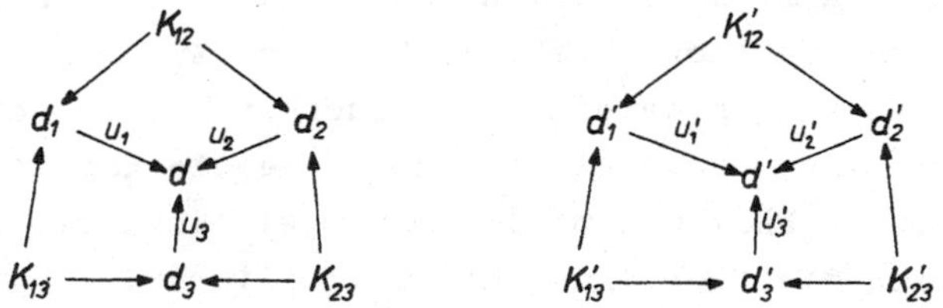

Fig. II/32

Für den für Anwendungen wichtigsten Fall injektiver u_i, u_i' bedeutet dies, daß man sich für d bzw. d' eine Überdeckung aus linken bzw. rechten Seiten suchen muß. Für je zwei linke Seiten der Überdeckung von d ist entweder der Durchschnitt leer, oder sie sind durch Zusammenlegen der Bilder der zugehörigen Verschmelzungsgraphen miteinander verschmolzen. Der Graph d' ergibt sich dann durch die zugehörigen rechten Seiten mit entsprechender Verschmelzung. Die obigen einknotigen Ansätze stellen sich folgendermaßen als Spezialfall dieses Ansatzes dar: Sei d—p→d'. Der Graph d werde durch seine Kanten überdeckt,[3] d' durch die zugehörigen kompletten Schablonengraphen. Die Kanten werden an den gemeinsamen Knoten verschmolzen, die kompletten Schablonengraphen an den Tochtergraphen.[4] Man sieht, daß eine Regel dieses Ansatzes die Funktion einer Ersetzung und Verbindungsregel von oben zusammenfaßt. Dies ist die Spezialisierung, die in [GL 6] Grammatik mit paralleler Kantenersetzung (handle substitution parallel grammar) genannt wurde.

---

3) d sei als zusammenhängend vorausgesetzt.

4) Es sei hier angemerkt, daß man sich auch andere Überdeckungen vorstellen kann, wo die linken Seiten die zu einem einzelnen Knoten angrenzenden Kanten mit Endknoten sind. Verschmolzen wird hier an den zwei Knoten gemeinsamen Kanten. Die Verschmelzung in d' erfolgt an den Schablonengraphen. In diesem Fall kann man sich eine Regel als eine Zusammenfassung einer Reihe von Verbindungsregeln der obigen expliziten Ansätze vorstellen.

III. GRAPH-ERSETZUNGSSYSTEME FÜR ANWENDUNGEN

In diesem Kapitel führen wir programmierte Graph-Grammatiken und zweistufige Graph-Grammatiken ein. Diese Ersetzungssysteme werden nicht eingeführt, um die generative Mächtigkeit von Graph-Ersetzungssystemen zu steigern, denn wegen Satz I.3.37 sind die Graph-Grammatiken von Kapitel I bereits universell, d.h. in ihnen können bereits alle Graph-Berechnungen durchgeführt werden. Dagegen werden programmierte bzw. zweistufige Graph-Grammatiken eingeführt zur *Effizienzsteigerung* in zweifacher Hinsicht: Einmal können durch einen programmierten Ersetzungsschritt bzw. einen zweistufigen Ersetzungsschritt (beide als nicht weiter zerlegt angenommen[1]) *Berechnungen verkürzt* werden. Der zweite wichtigere Grund ist, daß mit ihnen Graphen-Programmierung *evidenter* durchgeführt werden kann, was für die Anwendung von Graph-Ersetzungssystemen insofern wichtig ist, als man bei einem Anwender nicht unbedingt extensive Vertrautheit, etwa mit den Einbettungsüberführung aus I.2, vorausgesetzt werden darf.
Ein weiteres wichtiges Hilfsmittel, wenn man Fragen von Übersetzungen zwischen Graph-Sprachen behandelt, sind die *Paar-Graph-Grammatiken* aus [AP 24]. Das sind Paare (G_1,G_2) kontextfreier Graph-Grammatiken, in denen jeder Ableitung in G_1 eine in G_2 zugeordnet wird. Paar-Grammatiken, wie auch zweistufige Graph-Grammatiken, werden in den Anwendungen des folgenden Kapitels nicht benutzt, es wird lediglich auf einen möglichen Einsatz hingewiesen.
Unter den Anwendungen von Graph-Ersetzungssystemen gibt es zwei Gruppen. In der einen Gruppe werden Graph-Ersetzungssysteme, oder oft auch nur Graph-Ersetzungen, dazu benutzt, Vorgänge *formal zu beschreiben*, die bisher informal und somit a priori mehrdeutig sind. Hierzu zählen insbesondere die Anwendungen, die in Abschnitt 2 und 3 des nächsten Kapitels erläutert werden. In der zweiten Anwendungsgruppe sind Graph-Ersetzungssysteme, deren Implemen-

---

1) Diese Verkürzung findet nur auf konzeptioneller Ebene statt. Für eine Implementation müssen solche Ersetzungsschritte als zerlegt angenommen werden. Deswegen sind hier herkömmliche Ersetzungen, sofern sie solche Ersetzungsschritte ersetzen, effizienter (vgl. Bem. 1.6).

tation natürlich vorausgesetzt, *Bestandteil einer Implementation*. Dies heißt in den meisten Anwendungen dieser zweiten Gruppe, daß ein effizientes Syntaxanalyse-Verfahren vorausgesetzt werden muß. Hier ist bisher nur eine Generalisierung der Präzedenz-Methode bekannt [GG 12, 13]. Die zugehörigen Präzendez-Graph-Grammatiken, sie werden in Abschnitt 3 besprochen, zeichnen sich durch starke Einschränkung der Einbettungsüberführung aus. Hier wären Verfahren für allgemeinere Grammatiken wünschenswert, da letztere bezüglich einer Implementation sehr effizient sein können (vgl. Bem. 1.6). Hier kann noch einige Forschungsarbeit geleistet werden.
Die im folgenden gegebene Einführung programmierter bzw. zweistufiger Graph-Grammatiken sowie Präzedenz-Graph-Grammatiken wurde aus Platzgründen knapp gehalten. Der durch Kapitel I und II geschulte Leser ist sicher in der Lage, das eine oder andere Detail nachzutragen.

III.1. Programmierte Ersetzungssysteme

Sei P eine endliche Menge von Produktionen über Σ_V, Σ_E, die wir dem zu definierenden programmierten Graph-Ersetzungsschritt zugrunde legen wollen. Ein programmierter Ersetzungsschritt ist nichts anderes als ein Durchlauf durch ein Flußdiagramm (Kontrolldiagramm) mit evtl. Unterprogrammaufrufen, wobei als primitive Aktionen nur sequentielle Graph-Ersetzungen ausgeführt werden.

Die folgende Definition und Bemerkung setzt einige Begriffe aus der Theorie hierarchischer Graphen [FU 24, 29] voraus.[1)] Der damit nicht vertraute Leser kann sich jedoch anhand der folgenden Beispiele und Bemerkungen eine hinreichend präzise Vorstellung verschaffen.

Def. III.1.1: Ein *Kontrolldiagramm* ist ein zusammenhängender markierter Graph (über einem Knotenmarkierungsalphabet, das P umfaßt, Kantenmarkierungsalphabet {T,F}) mit einem ausgezeichneten *Startknoten*, der stets minimal sei, und mindestens einem *Haltknoten* (maximalen Knoten). Die Knoten sind mittels einer Markierungsfunktion lab markiert, mit Produktionen(namen) bzw. mit den Namen weiterer Kontrolldiagramme (Unterkontrolldiagramme). Knoten der ersten Art heißen *Produktionenknoten*, der zweiten Art *Aufrufknoten*. Die Kanten von Kontrolldiagrammen sind markiert mit einem der beiden Symbole T, F. Zwischen zwei Knoten gibt es höchstens eine Kante. Gibt es aus einem Knoten eine auslaufende F-Kante, so besitzt der Knoten genau eine weitere auslaufende Kante, die mit T markiert ist. Andererseits kann ein Knoten beliebig viele auslaufende T-Kanten besitzen. Aufrufknoten besitzen nur auslaufende T-Kanten. Sei kd ein Kontrolldiagramm und $kd_1, \ldots, kd_n$ seine zugehörigen Unterkontrolldiagramme,[2)] d.h. als Knotenmarkierungen in

1) Es handelt sich um die Begriffe *Abwicklung* und *Ausführung eines Programmknotens*. Eine formal saubere Definition dieser Begriffe setzt voraus, daß wir hierarchische Graphen und ihre Grundbegriffe hier einführen, was aus Platzgründen nicht getan wurde.

2) Der Name Unterkontrolldiagramme bedeute ein Unterprogramm in der in Programmiersprachen üblichen Bezeichnung. Er hat somit nichts mit den Untergraphen des Kontrolldiagramms zu tun.

$kd_1, kd_2, \ldots, kd_n$ treten nur Produktionen aus P bzw. die Bezeichner $kd_1, kd_2, \ldots, kd_n$ auf.

Sei $D, D' \in D(\Sigma_V, \Sigma_E)$. Es heiße D' aus D (*mittels des Kontrolldiagramms* kd und seiner Unterkontrolldiagramme $kd_1, \ldots, kd_n$) *sequentiell programmiert* ableitbar (abg. $D \xrightarrow{sp} D'$ bzw. $D \xrightarrow[kd]{sp} D'$), g.d.w. es eine Abwicklung[3] $(k_1, lab(k_1); elab_1; k_2, lab(k_2); elab_2; \ldots; elab_{m-1}; k_m, lab(k_m))$ (dies ist ein Berechnungsdurchlauf durch kd bzw. seine Unterkontrolldiagramme, wobei durchlaufener Knoten, Markierung des Knotens, Markierung durchlaufener Kanten in der Reihenfolge des Durchlaufs notiert werden) gibt, die mit dem Startknoten von kd beginnt, mit einem Haltknoten von kd endet, und es ferner eine Folge $D = D_1, D_2, \ldots, D_m = D'$ gibt so, daß entweder $D_\nu \xrightarrow[lab(k_\nu)]{s} D_{\nu+1}$ und $elab_\nu = T$ oder $D_\nu = D_{\nu+1}$ und $elab_\nu = F$ ist für $1 \leq \nu \leq m-1$.

Die Begriffe *programmierte Graph-Grammatik, Sprache einer programmierten Graph-Grammatik, programmierte Graph-Sprache* sind analog zu I. zu definieren.

Bemerkung III.1.2: Eine *Abwicklung* ist eine Folge von Tripeln, Knotenbezeichnung, Knotenmarkierung, Kantenmarkierung, die folgendermaßen gebildet wird: Man beginne mit einem gerichteten Kantenzug in kd, der im Startknoten beginnt und mit einem Haltknoten endet, und notiere Knotenbezeichnung, Knotenmarkierung, Markierung der den Knoten verlassenen Kante in der durch den Kantenzug gegebenen Reihenfolge. Dann ersetze man Unterprogrammnamen dieser Folge und vorausgehende Knotenbezeichnung durch eine Folge aus Tripeln, die einem gerichteten Kantenzug des Unterkontrolldiagramms entspricht, der wieder mit dem Startknoten der Unterkontrolldiagramme beginnt und mit einem Haltknoten endet (Unterprogrammaufruf) etc.. Dieses Verfahren ist so lange fortzusetzen, bis die Folge keine Unterkontrolldiagrammnamen mehr enthält. Das Kontrolldiagramm kd oder seine Unterkontrolldiagramme können rekursiv sein. Deswegen existiert für beliebige Kontrolldiagramme i.a. nicht immer eine Abwick-

3) Wir haben hier, im Gegensatz etwa zu [FU 29], die Markierungen durchlaufener Kanten (Selektoren) in die Abwicklung mit aufgenommen, hingegen die Unterprogrammnamen und die Klammerstruktur, die Unterprogrammaufruf und Rücksprung kennzeichnen, weggelassen.

lung. Ein Kontrolldiagramm, zusammen mit seinen Unterkontrolldiagrammen, ist also ein *hierarchischer Graph*, der als Programmknoten lediglich die sequentielle Anwendung einer Produktion bzw. einen Unterkontrolldiagrammaufruf enthält. Als primitive Operationen in kd bzw. $kd_1, \ldots, kd_n$ treten somit lediglich sequentielle Ersetzungsschritte auf. Primitive und zusammengesetzte Daten treten nicht auf, sofern man vom zugrunde liegenden Wirtsgraphen, auf den die programmierte Ersetzung angewandt wird, absieht.

Obige Definition eines programmierten Ersetzungsschritts war nicht konstruktiv, es wird die Existenz einer passenden Abwicklung und einer passenden Graphenfolge vorausgesetzt. Wie kann diese konstruktiv gefunden werden? Es geschieht dies analog zur Ausführung eines Programmknotens bei H-Graphen [FU 24, 29]: Man beginne mit dem Startknoten des zu der programmierten Ersetzung gehörigen Kontrolldiagramms (Hauptprogramm) und führe diesen aus. Ist er eine primitive Operation, d.h. ein sequentieller Ersetzungsschritt mit einer Produktion p, so heißt dies, man versuche, eine Vorkommnis der linken Seite von p aufzufinden. Ist dieses vorhanden, dann wende man p sequentiell an und verlasse den Knoten über einen T-Ausgang. Ist kein Vorkommnis vorhanden, so bleibt der zugrunde liegende Graph unverändert und man verlasse den Knoten über einen F-Ausgang. Ein Knoten mit T- und F-Ausgang heiße *deterministischer Verzweigungsknoten*. Ist der Startknoten ein Unterprogrammaufruf, so springe man in das entsprechende Unterprogramm und nach seiner Ausführung zurück an die aufrufende Stelle und gehe über einen T-Ausgang über zum nächsten auszuführenden Programmknoten. Der nächste Knoten ist entsprechend auszuführen. Ein Knoten mit mehr als einem T-Ausgang heiße *nichtdeterministischer Verzweigungsknoten*. Nach seiner Ausführung kann mit *einem* Nachfolgerknoten fortgefahren werden. Nichtdeterministische Verzweigungsknoten und Aufrufknoten haben keinen F-Ausgang.[4] Trifft man bei einem Kontrolldiagramm-

---

4) Programmierte Ersetzungen mit Kontrolldiagrammen, die Unterprogrammaufrufe und nichtdeterministische Verzweigungen enthalten, wurden erstmals in [AP 29] eingeführt.

durchlauf auf eine nicht anwendbare Produktion, wobei der entsprechende Knoten keinen F-Ausgang besitzt, so ist die Fortsetzung nicht definiert. Die bisher ausgewählten Produktionenanwendungen (es können mehrere Vorkommnisse der linken Seite existieren) sind somit nicht Bestandteil einer Abwicklung. In den Kontrolldiagrammen des folgenden Anwendungskapitels kommt die Nicht-Fortsetzbarkeit einer Teilabwicklung nicht vor.

Die Einzelschritte eines sequentiell programmierten Ersetzungsschritts können an verschiedensten Stellen des Wirtsgraphen stattfinden. Das ist aber nicht die Intention der Einführung sequentiell programmierter Ersetzungsschritte, denn sie wurden ja eingeführt, um komplexere Graph-Manipulationen, die sich i.a. auf eine Stelle des Graphen beziehen, überschaubar formulieren zu können. Die Lokalität der Produktionenanwendungen eines programmierten Ersetzungsschritts läßt sich aber leicht dadurch erzwingen, daß die erste Produktion eine die Stelle charakterisierende Struktur (spezielle Knoten- oder Kantenmarkierung, spezieller Untergraph) inseriert, die in allen weiteren Produktionen des programmierten Ersetzungsschritts enthalten ist und die von einer Abschlußproduktion wieder gelöscht wird (*statische Verankerungsstruktur*). In einigen Anwendungen ist diese Verankerungsstruktur von vorneherein vorhanden und braucht somit nicht inseriert bzw. gelöscht zu werden (vgl. etwa EDIT-, COMPILE-Zeiger von IV.1, Prozeßknoten von IV.2 etc.).

Bemerkung III.1.3 (*Graphische Notation von Kontrolldiagrammen*): Obwohl ein Kontrolldiagramm mit seinen Unterkontrolldiagrammen als hierarchischer Graph formalisiert werden kann, wollen wir nicht die bei hierarchischen Graphen übliche graphische Repräsentation wählen. Wir notieren ein (Unter)Kontrolldiagramm nicht durch ein Rechteck, dessen Inhalt das Kontrolldiagramm ist und neben das der Name des Kontrolldiagramms hingeschrieben wird. Statt dessen führen wir einen neuen *expliziten Startknoten* ein, der den Namen des Kontrolldiagramms, aber keine Operation enthält, und verschieben den Stern, der üblicherweise den Startknoten charakterisiert, zu diesem neuen Knoten.

Ferner führen wir neue *explizite Haltknoten* ein, die wir mit erläuternden Kommentaren versehen. Beide Knotenarten zeichnen wir oval. Produktionenknoten zeichnen wir sechseckig, da sie eine Kombination aus Abfrage, ob die linke Seite enthalten ist, und Anweisung, nämlich Produktionenanwendung, darstellen. Aufrufknoten werden als Rechtecke, die vertikal doppelt berandet sind, gezeichnet.
In der graphischen Repräsentation werden lediglich die Markierungen der einen deterministischen Verzweigungsknoten verlassenden zwei Kanten eingezeichnet. Die anderen, alle mit T markierten Kanten, die Hintereinanderausführung von Programmknoten bzw. nichtdeterministisches Verzweigen charakterisieren, werden unmarkiert gezeichnet.

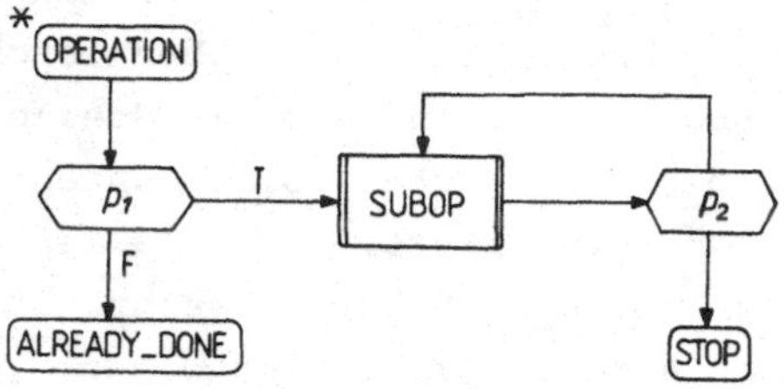

Fig. III/1

Fig. II/1 enthält die graphische Repräsentation eines Kontrolldiagramms mit Namen OPERATION, das zwei primitive Operationen p_1, p_2 und einen Aufruf des Unterkontrolldiagramms SUBOP enthält. Sowohl p_1, p_2 als auch SUBOP sind natürlich geeignet zu definieren. Der p_1-Knoten ist ein deterministischer Verzweigungsknoten, der p_2-Knoten ein nichtdeterministischer, d.h. hier kann ein weiteres Mal SUBOP aufgerufen werden, oder das Kontrolldiagramm OPERATION wird beendet.

Bemerkung III.1.4 (*Erweiterungen primitiver Aktionen von Kontrolldiagrammen*): Für Anwendung von programmierten Ersetzungssystemen empfiehlt es sich, als primitive Operation außer sequentiellen Ersetzungsschritten noch Abfragen auf das Vorhandensein bzw. Nichtvorhandensein von Teilstrukturen (Untergraphen) vorzusehen bzw. Produktionen mit positiven oder negativen Anwendbarkeitsbedingungen anzureichern (vgl. Bem. I.2.20.a) bzw. Abschnitt I.5). Erstere bedeuten, daß eine Produktion nur anwendbar ist, wenn ihre Anwendbarkeitsbedingung erfüllt ist, letztere, daß sie nur anwendbar ist, wenn ihre Anwendbarkeitsbedingung nicht erfüllt ist. Als positive bzw. negative Anwendbarkeitsbedingungen wollen wir hier lediglich das Vorhandensein bzw. Nichtvorhandensein eines bestimmten Untergraphen außerhalb der linken Seite annehmen. Diese Anwendbarkeitsbedingungen können, sofern sie mit der linken Seite nicht verbunden sind, irgendwo im Wirtsgraphen liegen. Diese Erweiterungen der primitiven Aktionen von Kontrolldiagrammen lassen sich auf Kontrolldiagramm-Stücke im bisherigen Sinne zurückspielen, d.h. sie werden als *Abkürzungen* eingeführt. Die positiven bzw. negativen Anwendbarkeitsbedingungen sind eine vereinfachte Version der Graphbedingungen aus [AP 32], von wo wir auch die graphische Repräsentation positiver und negativer Anwendbarkeitsbedingungen übernehmen.

a) Programmknoten der Art von Fig. III/2.a) gestatten die Abfrage an das *Vorhandensein einer Struktur* (des Graphen d) irgendwo im Wirtsgraphen. Fig. II/2.a) steht als Abkürzung für den Programmknoten von Fig. 2.b), wobei p_d die Produktion (d,d,E_{id}) ist, die ein evtl. Vorhandensein von d identisch ersetzt.

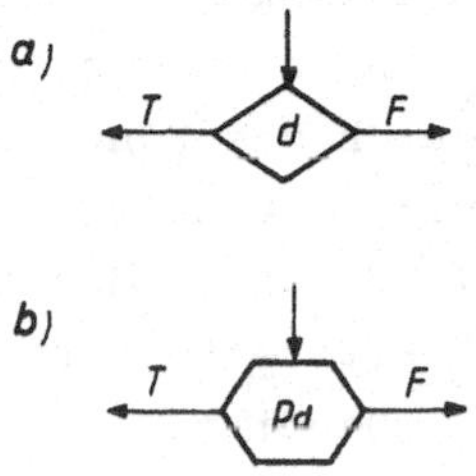

Fig. III/2

b) Programmknoten der Art von Fig. III/3.a) gestatten die Abfrage auf das *Nichtvorhandensein einer Struktur* (eines Graphen) irgendwo im Wirtsgraphen und stehen als Abkürzung für den in Fig. 3.b) angegebenen Programmknoten, der mit Hilfe von a) auf einen p_d-Knoten zurückgeführt werden kann. In den Fällen a) und b) notieren wir außerhalb

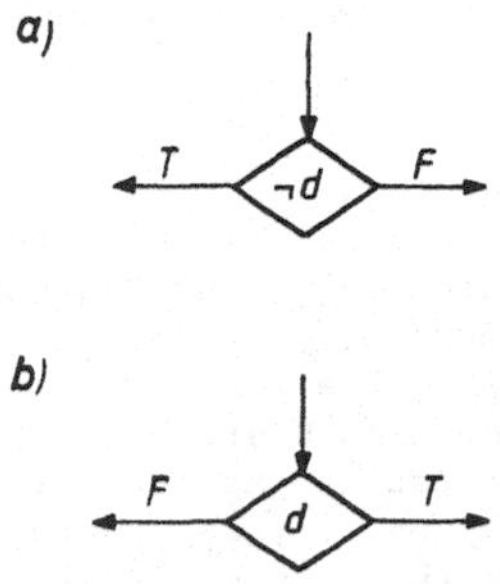

Fig. III/3

des Kontrolldiagramms lediglich den Graphen d (vgl. Fig. III/5.d.1)).

c) Sei $p_{pA} = (d_\ell, d_r, E, \text{APPLCOND})$ eine Produktion mit *positiver Anwendbarkeitsbedingung* APPLCOND, die die oben beschriebene Bedeutung habe, d.h. die zugrunde liegende Produktion $p = (d_\ell, d_r, E)$ ist genau dann anwendbar, wenn der Graph APPLCOND, der die linke Seite und evtl. Verbindungen zur linken Seite enthält, im Graphen aufgefunden werden kann. Wir notieren eine so um eine Anwendbarkeitsbedingung erweiterte Produktion in der Form von Fig. III/4.b), wobei wir den Graphen CONTEXTCOND := APPLCOND - d_ℓ in der erweiterten Produktion durch eine gestrichelte, mit AND beschriftete Linie von der linken Seite abtrennen. Der Programmknoten von Fig. 4.a) läßt sich dann ersetzen durch das Kontrolldiagrammstück von Fig. 4.c), wobei p_1 und p_2 die in Fig. 4.d) skizzierte Form besitzen.[5] Dabei sei d_ℓ^{mod} ein zu d_ℓ isomorpher Graph mit neuen Knotenmarkierungen, die dazu dienen, das Vorkommen von d_ℓ zu fixieren. Es könnte nämlich sonst ein Vorkommnis von d_ℓ ausgewählt werden, das mit

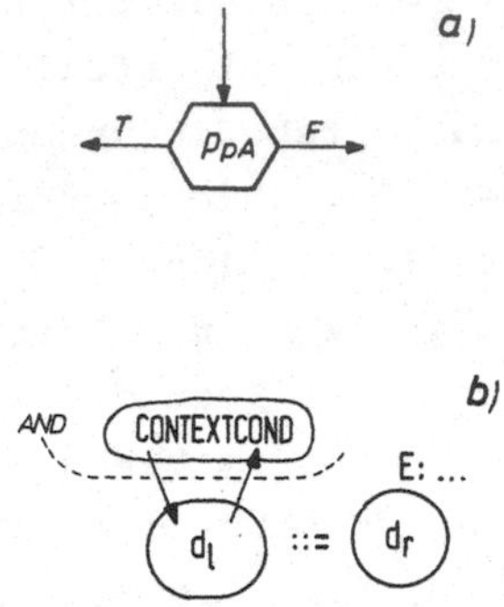

Fig. III/4

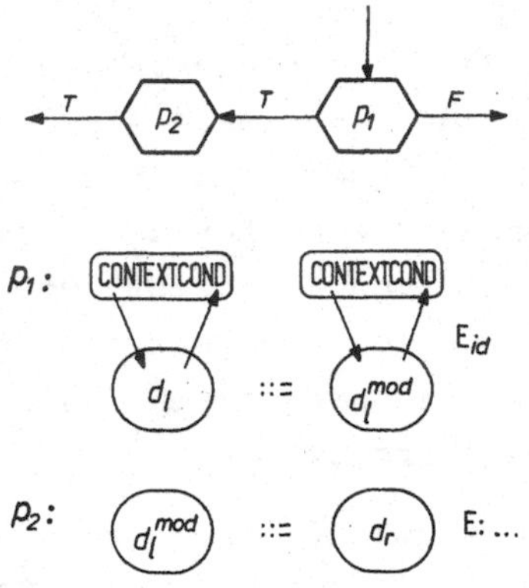

Fig. III/4

5) Man beachte, daß die Hinzunahme der Kontextbedingung CONTEXTCOND zur linken *und* rechten Seite der zugrunde liegenden Produktion, und dies dann als übliche Produktion $p' = (d_{\ell+c}, d_{r+c}, E')$ aufgefaßt, i.a. *nicht* das gleiche Resultat ergibt, wie eine Produktion mit Anwendbarkeitsbedingung, selbst wenn man die sich durch E ergebenden Kanten zwischen CONTEXTCOND und d_r in d_{r+c} einträgt. Letzteres kann nämlich nur mit $d_{\ell+c}$ als Wirtsgraph geschehen, in einem Wirtsgraphen, der $d_{\ell+c}$ enthält, können weitere Kanten generiert werden. Außerdem beachte man Bem. I.2.20.e).

CONTEXTCOND nicht die in APPLCOND vorgegebene Verbindung besitzt bzw. sich mit CONTEXTCOND selbst überlappt.

d) Analog zu positiven Anwendbarkeitsbedinungen kann man auch *negative Anwendbarkeitsbedingungen* in Produktionen aufnehmen. Die Anwendung einer so erweiterten Produktion $p_{nA} = (d_l, d_r, E, N\_APPLCOND)$ sei so definiert, daß die zugrunde liegende Produktion genau dann anwendbar sei, wenn die negative Anwendbarkeitsbedingung, die die linke Seite und eine negative Kontextbedingung N_CONTEXTCOND := N_APPLCOND - d_l und evtl. Verbindungen zwischen diesen beiden enthält, *nirgendwo* im Wirtsgraphen auftaucht. Ein Programmknoten mit der Anwendung einer so erweiterten Produktion (vgl. Fig. III/5.a,b)) läßt sich auffassen als Abkürzung für das Kontrolldiagrammstück von Fig. 5.c). Man beachte, daß die Anwendung von p_{nA} nicht nur bedeutet, daß in der Nachbarschaft *eines* Vorkommnisses der linken Seite die negative Kontextbedingung nicht vorkommt,[6] sondern es bedeutet darüber hinaus, daß es im Wirtsgraphen überhaupt kein Vorkommnis von linker Seite plus negative Kontextbedingung gibt. Gibt es im Wirtsgraphen nur ein Vorkommnis der lin-

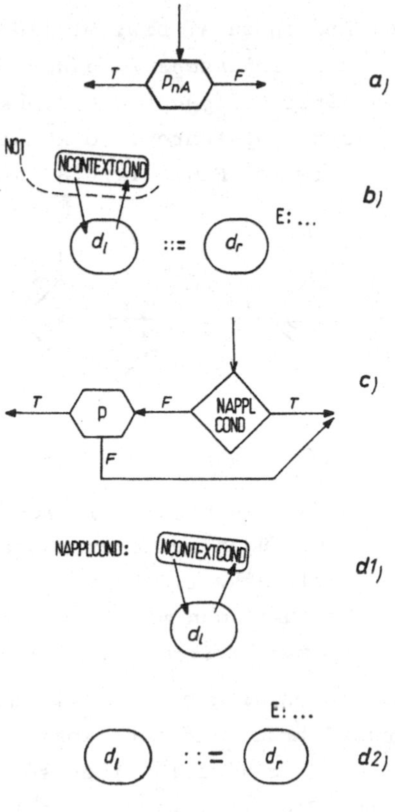

Fig. III/5

6) So ist negativer Kontext in den Graphbedingungen von [AP 33] definiert.

ken Seite (vgl. Bem. 1.2, statische Verankerungsstruktur), so heißt die Anwendung von p_{mA}, daß die negative Kontextbedingung in der Nachbarschaft *der* linken Seite nicht erfüllt ist.

e) Analog zu a) bzw. b) ließe sich hier auch die Abfrage auf das *Vorhandensein eines Teilgraphen* bzw. *Nichtvorhandensein eines Teilgraphen* als Abkürzung für ein Kontrolldiagrammstück einführen. So könnte man einen Programmknoten der Form von Fig. III/6.a) abkürzen durch das Kontrolldiagramm-

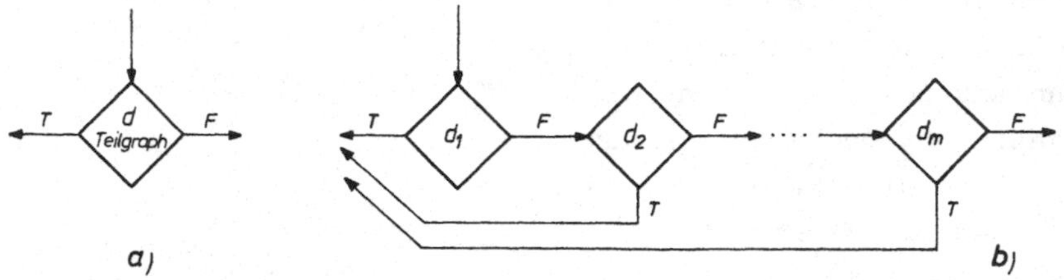

Fig. III/6

stück von Fig. 6.b), wobei $d_1, \ldots, d_m$ die sämtlichen durch Hinzufügen weiterer Kanten aus d erzeugbaren Graphen sind (vgl. Bem. I.2.20.d)). Analog ließe sich die Anwendung von Produktionen mit *positiven* bzw. *negativen Teilgraphen-Kontextbedingungen* einführen.

Die oben gemachte Definition neuer Konstrukte über die Zurückführung auf alte Konstrukte ist nichts anderes als die Anwendung jeweils eines sequentiellen Ersetzungsschritts. So sind Fig. III.2.a,b), 3.a,b), 4.a,c), 5.a,c), 6.a,b) nichts anderes als Graph-Produktionen mit graphischer Notation der Einbettungsüberführung, wie in I.4.59.c) eingeführt. Wendet man diese Produktionen auf ein mit erweiterten Operationen a) - e) versehenes Kontrolldiagramm entsprechend oft an, so entsteht eines in der Notation von 1.3.

<u>Bemerkung III.1.5:</u> Die oben gemachten Erweiterungen der primitiven Aktionen von Kontrolldiagrammen sind als Abkürzung für andere Kontrolldiagrammstücke eingeführt worden. Diese Zurückführung ist einfach, aber lediglich aus theoretischer Sicht.

Denkt man an die *Implementierung programmierter Ersetzungen*, so wird man eine Abfrage auf das Vorhandensein bzw. Nichtvorhandensein eines Untergraphen natürlich nicht auf eine identische Ersetzung zurückführen, da dies einfach die Anwendung eines Untergraphentests ist, der für eine Produktionenanwendung ohnehin vorgeschaltet werden muß, um die Anwendbarkeit der Produktion zu testen. Entsprechend wird man den Teilgraphentest nicht auf viele Untergraphentests zurückspielen, da ein Teilgraphentest einfacher zu implementieren ist als ein Untergraphentest. Analog wird man bei der Implementierung positiver bzw. negativer (Teilgraphen-)Kontextbedingungen einfach einen weiteren Teilgraphentest bzw. Untergraphentest hinzufügen, der das Vorhandensein bzw. Nichtvorhandensein der positiven bzw. negativen Kontextbedingung bestimmt.

Näher an der Implementation ist somit eine Definition eines Ableitungsschritts mit einer verallgemeinerten Produktion, wo positive bzw. negative Anwendbarkeitsbedingung in der Definition des Ableitbarkeitsbegriffs selbst auftauchen (vgl. [AP 32]).

Bemerkung III.1.6 (*Programmierung mit Hilfe von linker und rechter Seite, mit Kontrolldiagrammen und mit Einbettungs- bzw. Verbindungsüberführungen*): Aus [GG 48] ist bekannt, daß man mit Graph-Grammatiken mit einbettungsähnlichen Einbettungsüberführungen bereits alle aufzählbaren Graph-Sprachen erzeugen kann. Das bedeutet, daß der Austauschmechanismus zwischen linker und rechter Seite als Programmierhilfsmittel bereits ausreicht, um alle Graph-Berechnungen durchzuführen. Andererseits haben wir in der Verwendung komplexerer Einbettungsüberführungen bzw. in der Verwendung programmierter Ersetzungsschritte Hilfsmittel kennengelernt, diese Berechnungen abzukürzen bzw. evidenter zu machen.[7] Was noch aussteht, ist eine Untersuchung, wie unter Verwendung eines dieser Hilfsmittel die beiden anderen simuliert werden können: Wie kann ein programmierter Ersetzungsschritt durch eine Ableitung mit kom-

---

7) Auch der Tafelmechanismus aus II. ist ein solches Programmierhilfsmittel.

plexeren Einbettungsüberführungen nachgebildet werden, wie können komplexe Einbettungsüberführungen vereinfacht werden, wenn man zur Steuerung Kontrolldiagramme hinzunimmt, wie können komplexere Einbettungsüberführungen auf einfachere zurückgespielt werden, wenn die linke und rechte Seite aufgebläht wird, etc.. Hierzu sind einige Ergebnisse in [AP 4] zu erwarten. So enthält [AP 4] ein Ergebnis, daß programmierte Graph-Grammatiken mit el-M-Produktionen durch M-Graph-Grammatiken von I.3 simuliert werden können u.u., daß Graph-Grammatiken mit beliebigen Einbettungsüberführungen durch programmierte Graph-Grammatiken mit an-Produktionen simuliert werden können. Dieses Ergebnis ist die Lösung einer lange gehegten Vermutung (vgl. offene Fragen in [GG 25]). Solche Überlegungen sind aber *theoretischer* Natur. Eine andere Frage ist, wie diese Überlegungen unter *anwendungsspezifischen* bzw. *implementierungsspezifischen Gesichtspunkten* aussehen.

Hier ergibt sich sofort, daß *Strukturveränderungen* durch alleinige Verwendung des *Austauschs von linker durch rechte Seite nicht geeignet* ist. Dies bedeutet nämlich, da die Einbettungsüberführung keine Strukturveränderung erzeugt, daß sich die gesamte Strukturveränderung innerhalb linker und rechter Seite abspielen muß. Dies führt zu großen Graphen als linke und rechte Seite und zu vielen Produktionen, da alle möglichen Nachbarschaften des tatsächlich veränderten Graphen in die linke und rechte Seite mit aufgenommen werden müssen. Man kann dies auch so formulieren: *Je trivialer die Einbettungsüberführung, desto mehr Kontext muß mitgeschleppt werden.* Beides, nämlich große Graphen und große Produktionenzahl, führt zu hohem Speicherplatzbedarf und langen Rechenzeiten wegen der Größe der zu testenden Untergraphen.

Nun könnte man aus der vorangehenden Argumentation entnehmen, daß die Verwendung komplexer Einbettungsüberführungen besonders effizient ist. Dies ist nur dann der Fall, wenn man einen Gesichtspunkt der Effizienz, nämlich *Übersichtlichkeit* außer acht läßt. Diese Übersichtlichkeit schlägt sich nämlich nieder in kurzer Zeit zur Erstellung von Graph-Algorithmen, in hohem Zuverlässigkeitsgrad und guter Wartbarkeit. Komplexe Einbettungsüberführungen als Programmierhilfsmittel sind, insbesondere wenn man nichtlokale Einbettungsüberführungen betrachtet, sehr unübersichtlich, die Idee des Graphenmanipulationsalgorithmus kann völlig versteckt sein. Man denke dabei an einige Beweise aus Kap. I und II.[8)] Diese Methode der Programmierung wirkt sich hemmend aus für die Verbreitung der Graph-Ersetzungssysteme als Hilfsmittel zur Formalisierung bzw. Lösung der in der Einleitung genannten Probleme. Sie sieht nämlich eine sehr starke Vertrautheit mit diesem Programmierhilfsmittel voraus, die bei einem Anwender in der Regel nicht vorausgesetzt werden darf. *Programmierte Graph-Ersetzungen* sind dagegen ein Hilfsmittel, Graphmanipulations-Algorithmen *evidenter* zu machen und damit leichter und zuverlässiger zu erstellen. Die Komplexität einer nichttrivialen Graphenmanipulation spiegelt sich hier wider in der Komplexität des Kontrolldiagramms und nicht der Einbettungsüberführung(en). Es können somit Kenntnisse aus der Programmiermethodik verwandt werden, um Kontrolldiagramme so zu strukturieren und zu modularisieren, daß etwa zumindest eine überzeugende Demonstration der Korrektheit gegeben werden kann, wenn eine formale Verifikation aus Aufwandsgründen nicht möglich ist. Die obige Argumentation trifft auch zu, wenn man Graph-Ersetzungssysteme nicht für Implementationen benutzt, sondern zur Formalisierung bisher informal gebliebener Sachverhalte benutzt. Hier bedient man sich dann auch besten programmierter Graph-Grammatiken mit den in 1.4 eingeführten Erweiterungen der primitiven Aktionen.

Auch bei programmierten Ersetzungen ist es nicht sinnvoll, die Einbettungsüberführungen der angewandten Produktionen zu stark einzuschränken, eben aus den obengenannten Gründen, daß dann zu viel Kontext in die linken und rechten Seiten aufgenommen werden muß, was sowohl die Übersichtlichkeit als auch die

---

8) Diese Art von Graphenprogrammierung erinnert an die Frühzeit der Programmierung, wo versucht wurde, durch Ausnutzung des letzten Bits und der letzten Mikrosekunde besonders (pseudo)effizient zu sein. Dieser Weg hat direkt in die sogenannte Softwarekrise geführt.

Speicher- und Rechenzeit-Effizienz stört. Es ist die Meinung des Autors, daß etwa depth2-Einbettungsüberführungen einen Kompromiß darstellen zwischen Übersichtlichkeit und Effizienz.

Komplexe Einbettungsüberführungen können zwar sehr unübersichtlich sein, andererseits sind sie aber äußerst effizient, wenn man die im vorigen Absatz betrachteten Kriterien für die Effizienz außer acht läßt: Die linke und rechte Seite kann auf die tatsächlich veränderte Struktur reduziert werden, der Kontext kann meist völlig eliminiert werden, was die Anzahl der Produktionen als auch die Rechenzeit für den Untergraphentest senkt. Das führt bei programmierten Ersetzungen dazu, daß Schleifen durch eine einzige Produktion ersetzt werden können, bzw. im Extremfall kann eine Produktion ein ganzes Kontrolldiagramm ersetzen (vgl. Bemerkungen im folgenden Anwendungskapitel).[9] Somit könnte die Übersichtlichkeit programmierter Ersetzung mit der Effizienz komplexer Einbettungsüberführungen folgendermaßen kombiniert werden: Man erstelle zuerst eine *strukturierte Fassung* des Graphenmanipulations-Algorithmus mit Hilfe programmierter Ersetzungen. Zielrichtung ist Übersichtlichkeit und Zuverlässigkeit. Sodann erzeuge man in einem zweiten Schritt eine nichtstrukturierte, aber effiziente Fassung unter Verwendung komplexer Einbettungsüberführungen, indem man insbesondere versucht, die Schleifen von Kontrolldiagrammen zu eliminieren (Gedankengang wie bei [FU 19]).

Die konstruktive Zurückführung programmierter Ersetzungsschritte auf solche ohne Programmierung, aber mit komplexer Einbettungsüberführung kann u. U. dazu herangezogen werden, diesen Übergang teilweise zu automatisieren. Zu bedenken ist bei der Verwendung komplexerer Einbettungsüberführungen auch, daß für die zugehörigen Graph-Grammatiken bisher keine Syntaxanalysealgorithmen zur Verfügung stehen.

9) Die Auswertung der Einbettungsüberführung, etwa bei Zugrundelegung des Operatorenkonzepts von I.2, bedeutet natürlich auch Speicher- und Rechenaufwand. Dieser dürfte bei der Einsparung einer Schleife jedoch wesentlich niedriger sein als der oftmals auszuführende Untergraphentest mit hinzukommender einfacherer Einbettungsüberführung, Vergleichszahlen, die diese Behauptung belegen, liegen nicht vor.

III.2. Gemischte und zweistufige Ersetzungssysteme

Gemischte Ersetzungen auf Graphen sind ein *Mittelding* zwischen sequentieller Ersetzung im Sinne von Kap. I und paralleler Ersetzung im Sinne von Kap. II. Es werden mehrere Produktionen parallel angewandt, es gibt aber auch unveränderte Teile des Wirtsgraphen. Wir setzen hier wieder Produktionen $p = (d_\ell, d_r, T)$ in der in I.2 eingeführten Form voraus. Die dritte Komponente T jeder Produktion hat hier *sowohl* die Funktion einer *Einbettungsüberführung*, nämlich für die Kanten zwischen dem unveränderten Teil des Wirtsgraphen und der eingesetzten rechten Seite d_r, *als auch* die Funktion einer *Verbindungsüberführung*, nämlich für die Kanten zwischen d_r und den anderen gleichzeitig eingesetzten Graphen. Wir nehmen hier *nicht* an, daß die angewandten Produktionen kontextfrei sind. Es seien Σ_V, Σ_E wieder die beiden zugrunde liegenden Alphabete von Knoten- bzw. Kantenmarkierungen.

Def. III.2.1: Sei $d \in d(\Sigma_V, \Sigma_E) - \{d_\varepsilon\}$, $d' \in d(\Sigma_V, \Sigma_E)$. Dann heiße d' *direkt* aus d *gemischt ableitbar* (abg. $d \overset{g}{\longrightarrow} d'$), g.d.w. es eine Menge knotendisjunkter Produktionen $\{p_1, \ldots, p_q\}$ gibt, so daß gilt:

a) $d_{\ell\lambda} \subseteq d$, $d_{r\lambda} \subseteq d'$ für $1 \leq \lambda \leq q$, $d - \bigcup_\lambda d_{\ell\lambda} = d' - \bigcup_\lambda d_{r\lambda}$

b) Die Kanten zwischen $d' - \bigcup_\lambda d_{r\lambda}$ und den $d_{r\lambda}$ sind definiert wie in Def. I.2.12, d.h.

$$In_a(d_{r\lambda}, d')\Big|_{d' - \bigcup_\lambda d_{r\lambda}} = l_a^{d_{\ell\lambda}, d}(p_\lambda)\Big|_{d - \bigcup_\lambda d_{\ell\lambda}} \quad \text{für bel. } a \in \Sigma_E, \text{ und}$$

entsprechend für die auslaufenden a-Kanten.[1)]

c) Die Kanten zwischen den parallel eingesetzten $d_{r\lambda}$ sind definiert wie in Def. II.1.6 (Halbkantenmechanismus).

Gemischte Ersetzungssysteme und ihre *Sprachen* sind analog zu I bzw. II zu definieren.

---

1) $In_a(d_{r\lambda}, d')\big|_{d' - \bigcup_\lambda d_{r\lambda}}$ bedeute die Restriktion von $In_a(d_{r\lambda}, d')$ auf $d' - \bigcup_\lambda d_{r\lambda}$ in der ersten Komponente, entsprechend bedeute $l_a^{d_{\ell\lambda}, d}(p_\lambda)\big|_{d - \bigcup_\lambda d_{\ell\lambda}}$: man nehme von der interpretierten Einbettungskomponente nur die Knotenpaare, deren erste Knoten in $d - \bigcup_\lambda d_{\ell\lambda}$ liegen (vgl. Def. I.1.7 bzw. Bem. I.2.11). Da hier mehrere Produktionen zur Anwendung kommen, bedeute $l_a(p_\lambda)$ die l_a-Komponente der Produktion p_λ.

Bemerkung III.2.2: Die durch Def. 2.1.b) erzeugten Kanten entsprechen der Interpretation der dritten Komponente T_λ von p_λ als Einbettungsüberführung, die durch c) erzeugten Halbkanten der Interpretation von T_λ als Verbindungsüberführung.

Die obige Definition schließt als Spezialfall die sequentielle Ersetzung von I.2 ein, nämlich, falls genau eine Produktion zur Anwendung kommt, und ebenso die parallele implizite Ableitung (mit nichtkontextfreien Produktionen) aus II.1, falls der unveränderte Teil des Wirtsgraphen leer ist. Wir müßten ferner oben eigentlich von *impliziter* gemischter Ersetzung sprechen, denn man könnte natürlich einen gemischten expliziten Ableitungsbegriff definieren, wo man zwischen Ersetzungsregeln, Einbettungsregeln und Verbindungsregeln unterscheidet (vgl. Bem. II.3.33).

Wir haben oben die Disjunktheit der linken bzw. rechten Seiten der angewandten Produktionen gefordert. Man könnte diese Definition dahingehend erweitern, daß sich jeweils *linke* Seiten und jeweils *rechte* Seiten *überlappen* dürfen, wenn man fordert, daß die Überlappungsgraphen bei der Ersetzung unverändert bleiben, d.h. sich die eingesetzten rechten Seiten in dem gleichen Untergraphen überlappen (vgl. [AP 4]).

Für die angewandten Produktionen wurde in Def. 2.1 nicht vorausgesetzt, daß sie strukturverschieden sind: Im allgemeinen gibt es unter diesen Produktionen somit zueinander äquivalente. Ein interessanter Spezialfall ergibt sich dann, wenn *alle* angewandten *Produktionen* zueinander *äquivalent* sind. In diesem Fall werden nur lauter Vorkommnisse der linken Seite einer Produktion[2] durch entsprechende Vorkommnisse der rechten Seite ersetzt. Fordert man darüber hinaus, daß in jedem Ersetzungsschritt *alle* Vorkommnisse der linken Seite, sofern sie sich nicht überlagern, ersetzt werden, so erhalten wir eine Generalisierung des Begriffs der *konsitenten Ersetzung* von Zeichenketten-Attribut-Grammatiken. Für den Spezialfall kontext-

---

2) In einem Ersetzungssystem enthält die Menge der Produktionen natürlich nur eine Produktion aus der Klasse der in dieser Produktion äquivalenten Produktionen (vgl. etwa Def. II.1.8).

freier Produktionen haben wir diesen Ableitungsbegriff in Bem. II.1.26 bereits als eine spezielle parallele Tafelersetzung kennengelernt. Die dort angegebene Ersetzungsdefinition ist einfacher als die von oben: In Tafel-GL-Systemen werden stets alle Knoten überschrieben, was für den obigen Fall durch Einführung identischer Produktionen erreicht wurde. Dadurch entfällt die unterschiedliche Behandlung der dritten Komponente von Produktionen als Einbettungs- oder als Verbindungsüberführung. Denkt man an eine *Implementierung*, so kann der Ersetzungsbegriff mit Hilfe von Tafel-GL-Systemen jedoch nicht Grundlage der Implementierung sein. Dort wird nämlich auch der unveränderte Teil des Wirtsgraphen ersetzt, was natürlich ineffizient ist, insbesondere, wenn eine Großteil des Wirtsgraphen von der Ersetzung nicht berührt wird.

Wir kommen in Abschnitt IV.2 noch einmal auf die gemischte Ersetzung zurück, dort im Zusammenhang mit programmierter Ersetzung.

Wir geben im folgenden eine graphische Notation von Produktionen im Sinne von Bem. I.4.60.d) an. Sie dient als Grundlage der Definition von Zweistufen-Graph-Grammatiken. Wir folgen im Rest dieses Abschnitts dem Gedankengang von [AP 20], weichen in den Definitionen jedoch von [AP 20] ab, um eine Verbindung zu den bisher gebrachten Ersetzungsbegriffen herauszuarbeiten.

Bemerkung III.2.3 (*graphische Notation lokaler Produktionen*):
Sei $p = (d_l, d_r, T)$ eine loc-Produktion, d.h. $l_a = \bigcup_\lambda (A_\lambda(k'_\lambda); k''_\lambda)$, $r_a = \bigcup_\mu (k''_\mu; A_\mu(k'_\mu))$ mit $k'_\lambda, k'_\mu \in K_l$, $k''_\lambda, k''_\mu \in K_r$, $a \in \Sigma_E$ und A_λ, A_μ loc-Operatoren, d.h. Operatoren, die kein "$\mathcal{C}$" enthalten. Wegen $(v_1 \ldots v_m A) \equiv \bigcup_i (v_i A)$ mit $v_i \in \Sigma_V$ (vgl. Def. I.2.5) kann angenommen werden, daß in den A_λ, A_μ bei Markierungsabfrage (vgl. Def. I.2.1.b2)) nur einzelne Symbole aus Σ_V und nicht Wörter aus Σ_V^+ verwandt werden. Wegen der Bemerkung nach Def. I.2.9 kann ferner angenommen werden, daß die A_λ, A_μ keine "$\cup$"-Zeichen enthalten. Letztlich kann angenommen werden, daß in den A_λ, A_μ kein Teiloperator $(v_i (v_j A))$, $v_i, v_j \in \Sigma_V$ vorkommt, denn für $v_i = v_j$ ist $(v_i (v_j A)) \equiv (v_i A)$ und für $v_i \neq v_j$ ist der Operator, der diesen Teiloperator enthält, stets leer, da das Symbol "$\mathcal{C}$" in

loc-Operatoren nicht vorkommen darf.

Wir wollen nun für beliebige loc-Produktionen, deren Operatoren diese Gestalt haben, eine graphische Notation der Art von Fig. I/29 angeben. Hierzu geben wir zunächst für loc-Operatoren der obigen Art die zugehörigen *Überführungsgraphen* an, die dann Bestandteil der graphischen Notation der Graph-Produktion sind. Die folgende Vorschrift ist eine *Übersetzung* der loc-Operatoren in Überführungsgraphen.[3] Sie ist rekursiv gemäß Def. I.2.1: [4]

Einen loc-Operator A der obigen Gestalt kann folgendermaßen ein Überführungsgraph Ü(A) zugeordnet werden:

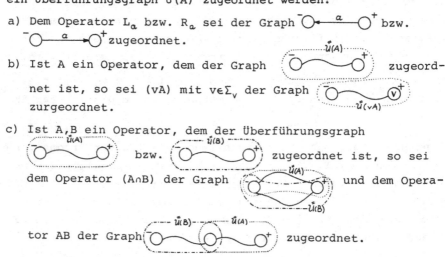

a) Dem Operator L_a bzw. R_a sei der Graph 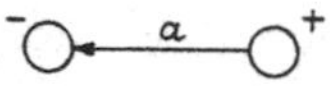 bzw. 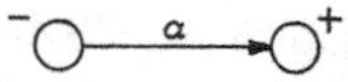 zugeordnet.

b) Ist A ein Operator, dem der Graph 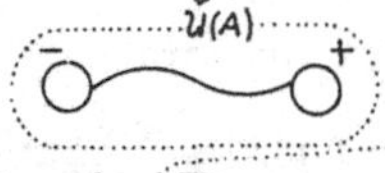 zugeordnet ist, so sei (vA) mit $v \in \Sigma_V$ der Graph 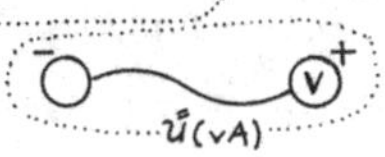 zurgeordnet.

c) Ist A,B ein Operator, dem der Überführungsgraph 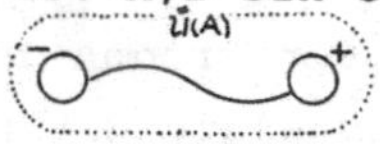 bzw. 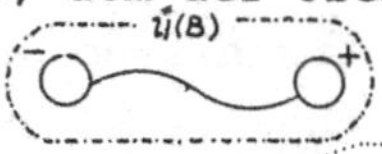 zugeordnet ist, so sei dem Operator (A∩B) der Graph 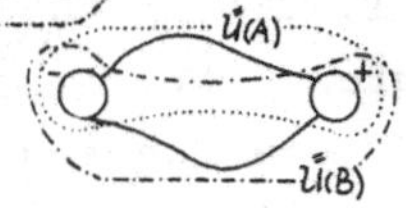 und dem Operator AB der Graph 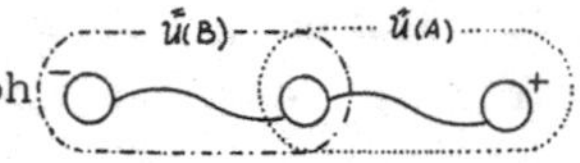 zugeordnet.

Jeder loc-Produktion, deren Operatoren die oben angegebene Gestalt haben, kann nun folgendermaßen eine *graphische Notation* der Art von Fig. I/29 zugeordnet werden, die wir im folgenden, zur Unterscheidung von der Produktion selbst, *Manipulationsvorschrift* nennen wollen: Zeichne ein Y, in dessen linkes Drittel d_l, in dessen rechtes Drittel d_r gezeichnet

3) Diese Übersetzung kann auch durch eine Paar-Grammatik im Sinne von [AP 24] definiert werden. Es ist dies der Spezialfall einer graph-to-graph translation, nämlich eine string-to-graph translation. Dies gilt insbesondere deshalb, weil für die Operatorenbildung eine kontextfreie Zeichenketten-grammatik angegeben werden kann (vgl. Fußnote 2) von Abschnitt I.2).

4) Die Verknüpfung von Überführungsgraphen erinnert an die Beschreibung von Bildern mit Hilfe arithmetischer Ausdrücke in [PA 33, 34]. Solche Ausdrücke könnten hier für diese Verknüpfung verwandt werden.

werden, beide in ihrer üblichen graphischen Repräsentation (vgl. Bem. nach Def. I.1.1). Für jede Komponente $l_a = \bigcup_\lambda (A_\lambda(k'_\lambda);k''_\lambda)$ setze jeweils Ü(A_λ) so in die Zeichnung ein, daß er an seinem mit "-" bezeichneten Ende mit k'_λ der linken Seite verschmolzen wird, und daß von seinem "+"-Ende eine a-Kante zum Knoten k''_λ der rechten Seite läuft. Der Überführungsgraph Ü(A_λ) liege dabei im oberen Drittel der Y-Aufteilung, bis auf den Knoten k'_λ und die zu diesem Knoten laufenden Kanten. Führe dies für alle Komponenten l_a von T durch. Analog werde für $r_a = \bigcup_\mu (k''_\mu;A_\mu(k'_\mu))$ verfahren, nur laufe hier die a-Kante vom Knoten k''_μ zum "+"-Ende von Ü(A_μ) (vgl. Fig. III/7). Die "+"-Endknoten der Überführungsgraphen heißen *Ankerknoten*. Überführungsgraphen zu Operatoren aus l_a heißen *In*$_a$*-Überführungsgraphen*, die anderen *Out*$_a$*-Überführungsgraphen*. Die Zeichen "+" und "-" werden nun eliminiert. Sie haben nur

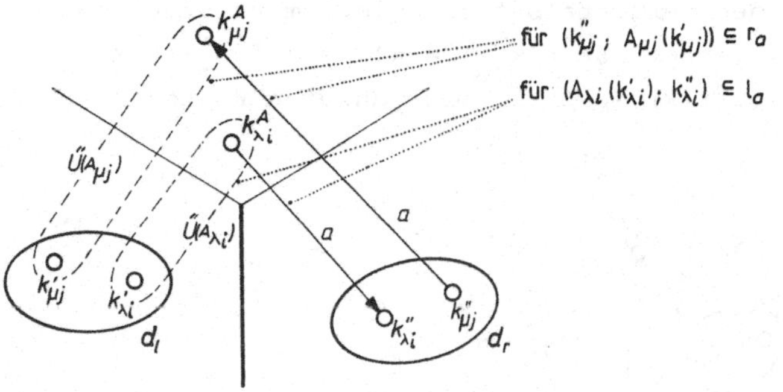

Fig. III/7

zur richtigen Einlagerung der Überführungsgraphen in die Manipulationsvorschrift gedient.

Man beachte, daß es in der Manipulationsvorschrift keine Kanten zwischen linker und rechter Seite gibt. Ferner haben Überführungsgraphen eine spezielle Gestalt, die sich aus den obigen Übersetzungsregeln ergibt: Sie sind schlingenfrei, teilweise knotenmarkiert, total kantenmarkiert und haben die Struktur ungerichteter Transportnetzwerke. Das sind Graphen mit zwei ausgezeichneten Knoten so, daß alle Knoten und

Kanten jeweils auf einem einfachen Kantenzug zwischen diesen beiden Knoten liegen.[5)]
Ein Beispiel für eine Manipulationsvorschrift ist Fig. I/29. Die zugehörige loc-Produktion enthält $l_a = ((R_e \cap R_c) R_a(k_1); k_2)$ als einzige Einbettungskomponente.

Sei $p = (d_l, d_r, T)$ eine loc-Produktion über Σ_V, Σ_E, sei $d, d' \in d(\Sigma_V, \Sigma_E)$ und gelte $d \xrightarrow[p]{s} d'$. Sei d_p die nach obigem Verfahren aus p gewonnene Manipulationsvorschrift. Es gilt dann die folgende Aussage (vgl. Fig. III/8): Der Graph d' ist das Ergebnis der folgenden *Umformung* von d: Ersetze d_l durch d_r und füge die folgenden Einbettungskanten hinzu: Inseriere eine a-Kante zwischen $\overline{k}_i^A \in d - d_l$ und k_i'' von d_r, g.d.w. es einen Homomorphismus f und einen In_a-Überführungsgraphen $\ddot{U}_\nu$ von d_p gibt, der in k_i' von d_l beginnt und in k_i^A endet, von wo es eine a-Kante zu k_i'' gibt. Der Homomorphismus f hat dabei die folgenden Eigenschaften: f ist knotenmarkierungstreu, d.h. markierte Knoten von $\ddot{U}_\nu$ werden vermittels f auf gleichmarkierte Knoten von d abgebildet, ferner ist $f(k'_i) = k'_i$ und $f(k_i^A) = \overline{k}_i^A$ und schließlich ist $f(k) \cap K_l = \emptyset$ für alle anderen Knoten k von $\ddot{U}_\nu$.

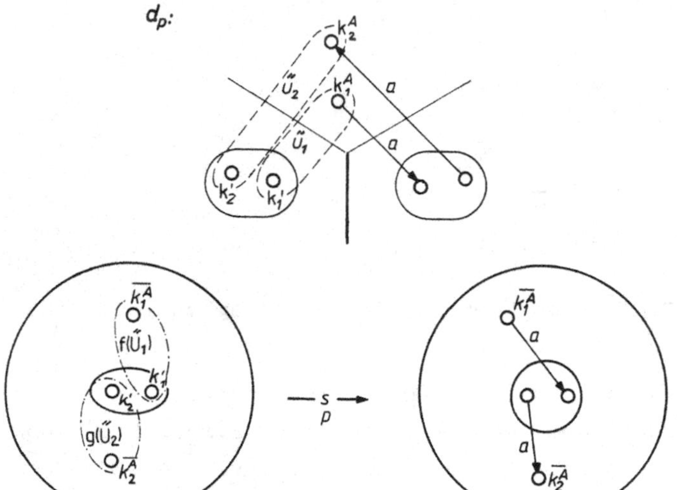

Fig. III/8

5) Zwischen diesen beiden Knoten verlaufen also Kantenzüge, die Verzweigungen besitzen dürfen, die jedoch innerhalb desselben Kantenzugs wieder zusammenlaufen. In [GG 25] ist für eine Unterklasse dieser Transportnetzwerke (sog. basic two-terminal series-parallel networks) eine Graph-Grammatik angegeben.

Analog wird eine a-Kante zwischen $k_j'' \in K_r$ und $\bar{k}_j^A \in K-K_l$ genau dann eingetragen, wenn es einen Out_a-Überführungsgraphen $Ü_\mu$ in d_p gibt, der in einem k_j' beginnt, in k_j^A endet, wo auch eine einlaufende a-Kante von k_j'' endet und es ferner einen Homomorphismus g gibt, der die analogen Eigenschaften wie f besitzt.[6)]

Wegen dieser Aussage können wir für eine beliebige loc-Produktion p nach äquivalenter Umformung ihrer Operatoren zu einer eindeutig bestimmten zugehörigen Manipulationsvorschrift d_p übergehen. Anstelle des üblichen sequentiellen Ableitungsbegriffs aus Def. I.2.12 können wir dann zu der obigen Umformung mit d_p übergehen. Beide haben dasselbe Ergebnis.

Sei umgekehrt eine Manipulationsvorschrift d_p der obigen Art gegeben, d.h. sie enthält neben linker und rechter Seite, die nicht verbunden sind, Überführungsgraphen, die jeweils mit genau einer Kante mit d_r verbunden sind, die mit d_l nur jeweils einen Knoten gemeinsam haben, und ansonsten die oben beschriebene Gestalt von Transportnetzwerk-Graphen besitzen. Diese Transportnetzwerk-Graphen seien untereinander knotendisjunkt, von Knoten der linken Seite abgesehen. Dann kann durch Umkehrung der oben angegebenen Übersetzung eindeutig eine Produktion p mit üblicher Notation der Einbettungsüberführung gewonnen werden. Sei nun d' aus d durch die Umformung mit d_p gewonnen, dann gilt $d \xrightarrow[p]{s} d'$.

Somit sind zu loc-Produktionen (mit dem üblichen sequentiellen Ableitungsbegriff) äquivalent verwendbar Manipulationsvorschriften mit obiger Umformung, d.h. wir können sequentielle Ersetzung auch mit Manipulationsvorschriften und Umformungen definieren.

In einer Manipulationsvorschrift kann prinzipiell auf explizite Knotenbezeichnungen verzichtet werden, da durch die graphische

---

6) Es sei daran erinnert, daß 1-Graphen zwischen zwei Knoten nur *eine* Kante gleicher Markierung und gleicher Orientierung besitzen können. So wird in obiger Umformung eine Einbettungskante zwischen einem Knoten von $d - d_l$ und d_r nur dann eingetragen, wenn nicht durch Anwenden eines anderen Überführungsgraphen oder eines anderen Homomorphismus bei Verwendung desselben Überführunggraphen bereits eine entsprechende Kante zwischen diesen beiden Knoten existiert.

Repräsentation eine implizite Knotenbezeichnung eingeführt wird (vgl. Fußnote 6) aus I.1) und hier die Einbettungsüberführung ebenfalls als Graph notiert ist.

So wie die obige Umformung ein Äquivalent zur sequentiellen Ersetzung darstellt, kann auch die parallele bzw. gemischte Ableitung graphisch umgedeutet werden.

Was ist der Vorteil von Manipulationsvorschriften und Umformungen gegenüber Produktionen mit sequentiellen Ersetzungen? Eine Manipulationsvorschrift ist selbst wieder ein Graph, auf den Produktionen oder Manipulationsvorschriften anwendbar sind. Damit läßt sich ein allgemeiner Ansatz für zweistufige Graph-Grammatiken definieren.

Bemerkung III.2.4 (*Motivation für die Einführung zweistufiger Ersetzungssysteme*): Zweistufige Graph-Ersetzungssysteme sind eine Generalisierung von Zeichenketten-Attribut-Grammatiken (vgl. etwa [FU 28]) auf markierte Graphen. In diesen Attribut-Grammatiken unterscheidet man zwischen Hyperregeln und Metaregeln, letztere sind kontextfrei. Metaregeln werden *konsistent* in Hyperregeln eingesetzt, d.h. alle Vorkommnisse der linken Seite einer Metaregel in der Hyperregel (also sowohl in der linken als auch rechten Seite) werden gleichzeitig ersetzt. Diese konsistente Ersetzung läßt sich im Zeichenkettenfall auf eine Folge üblicher Ersetzungen zurückspielen. Sind alle nichtterminalen Attribute ersetzt, d.h. es sind keine Metaregeln mehr anwendbar, so heißt die so entstandene Regel *produktiv*. Ableitungen der Attribut-Grammatik sind nun übliche sequentielle Zeichenketten-Ableitungen unter Verwendung produktiver Regeln.
Entsprechend wollen wir im Graph-Fall vorgehen. Wir unterscheiden zwei Ebenen von Produktionen, *Hyper-* und *Metaproduktionen*. Erstere werden als lokal vorausgesetzt, letztere in Analogie zum Zeichenkettenfall als kontextfrei. Jeder Hyperproduktion kann also eine Manipulationsvorschrift zugeordnet werden. Diese ist ein Graph und somit auch Produktionenanwendung zugänglich. Für den Begriff der konsistenten Ersetzung verwenden wir im Graph-Fall die gemischte Ersetzung, da im Graph-Fall das

Ergebnis bei Zurückführung auf sequentielle Ersetzungen von dem Ergebnis bei paralleler Ersetzung verschieden ist. (vgl. Bem. II.2.3). Es werde bei der konsistenten Ersetzung einer Hyperproduktion p_H mit Hilfe einer Metaproduktion ein gemischter Ableitungsschritt mit Hilfe der zugehörigen Manipulationsvorschrift d_{p_H} und der Metaproduktion durchgeführt, wobei *alle* Vorkommnisse der linken Seite der Metaproduktion in d_{p_H} ersetzt werden. Für die konsistente Ersetzung einer Hyperproduktion mit Hilfe einer Metaproduktion sagen wir auch *Aktualisierung* der Hyperproduktion durch die Metaproduktion. Eine Hyperproduktion entspricht somit einer groben Ableitungsvorschrift, den Ersetzungen mit Hilfe von Metaproduktionen entspricht die Verfeinerung dieser Hyperproduktion. Die Anzahl der einsetzbaren Feinstrukturen ist i.a. nicht endlich, die Metaproduktionen stellen jedoch ein endliches Erzeugungssystem hierfür dar. Somit können durch die Gliederung in Hyper- und Metaproduktionen *unendlich* viele Produktionen dargestellt werden. Die Ableitung in einer Zweistufen-Graph-Grammatik selbst ist die übliche sequentielle Graph-Ableitung mit aktualisierten Hyperproduktionen.

Def. III.2.5: Sei d_{p_H} die Manipulationsvorschrift einer loc-Produktion p_H, sei p_M eine kontextfreie Produktion, und sei $\{p_{M1},\ldots,p_{Mk}\}$ eine Menge knotendisjunkter Produktionen mit $p_{M1} \equiv p_{M2} \equiv \ldots \equiv p_{Mk} \equiv p$. Dann heiße $d_{p_H} \overset{g}{\longrightarrow} d'_{p_H}$ eine *konsistente* Ersetzung der Manipulationsvorschrift d_{p_H} durch die Produktion p_M, g.d.w. der gemischte Ableitungsschritt mit $\{p_{M1},\ldots,p_{Mk}\}$ durchgeführt wurde und für d_{lM} von p_M gilt $d_{lM} \not\subseteq d_{p_H} - \bigcup_{\lambda} d_{lM\lambda}$, d.h. alle Vorkommen der linken Seite von p_M sind ersetzt worden. Die $\curlyvee$-Zerlegung von d_{p_H} in d_{lH}, d_{rH} und graphische Notation von E_H werde so auf d'_{p_H} übertragen, daß von der gemischten Ersetzung unberührte Knoten und Kanten im gleichen Graphen der Zerlegung liegen wie vorher, und Tochtergraphen im gleichen Graphen wie die zugehörigen Mutterknoten. Ferner sei d'_{p_H} wieder eine Manipulationsvorschrift, d.h. d'_{p_H} habe die in Bem. 2.3 beschriebenen graphentheoretischen Eigenschaften.

Bemerkung III.2.6: Bei Verwendung nichtkontextfreier Produktionen für die konsistente Ersetzung ist die Zerlegung von d'_{p_H} in linke Seite, rechte Seite und graphische Notation der Einbettungsüberführung anders zu definieren. Hier tritt dann i.a. nämlich der Fall auf, daß ein ersetzter Untergraph nicht mehr nur einem der Graphen der $\curlyvee$-Zerlegung zugeordnet werden kann.

Def. 2.4 fordert von d'_{p_H} die graphentheoretischen Eigenschaften einer Manipulationsvorschrift. Es entsteht hier sofort die Frage nach notwendigen oder hinreichenden Eigenschaften von p_H, die garantieren, daß das Ergebnis der konsistenten Ersetzung wieder eine Manipulationsvorschrift ist. Solche sind bis auf einige einfache Fälle nicht bekannt.
Da das Ergebnis d'_{p_H} der konsistenten Ersetzung wieder eine Manipulationsvorschrift ist, kann diese nach Bem. 2.3 wieder in eine loc-Produktion *rückübersetzt* werden. Das kann aus Implementierungsgründen nützlich sein, da die Operatorenauswertung einfacher ist als das Auffinden von Teilgraphen, die Bilder beliebiger Homomorphismen sind.
Der Begriff der konsistenten Ersetzung kann (eine Umformung, die gemischten Ersetzungen entspricht, vorausgesetzt) für loc-Produktionen p_H ebenfalls mit Hilfe von Manipulationsvorschriften durchgeführt werden (vgl. [AP 20]).

Schließlich sei noch einmal darauf hingewiesen, daß sich obige konsistente Ersetzung von 2.5 mit einer Tafelersetzung einfacher hätte definieren lassen. Die Frage der Implementierungsnähe dieser Definition wurde bereits in Bemerkung 2.2 diskutiert.

Beispiel III.2.7: Sei d_{p_H} die zu einer loc-Hyperproduktion p_H gehörende Manipulationsvorschrift, p_H eine kontextfreie Produktion, beide wie in Fig. III/9 angegeben.[7)]

7) Die Kanten seien alle gleichmarkiert. Diese Markierung wurde der Übersichtlichkeit halber weggelassen.

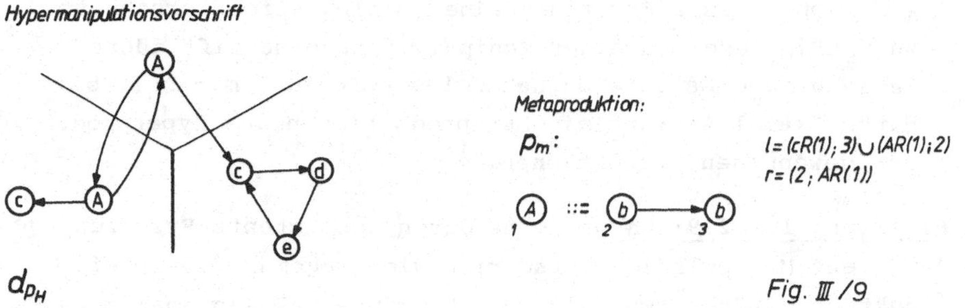

Fig. III/9

Dann ist d'_{p_H} aus Fig. III/10 die durch p_M aktualisierte Hypermanipulationsvorschrift.

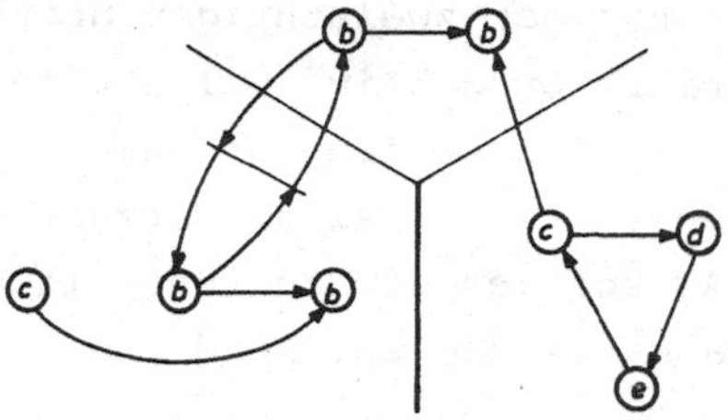

Fig. III/10

Dabei sind die Kanten zwischen den c-Knoten und den jeweils eingesetzten rechten Seiten solche, die durch die Interpretation der dritten Komponente T_M von p_M als Einbettungsüberführung entstanden sind. Die beiden gegenläufigen Kanten hingegen entstehen durch Interpretation von T_M als Verbindungsüberführung. Deswegen sind hier die zugehörigen Halbkanten eingezeichnet worden (vgl. Bem. II.1.7). Das Ergebnis der Aktualisierung ist wieder eine Manipulationsvorschrift.

Def. III.2.8: Ein *zweistufiges sequentielles Ersetzungssystem (zweistufige-Graph-Grammatik)* G ist definiert durch $G = (\Sigma_V, \Sigma_E, \Delta_V, \Delta_E, d_o, P_H, P_M, \text{-zs}\rightarrow)$ mit $\Sigma_V, \Sigma_E, \Delta_V, \Delta_E, d_o$, wie bei Graph-Grammatiken (vgl. Def. I.2.15), P_H, P_M zwei endliche Mengen von Produktionen, *Hyperproduktionen* bzw. *Metaproduktionen* genannt. P_H besteht aus loc-Produktionen, P_M aus CF-Produktionen. Beide seien verträglich in dem Sinne, daß *jede* konsistente Ersetzung einer Manipulationsvorschrift d_{p_H} zu $p_H \in P_H$ wieder zu einer Manipulationsvorschrift führt. *Ableitung* in G bedeute sequentielle Ableitung mit beliebigen durch Aktualisierung mit Metaproduktionen aus Hyperproduktionen gewonnenen Produktionen.[8)]

Bemerkung III.2.9: Da wir eine durch konsistente Ersetzung gewonnene Manipulationsvorschrift wieder gemäß 2.3 in eine Produktion zurückverwandeln können, können völlig analog zu Def. 2.8 durch Zugrundelegung eines parallelen bzw. gemischten Ableitungsbegriffs *zweistufige parallele* bzw. *zweistufige gemischte* Ersetzungssysteme definiert werden. Hierüber gibt es noch keinerlei Ergebnisse.
Wir haben in der obigen Definition einer zweistufigen Graph-Grammatik keine Analogie zu Begriff "produktiv" bei Attribut-Grammatiken. Dort ist eine Hyperregel erst dann anwendbar, wenn alle nichtterminalen Attribute ersetzt sind. Entsprechend kann natürlich auch hier durch Aufspalten der zugrunde liegenden Alphabete in Symbole der Grammatik und solche der Metagrammatik verfahren werden.

Definition 2.8 setzt *Verträglichkeit* von Hyperproduktionen und Metaproduktionen voraus, d.h. daß durch beliebig oftmalige konsistente Ersetzung mit Metaproduktionen aus einer Hypermanipulationsvorschrift wieder eine Manipulationsvorschrift entsteht. Gesucht sind notwendige und hinreichende Bedingungen für Hyperproduktionen *und* Metaproduktionen für diese Verträglichkeit.

Bemerkung III.2.1o: (*Einfache Arten von Zweistufigkeit*): Die oben definierte Zweistufigkeit zeichnet sich dadurch aus, daß die zugrunde liegenden Hyperproduktionen vom Typ loc, und somit bezüglich der Einbettungsüberführung, ziemlich allgemein sind, und daß die Aktualisierung auch in der Einbettungsüberführung stattfinden kann. Schränkt man die Einbettungsüberführung der Hyperproduktionen stärker ein, so kann natürlich

---

8) oder gleichwertig: Umformung gemäß 2.3 mit den zugehörigen Manipulationsvorschriften.

auch jede andere der graphischen Notationen von Produktionen aus Bem. I.4.60 zur Grundlage einer Definition der Zweistufigkeit gemacht werden.

Es ergeben sich insbesondere einfache Arten von Zweistufigkeit, wenn die Aktualisierung nur linke und rechte Seite von Hyperproduktionen berührt und die Einbettungsüberführung unverändert läßt oder diese nur durch einfache Zeichenkettenersetzung in der linearen Notation der Einbettungsüberführung ändert. Wir werden solche einfache Arten von Zweistufigkeit im folgenden Anwendungskapitel einige Male antreffen.

Falls die Metagrammatik endlich ist, d.h. nach Anwendung einer Metaproduktion ist keine weitere Aktualisierung möglich, so dient eine Hyperproduktion lediglich als Abkürzung einer endlichen Menge von Produktionen im üblichen Sinn.

Bemerkung III.2.11 (*Zweistufigkeit als Programmierhilfsmittel*): Ebenso wie durch Hinzunahme von Kontrolldiagrammen das Programmieren graphenverändernder Algorithmen gegenüber den Hilfsmitteln Strukturaustausch und Einbettungs(Verbindungs-)überführungen erleichtert wird, so führt auch die Einführung von Zweistufigkeit zu einer größeren Evidenz. Durch Hyperproduktionen kann nämlich die Grobstruktur leichter gefunden werden, da von später durch Metaproduktionen zu programmierender Feinstruktur abstrahiert werden kann. Gemeinsame, von der einzusetzenden Feinstruktur unabhängige Teile können durch *einen* Hyperproduktionensatz abgehandelt werden, die verschiedene Feinstruktur wird dann durch verschiedene Sätze von Metaproduktionen nachgetragen. Algorithmen können, was ihre Feinstruktur betrifft, leicht geändert werden, nämlich durch Austausch der Metaproduktionen.

Die in Bemerkung 1.6 gemachten Überlegungen der gegenseitigen Ersetzbarkeit von Programmierhilfsmitteln von Graph-Ersetzungssystemen sind natürlich um die Zweistufigkeit zu erweitern.

III.3. Syntaxanalyse und Präzedenz-Graph-Grammatiken

Wie bereits in der Einleitung dieses Kapitels ausgeführt, sind Syntaxanalyseverfahren für Graph-Grammatiken nur für die sehr eingeschränkten Präzedenz-Graph-Grammatiken bekannt. Sie wurden in [GG 12, 13] eingeführt und untersucht. Der nun folgende Abschnitt ist im wesentlichen ein Auszug hiervon.

Aus Lemma I.3.8 wissen wir, daß jede *monotone Graph-Sprache entscheidbar* ist, d.h. das Wortproblem[O)] ist für diese Graph-Sprachklasse entscheidbar. Somit gibt es für jede Sprache aus MG einen zugehörigen Syntaxanalysealgorithmus: es gibt nämlich, wegen der Monotonie der Knotenzahl, nur endlich viele Ableitungen, die mit einem vorgegebenen Graphen enden können. Dieses Verfahren ist für praktische Zwecke natürlich völlig ungeeignet, die Anzahl der in Frage kommenden Ableitungen ist schon für mittlere Knotenzahl des zu analysierenden Graphen riesig. Praktische Syntaxanalyseverfahren wird es somit nur für wesentlich eingeschränktere Sprachklassen als MG geben. Wegen Kor. I.3.38 bedeutet dies, daß wir kontextfreie Graph-Grammatiken mit Einschränkungen der Einbettungsüberführung betrachten müssen.

Im folgenden geben wir für Präzedenz-Graph-Grammatiken ein effizientes Syntaxanalyse-Verfahren an. Dieses ist eine direkte Verallgemeinerung der *Präzedenzmethode* (vgl. etwa [FU 28]), eines der ersten Syntaxanalyse-Verfahren für Zeichenketten. Daß sich die heute üblichen Syntaxanalyse-Verfahren für Zeichenketten nicht ohne weiteres auf den Graph-Fall übertragen lassen, liegt daran, daß sie extensiv Gebrauch machen von der linearen Ordnung in Zeichenketten, die in Graphen natürlich nicht mehr vorliegt. Präzedenz-Graph-Grammatiken sind em-el-CF-Graph-Grammatiken, die einer zusätzlichen Präzedenzbedingung genügen müssen. Für eine Anwendung, nämlich die teilweise Syntaxanalyse von PLAN2D-Programmen, wurde in [GG 12] die Brauchbarkeit dieses Syntaxanalyseverfahrens gezeigt, und es wurde gezeigt, daß die zugrunde liegende Graph-Sprachklasse für diese Anwendung ausreicht.

O) besser Graphproblem.

Die Präzedenzmethode bei Zeichenketten-Grammatiken sieht so aus: Zwischen je zwei Symbolen des zugrunde liegenden Alphabets der Grammatik besteht genau eine der Präzedenz-Relationen $<\cdot$, $\doteq$, $\cdot>$. Die Eingabekette wird so lange eingelesen, bis zwischen zwei aufeinanderfolgenden Symbolen die Relation $\cdot>$ besteht. Damit ist das rechte Ende des gesuchten Ansatzes (die rechte Seite einer Produktion) gefunden. Von hier aus gehe man nach links, bis zum ersten Auftreten der Relation $<\cdot$ zwischen zwei Symbolen. Dies ist das linke Ende des Ansatzes. Zwischen den dazwischen liegenden Symbolen besteht die Relation $\doteq$ (innerhalb rechter Seiten). Bei der Übertragung der Präzedenzmethode auf den Graph-Fall haben wir nun i.a. nicht nur eine Kantenart, wie bei den Zeichenketten zugeordneten Wortpfaden zwischen zwei Symbolen (Knotenmarkierungen), sondern beliebig viele. Die *Präzedenzrelation* muß also hier *für Tripel* $(v_1,a,v_2)\in\Sigma_V\times\Sigma_E\times\Sigma_V$, $v_1=\beta(k_1)$, $v_2=\beta(k_2)$, $(k_1,k_2)\in\varrho_a$ definiert werden. Solche Tripel innerhalb von rechten Seiten gehören zur Präzendenzrelation $\doteq$, Tripel, die zu Kanten gehören, die in eine rechte Seite zeigen, gehören zur Präzedenzrelation $<\cdot$, solche die zu einer aus einer rechten Seite auslaufenden Kante gehören, sind in der Relation $\cdot>$ enthalten.

So bildet etwa in Fig. III/19.g) der COLUMN-Knoten einen Ansatz oder in Fig. III/19.h) der ROW- und der ROOT-Knoten zusammen mit der o-Kante. Es ergeben sich nun drei naheliegende Forderungen für ein auf Graphen verallgemeinertes Präzedenz-Verfahren.

- Das Aufsuchen des nächsten Ansatzes muß *lokal* möglich sein.
- Die Reduktion ist *deterministisch*.
- Die Analyse ist *sackgassenfrei*.

Der Einfachheit halber setzen wir in diesem Abschnitt die Schlingenfreiheit aller Graphen und Produktionen voraus. Eventuelle Schlingen können ja als Teil der Knotenmarkierung betrachtet werden.

Eine triviale Überlegung für die Einschränkungen von Graph-Grammatiken für effiziente Syntaxanalyse-Verfahren ist die folgende Bemerkung:

Bemerkung III.3.1: Will man bottom-up-Methoden für die Syntaxanalyse verwenden, so impliziert das die eindeutige Umkehrbarkeit einer Produktion. Unter diesem Gesichtspunkt fallen Graph-Grammatiken, die nicht CF sind, weg, selbst wenn man die Einbettungsüberführung bis zu an einschränkt, wie Fig. III/11.a) zeigt. Die Umkehrung einer knotenkontrahierenden Produktion liefert nämlich i.a. weitere Kanten.[1] Löschungen von Einbet-

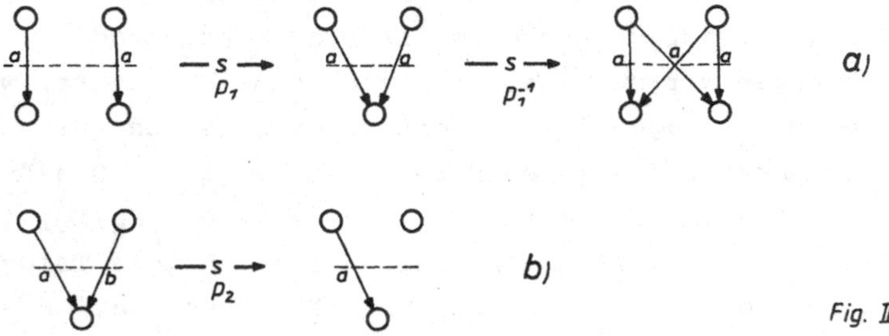

Fig. III/11

tungskanten dürfen ebenfalls nicht vorkommen, d.h. wir fordern Einbettungsmonotonie von Einbettungsüberführungen. Die b-Kante im abgeleiteten Graphen von Fig. III/11.b) ist nämlich nur durch eine Umkehrproduktion mit nichtlokaler Einbettungsüberführung wieder erzeugbar. Außerdem weiß man nicht, wenn man keine Kenntnis über die zugrunde liegende Grammatik voraussetzt, ob vor Anwendung von p_2 überhaupt eine b-Kante existiert hat.

Wir geben nun ein Beispiel einer em-el-CF-Graph-Grammatik. Dieses Beispiel wollen wir zur Erklärung aller Begriffe dieses Abschnitts verwenden

Beispiel III.3.2: Die folgende em-el-CF-Graph-Grammatik entstammt der zweidimensionalen Programmiersprache PLAN2D (vgl.

---

1) Dies ließe sich etwa bei s-Produktionen vermeiden, wenn die Außenknoten verschieden markiert sind. Solche Produktionen sind jedoch i.a. nicht einbettungsmonoton.

[AP 7]), wo sie dazu verwendet wurde, Datenstrukturen aus Exemplaren eines Grundtyps und Zeigern zusammenzusetzen. Wir verwenden hier verschiedene Knotenformen in der graphischen Repräsentation von Produktionen. Die Kennzeichnung hierfür sei in der Knotenmarkierung enthalten.[2] Als Kantenmarkierungen treten i,o,l auf, die für die geometrischen Lagebezeichnungen "innerhalb von", "direkt oberhalb von" und "direkt links von" stehen.

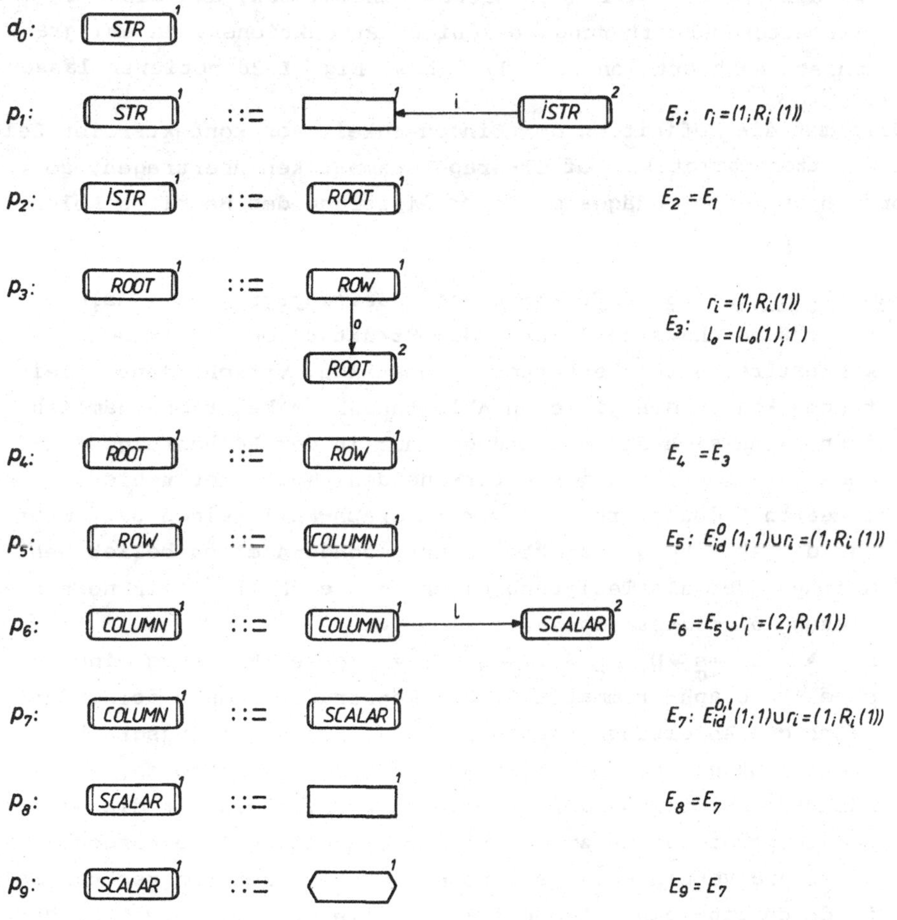

Fig. III/12

2) Wir haben hier somit strukturierte Knotenmarkierungen (vgl. Fußnote 4 von I.1).

Die hier angegebene el-CF-Graph-Grammatik ist em, obwohl sie nicht das in Bemerkung I.4.10 angegebene hinreichende Kriterium für Einbettungsmonotonie erfüllt. Grundlage für diese Aussage ist ein in [GG 12] angegebener einfacher Algorithmus, der für eine el-CF-Graph-Grammatik entscheidet, ob sie em ist. Dies gestattet, die Einbettungsüberführung von eventuell überflüssigen Einbettungskomponenten zu befreien, die, nur um Einbettungsmonotonie zu erhalten, hinzugefügt wurden. Es sei hier noch darauf hingewiesen, daß sich die Einbettungsüberführung der obigen Produktionen, da em, graphisch nach Art von Fig. I/27 bzw. Fig. I/28 notieren lassen.

Will man die Definition der Eindeutigkeit von kontextfreien Zeichenkettengrammatiken auf CF-Graph-Grammatiken übertragen, so braucht man eine adäquate Generalisierung des Begriffs Ableitungsbaum.

Bemerkung III.3.3 (*Definition von Ableitungsgraphen*): Ableitungsbäume charakterisieren die Struktur von Ableitungen in kontextfreien Zeichenketten-Grammatiken. Verschiedene Ableitungen können den gleichen Ableitungsbaum besitzen, nämlich dann, wenn sich die Ableitungen nur in der Reihenfolge "unabhängiger" Ersetzungen unterscheiden. Wegen der fehlenden linearen Ordnung erhalten wir im Graph-Fall keinen Baum mehr, der die Ableitung charakterisiert, sondern einen beliebigen Graphen, der als Teilgraph einen Baum enthält.[3] Wir nennen diesen *Ableitungsgraphen*.

Sei A : $D_0 \xrightarrow[G]{s} D_1 \xrightarrow[G]{s} \ldots \xrightarrow[G]{s} D_n = D$ eine Ableitung einer em-el-CF-Graph-Grammatik G. Wir konstruieren dann folgendermaßen den Ableitungsgraphen AG zu A. Der Ableitungsgraph bestehe zunächst aus D_0. Zu dem nichtterminalen Knoten, der im nächsten Ableitungsschritt ersetzt wird, fügen wir die eingesetzte rechte Seite zu dem bisher erstellten Ableitungsgraphen hinzu und verbinden jeden Knoten der eingesetzten rechten Seite durch eine einlaufende s-Kante (die wir unmarkiert zeich-

3) Es ist trivial zu bemerken, daß bei der Darstellung von Zeichenketten in Ableitungsbäumen durch Wortpfade diese dann auch keine Baumstruktur mehr besitzen.

nen) mit der in A ersetzten linken Seite. In der graphischen Repräsentation des Ableitungsgraphen zeichnen wir die eingesetzte rechte Seite eine Stufe unterhalb des ersetzten Knotens. Die Kanten innerhalb der eingesetzten rechten Seiten heißen wir *horizontale*, die zwischen linker und rechter Seite verlaufenden *vertikale* Kanten. Wir tun dies für alle Ersetzungen von A. Bis jetzt haben wir, wenn wir die Graphen, die keine weiteren Teilableitungen besitzen, aufsammeln, lediglich einige der Kanten von D, und zwar nur diejenigen der in den letzten Ableitungsschritten inserierten rechten Seiten. Damit der Graph D aus dem Ableitungsgraphen rekonstruiert werden kann, müssen wir noch die *Einbettungsüberführungen* der angewandten Produktionen in den Ableitungsgraphen *eintragen*. Wir fügen zwischen einer linken Seite k_ℓ und einem Knoten k_r einer dafür eingesetzten rechten Seite d_r, die nicht einknotig sei, eine in(a)-Kante hinzu, g.d.w. $(L_a(k_\ell);k_r) \subseteq l_a$ für die zugehörige Einbettungskomponente ist. Entsprechend fügen wir eine out(a)-Kante von k_ℓ nach k_r hinzu, wenn $(k_r;R_a(k_\ell)) \subseteq r_a$ der angewandten Produktion ist. Bei einknotigen Ersetzungen können wir uns diesen Eintrag sparen, denn wir haben die Grammatik als em vorausgesetzt, d.h. der Austausch einknotiger Untergraphen ändert nichts an den Einbettungskanten.

<u>Beispiel III.3.4:</u> Als Beispiel eines Ableitungsgraphen ergibt sich für eine Ableitung des Graphen D aus Fig. III/13.a) mit der Grammatik von Beispiel 3.2 der Ableitungsgraph von Fig. III/13.b). Zur Verdeutlichung sind noch die jeweils angewandten Produktionen angegeben. Die gestrichelten Kanten gehören nicht zum Ableitungsgraphen.

Wie man leicht sieht, erfaßt man durch Aufsammeln der letzten Stufen nicht den Graphen D, dessen Ableitung der Ableitungsgraph charakterisiert. Hierzu müssen noch die Kanten hinzugenommen werden, deren *Einbettungsüberführung* wir lediglich im Ableitungsgraphen notiert haben und die aus horizontalen a-Kanten, $a \in \Sigma_E$, höherer Stufen zu bilden sind. Diese werden bei einknotigen Ersetzungen einfach nach unten durchgereicht,

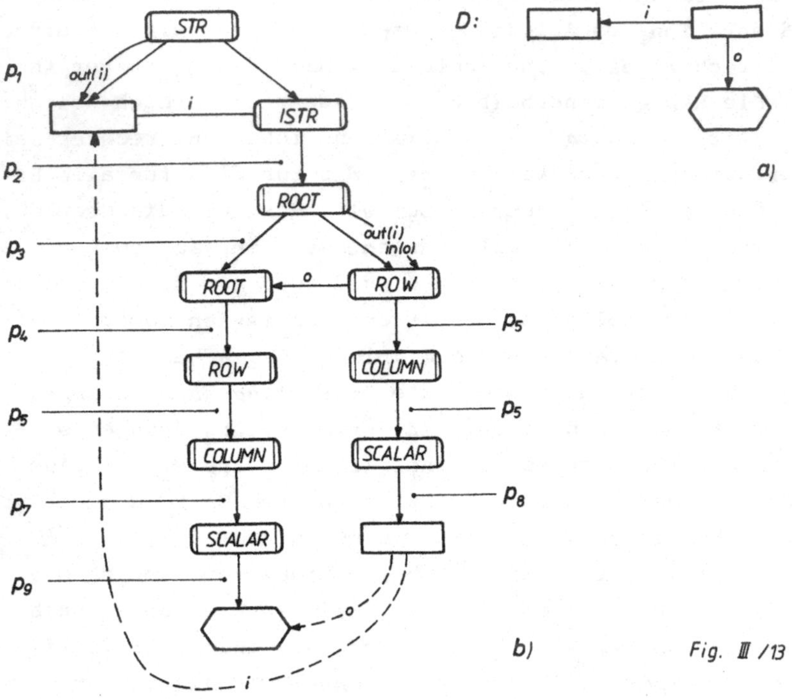

Fig. III/13

bei Ersetzung mit mehrknotigen rechten Seiten auf die Knoten, auf die die out(a)-Kante zeigt, falls es sich um auslaufende a-Kanten handelt bzw. auf diejenigen, auf die die in(a)-Kante zeigt, falls es sich um einlaufende a-Kanten dreht.[4)] In Fig. III/13.b) sind diese Kanten gestrichelt gezeichnet nachgetragen. Sammelt man nun alle Graphen auf jeweils unterster Stufe auf und fügt diese Kanten hinzu, so erhält man D.

---

4) Etwas formaler: Seien s und t zwei Knoten einer rechten Seite und durch eine a-Kante von s nach t verbunden. Suche nun alle Knoten auf unterster Stufe, die, von s ausgehend, über einen gerichteten Weg mit out(a)-Kanten bzw. bei einknotiger Ersetzung über eine vertikale Kante erreichbar sind. Sei K_s die Menge dieser Knoten. Das sind potentielle Quellknoten von a-Kanten in D. Von t ausgehend, suche entsprechend alle Knoten auf unterster Stufe, die über einen gerichteten Weg mit in(a)-Kanten bzw. vertikalen Kanten (bei einknotiger Ersetzung) erreichbar sind. Sei K_t die Menge dieser Knoten. Sie sind potentielle Zielknoten von a-Kanten in D. Verbinde nun alle Knoten von K_s mit solchen von K_t. Diese Vorgehensweise entspricht dem Halbkantenmechanismus von Bem. II.1.7, hier allerdings geht die Ersetzung gleich über mehrere Stufen.

Def. III.3.5: Eine em-el-CF-Graph-Grammatik heiße *eindeutig*, g.d.w. es für jeden ableitbaren Graphen genau einen Ableitungsgraphen gibt.

Bemerkung III.3.6: In [GG 2] ist eine ähnliche Definition eines Ableitungsgraphen angegeben. Dort sind jedoch die Einbettungskanten in jeder Stufe eingetragen und nicht nur die Einbettungsüberführung wie hier. Eine solche Definition eines Ableitungsgraphen taugt jedoch nicht als Grundlage für die Definition der Eindeutigkeit von Grammatiken. Dieser Ableitungsgraph unterscheidet nämlich nach der an sich unwesentlichen Reihenfolge voneinander unabhängiger Ersetzungen. Diese Definition eines Ableitungsgraphen zugrunde gelegt, ergeben sich für die beiden mit einem ROOT-Knoten beginnenden Ableitungen $p_3 p_4 p_5$ bzw. $p_3 p_5 p_4$ aus Beispiel 3.2 zwei verschiedene Ableitungsgraphen (Fig. III.14.a) und b)), obwohl die Reihenfolge der Ersetzungen p_4 und p_5 beliebig ist.

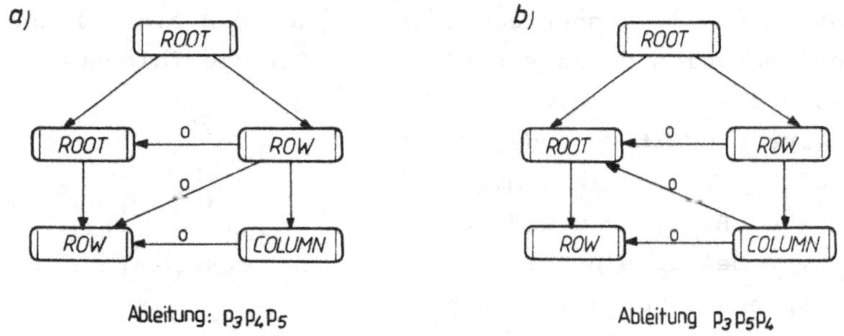

Fig. III/14

Wir definieren nun im folgenden die Präzedenzrelationen, wie oben bereits skizziert, auf Tripeln aus $\Sigma_V \times \Sigma_E \times \Sigma_V$

Bemerkung III.3.7 (*Definition der Präzedenzrelationen*): Da wir die Präzedenzrelationen hier auf Tripeln definieren, erhalten wir nicht wie im Zeichenkettenfall eine Präzedenztafel, sondern einen *Präzedenzwürfel*, d.h. die zu definierenden Präzedenzrelationen $\doteq, <, >$ und $<\cdot>$ sind Relationen auf $\Sigma_V \times \Sigma_E \times \Sigma_V$.

Für jedes $a \in \Sigma_E$ ergibt sich eine Schicht dieses Würfels, d.h. eine *Präzedenztafel*. In der zu dem Symbol $a \in \Sigma_E$ entsprechenden Schicht sind die Präzedenzrelationen $\doteq_a$, $<\!\cdot_a$, $\cdot\!>_a$, $<\!\cdot\!>_a$ eingetragen und wir definieren: $(v,a,w) \in \doteq$ g.d.w. $(v,w) \in \doteq_a$. Entsprechend definieren wir die Präzedenzrelation $<\!\cdot$, $\cdot\!>$, $<\!\cdot\!>$ über die Relationen $<\!\cdot_a$, $\cdot\!>_a$ und $<\!\cdot\!>_a$.

a) Relation $\doteq_a$: Wir definieren $(v,w) \in \doteq_a$ mit $(v,w) \in \Sigma_V^2$, g.d.w. ein $p = (d_l, d_r, E) \in P$ von G und $k_1, k_2 \in K_r$ existieren mit $\beta_r(k_1) = v$, $\beta_r(k_2) = w$ und $(k_1, k_2) \in \varrho_{ra}$ mit $a \in \Sigma_E$. Diese Relation $\doteq_a$ tragen wir dann, wie oben definiert, in die a-Schicht des Präzedenzwürfels ein.

b) Für alle Kanten, die eine Verbindung zu einem Knoten einer rechten Seite darstellen, müssen die zugehörigen Tripel (v,a,w) in die Präzedenzrelation $<\!\cdot$ aufgenommen werden. Der zugrunde liegende Ableitungsbegriff kreiert keine Kanten, sondern er vererbt sie nur; er löscht sie auch nicht. Somit haben alle Kanten einer Graph-Satzform ihren Ursprung in einer Kante einer rechten Seite einer angewandten Produktion, denn wir können den Startgraphen o.B.d.A. einknotig und kantenlos voraussetzen. Sei in(a) die folgende Relation auf $\Sigma_V \times \Sigma_V$: $(u,w) \in in(a)$, g.d.w eine Produktion $p = (d_l, d_r, E)$ in P und $k_r \in K_r$ existiert mit $\beta_l(k_l) = u$, $\beta_r(k_r) = w$ und $k_r \in pr_2(l_a)$, wobei l_a eine Einbettungskomponente von E ist, d.h. eine eventuelle in k_l einlaufende a-Kante wird auf k_r vererbt (vgl. Fig. III/15). (Für diesen Fall haben wir in Ableitungsgraphen ebenfalls eine in(a)-Kante eingetragen). Sei nun

$$<\!\cdot_a := (in(a))^+ \circ \doteq_a \quad ^{5)}$$

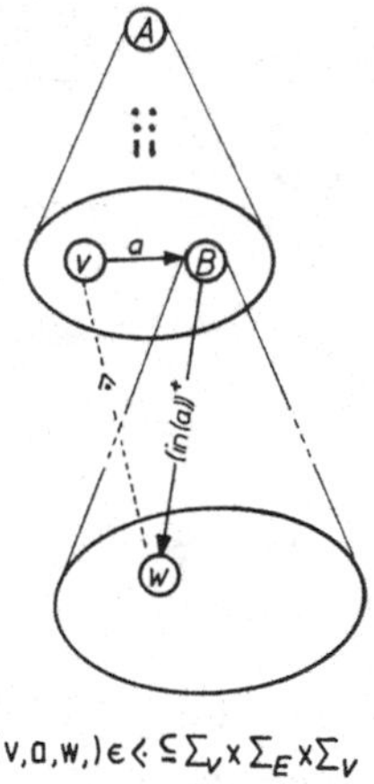

$(v,a,w,) \in <\!\cdot \subseteq \Sigma_V \times \Sigma_E \times \Sigma_V$

Fig. III/15

Somit ist $(v,a,w) \in <\!\cdot$, g.d.w. es in

5) Komposition von Relationen von rechts nach links; $(in(a))^+$ bedeute die transitive Hülle von $in(a) \subseteq \Sigma_V \times \Sigma_V$.

einer rechten Seite einen mit v markierten Knoten mit einer auslaufenden a-Kante gibt, die in einem nichtterminalen Knoten endet. Dieser kann durch eine Ableitung der Länge ≥ 1 ersetzt werden, wobei die einlaufende a-Kante auf einen Knoten übertragen wird, der mit w markiert ist.

c) Für alle aus einem Ansatz herausführenden Kanten müssen die zugehörigen Tripel (v,a,w) in die Relation $\cdot\!>$ eingetragen werden. Wir gehen analog zu b) vor und definieren eine Relation $out(a) \subseteq \Sigma_V \times \Sigma_V$ durch :
$(u,v) \in out(a)$, g.d.w. eine Produktion $p = (d_\ell, d_r, E)$ und ein $k_r \in K_r$ existiert mit $\beta_\ell(k_\ell)=u$, $\beta_r(k_r)=v$ und $k_r \in pr_1(r_a)$, wobei r_a eine Einbettungskomponente von E ist (vgl. Fig. III/16), d.h. eine eventuell aus k_ℓ auslaufende a-Kante wird auf k_r weitervererbt. Sei wieder

$$\cdot\!>_a \;:=\; \doteq_a \circ ((out(a))^+)^{-1} .$$

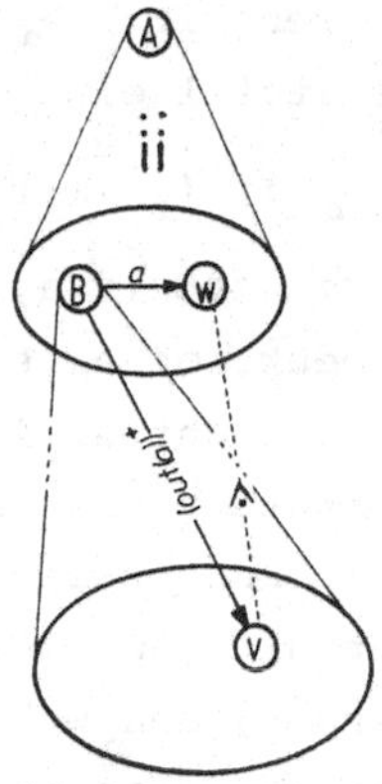

$(v,a,w) \in \cdot\!> \subseteq \Sigma_V \times \Sigma_E \times \Sigma_V$

Fig. III/16

Somit ist $(v,a,w) \in \cdot\!>$, g.d.w. es in einer rechten Seite einen mit w markierten Knoten mit einer einlaufenden a-Kante gibt, die mit einem nichtterminalen Knoten beginnt. Dieser kann durch eine Ableitung der Länge ≥ 1 ersetzt werden, wobei die auslaufende a-Kante auf einen mit v markierten Knoten übertragen wird.

Somit gilt für die Tripel von gerichteten Kanten: Die Präzedenz ist aufsteigend für Tripel, die zu Kanten gehören, die in einen Ansatz hineinlaufen, die Präzedenz ist fallend für Tripel herauslaufender Kanten.

d) Schließlich kann die Situation auftreten, daß zwei Ansätze durch eine Kante miteinander verbunden sind, bei denen es egal ist, welcher zuerst reduziert wird. Im Zeichenkettenfall tritt dieser Fall nicht auf, weil wir dort strikt von links nach rechts vorgehen und den ersten möglichen Ansatz reduzieren. Diese Situation ist im Graph-Fall dadurch gekennzeichnet, daß in dem Präzedenzwürfel bereits $(v,a,C) \in \cdot>$ und $(B,a,w) \in <\cdot$ eingetragen ist (vgl. Fig. III/17). Damit nun dieser Fall von einem eventuellen Fehlerfall leicht unterschieden werden kann, d.h. damit ein eventueller Fehler möglichst früh erkannt werden kann, tragen wir $<\cdot>_a$ in die a-Präzedenztafel ein. Dabei ist

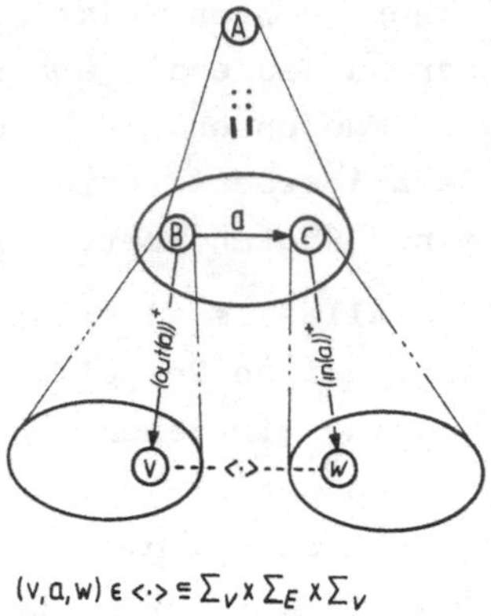

Fig. III/17

$$<\cdot>_a \;:=\; (in(a))^+ \circ \doteq_a \circ ((out(a))^+)^{-1}.$$

Somit ist $(v,a,w) \in <\cdot>$, g.d.w. eine Produktion existiert, in der es zwei nichtterminale Knoten k_1 und k_2 gibt, die durch eine a-Kante von k_1 nach k_2 verbunden sind, wobei aus dem ersten Knoten ein Graph ableitbar ist, der einen v-Knoten enthält, auf den auslaufende a-Kanten von k_1 übertragen werden, und wobei aus k_2 ein Graph ableitbar ist, der einen w-Knoten enthält, auf den einlaufende a-Kanten von k_2 übertragen werden.

Es gibt nun einfache Algorithmen, um bei einer vorgegebenen em-el-CF-Graph-Grammatik die Relationen $\doteq$, $<\cdot$, $\cdot>$ und $<\cdot>$ auszurechnen (vgl. [GL 12]).

Def. III.3.8: Eine em-el-CF-Graph-Grammatik heiße *Präzedenz-konfliktfrei*, g.d.w. die Relationen $\doteq$, $<\cdot$, $\cdot>$ und $<\cdot>$ auf $\Sigma_V \times \Sigma_E \times \Sigma_V$ paarweise disjunkt sind, somit bei Eintrag in den Präzedenzwürfel jede Zelle höchstens eine Beschriftung hat.

Def. III.3.9: Eine em-el-CF-Graph-Grammatik G heiße *Präzedenz-Graph-Grammatik*, g.d.w. der Startgraph und alle rechten Seiten von Produktionen zusammenhängend sind, es keine verschiedenen Produktionen mit äquivalenter rechter Seite gibt, und G Präzedenz-konfliktfrei ist.

Bemerkung III.3.10: O.B.d.A. können wir wieder von einem einknotigen Startgraphen ausgehen. Die Forderung des Zusammenhangs für rechte Seite ist ebenfalls keine echte Einschränkung, sie kann durch Hinzufügen ansonsten irrelevanter Kanten erreicht werden. Ebenfalls keine gravierende Einschränkung ist die Forderung nach eindeutiger rechter Seite. Stimmen nämlich zwei Produktionen in ihren rechten Seiten (bis auf Äquivalenz) überein, so markiere man die linke Seite der einen um und füge eine knotenummarkierende Produktion hinzu. Starke Einschränkungen sind dagegen die Einbettungseinschränkung el und die Präzedenz-Konfliktfreiheit.

Es ist klar, daß in Präzedenz-Graph-Grammatiken nur zusammenhängende Graph-Satzformen abgeleitet werden können. Startgraph und rechte Seiten sind zusammenhängend und wegen des Einbettungstyps em bleibt diese Eigenschaft erhalten. Wegen dieses Zusammenhangs aller Graph-Satzformen kann der nächste Ansatz stets durch Traversieren der Graph-Satzform aufgefunden werden.

Sei $d \xrightarrow[G]{s} d'$ mit einer Präzedenz-Graph-Grammatik G, dann ist wegen Satz I.4.54 d ein schwach homomorphes Bild von d' und sogar ein homomorphes Bild, wenn man eventuelle Schlingen der linken Seite außer acht läßt.

Die Eigenschaft em garantiert bei der Analyse das Wiederauffinden von rechten Seiten. Ist eine Graph-Grammatik nämlich nicht einbettungsmonoton, so können, nach Einsetzen einer rechten Seite und Anwenden weiterer Produktionen auf deren Knoten, die Kanten dieser rechten Seite verschwinden. Bei der Reduktion findet man dann nicht mehr die rechte Seite mit allen ihren Kanten vor, sondern nur noch einen Untergraphen, der zwar alle Knoten, aber nur einen Teil der Kanten enthält, der also Teilgraph der rechten Seite ist.

Beispiel III.3.11: Für die Grammatik von Beispiel 3.2 ergibt sich der folgende Präzedenzwürfel (i,o,l stelle man sich als Achsenmarkierungen einer dritten aus der Papierebene herausführenden Achse vor). Wie er zu lesen ist, ergebe sich aus

right / middle / left	⬡			▭			SCALAR			COLUMN			ROW			ROOT			ISTR			STR		
	i	o	l	i	o	l	i	o	l	i	o	l	i	o	l	i	o	l	i	o	l	i	o	l
⬡		<·>	<·>	·>	<·>	<·>		<·>	·>		<·>			<·>			·>							
▭		<·>	<·>	·>	<·>	<·>		<·>	·>		<·>			<·>			·>							
SCALAR		<·>	<·>	·>	<·>	<·>		<·>	·>		<·>			<·>			·>							
COLUMN		<·>	<·	·>	<·>	<·		<·>	≐		<·>			<·>			·>							
ROW		<·		·>	<·			<·			<·			<·			≐							
ROOT				·>																				
ISTR				≐																				
STR																								

Fig. III/18

dem Beispiel: (ISTR , i , ▭) ∈ ≐ .

Def. III.3.12: Sei D eine Graph-Satzform einer Präzedenz-Graph-Grammatik G. Ein Untergraph D' heißt dann ein *Präzedenz-Ansatz*, g.d.w. er die folgenden Eigenschaften besitzt: D' besteht entweder aus einem einzigen Knoten oder alle Kanten von D' besitzen die Präzedenz ≐. Alle aus D' hinauslaufenden Kanten besitzen die Präzedenz ·> oder <·>, alle hineinführenden Kanten die Präzedenz <· oder <·>.

Bemerkung III.3.13: Für Präzedenz-Graph-Grammatiken können nun einige Eigenschaften bewiesen werden (vgl. [GG 12, 13]):

Jede Präzedenz-Graph-Grammatik ist eindeutig.

Ein Untergraph einer Graph-Satzform ist ein Präzedenz-Ansatz, g.d.w. er die rechte Seite einer finalen Produktion ist, d.h. im Ableitungsgraphen von D führt die zugehörige Ersetzung zu einer der untersten Stufen.

Jeder Reduktionsschritt ist trivialerweise konstruierbar und eindeutig bestimmt.

Für die Anzahl der Reduktionsschritte einer Graph-Satzform D bis zum Startgraphen kann eine obere Schranke angegeben werden. Diese ist eine lineare Funktion der Anzahl der Knoten und Kanten von D.

Aus diesen Eigenschaften ergibt sich nun sofort ein Syntaxanalyse-Algorithmus für Präzedenz-Graph-Grammatiken, den wir im folgenden kurz erläutern wollen. Wir setzen o.B.d.A. voraus, daß der Startgraph aus einem einzigen Knoten besteht. Ferner gehen wir nicht auf die Fehlerbehandlung ein, d.h. wir setzen voraus, daß der zu analysierende Graph D eine Graph-Satzform der zugrunde liegenden Präzedenz-Graph-Grammatik ist.

<u>Algorithmus III.3.14</u> (*Syntaxanalyse-Verfahren für Präzedenz-Graph-Grammatiken*): Beginne mit einem beliebigen Knoten k von D, der aktuelle Graph sei D.[6,7]

1. Falls der aktuelle Graph der Startgraph ist, dann sind wir fertig.

   1.a) *Auffinden eines Präzedenz-Ansatzes:*
   Betrachte k und alle Knoten, die mit k durch einen Weg aus Kanten mit Präzedenz $\doteq$ verbunden sind. Sei K_A die Menge dieser Knoten. Falls für alle Kanten, die von einem Knoten von K_A aus K_A hinausführen, die Präzedenz $\cdot\!>$ bzw. $<\!\cdot\!>$ gilt und analog für alle einlaufenden Kanten $<\!\cdot$ bzw. $<\!\cdot\!>$, so liegt mit dem durch K_A erzeugten Untergraphen bereits ein Präzedenz-Ansatz vor. Ansonsten wähle als neuen aktuellen Knoten das Ziel einer aus K herauslaufenden Kante mit Präzedenz $<\!\cdot$ bzw. die Quelle einer in K hineinlaufenden Kante mit Präzedenz $\cdot\!>$.[8] Sei k dieser neue Knoten. Beginne mit 1.a von neuem.

   1.b) *Reduktion des Präzedenz-Anasatzes:*
   Nach 1.a) liegt mit dem von der Knotenmenge K_A erzeugten Untergraphen von D ein Präzedenz-Ansatz vor. Da

---

6) Eine Effizienzsteigerung erreicht man durch Eintragen der Präzedenzrelationen in den Graphen D (als zusätzliche Kantenmarkierung). Dann muß im Präzedenzwürfel nur nachgesehen werden, wenn bei einer vollzogenen Reduktion die (nur örtlich) veränderten Präzedenzen einzutragen sind.

7) Die Reduktion wird natürlich auf l-Graphen und nicht abstrakten l-Graphen durchgeführt. Da die Knotenbezeichnung beliebig ist (es muß ohnehin i.a. in jedem Reduktionsschritt entweder Wirtsgraph oder Produktion umbezeichnet werden) verwenden wir hier lax die Bezeichnungen für abstrakte Graphen.

8) D ist zusammenhängend.

es nur eine Produktion p mit dieser rechten Seite gibt und wegen der Einschränkung em-el der Einbettungsüberführungen der Produktionen der zugrunde liegenden Grammatik, kann der reduzierte Graph, in dem der Präzedenz-Ansatz durch seine zugehörige linke Seite ersetzt ist, eindeutig angegeben werden: Der Reduktionsschritt wird durch einen Ersetzungsschritt mit der zu p inversen Produktion $p^{-1} = (d_r, d_l, E^{-1})$ erreicht, wobei E^{-1} sich durch die folgende triviale Umformung ergibt: l_a von p^{-1} ist $(L_a(k_{i1}, \ldots, k_{in}); k_l)$, g.d.w. l_a von p die Form $(L_a(k_l); k_{i1}, \ldots, k_{in})$ hat und analog für r_a. Sei D der durch diese Reduktion entstandene aktuelle Graph und sei k der Knoten der gerade eingesetzten linken Seite. Beginne mit 1. von neuem.

Man kann sich die obige Vorgehensweise folgendermaßen veranschaulichen: Beule D in die dritte Dimension aus, indem seine Knoten in verschiedenen Niveaus angesiedelt werden. Jede Kante von D steigt im Niveau an, bleibt auf dem gleichen Niveau bzw. fällt ab, je nachdem, ob die Präzedenz der Kante $<\cdot$ bzw. $\doteq$ oder $<\cdot>$ bzw. $\cdot>$ ist. Auffinden eines Präzedenz-Ansatzes bedeutet dann Auffinden einer Bergspitze bzw. eines Gipfelplateaus. Reduzieren des Präzedenz-Ansatzes bedeutet Abtragen der Bergspitze bzw. des Gipfelplateaus. Dadurch entsteht ein neues Gebirge. Wir sind fertig, wenn wir beim Startknoten angekommen sind. Als Beispiel betrachten wir eine Reduktion des Graphen D von Beispiel 3.4.

<u>Beispiel III.3.15:</u> Der aktuell zu reduzierende Ansatz wird jeweils gepunktet umrandet. Die Präzedenzrelationen werden zur Übersichtlichkeit in den Graphen eingetragen.

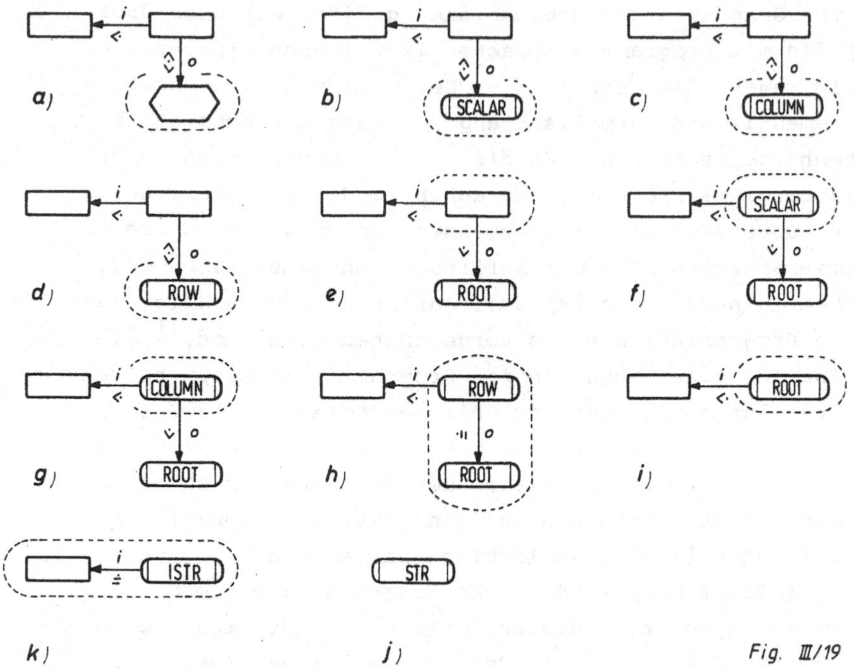

Fig. III/19

In [GG 13] wird eine Implementation des oben informal beschriebenen Präzedenzverfahrens angegeben und beschrieben. Diese funktioniert i.a. jedoch nur bei syntaktisch korrekter Eingabe, d.h. bei Eingabe einer Graph-Satzform der zugrunde liegenden Präzedenz-Graph-Grammatik. Um allgemein für Anwendungen eingesetzt werden zu können, ist diese um eine *vollständige* Fehlerbehandlung zu erweitern, d.h. bei Eingabe eines inkorrekten Graphen stoppt die Reduktion stets und gibt eine hinreichend informative Fehlermeldung aus. Wie schon in der Einleitung dieses Kapitels erwähnt, wurde diese Implementation zur Syntaxanalyse von PLAN2D-Programmen eingesetzt.

IV ANWENDUNGEN VON GRAPH-ERSETZUNGSSYSTEMEN

Aus der Fülle der bereits in der Einleitung erwähnten Anwendungen von Graphersetzungsmechanismen greifen wir hier drei heraus, die mit Programmiersprachen im weiteren Sinne zu tun haben: inkrementelle Compilation, Definition einer operationellen Semantik und Formalisierung von Datenbankschemata bzw. von Datenbankoperationen. Für die anderen Anwendungen außerhalb des Bereichs Programmiersprachen finden sich Referenzen im Literaturverzeichnis. Weitere Anwendungen aus dem Bereich Programmiersprachen sind das Auffinden von gemeinsamen Teilausdrücken in Ausdrücken [AP 32], Auffinden der parallel ausführbaren Programmteile eines vorgegebenen Programms,[1] die sich beide auf einer Notation des Programms als Graph besser durchführen lassen als auf der üblichen Notation als Zeichenkette. Ein weiteres Problem aus diesem Bereich, wo Graph-Grammatiken sowohl für die Definition der Syntax als auch der Semantik eingesetzt werden können, sind zweidimensionale Programmiersprachen [AP 7]. Schließlich lassen sich, wie in [AP 18] gezeigt, einfache Graph-Grammatiken angeben, die die Menge aller Programmgraphen zu wohlstrukturierten Programmen bzw. wohlstrukturierten Programmen mit Escape-Mechanismus (vgl. [FU 29]) erzeugen. Die nun folgenden drei Anwendungen sind sowohl Anwendungen für Graph-Ersetzungsmechanismen auf Graphen als auch für Graph-Ersetzungssysteme. Einige der folgenden Begriffe, insbesondere in IV.2., sind aus Platzgründen semiformal abgehandelt, die Ausformulierung ist in [AP 4] zu erwarten. Auf der Grundlage der Kap. I - III dürften beim Leser jedoch keine Mißverständnisse entstehen.

---

1) Bei noch zu entwickelnden Programmen wird man die Kenntnis des Programmierers von dem zugrunde liegenden Problem ausnutzen, um ihn spezifizieren zu lassen, welche Programmteile parallel ausführbar sein sollen.

IV.1. Syntaxgesteuerte Programmierung und inkrementelle Compilation

Wir stellen im folgenden den Entwurf eines Dialogsystems zur rechnergstützten Erstellung von Programmen vor, bei dem sequentielle Graph-Ersetzungen zwei Funktionen erfüllen: Erstens dienen sie zur Beschreibung der strukturellen Zusammenhänge, und zweitens kann - eine effiziente Implementierung dieses Graphersetzungsmechanismusses vorausgesetzt - obiges Dialogsystem mit Hilfe von Graph-Grammatiken implementiert werden. Wir werden auf die Fragen und Probleme der Implementierung von Graph-Grammatiken in Kap. V eingehen. Wir geben im folgenden eine kurze Übersicht über die Arbeiten [AP 28], [AP 3], [AP 1], in einer Form ähnlich zu [AP 2], indem wir nicht nur die Anwendbarkeit sequentieller Graphersetzungen bei inkrementeller Compilation beschreiben, sondern darüber hinaus den Aufbau eines inkrementellen Compilers.

Syntaxgesteuerte interaktive Programmerstellung

Inkrementelle oder dialogfähige *Compiler* haben folgende Eigenschaften (vgl. [FU 28]):

- Der eingegebene Programmtext wird noch während der Eingabe vom Compiler analysiert.
- Auftretende Fehler werden unmittelbar an der Stelle gemeldet, an der der Compiler sie erstmals bemerken kann.
- Ein mehr oder minder kleines Programmstück kann durch ein anderes ersetzt werden, ohne daß das ganze Programm neu übersetzt werden muß.

Bei inkrementeller Compilation ist die Programmerstellung interaktiv, und eine teilweise Übersetzung wird nach jeder Änderung angestoßen. Inkremente sind die syntaktischen Einheiten, die vom Benutzer geschlossen eingegeben und vom Compiler sofort analysiert werden. Je nachdem, um welche Inkremente es sich handelt, ob etwa um eine einfache Anweisung oder etwa um eine Deklaration, ist bei der Übersetzung der Löschung oder des Neueintrags eines solchen Inkrements eine mehr oder minder aufwendige Abprüfung der Umgebung des Inkrements nötig. In den meisten Arbeiten über inkrementelle Compilation (vgl. etwa [FU 3], [FU 25], [FU 27]) orientieren sich Inkremente an der Zeilenstruktur des Programms. Bei der im folgenden betrachteten ALGOL-ähnlichen Programmiersprache (für die formale Definition vgl. [AP 1]) orientieren sich Inkremente an der Syntax der Programmiersprache, wobei zwischen *globalen Inkrementen*, wie

- Blöcken,
- Prozeduren und Funktionen,
- Fallunterscheidungen,
- Laufschleifen

und *lokalen Inkrementen*, wie

- Deklarationen von Variablen,
- Prozeduraufrufen,
- Wertzuweisungen und exit-Anweisungen

unterschieden wird. Da globale Inkremente durch Kommandos nur geschlossen erzeugt werden können (etwa ein if-then-else wird auf einmal erzeugt, Bedingung, then-Teil und else-Teil werden vom Benutzer erst in folgenden Schritten eingesetzt), erfolgt die Programmerstellung *syntaxgesteuert*. Das erleichtert natürlich die oben geforderte sofortige Prüfung eingegebener Inkremente auf syntaktische Korrektheit, denn, was die globale Syntax betrifft, so können bei der geschlossenen Ereugung globaler Inkremente keine syntaktisch falschen Programmstücke entstehen.

Die Programmerstellung erfolgt interaktiv am Bildschirm, der Benutzer kann Kommandos oder lokale Inkremente der Quellsprache eingeben. Die Kommandos dienen zur Steuerung des Dialogs, des Editiervorgangs sowie der Programmübersetzung und -ausführung. Da sich bei uns die Inkremente nicht an der Zeilenstruktur orientieren, erfolgt die Kennzeichnung, worauf sich ein Kommando bezieht, nicht durch Angabe der Zeilennummer, sondern durch externe Zeiger, die vom Benutzer, wiederum durch Kommandos, im Quelltext verschoben, aktiviert und deaktiviert werden können. So sind Quelltexteingaben lokaler Inkremente nur bei aktiviertem EDIT-Zeiger[2] möglich, der die Stelle in einem globalen Inkrement kennzeichnet, wo die Eingabe erfolgen soll. Dieser EDIT-Zeiger wird am Terminal durch ein spezielles Symbol, etwa Δ, dargestellt, dessen obere Spitze die Stelle kennzeichnet, von wo ab gelöscht werden soll bzw. welche durch weitere Eingaben ergänzt werden soll. Die Kennzeichnung zu übersetzender[3] bzw. auszuführender Programmteile erfolgt durch einen COMPILE- bzw. EXECUTE-Zeiger, dessen Stellung dem Benutzer ebenfalls durch besondere Zeichen verdeutlicht wird. Kennzeichnen alle Zeiger das gleiche Inkrement, so wird der eingegebene Quelltext sofort übersetzt und ausgeführt. Natürlich gibt es auch Kommandos zum Verschieben, Aktivieren und Deaktivieren dieser Zeiger.

Zur *Programmerstellung* am Terminal hat der Benutzer im einzelnen die *folgenden Kommandos* zur Erzeugung bzw. Löschung globaler wie lokaler Inkremente zur Verfügung:

- Erzeugung eines leeren Blocks, Löschen eines Blocks,
- Erzeugen einer leeren <u>case</u>-Anweisung, Löschen einer <u>case</u>-Anweisung,
- Erzeugen einer leeren <u>if</u>-<u>then</u>-<u>else</u>-Anweisung, Löschen einer <u>if</u>-<u>then</u>-<u>else</u>-Anweisung,
- Erzeugen einer leeren <u>for</u>-<u>from</u>-<u>to</u>-<u>by</u>-Schleife, Löschen einer solchen Schleife,
- Erzeugen einer leeren <u>while</u>-Schleife, Löschen einer <u>while</u>-Schleife,
- Erzeugen einer leeren Funktionsprozedurdeklaration bzw. Prozedurdeklaration und Löschen derselben,
- Eingabe einer Variablendeklaration, Löschen einer Variablendeklaration,

---

2) Bei den obigen Änderungen des Quelltexts handelt es sich nicht nur um reine Editiervorgänge, da - wie wir gleich sehen werden - die Eingabe sofort analysiert und in eine Zwischenform übersetzt wird. Dies kommt durch den Zeigernamen nicht zum Ausdruck.

3) Zu übersetzende Inkremente heißt nicht nur Erzeugung einer Zwischenform für die Inkremente, sondern Generierung von Maschinencode.

- Eingabe einer Wertzuweisung, Löschen einer Wertzuweisung,
- Eingabe eines Prozeduraufrufs, Löschen eines Prozeduraufrufs,
- Eingabe einer exit-Anweisung, Löschen einer exit-Anweisung,[4)]
- Auf-, Abwärts- und Rechtsbewegung des EDIT-, COMPILE- und EXECUTE-Zeigers.[5)]

Der EDIT-Zeiger steht nach der Erzeugung eines leeren Blocks hinter dem zugehörigen begin, damit als nächstes die Eingabe von Deklarationen oder Anweisungen folgen kann, nach der Erzeugung einer leeren Kontrollstruktur an der Stelle des ersten leeren Teils, bei Eingabe eines lokalen Inkrements unter diesem, bei Löschen eines Inkrements an dessen Stelle, wobei bei größeren Inkrementen der Quelltext wieder zusammengeschoben wird.

Zur *Veränderung der Blockstruktur* stehen folgende Kommandos zur Verfügung:

- Verschieben des Blockanfangs nach oben,
- Verschieben eines Blockkopfes (mit Deklarationen) nach oben.

Wird ein Blockanfang oder -kopf über andere bereits vorhandene hinweg nach oben geschoben, so führt dies zu einer syntaktisch unzulässigen Überlappung beider Blöcke. Der Blockanfang oder -kopf kann jedoch über jeden Block gleicher Schachtelungstiefe hinweggeschoben werden. Das Klammern eines erstellten Programmteils durch ein begin-end-Paar besteht dann aus der Erzeugung eines leeren Blocks hinter dem Programmteil und Verschieben des begin zum Anfang.

---

4) Der Leser wird bemerken, daß die Quellsprache kein uneingeschränktes goto besitzt.

5) Hier läßt sich an Zeigerverschiebungen mit verschiedenen Geschwindigkeiten denken, die etwa am Terminal durch Tasten mit verschiedenen Druckstufen aktiviert werden. Die Zeigeraufwärtsbewegung kann a) von Anweisung zu Anweisung gehen, ohne Beachtung der Blockstruktur, b) dabei Blöcke überspringen, c) sofort zu Blockanfang, wieder zu Blockanfang etc. gehen. Analoges gilt für die Abwärtsbewegung.

Änderungen von Wertzuweisungen sind möglich durch:

- Löschen einer kompletten Wertzuweisung,
- Einfügen einer kompletten Wertzuweisung,
- Löschen und Neueinfügen der linken Seite,
- Löschen und Neueinfügen der kompletten rechten Seite.[6)]

Da globale Inkremente nur geschlossen und somit syntaktisch korrekt erzeugt werden, erinnert obige Vorgehensweise an rechnergestützte Programmerstellung durch Auswählen im Sinne von [FU 16]. Bei der obigen Methode können globale Inkremente im Gegensatz zu [FU 16] aber nach deren Erzeugung auf bereits vorher eingegebene Inkremente ausgedehnt werden, z.B. indem begin in einem Programm syntaxgesteuert nach oben geschoben wird. Der inkrementelle Compiler muß diese Verschiebung natürlich überwachen. Nach dieser Änderung entspricht diesem Programm ein veränderter Ableitungsbaum in der die Quellsprache definierenden Zeichenkettengrammatik.

Übersetzung des Programms in einen Programmgraphen

Wie bereits oben angedeutet, hängt der Aufwand der Übersetzung eines Inkrements davon ab, ob dieses Inkrement Auswirkungen auf die Programmumgebung hat oder nicht. Deswegen müssen bei der Implementation eines inkrementellen Compilers neben der internen Programmdarstellung üblicherweise zahlreiche Listen zur Speicherung von Querbezügen angelegt werden, um bei Modifikationen die Auswirkungen auf die Programmumgebung abprüfen zu können. Hier wird die gesamte, zur inkrementellen Compilation nötige Information in einer *einzigen Datenstruktur* gehalten, einem Graphen mit Knoten- und Kantenmarkierung, den wir *Programmgraphen* nennen wollen. Die Wortsymbole der globalen Inkremente, wie begin, end, for, while etc., und die lokalen

---

6) Weitere Verfeinerungen von Änderungen, etwa Austauschen von Klammerinhalten innerhalb von rechten Seiten, bedingen einen vom gewonnenen Komfort nicht gerechtfertigten Mehraufwand (vgl. [AP 3]).

Inkremente werden dabei als Knoten dargestellt, die mit den Wortsymbolen bzw. mit den lokalen Inkrementen markiert sind,[7] die syntaktischen und semantischen Zusammenhänge werden als markierte Kanten dargestellt. Im einzelnen entsprechen diesen Beziehungen folgende markierte Kanten (vgl. Fig. IV/1.b)): nächstens auszuführendes Inkrement (dargestellt als *unmarkierte*-Kanten), Anweisungen und Unterblöcke eines Blockes (*block*-Kanten)[8] Deklarationen von Bezeichnern in einem Block (*declaration*-Kanten), Rumpfblock einer Prozedurdeklaration (*procedure*-Kanten), Typ eines Bezeichners (*mode*-Kanten),[9] Gültigkeitsbereich eines Bezeichners (*valid*-Kanten), angewandtes Auftreten eines Bezeichners (*occurrence*-Kanten).

Die durch die Blockschachtelung charakterisierte Struktur eines Programms wird durch block-Kanten, welche vom begin-Knoten eines jeden Blockes auf die darin enthaltenen Anweisungen und Unterblöcke sowie den korrespondierenden end-Knoten verweisen, der Kontrollfluß durch eine unmarkierte Kante zun nächsten auszuführenden Inkrement dargestellt. Ebenfalls vom begin-Knoten gehen die declaration-Kanten aus, die auf die in diesem Block vereinbarten Bezeichner verweisen, deren Typ, Gültigkeitsbereich und aktuelles Auftreten durch mode-, valid- und occurrence-Kanten spezifiziert wird. Prozedurbezeichnern wird der durch proc- und corp-Knoten geklammerte Rumpfblock durch eine procedure-Kante zugeordnet. Der Programmgraph enthält die Information, die bei einem üblichen Compiler in Zwischencode, Symbolliste, Blockliste und Artenliste enthalten ist.

Jede Änderung oder Einfügung eines Inkrements an der durch den EDIT-Zeiger gekennzeichneten Stelle führt nach lexikalischer und syntaktischer Analyse der Eingabe zu einer *Veränderung des Programmgraphen*. Diese Veränderungen lassen sich durch sequen-

---

7) Wir gehen hier zunächst vergröbernd davon aus, daß lokale Inkremente wie Wertzuweisungen, Prozeduraufrufe, boolesche Ausdrücke nicht weiter zergliedert werden, sondern insgesamt als Knotenmarkierungen auftreten.

8) Es sind hier nur direkte Unterblöcke gemeint.

9) In diesem Entwurf sind nur elementare Modes wie int, real, bool, proc int, proc real, proc bool, proc vorgesehen. Zusammengesetzte Arten wurden aus Gründen der Einfachheit nicht vorgesehen.

tielle Ersetzungen auf dem Programmgraphen beschreiben. Jedoch entspricht einer Inkrementeingabe oder -löschung i.a. nicht ein einziger sequentieller Ersetzungsschritt, sondern ein programmierter Ersetzungsschritt im Sinne des Abschnitts III.1. In Fig. IV/1 ist links die Quelltexteingabe zu sehen, so wie sie am Terminal erscheint, rechts der zugehörige Programmgraph.[10)]

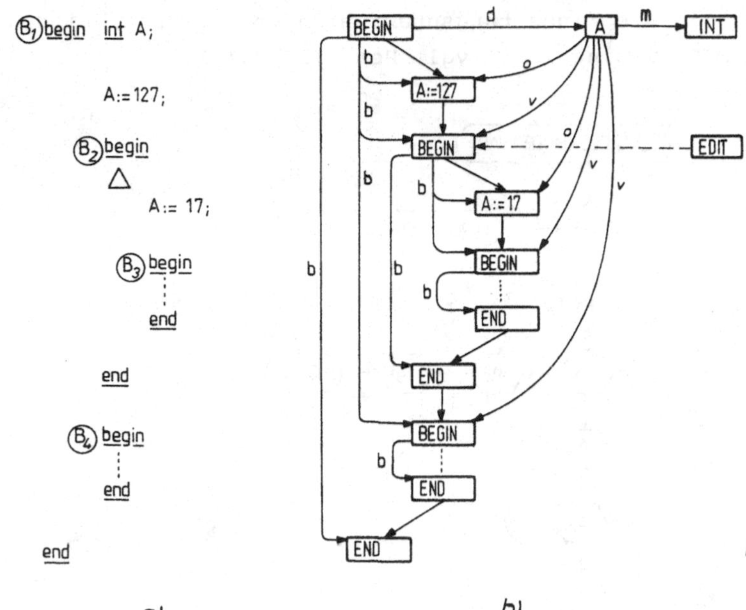

Fig. IV/1. a-b)

Fügen wir an der durch das Symbol Δ gekennzeichneten Quelltextstelle die *Deklaration* "int A" *ein*, so wird der Programmgraph von Fig. IV/1 folgendermaßen verändert: Durch diese Deklaration werden die vom A-Knoten ausgehenden v- und o-Kanten - soweit sie Block B2 und B3 betreffen - auf die neue Deklaration umgehängt, die o-Kante zum angewandten Auftreten von A in B1 bzw.

10) Die Blockbezeichnungen erscheinen natürlich nicht am Terminal, sie dienen nur zur Erläuterung der folgenden Programmgraphen-Veränderung.

die v-Kante zu Block B4 bleiben unverändert.
Diese Veränderung bewirkt ein programmierter sequentieller Ersetzungsschritt. Das Kontrolldiagramm hierfür ist INSERT_VARDEC mit den Aktuellparametern INT und A. Es handelt sich hier nicht nur um einen programmierten sequentiellen Ersetzungsschritt, es kommt hier noch eine primitive Art von Zweistufigkeit hinzu: Alle Vorkommnisse von VAR bzw. MODE im Kontrolldiagramm INSERT_VARDEC sind durch die aktuellen Werte des Kommandos zu ersetzen. Diese Ersetzung ist nur eine einfache Zeichenkettenersetzung, die jedoch auch in die Einbettungsüberführungen der Produktionen von INSERT_VARDEC hineinspielt (vgl. Bem. III/2.10).

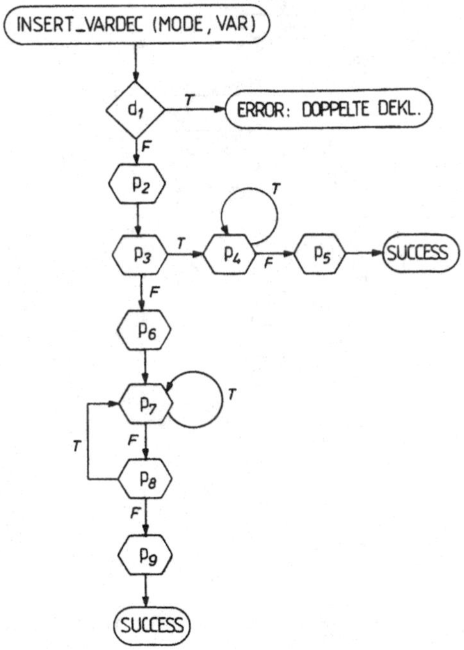

Fig. IV/2

Die zugehörigen Produktionen sind in Fig. IV/3 angegeben. INSERT_VARDEC läuft folgendermaßen ab (vgl. [AP 28]): Mit Hilfe der ersten Abfrage d_1 wird festgestellt, ob in dem durch den EDIT-Zeiger gekennzeichneten Block bereits eine Deklaration für den selben Identifikator existiert. Ist dies der Fall, so wird mit Fehlermeldung abgebrochen. Ansonsten wird mit p_2 die Deklaration

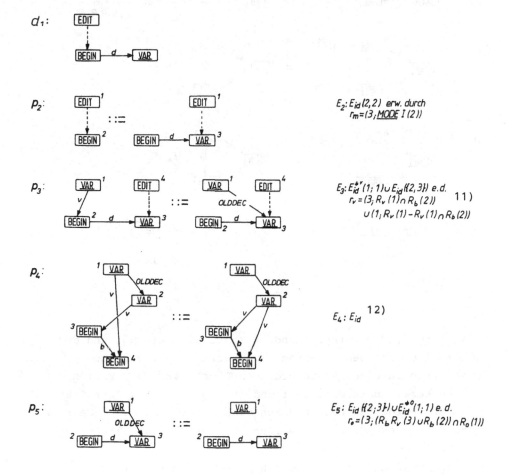

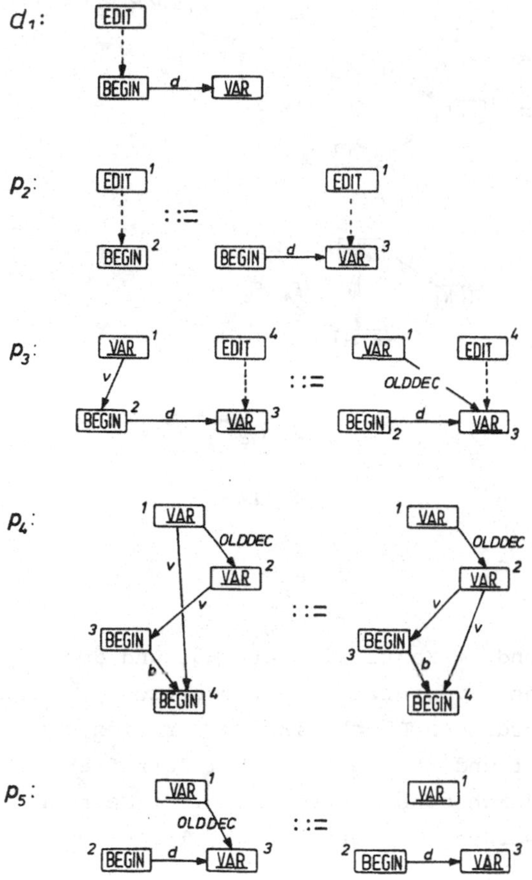

E_2: $E_{id}(2,2)$ erw. durch
$r_m = (3; \underline{MODE}\ I\ (2))$

E_3: $E_{id}^{*v}(1;1) \cup E_{id}(\{2,3\})$ e.d. 11)
$r_v = (3; R_v(1) \cap R_b(2))$
$\cup (1; R_v(1) - R_v(1) \cap R_b(2))$

E_4: E_{id} 12)

E_5: $E_{id}(\{2;3\}) \cup E_{id}^{*o}(1;1)$ e. d.
$r_o = (3; (R_b R_v(3) \cup R_b(2)) \cap R_o(1))$

---

11) Wir haben hier von der Erweiterung I.2.20.c) Gebrauch gemacht. Vom Konzept her kann diese Erweiterung durch zwei herkömmliche Ableitungsschritte simuliert werden, bei der Implementation verursacht sie kaum Mehraufwand (vgl. Abschnitt V).

12) E_{id} ist eine Abkürzung für $E_{id}(\{1,2,3,4\})$ und analog für andere Knotenbezeichnungen von linker und rechter Seite.

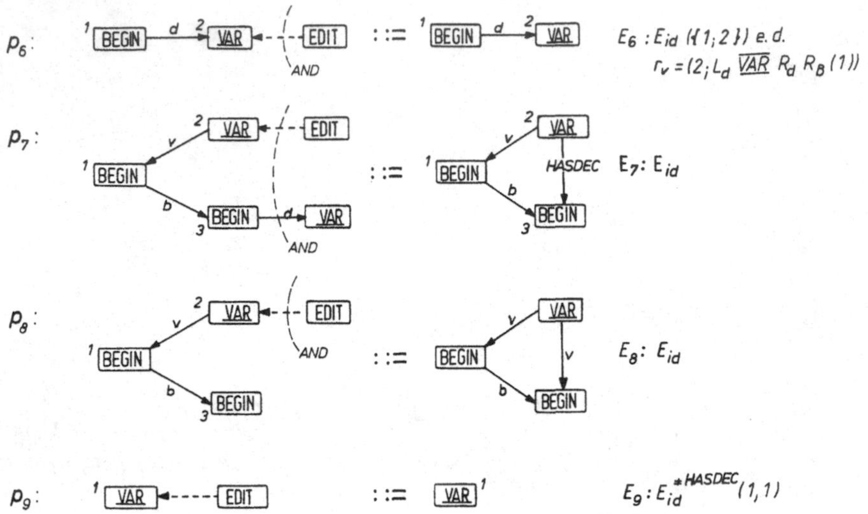

Fig. IV/3

eingetragen, die entsprechende m-Kante wird erzeugt und der EDIT-Zeiger auf den VAR-Knoten versetzt. Die Produktion p_3 testet, ob in einem übergeordneten Block eine Deklaration desselben Bezeichners existiert und kennzeichnet bei Zutreffen des Tests beide VAR-Knoten durch eine OLDDEC-Kante.[13] Je nachdem, ob p_3 anwendbar ist, werden nur verschiedene Teile des Kontrolldiagramms durchlaufen:

Ist p_3 anwendbar, so wird durch p_4 auch die v-Kante von der alten Deklaration zum aktuellen BEGIN-Knoten gelöscht, und es werden durch E_3 bereits v-Kanten vom neuen VAR-Knoten zu den

---

13) Von jetzt an sprechen wir von der alten Deklaration oder dem alten VAR-Knoten, wenn wir die Quelle der OLDDEC-Kante meinen, vom neuen VAR-Knoten, wenn wir das Ziel dieser Kante meinen.

BEGIN-Knoten direkt untergeordneter Blöcke gezogen, in denen die alte Deklaration gültig war. Das heißt natürlich, daß dort keine Deklaration mit dem gleichen Bezeichner vorhanden ist. Die Einbettungsüberführung E_3 läßt insbesondere v-Kanten des alten VAR-Knotens zu tieferen Blöcken unverändert. In der jetzt folgenden Schleife mit Anwendung der Produktion p_4 werden die v-Kanten von Blöcken der Schachtelungstiefe ≥ 2 unter dem aktuellen Block auf den neuen VAR-Knoten umgesetzt.[14] In der letzten Produktion p_5 dieses Kontrolldiagrammzweigs wird die OLDDEC-Kante gelöscht und die o-Kanten, die angewandtes Auftreten der Variablen VAR anzeigen, werden auf die neue Deklaration umgehängt. Die Zielknoten dieser neuen o-Kanten sind dadurch ausgezeichnet, daß vom neuen VAR-Knoten zu ihren zugehörigen BEGIN-Knoten eine (bereits erzeugte) v-Kante läuft, oder sie gehören zum aktuellen Block selbst, und daß vom alten VAR-Knoten eine o-Kante auf sie zeigt.[15,16]

Ist p_3 nicht anwendbar, dann heißt dies insbesondere, daß im folgenden keine o-Kanten umgesetzt werden müssen. Es kann keine angewandten Vorkommnisse der Variablen VAR im aktuellen Block geben, es sei denn, in einem Unterblock, in dem VAR auch deklariert ist. Sonst hätte bei Eingabe des Inkrements, das das angewandte Auftreten enthält, der Übersetzer dem Benutzer eine Fehlermeldung zurückgeliefert. Die Produktion p_6 trägt nun zu allen BEGIN-Knoten direkter Unterblöcke des aktuellen Blocks, die keine Deklaration des gleichen Bezeichners

---

14) Bei Zulassung der Erweiterung d) aus I.2.20.b) läßt sich diese Schleife durch die Anwendung einer einzigen Produktion ersetzen.

15) Es sei hier vermerkt, daß sich, bei aufwendigerer Struktur des Programmgraphen, dieser Kontrolldiagrammzweig $p_3\ p_4^{\circlearrowleft}\ p_5$ zu einer einzigen Produktion zusammenfassen läßt, die dann mit einem Schritt die v- und o-Kanten korrigiert. Hierzu führe man anstelle der b-Kanten B-Kanten ein, die vom BEGIN-Knoten eines Blockes zu beliebig tief geschachtelten Inkrementen zeigen. Das kostet natürlich Speicherplatz.

16) In [AP 3] wurde skizziert, daß obige Kanten minimal sind in dem Sinne, daß Einsparung von Kanten zu wesentlich aufwendigeren Kontrolldiagrammen führt.

enthalten, eine v-Kante ein.[17] In der darauffolgenden Schleife mit p_7 werden alle direkten Unterblöcke dieser Blöcke mit einer HASDEC-Kante gekennzeichnet, die eine Deklaration des gleichen Bezeichners enthalten. Von den verbleibenden Unterblöcken wird mit Hilfe von p_8 einer mit einer v-Kante versehen und dann zu der p_7-Schleife zurückgekehrt, damit seine Unterblöcke überprüft werden können etc.. Die letzte Produktion p_9 schließlich löscht lediglich die HASDEC-Kanten.[18]

Invers zur Einfügung einer Variablendeklaration ist das *Löschen* einer solchen, was durch das Kontrolldiagramm von Fig. IV/4 beschrieben wird. Dieser Fall ist jedoch wesentlich einfacher: Die Produktion p_1' testet, ob im direkt übergeordneten Block eine Variable gleicher Bezeichnung deklariert ist und löscht gegebenenfalls die durch den EDIT-Zeiger gekennzeichnete Deklaration bei gleichzeitigem Umhängen der v- und o-Kanten. Ist dies nicht der Fall, so testet p_2', ob es in einem übergeordneten Block eine Deklaration für den selben Bezeichner gibt. Ist dies der Fall, so können v- und o-Kanten auf diese Deklaration umgehängt werden. Gibt es keine übergeordnete Deklaration, so löscht p_4' die aktuelle Deklaration nur dann, wenn durch Test auf d_3' sichergestellt ist, daß die zu löschende Variable kein angewandtes Auftreten besitzt.

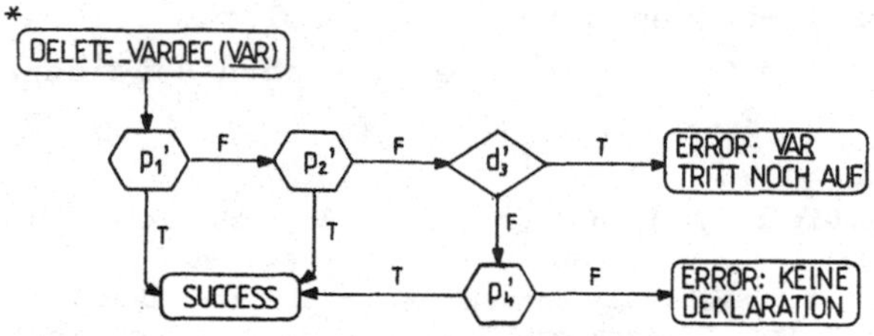

Fig. IV/4

17) Die etwas komplizierte Einbettungsüberführung erspart eine Schleife, in der nacheinander alle direkten Unterblöcke untersucht werden. Der Operator ist in der obigen Form eigentlich nicht zulässig, er würde in dieser Form aber implementiert werden. Zulässig (und hier äquivalent) ist $R_d R_\ell$ - L_d $\underline{VAR}$ $R_d R_\ell$.

18) Es gelten auch hier die Fußnoten 14) und 15).

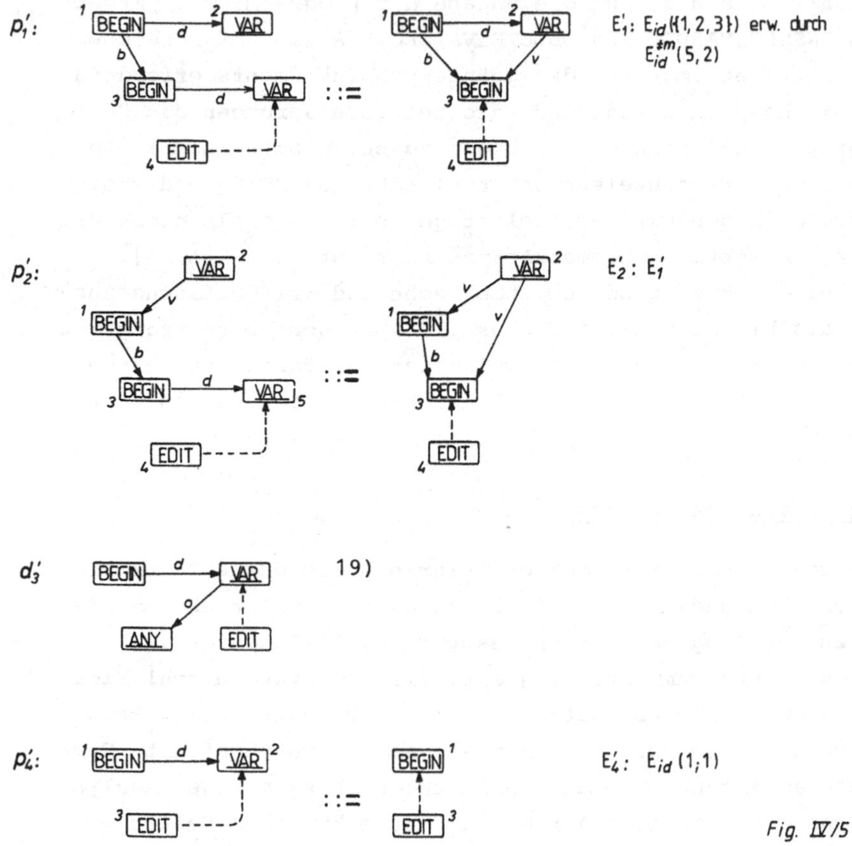

Fig. IV/5

19) Die obige Abfrage wird bei einer Implementierung nun nicht dadurch realisiert, daß hier für ANY alle möglichen Variablennamen eingesetzt werden, wodurch bei Längenbeschränkung von Bezeichnern eine große, aber endliche Menge von Graphen entsteht. Es müßte dann für jeden der so entstandenen Graphen der Test durchgeführt werden. Statt dessen wird hier ein modifizierter Untergraphentest eingeführt, der die Markierung des ANY-Knotens unberücksichtigt läßt.

Für die meisten anderen oben angeführten Inkrementeingaben, -veränderungen und -löschungen sind in [AP 28], [AP 3], [AP 1] die zugehörigen programmierten Ersetzungen durch Angabe von Kontrolldiagrammen und zugehörigen Produktionen angegeben. Wir beschränken uns hier auf die Angabe der programmierten Ersetzungen INSERT_VARDEC und DELETE_VARDEC, da sie umfangreiche Abprüfungen der Umgebung des geänderten Inkrements erfordern und somit komplex genug sind, die bei Veränderungen des Programmgraphen auftretenden Probleme zu beleuchten. Lokale Inkremente, wie Wertzuweisungen, boolesche Ausdrücke und Prozeduraufrufe, haben wir unaufgelöst gelassen, sie als nicht weiter strukturierte Knotenmarkierung betrachtet. In [AP 1], [AP 3] sind Wertzuweisungen, boolesche und arithmetische Ausdrücke als binäre Bäume aufgelöst.[20] Bei der Übersetzung von solchen Ausdrücken und Wertzuweisungen ist darauf zu achten, daß die o-Kanten auf die jeweiligen Blätter des Baumes verteilt werden.

Erzeugung von Maschinencode

Im letzten Abschnitt wurden exemplarisch die durch Inkrementeingaben, -veränderungen und -löschungen induzierten Modifikationen des Programmgraphen besprochen, insbesondere, wie diese durch programmierte sequentielle Ersetzungen realisiert werden können. Die Übersetzung eines Inkrements in den Programmgraphen wird bei jeder Eingabe sofort durchgeführt. Somit wird die am Anfang gestellte Forderung nach sofortiger Analyse von Eingaben und sofortiger Meldung syntaktischer Fehler erfüllt. Dieser Übersetzungsschritt - in Fig. IV/6 als Ü1 bezeichnet - entspricht der lexikalischen und syntaktischen Analyse in einem üblichen Compiler. Als zweiter Übersetzungsschritt Ü2 verbleibt die Erzeugung des Maschinencodes aus dem Programmgraphen.

---

20) Da die in III.1 eingeführten programmierten Ersetzungen auch rekursive Knoten in Kontrolldiagrammen erlauben, läßt sich die Übersetzung von Ausdrücken und Wertzuweisungen mit der Methode des rekursiven Abstiegs durchführen.

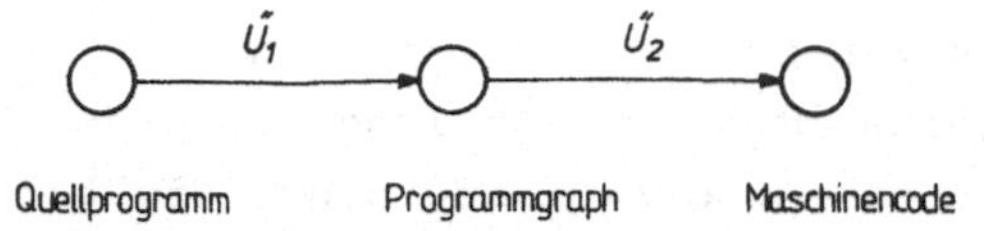

Fig. IV/6

Die Aufteilung der *Übersetzung in zwei Schritte* ergibt sich auch aus den Betrachtungen zur Strukturierung eines optimalen Dialogsystems in [FU 27]. Die Übersetzung in Maschinencode wird für das Inkrement ausgeführt, auf das im Quelltext der COMPILE-Zeiger zeigt.[21)] Die Erzeugung von Maschinencode für dieses Inkrement ist nur dann nötig, wenn dieses Inkrement seit der letzten Code-Erzeugung neu eingegeben oder verändert wurde.

Die Zuordnung zwischen den durch Ü2 erzeugten Maschinencodestücken und den zugehörigen Inkrementen des Programmgraphen erfolgt durch interne Zeiger, welche durch c-Kanten (c für *code*), die von den Knoten des Programmgraphen ausgehen und auf den entsprechenden Maschinencode verweisen, realisiert werden. Bei Änderungen des Programmes, die ein Inkrement betreffen, zu dem bereits Maschinencode existiert, werden die c-Kanten und die entsprechenden Knoten durch die Graph-Produktionen von Ü1 dadurch automatisch gelöscht, daß in den Einbettungsüberführungen die c-Kanten nicht berücksichtigt wurden. So wird z.B. bei der in Fig. IV/4 beschriebenen Löschung einer Deklaration der Bezeichnerknoten durch eine der Produktion p_1', p_2' oder p_4' gelöscht und gleichzeitig eine eventuell vom Bezeichnerknoten ausgehende c-Kante entfernt. Die anderen c-Kanten werden nicht berührt, sie bleiben bei der Anwendung der Produktionen durch die für die anderen Knoten identische Einbettungsüberführung erhalten. Der zu einem Inkrement existierende Maschinencode ist also immer gültig, da seit der Codegenerierung an diesem Inkrement keine Modifikation vorgenommen worden sein kann.

Die Übersetzung Ü2 setzt sich aus der *Analyse des Programmgraphen*,

21) Dieser erscheint wieder durch ein spezielles Symbol im Quelltext.

dessen korrekter Aufbau vorausgesetzt werden kann, und der entsprechenden *Codeerzeugung* zusammen. Die Analyse des Programmgraphen wird ebenfalls durch programmierte sequentielle Graphersetzungen im Sinne von III.1 durchgeführt. Hier kommt es uns sehr entgegen, daß Kontrolldiagramme Unterdiagramme besitzen dürfen, die auch rekursiv sein können.[22] So kann die Analyse des Programmgraphen hier analog zur Syntaxanalyse mit der Methode des rekursiven Abstiegs erfolgen (vgl. [FU 28]). Da sich die Kontrolldiagramme stark an der Definition der zugrunde liegenden Programmmiersprache orientieren, sei hier auf deren formale Definition durch eine kontextfreie Zeichenkettengrammatik in [AP 1] verwiesen.

Als Beispiel für die Analyse des Programmgraphen durch programmierte sequentielle Graph-Ersetzungen wird in Fig. IV/7 das Kontrolldiagramm zur *Übersetzung eines Block-Inkrementes* angegeben, welches aktiviert wird, wenn der Benutzer durch ein Kommando den COMPILE-Zeiger auf ein BEGIN-Symbol setzt. Da bei der Analyse am Programmgraphen selbst keine Veränderungen vorgenommen werden, sondern lediglich der COMPILE-Zeiger manipuliert wird, sind bei den im Kontrolldiagramm aufgerufenen Graph-Produktionen linke und rechte Seite bis auf die vom COMPILE-Zeiger ausgehende Kante identisch.[23,24]

---

22) Haben Unterprogramme Fehlerausgänge, so ist ein programmierter Ersetzungsschritt etwa anders zu definieren als in III.1, d.h. Abwicklungen können auch mit Fehlerausgängen beliebig tiefer Unterprogramme enden.

23) Bei einer Implementierung wird man dem natürlich Rechnung tragen. Genauso, wie bei Abfragen in Kontrolldiagrammen nicht identisch ersetzt wird, so wird auch hier nicht ersetzt, sondern lediglich der COMPILE-Zeiger umgehängt, falls die linke Seite aufgefunden wird.

24) Die mit BEGIN und END markierten Knoten des Kontrolldiagrammes sind Prozeduraufrufe, in denen ein Aufruf einer Laufzeitroutine für die Speicherverwaltung abgesetzt wird, sind also nicht zu verwechseln mit BEGIN- oder END-Knoten des Programmgraphen.

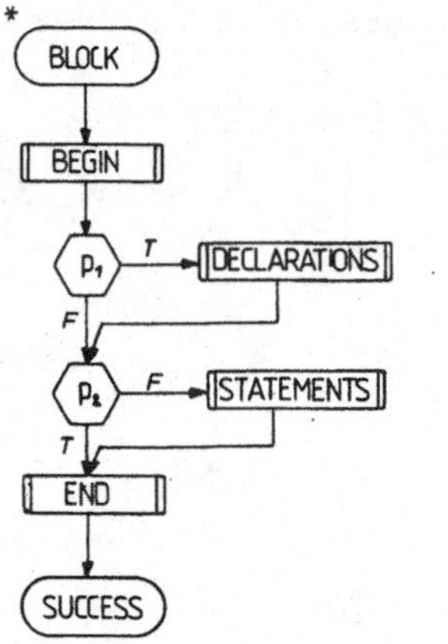

Fig. IV/7

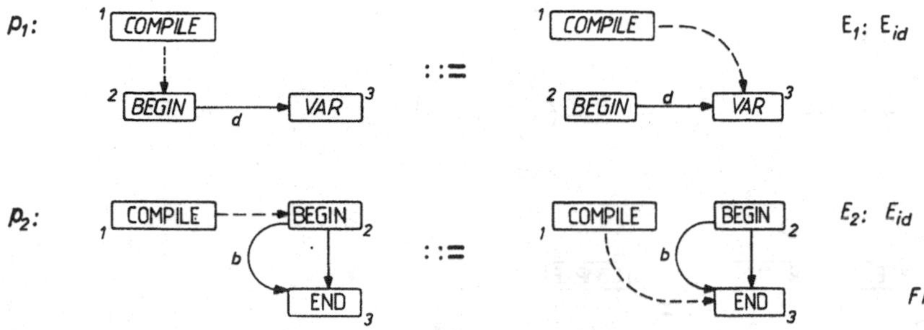

Fig. IV/8

Produktion p_1 testet, ob der Block Deklarationen enthält, p_2 testet, ob es sich um einen Block ohne Anweisungen handelt. Enthält der Block Deklarationen, werden diese vom Kontrolldiagramm DECLARATIONS abgearbeitet,[25] indem für alle Bezeichnerknoten, zu denen keine c-Kante existiert, entsprechender Maschinencode, nämlich der Aufruf einer Laufzeitroutine zur Speicherplatzerzeugung, generiert wird. Das aufgerufene Kontrolldiagramm STATEMENTS zur Analyse der Anweisungen eines Blockes

25) Nach Abarbeitung der Deklarationen steht der COMPILE-Zeiger auf dem zugehörigen BEGIN-Knoten.

wird in Fig. IV/9 dargestellt, um die Rekursion bei dieser Methode deutlich werden zu lassen.

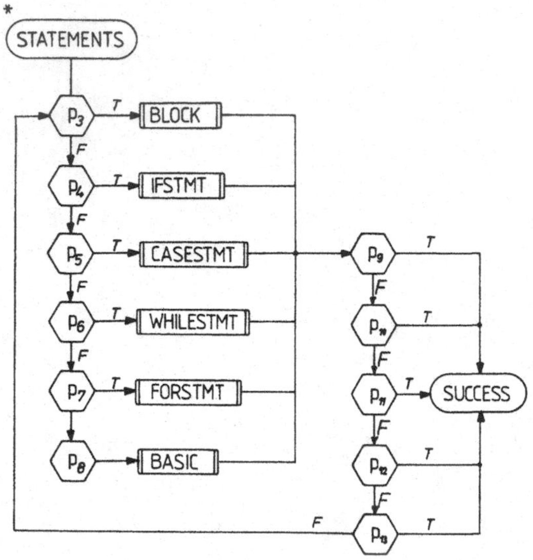

Fig. IV/9

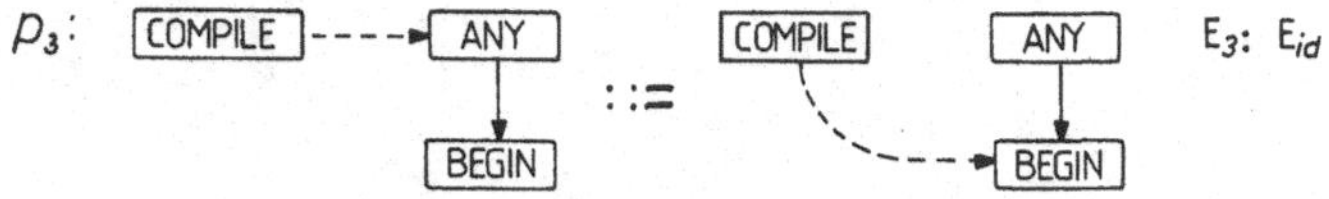

Fig. IV/10

Die Produktion p_3 testet lediglich, ob der nächste Knoten mit BEGIN markiert ist und setzt ggf. den COMPILE-Zeiger um. Analog testen p_4 - p_7, ob der nächste Knoten mit IF, CASE, WHILE bzw. FOR markiert ist und setzt den COMPILE-Zeiger um. Die Produktion p_8 schließlich schaltet den COMPILE-Zeiger weiter, ohne die Markierung des nächsten Knotens zu berücksichtigen. Die Produktionen p_9 - p_{13} testen, ob nach Abarbeitung einer Anweisung eine weitere folgt, oder ob das übergeordnete Inkrement beendet ist. Zu diesem Zweck wird der nächste Knoten auf eine der Markierungen END, ELSE, FI, OD bzw. ESAC untersucht, und bei Auftreten einer dieser Markierungen wird das Kontrolldiagramm STATEMENTS beendet.

Die Übersetzung der Deklaration und die Realisierung der Speicherorganisation sind entscheidend für die Effektivität der inkrementellen Compilation. Es muß dabei gewährleistet werden, daß nachträgliche Änderungen der Blockstruktur oder das Einfügen von Deklarationen in übergeordneten Blöcken keine Recompilation aller Inkremente erforderlich machen, in denen der Bezeichner verwendet wird. Bei konventioneller Compilation mit Speicherzuteilung zur Übersetzungszeit ist dies nicht möglich. Inkrementelle Compilation erfordert also eine *Speicherzuteilung durch Laufzeitroutinen*, wobei die zur Übersetzungszeit zu generierende Adressierung über eine zur Laufzeit zu organisierende Symboltabelle erfolgt. Die in [FU 3] angegebene und unter der Bezeichnung *shallow binding* aus LISP-Implementierungen bekannte Methode zur Speicherverwaltung arbeitet mit einer zur Übersetzungszeit erstellten Symboltabelle aller im Programm auftretenden Bezeichner, die zur Laufzeit einen Verweis auf den für diesen Bezeichner momentan gültigen Speicherplatz enthält. Das Belegen und Freigeben von Speicherplatz sowie die Aktualisierung der Einträge in der Symboltabelle erfolgt dabei durch Laufzeitroutinen dynamisch während der Programmausführung. Da auf verschiedenen Stufen der Blockschachtelung verschiedene Variable mit dem gleichen Bezeichner deklariert sein können, enthält der reservierte Speicherplatz außer dem Wert der Variablen noch deren Typ und einen Verweis auf den Speicherplatz der gleichnamigen, übergeordneten Variablen.

Da bei Programmiersprachen mit Prozeduren statische und dynamische Blockschachtelung im allgemeinen nicht übereinstimmen, ist bei Prozeduren ein komplizierter Adressierungsmechanismus für globale Variable erforderlich (vgl. [FU 3]). Die Adressierung der formalen Parameter einer Prozedur kann nicht - wie bei Variablen - über die Symboltabelle erfolgen, da bei der Übersetzung der Prozeduraufrufe Bezeichnerkonflikte mit Variablen der aktuellen Umgebung auftreten können. Deshalb wird bei Aufruf über die Adresse der Versorgungsblock als zusätzliche Symboltabelle für die formalen Parameter benutzt. Da die Anfangsadresse des Versorgungsblockes dynamisch variiert, werden die formalen Parameter bei der Übersetzung des Prozedurrumpfes modifiziert (mit der Anfangsadresse des Versorgungsblockes) und indirekt (über den Versorgungsblock) mittels ihrer Stellennummer im Formalparameterteil des Prozedurkopfes adressiert. Eine implementierungsnahe Lösung der dynamischen Speicherverwaltung bei inkrementeller Compilation, welche eine Recompilation lokaler Inkremente bei Änderung der o-Kanten unnötig macht, ist in [AP 1] formalisiert.

Die Form des Zwischencodes als Programmgraph erlaubt eine *effektive Codeerzeugung.* Setzt man nämlich die Zergliederung von booleschen und arithmetischen Ausdrücken und von Wertzuweisungen durch binäre Bäume voraus, so können hier sehr effektive Übersetzungsalgorithmen herangezogen werden. Übersetzt man bei arithmetischen Ausdrücken, wenn man den Knoten eines binären Operators betrachtet, zuerst den Teilbaum mit dem größeren Niveau,[26] so führt dies zu Maschinencode, der bezüglich Programmlänge, und somit auch Ausführungszeit, optimal ist. Das schließt auch ein, daß dieser Code eine minimale Anzahl von Zwischenergebnis-Speicherplätzen benötigt. Bei booleschen Ausdrücken verfährt man gerade umgekehrt. Hier wird der Teilbaum mit kleinerem Niveau zuerst übersetzt, damit mit Hilfe der Technik der Kaskadenübersetzung (vgl. [FU 28]) Code mit kurzer Ausführungszeit erzeugt wird. In [AP 1] ist eine Übersetzungstechnik angegeben, die für Kaskadentechnik bezüglich Zwischenspeicherbedarf und Programmlänge optimal ist.[27]

---

26) Das Niveau eines binären Baumes ist das Niveau der Wurzel, wobei das Niveau für Knoten eines Baumes folgendermaßen definiert ist: Die Blätter haben das Niveau o. Sei k die Wurzel eines Teilbaumes, dessen linker Teilbaum Niveau I und dessen rechter Teilbaum Niveau J habe. Dann ist Niveau (k) = I+1, falls I = J, sonst Max (I,J).

27) Verzichtet man auf die Kaskadentechnik, und verfährt man wie bei arithmetischen Ausdrücken, so kann man zwar kürzeren Code mit geringerem Zwischenspeicherbedarf erzeugen, dieser muß jedoch stets ganz ausgewertet werden.

Vorstellung des Gesamtkonzepts und Zusammenfassung

Die Struktur des inkrementellen Compilers und das Zusammenwirken der einzelnen Moduln ist in Fig. IV/11 dargestellt, die im folgenden näher erläutert wird.

Die Kommunikation des Benutzers mit dem inkrementellen Compiler erfolgt über einen *Kontrollmodul*, der die Steuerung des gesamten Dialoges organisiert und auf entsprechende Kommandos des Benutzers verschiedene Teilsysteme aktiviert. Jedem Teilsystem ist dabei ein externer Zeiger zugeordnet, mit welchem der Benutzer dieses steuern kann.

Die interaktive Programmerstellung durch Ü1 mit Hilfe des EDIT-Zeigers umfaßt lexikalische und syntaktische Analyse eingegebener Inkremente sowie die Modifikation des Quellprogrammes und die Generierung bzw. Veränderung der internen Repräsentation als Programmgraph.

Nach Eingabe eines Inkrementes und der Modifikation des Programmgraphen durch Ü1 wird bei aktiviertem COMPILE-Zeiger von Ü2 der Maschinencode erzeugt. Durch interne Zeiger, die jedem lokalen Inkrement des Programmgraphen den entsprechenden Maschinencode zuordnen, wird eine weitgehende Strukturierung des Maschinencodes erreicht.

Eine schrittweise Programmausführung bei Aktivierung des EXECUTE-Zeigers wird durch eine *Interpretation* der globalen Inkremente erreicht. Dabei werden die den lokalen Inkrementen entsprechenden Stücke des Maschinencodes als offene Unterprogramme ausgeführt und lediglich ihr Zusammenhang mit Hilfe der im Programmgraphen gespeicherten Information interpretiert. Dies ermöglicht auch die Ausführung unvollständiger Programme, da bei Erreichen eines unvollständig spezifizierten globalen Inkrementes der Benutzer zu weiterer Eingabe aufgefordert werden kann, ohne daß die Programmausführung abgebrochen werden muß.

Nach Beendigung der interaktiven Programmerstellung, -übersetzung und -ausführung kann durch Aktivierung des GENERATE-Zeigers ein komplettes Objektprogramm erzeugt werden, indem die von Ü2 generierten Codestücke vom *Montierer* gemäß der Programmstruktur durch Sprungbefehle zusammengefügt werden.

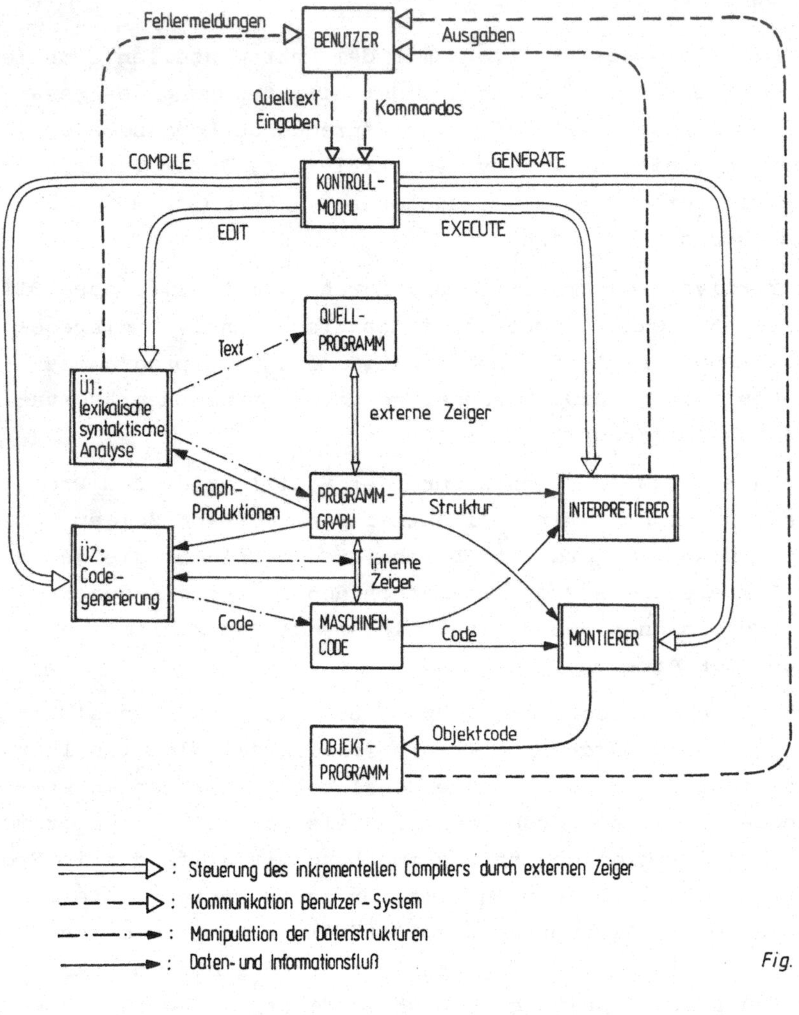
Fehlermeldungen
BENUTZER
Ausgaben
Quelltext
Eingaben
Kommandos
COMPILE
KONTROLL-
MODUL
GENERATE
EDIT
EXECUTE
QUELL-
PROGRAMM
Text
Ü1:
lexikalische
syntaktische
Analyse
externe Zeiger
Graph-
Produktionen
PROGRAMM-
GRAPH
Struktur
INTERPRETIERER
Ü2:
Code-
generierung
interne
Zeiger
Code
MASCHINEN-
CODE
Code
MONTIERER
Objektcode
OBJEKT-
PROGRAMM
: Steuerung des inkrementellen Compilers durch externen Zeiger
: Kommunikation Benutzer-System
: Manipulation der Datenstrukturen
: Daten- und Informationsfluß

Fig. IV/11

Die geschlossene Eingabe globaler Inkremente und die Ausführbarkeit unvollständiger Programme unterstützen stark eine Programmerstellung nach der Methode der *schrittweisen Verfeinerung* [FU 11], [FU 33]. Durch Aneinander- und Ineinanderfügen globaler Inkremente kann die Struktur eines Algorithmus schrittweise verfeinert werden. Bisher unspezifiziert gebliebene Programmteile sollten dann jedoch mit einem Kommentar versehen werden, der das dort einzusetzende Programmstück beschreibt.[28)] Der Benutzer kann unvollständige Programme testen: Ist etwa der else-Teil einer Fallunterscheidung bisher leer geblieben, so ruft dies bei der *schrittweisen Programmausführung* bei Durchlaufen dieses else-Teils eine Meldung des Systems an den Benutzer hervor, der dann mit Hilfe des EDIT-Zeigers die Programmeingabe fortsetzen kann. Das Verhalten des inkrementellen Compilers ist stark interpreterähnlich.

Eine inkrementelle Übersetzung nach obigen Konzept ist schon wegen der komplizierten Speicherverwaltung zur Laufzeit mit einigem Aufwand verbunden. Dies gilt auch dann, wenn man eine Implementierung von Graphen und Graphersetzungen voraussetzt, die ganz auf obige Anwendung zugeschnitten ist. Hinzu kommt, daß auch bei üblichen Compilern der Recompilationsaufwand bei Änderungen auf kleinere Programmteile beschränkt ist, wenn man eine vernünftige Programmiermethodik voraussetzt. Der Vorteil obiger Vorgehensweise ist neben der Unterstützung der Programmerstellung nach der Methode der schrittweisen Verfeinerung der, daß durch das zweistufige und interaktive Vorgehen eine Reihe von Aufgaben in den inkrementellen Compiler integriert werden können, für die heutige Programmiersysteme wenig Unterstützung bieten:

- Effizienzsteigerungen durch *äquivalente Umformungen* im Sinne von [FU 19] setzen vernünftigerweise ein Dialogsystem voraus. Ausgangspunkt ist dabei ein wohlstrukturiertes Programm, von

---

28) Dieser Kommentar sollte auch bei Ausfüllen der leeren Programmstellen nicht gelöscht werden. Bei dieser Vorgehensweise ergibt sich von selbst eine Programmdokumentation.

dessen Richtigkeit man sich durch Verifikation oder Plausibilitätsprüfung überzeugt hat, Endprodukt soll ein effizientes Programm sein, dessen Struktur undurchsichtig sein darf.[29] Diese Aufgabe läßt sich im Dialog deshalb viel effizienter lösen, weil dabei der Programmierer seine Kenntnisse von der Programmstruktur und dem Problem mitverwenden kann.

- *Maschinenunabhängige Optimierung* von Programmen, z.B. das Finden gemeinsamer Teilausdrücke, Schleifenoptimierung o.ä. lassen sich auf der Zwischenform der Übersetzung, dem Programmgraphen, besser durchführen als im Quellprogramm oder im Maschinencode, da hier strukturelle Zusammenhänge deutlicher sind.[30]
- Das interpreterähnliche Verhalten kann bei der *Fehlersuche* nützlich sein, indem bei der schrittweisen Programmausführung dynamische Kontrollen und Ausgaben durchgeführt werden.
- Untersuchungen zur *Parallelisierbarkeit* von Teilen eines vorgegebenen Programms, etwa zur Aufarbeitung eines bestehenden Algorithmus für eine Mehrprozessorkonfiguration, lassen sich leichter auf dem Programmgraphen als in der Quellfassung durchführen.
- Obiger Programmgraph läßt sich durch Einführung von zusätzlichen Zählern an Verzweigungsknoten leicht für die Aufgabe des *Programmonitoring* erweitern, damit obenerwähnte Tuning-Maßnahmen besonders in den häufig durchlaufenen Programmteilen durchgeführt werden.
- Schließlich kann man daran denken, in obiges System *rechnergestützte Programmverifikation* mit einzubeziehen, um zumindest die "kritischen" Teile größerer Programmsysteme zu verifizieren.

---

29) Als Dokumentation verwendet man nämlich die wohlstrukturierte Fassung und eine Aufzeichnung über die angewandten Umformungen.

30) Für diese oder ähnliche Aufgaben kann der Programmgraph weitere Kanten enthalten.

Diese Möglichkeiten mitberücksichtigt, kann ein inkrementeller Compiler ein Schritt zu einem *Dialogsystem zur Erstellung effizienter und sicherer Software* sein. Der Leser mache sich klar, daß alle obigen Erweiterungen, die mit Veränderungen des Programmgraphen zusammenhängen, sowohl mit Hilfe von Graph-Grammatiken sauber beschrieben werden können als auch - falls eine efiiziente Implementierung derselben vorliegt - mit deren Hilfe implementiert werden können. Das sind weitere Anwendungen von Graph-Grammatiken, die noch der genauen Untersuchung bedürfen.

IV.2. Semantikbeschreibung mit Graph-Ersetzungssystemen

Semantikbeschreibung mit Graphen

Semantikbeschreibungen unter Zuhilfenahme von Graphen gibt es viele in der Literatur (z.B. [AP 4], [AP 20], [AP 24], [FU 24], [AP 27], [FU 10], [FU 21], [FU 34], [FU 2], [FU 32], [FU 30]). Wir wollen in diesem Abschnitt skizzieren, wie die Semantik einer Programmiersprache formal beschrieben werden kann, die expliziten Umgang mit parallelen Prozessen gestattet, d.h. die Anweisungen zur gegenseitigen Beeinflussung und Koordinierung von Prozessen enthält. Wir folgen in dieser Darstellung im wesentlichen [AP 4].

Die meisten Semantik-Beschreibungsansätze der Literatur, die Graphen verwenden, sind aus unterschiedlichen Gründen für obige Aufgabe nicht geeignet. Alle obengenannten Ansätze beschreiben die Semantik von Programmiersprachen bzw. Programmen, die keinen expliziten Umgang mit Prozessen vorsehen. Andererseits sind die für diese Aufgabe bekannten Hilfsmittel wie Petri-Netze [FU 23] oder ihre Spezialisierung in Form von Synchronisationsgraphen [FU 15] bzw. Verallgemeinerung in Form von E-Netzen [FU 22] zwar gut geeignet, die Steuerung nebenläufiger Vorgänge zu beschreiben, diese Beschreibungsmittel eignen sich aber nicht zur evidenten Darstellung von Datenstrukturen und Operationen auf ihnen. Bei Datenflußschemata und Datenflußsprachen wiederum, die eine Erweiterung von Petri-Netzen durch arithmetische und boolesche Operationen darstellen, fehlen Deklarationen, Blockstruktur und ferner ein evidenter Zusammenhang zwischen Quellprogramm und zugehörigem Datenflußschema.

Allen obigen Ansätzen ist gemeinsam, daß *Programme in abstrakter Form als Graphen* (Bäume in [FU 21], [FU 32], [AP 27], "Bäume mit Querverweisen" in [FU 10], H-Graphen in [FU 24], [FU 2], [FU 30], quasihierarchische Graphen in [AP 20], belieliebige l-Graphen in [AP 4][1] dargestellt werden. Die Ausführung von Programmen wurde durch Transformationen auf den Graphen u.U. mit zusätzlichen Komponenten definiert, die sich formal als Graphersetzungen auffassen lassen.[2] Allerdings wurde in keiner der obigen Arbeiten, außer [AP 4], dafür von Graphersetzungsmechanismen Gebrauch gemacht. In [AP 20] werden zwar Graphersetzungen angewandt, jedoch zur Erzeugung einer graphischen Notation, die die Transformationen evident machen soll, jedoch nicht für die Transformationen selbst.

Informale Beschreibung der Programmiersprache

Wir haben als Programmiersprache, deren Semantik zu beschreiben ist, einen kleinen Teil von PEARL [FU 31] herausgegriffen. Wir beschränken uns dabei ausschließlich auf den Sprachteil, der das Formulieren von Prozeßsegmenten (Programmstück zu einem Prozeß) bzw. die *Koordinierung von Prozessen* betrifft. Dies geschah aus zwei Gründen: Erstens kann die Semantik von Operationen auf üblichen Datenstrukturen den oben angegebenen Semantikansätzen entnommen werden, zum anderen würde bei gleichzeitiger Betrachtung des konventionellen Sprachteils die folgende formale Beschreibung ihre für diese einführende Darstellung nötige Übersichtlichkeit völlig verlieren.

Prozesse können die in Fig. IV/12 angegebenen fünf Zustände annehmen. Diese wiederum können durch die folgenden *Prozeß-*

---

1) Der Leser erinnere sich, daß wir für die Beschreibung eines inkrementellen Compilers die abstrakte Syntax von Programmen ebenfalls durch l-Graphen dargestellt haben, dort geschah dies jedoch nicht zur Semantikbeschreibung. Andererseits kann man die beiden Übersetzungen Ü1 und Ü2 und die dadurch gewonnene Form des Programmgraphen mit Codestücken auch als Semantikbeschreibung des Quellprogramms auffassen.

2) Selbst das Schalten von Transitionen in Petri-Netzen läßt sich als parallele Ersetzung auffassen, die allerdings die Struktur des zugrunde liegenden Graphen unverändert läßt. Allein hieraus sieht man schon, daß die Definition der Übergänge in Petri-Netzen durch parallele Graph-Ersetzungen ineffizient ist.

Anweisungen ineinander übergeführt werden:[3)]

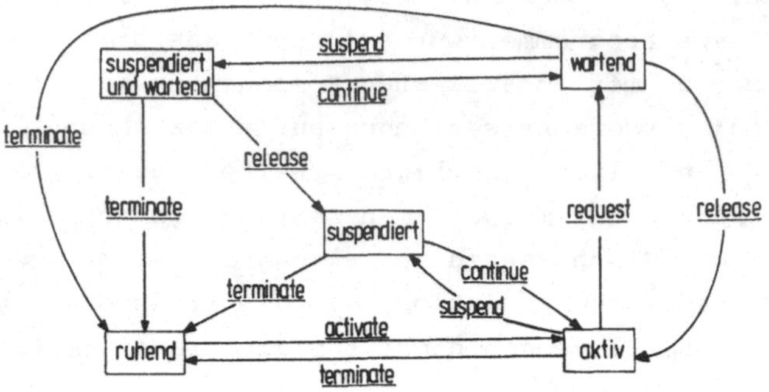

Fig. IV/12

activate t: Hat die Erzeugung des Prozesses t zur Folge, d.h. die Anweisung bewirkt die Ausführung des zu t gehörenden Prozeßsegments.

terminate t: Vernichtung eines Prozesses und seiner Unterprozesse. Diese Anweisung wirkt, als ob t sein taskend passiert hätte, d.h. das Ende seines Prozeßsegments erreicht hätte.

suspend t: Bewirkt das Anhalten (Suspendieren) des Prozesses t und das Suspendieren seiner Unterprozesse, die aktiv bzw. wartend sind.

continue t: Bewirkt das Fortsetzen des Prozesses t, falls t vorher aus dem aktiven Zustand suspendiert wurde bzw. einen Übergang in den Zustand wartend, falls t vorher suspendiert und wartend war. Ferner werden dadurch die suspendierten bzw. die suspendierten und wartenden Unterprozesse in den Zustand aktiv bzw. wartend versetzt.

Neben diesen unbedingten Anweisungen zur Prozeßsteuerung gibt es noch die *Synchronisationsanweisungen*, die Semaphores verwenden, d.h. es gibt Daten der Art sema mit den zwei folgenden nichtunterbrechbaren Operationen:

---

3) Für eine umfangreichere informale Beschreibung sei auf [FU 31] verwiesen. Weil derartige Darstellungen viele Fragen offen lassen, besteht das Bedürfnis und die Notwendigkeit für eine detailliertere Semantikdefinition.

request S: erniedrigt den Wert der Semaphore S um 1, falls S ≥ 1 bzw. hält andernfalls den Kontrollfluß an der Stelle der Anweisung an, bis das Erniedrigen möglich ist.

release S: erhöht den Wert der Semaphore S um 1.

Die Anweisung request S bewirkt also einen Zustandsübergang eines zugeordneten Prozesses von aktiv nach wartend, wenn die Semaphore den Wert 0 hat. Nur ein aktiver Prozeß kann sich selbst vom Zustand aktiv in den Zustand wartend versetzen. Umgekehrt bewirkt release S die Fortsetzung eines der Prozesse, die vorher wartend waren, weil die Semaphore den Wert 0 hatte. Durch Erhöhen von S kann nämlich einer der wartenden Prozesse das das Warten verursachende request durchführen.

Die Initialisierung der Semaphores geschieht entweder durch den Programmierer oder durch das System.

Ferner gibt es noch eine *implizite Prozeßzustandsmanipulation über die Blockstruktur*. Wir sagen, t1 ist Unterprozeß von t, wenn das Prozeßsegment von t1 im Prozeßsegment von t enthalten ist. Umgekehrt bezeichnen wir t auch als Oberprozeß von t2. Jeder Prozeß t ist einem Block zugeordnet, nämlich dem innersten Block, der die Deklaration von t enthält. Die Synchronisation durch die Blockstruktur erfolgt nun dadurch, daß bei Verlassen eines Blocks sämtliche Unterprozesse dieses Blocks vernichtet werden.[4] Dies geschieht ebenso wie bei continue, suspend und terminate für bezüglich der Blockstruktur beliebig tief liegende Unterprozesse.

Ferner gebe es genau einen Hauptprozeß, der die Deklarationen sämtlicher anderen Prozesse enthalte.[5]
Anfangs sind alle Prozesse, außer dem Hauptprozeß, ruhend, dieser ist im Zustand aktiv. Ein Prozeß führt nur dann Anweisun-

---

4) Dies ist eine Abweichung von Pearl, diese Lösung stammt aus PL/I. Bei Pearl kann der Kontrollfluß einen Block nur dann verlassen, wenn alle Unterprozesse beendet *sind* (Synchronisation durch Blockstruktur!).

5) Dies ist ebenfalls eine Abweichung von Pearl, wo Prozesse generell vom Bediener der Anlage gestartet werden.

gen aus, wenn er aktiv ist. Insbesondere kann er sich dann selbst suspendieren oder beenden, oder dies kann von einem anderen aktiven Proezß aus geschehen. Ein nichtaktiver Prozeß kann nur von einem anderen aktiven Prozeß aktiviert werden. Anweisungen für einen Prozeß in einem Zustand, die keinen Zustandsübergängen von Fig. IV/12 entsprechen, sind wirkungslos: etwa activate t für einen aktiven Prozeß t, terminate t für einen ruhenden Prozeß.
Da es uns hier lediglich auf die Semantikbeschreibung von Programmen für Prozeßkoordinierung ankommt, nehmen wir als einzige andere Anweisung die skip-Anweisung in den zu formalisierenden Sprachteil auf. Diese skip-Anweisungen sind Platzhalter für beliebige Anweisungsfolgen des nichtparallelen Sprachteils.

Programmgraphen und ihre Manipulationen als Semantikbeschreibung von Programmen

Setzen wir ein korrektes Programm in der oben skizzierten Programmiersprache voraus, so können wir dessen abstrakte Syntax wie in IV.1 in Form eines Programmgraphen notieren. Dieser enthält bereits statische Aspekte der Semantik, wie etwa Verweise zwischen definierendem und angewandtem Auftreten von Bezeichnern. Den Anweisungen entsprechen wieder Knoten des Programmgraphen, die mit den Anweisungen markiert sind. Neben BEGIN- und END-Knoten des Programmgraphen, die wie in IV.1 durch b-Kanten geklammert sind, um die Blockstruktur anzuzeigen, gibt es für jede Prozeßdeklaration einen *TASKBEGIN-* und einen *TASKEND-Knoten*, die in die Klammerung der b-Kanten so einbezogen sind, als handelte es sich um die Knoten eines begin-end-Paares anstelle des task-taskend-Paares. Dazwischen liegt der dem Prozeßsegment entsprechende Graph. Für jeden Prozeß gibt es einen *Zustandsknoten*, dessen Markierung aus {A,W,S,SW,R} sein muß. Diese Markierung zeigt an, in welchem Zustand von aktiv bis ruhend sich der Prozeß befindet. Knoten für die Bezeichner von Prozessen und Semaphores treten hier nicht auf. In IV.1 haben wir Knoten für Bezeichner eingeführt; dort war eine wesentliche Aufgabe die leichte Änderbarkeit von Deklarationen. Der einer Prozeßanweisung, etwa activate t, entsprechende Knoten des Programmgraphen ist mit ACTIVATE markiert, und von ihm geht eine markierte Kante zum Zustandsknoten des Untergraphen des Programmgraphen, der der Prozeßdeklaration von t entspricht. Solche Kanten zeichnen wir im Programmgraphen punktiert. Entsprechend verweisen bei Semaphore-Anweisungen Kanten auf die Knoten des Programmgraphen, die Semaphores entsprechen. Die Semaphoreknoten sind mit Markierungen aus $\mathbb{N}_0$ versehen. Die Verweiskanten von Semaphore-Anweisungen zeichnen wir strichliert. Es verweisen d-Kanten (d für declaration) von einem BEGIN-Knoten zu allen TASKBEGIN-Knoten direkt in diesem Block deklarierter Prozesse. Vom Zustandsknoten eines Prozesses zeigt eine *execute-Kante*, die wir durch einen Doppelpfeil kennzeichnen, auf den Knoten des Prozesses, der der gerade auszuführenden Anweisung entspricht. Diese Kanten erfüllen die Funktion von Befehlszählern und stehen bei Aktivieren eines Prozesses auf dem TASKBEGIN-Knoten dieses Prozesses. Ferner gibt es eine mit *statbegin* markierte *Kante*, die wir strichpunktiert zeichnen, vom Zustandsknoten jedes Prozesses auf den zugehörigen TASKBEGIN-Knoten. Diese Kanten brauchen wir hauptsächlich für die Rücksetzung der Befehlszählerkante, wenn ein Prozeß sich selbst beendet (durch terminate bzw. taskend) bzw. von einem anderen Prozeß beendet wird. In Fig. IV/13 ist links die Quellfassung eines Programms in Pearl-ähnlicher Notation gegeben, rechts der zugehörige *Programmgraph*. Die Kontrollflußkanten des Programmgraphen werden wieder unmarkiert gezeichnet.

```
program
    dcl tm task main
        skip;
        begin dcl S sema initial(1);
            dcl tsub task
                request S;
                skip;
                release S;
            taskend;
            activate tsub;
            skip;
            suspend tsub;
            request S;
            skip;
            release S;
            continue tsub;
        end
    taskend
progend
```

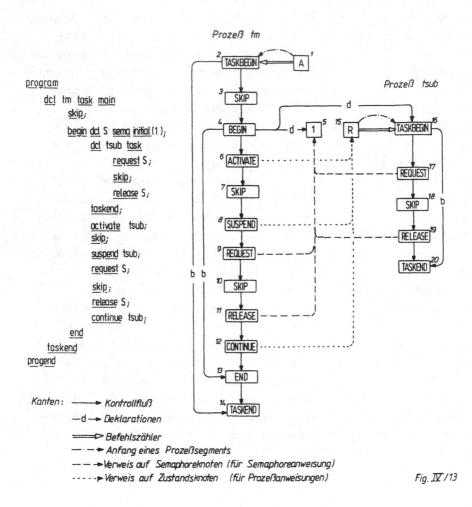

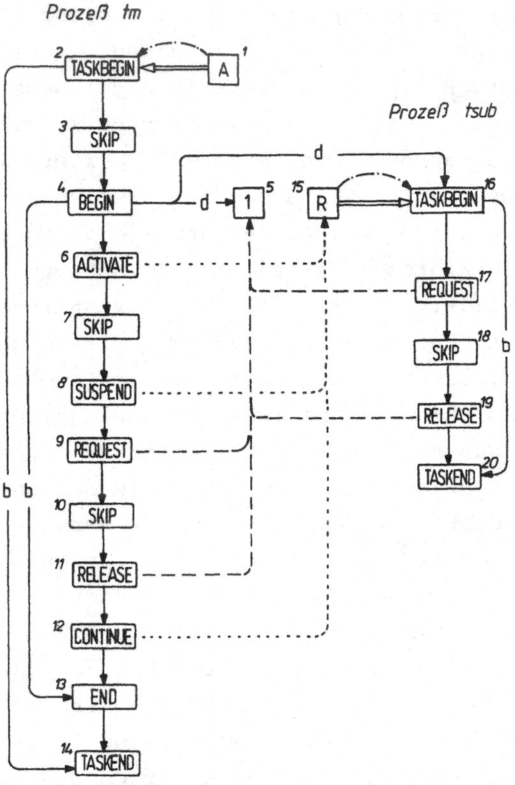

Kanten: ——→ Kontrollfluß
—d→ Deklarationen
═══▷ Befehlszähler
—·—→ Anfang eines Prozeßsegments
— — → Verweis auf Semaphoreknoten (für Semaphoreanweisung)
- - - - → Verweis auf Zustandsknoten (für Prozeßanweisungen)

Fig. IV/13

Beschreiben wir nun den *Programmablauf* durch Veränderung des Programmgraphen, so durchläuft dieser folgende Stadien: Anfangs ist nur der Hauptprozeß aktiv, und dessen Befehlszähler bewegt sich über den Knoten 3 zu Knoten 4 und dann zu Knoten 6. Bei Ausführung der Anweisung von Knoten 6 wird der Unterprozeß aktiviert, d.h. Knoten 15 erhält die Markierung A. Jetzt sind beide Prozesse tm und tsub aktiv und können parallel ablaufen, d.h. gleichzeitig oder in beliebiger Reihenfolge nacheinander, je nachdem, ob der zugrunde liegende Rechner mehrere oder nur einen Prozessor besitzt. Nach Ausführung dieser Anweisung steht der Befehlszähler des Hauptprozesses auf dem SKIP-Knoten 7. Als nächsten zeitlichen Schritt bewege der Unterprozeß seinen Befehlszähler auf den Knoten 17. Da beide Prozesse aktiv sind, können im nächsten Schritt beispielsweise die Anweisungen der Knoten 7 und 17 gleichzeitig ausgeführt werden. Dies führt zu einer Erniedrigung des Werts der Semaphore (Knoten 5) auf 0 und verschieben der Befehlszähler auf Knoten 8 bzw. Knoten 18. Werden im nächsten Schritt Knoten 8 und 18 parallel ausgeführt, d.h. gleichzeitig oder in beliebiger Reihenfolge, so wird dabei der Unterprozeß suspendiert und die Befehlszähler stehen auf Knoten 9 bzw. 19. Der Unterprozeß ist jetzt inaktiv, der nächste Schritt des Hauptprozesses ist eine request-Anweisung auf die Semaphore, die den Wert 0 hat, d.h. der Hauptprozeß wird ebenfalls inaktiv, da er in den Zustand wartend übergegangen ist. Da kein aktiver Prozeß übrig geblieben ist, der einen oder beide Prozesse befreit, haben wir eine *Verklemmung*.[6)]

Neben den oben besprochenen markierten Kanten führen wir im Programmgraphen noch *Kanten* der Markierung *dyn* ein, die vom Zustandsknoten eines Prozesses t zu den Zustandsknoten nichtruhender Unterprozesses dieses Prozesses zeigen, die jedoch nicht Unterprozesse eines Prozesses ungleich t sind. Diese

6) Die Verklemmung wäre vermieden worden, wenn zuerst release S und dann suspend tsub ausgeführt worden wäre. Obiges Programm ist jedenfalls nicht verklemmungsfrei.

Kanten werden lediglich dazu eingeführt, obige Transformationen auf dem Graphen einfacher beschreiben zu können. In obigem Beispiel wurde bei Ausführung von Knoten 6 eine dyn-Kante von Knoten 1 zu Knoten 15 eingetragen, die im folgenden erhalten bleibt, weil der Unterprozeß nicht beendet wird.

Transformationen auf dem Programmgraphen der oben skizzierten Art lassen sich als *gemischte Ableitungen* (vgl. III.2) beschreiben, d.h. als parallele Ableitungen auf einem Teil des Programmgraphen. Wir wollen dabei die Anzahl der parallel anzuwendenden Produktionen nicht vorschreiben. Somit sind in diesen Ableitungen insbesondere die beiden folgenden Spezialfälle enthalten, daß (a) jeder Ableitungsschritt maximale Parallelität besitzt, d.h. keine weitere Produktion mehr parallel angewandt werden kann, und (b) in jedem Ableitungsschritt nur jeweils eine sequentielle Ersetzung zur Anwendung kommt. Im zweiten Fall bedeutet Parallelität nicht mehr, als daß die den Ausführungen paralleler Anweisungen entsprechenden Ersetzungsschritte hintereinander in beliebiger Reihenfolge stattfinden können.

Wir geben im nächsten Teilabschnitt eine Menge von Graph-Produktionen an, die alle Modifikationen des Programmgraphen erzeugen können, die korrekten Ausführungenszuständen eines Programms entsprechen. Die Semantik eines Programmes p ist dann definiert durch die *Menge aller gemischten Ableitungsfolgen*, die mit dem Programmgraphen D_p des Programms p beginnen. Andererseits definiert diese Produktionenmenge auch die Semantik der zugrunde liegenden Programmiersprache, denn sie definiert die Semantik jedes Programms der Sprache. Diese Menge von Graph-Produktionen ist ein *abstrakter Interpretierer* für die Sprache, weil das Ergebnis jedes Programmschritts durch die Modifikation des Programmgraphen sofort sichtbar wird. Die Semantikdefinition durch einen Interpretierer ist hier schon deshalb angebracht, weil es auf das zeitliche Zusammenspiel der einzelnen Prozesses zur Laufzeit ankommt. Es gibt bei parallelen Prozessen keine sinnvolle compilerorientierte Semantikbeschreibung (vgl. [AP 20]) durch Angabe einer evidenteren Darstellung des Programms, bei der man behaupten kann, daß die Semantik ohne Betrachtung des Laufzeitverhaltens klar wird.

Die Definition der Semantik eines Programms p durch die Menge aller möglichen gemischten Ableitungsfolgen, die mit dem Programmgraphen D_p beginnen, sagt - wie oben bereits ausgeführt - nichts aus über die Parallelität der einzelnen Ableitungsschritte. Der Extremfall maximale Parallelität bedeutet, daß jeder aktive Prozeß in jedem Ableitungsschritt eine Veränderung auf dem Programmgraphen induziert, sofern sich zwei aktive Prozesse nicht gegenseitig stören, d.h. auf demselben Untergraphen verschiedene Manipulationen durchführen wollen. Der andere Extremfall, daß nur jeweils eine Produktion in jedem Ableitungsschritt zur Anwendung kommt, bedeutet, daß nur ein aktiver Prozeß den Programmgraphen manipuliert und die anderen aktiven Prozesse dadurch bedient werden, daß sie nach einer vorgegebenen oder beliebigen Reihenfolge nacheinander zum Zuge kommen. Dem ersten Fall würde eine Implementierung des Programms auf einer Rechnerkonfiguration entsprechen, wo mindestens so viele Prozessoren zur Verfügung stehen, wie es während der Programmausführung maximal gleichzeitig aktive Prozesse gibt, dem zweiten Fall entspräche die Implementierung auf einer Einprozessoranlage. Somit bedeutet obige Definition der Semantik *Unabhängigkeit von der Implementation*, d.h. insbesondere von der zugrunde liegenden Rechnerkonfiguration.[7)]

Will man sich in einem konkreten Fall über die Semantik eines Programms p Klarheit verschaffen, so heißt das bei obiger Definition der Semantik von p nicht, daß man die Menge aller mit D_p beginnenden Ableitungen inspizieren muß. Diese Menge ist,

---

7) Will man sich andererseits mit Implementierungsfragen auf hohem Niveau beschäftigen, dann wird man hier nur Ableitungsfolgen betrachten, wo die Anzahl der gleichzeitig den Programmgraphen manipulierenden Prozesse kleiner oder gleich der Anzahl der verfügbaren Prozessoren ist. Dann muß man natürlich Scheduling-Strategien bezüglich der aktiven bzw. wartenden Prozesse in die Überlegung mit einbeziehen.

falls das Programm stets zum Halt kommt, eine zwar endliche,[8] jedoch bezüglich der Anzahl der Elemente große Menge. Es genügt meist, sich *eine* Ableitung anzusehen, in der maximal parallele Ersetzungen zur Anwendung kommen. Die in folgenden angegebenen Produktionen sind so beschaffen, daß die Zerlegung des Programmgraphen in unveränderten Teil bzw. in linke Seiten anzuwendender Produktionen nicht viele Kombinationsmöglichkeiten gestattet. Dennoch gibt es nicht nur eine maximal-parallele Ableitung, weil aus zwei sich störenden Ersetzungen nur eine zur Anwendung kommen kann. Ein solcher Fall liegt etwa vor, wenn zwei Prozesse auf eine Semaphore gleichzeitig ein request ausführen wollen.

Programmierte, gemischte Ersetzungen

Wir gehen aus von einer korrekten Darstellung des Quellprogramms durch einen Programmgraphen obiger Gestalt, der die abstrakte Syntax des Programms widerspiegelt. Zur *Gewinnung von Programmgraphen* gibt es zwei naheliegende Möglichkeiten: a) Man übersetzt das Quellprogramm in einen Programmgraphen (vgl. etwa [FU 29]). b) Man gibt eine Graph-Grammatik an, die die Menge der korrekten Programmgraphen erzeugt. Die Angabe einer solchen Graph-Grammatik bereitet keine Schwierigkeiten, sie kann meist aus der üblichen Definition der Programmiersprache direkt abgeleitet werden (vgl. etwa [AP 1]), wo für die in IV.1 verwandte Sprache eine Graph-Grammatik angegeben wurde.

Ein Ableitungsmechanismus, der die Eigenschaft besitzt, daß *gemischte* Produktionenanwendung *in sequentielle aufgelöst* werden kann, wo also die bei der gemischten Ersetzung parallel[9] angewandten Produktionen das gleiche Ergebnis haben, als würden sie in beliebiger Reihenfolge hintereinander angewandt, darf nach Bem. II.2.3 höchstens elementare (abg. el) Überführungen verwenden. Anderseits sieht man leicht, daß in gemischten Er-

---

8) Der Leser erinnere sich, daß wir nur an Ableitungen abstrakter Graphen interessiert sind.

9) Parallel ist hier nicht parallel im Sinne von II., wo es in einem Graphen keine unersetzten Teile geben durfte.

setzungen bei ausschließlicher Verwendung von el-Überführungen die Auflösbarkeit in sequentielle Ableitungsfolgen tatsächlich gegeben ist. Dieses Ergebnis impliziert wiederum, daß ein gemischter Ableitungsschritt in eine gemischte Ableitungsfolge mit reduzierter Parallelität der Produktionenanwendung aufgelöst werden kann. Umgekehrt haben sequentielle Ableitungsfolgen, bei denen die linken Seiten aller angewandten Produktionen bereits im ersten Graphen disjunkt vorhanden sind und bei denen alle Einbettungsüberführungen el sind, die Eigenschaft, beliebig vertauschbar und *parallelisierbar* zu sein: Die gemischte Ableitung, in der die Produktionen der sequentiellen Ableitungsfolge parallel angewandt werden, hat das gleiche Ergebnis.[10)] Dazwischen liegen Folgen gemischter Ableitungen, die ebenfalls dasselbe Ergebnis haben. Eine etwas genauere Betrachtung zeigt, daß obige Eigenschaft el für die angewandten Überführungen nur nötig ist für die Anteile, die Kanten zwischen den parallel eingesetzten Untergraphen erzeugen. Die Anteile der Überführungen, die Kanten zum Restgraphen erzeugen, dürfen allgemeinere Form haben (vgl. Fig. IV/14).[11)]

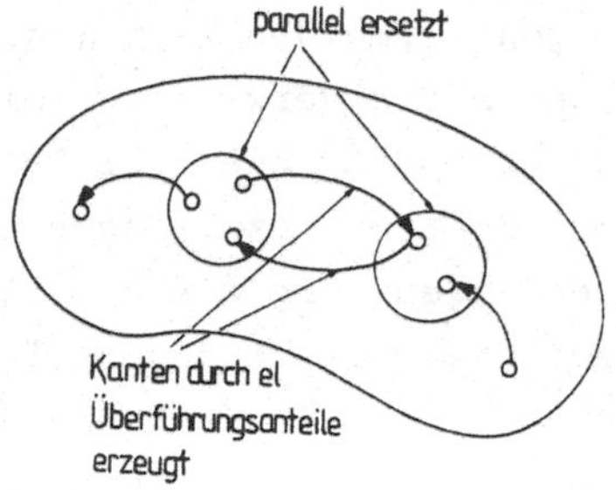

Fig. IV/14

Obige Darstellung war vereinfacht. Für unser Beispiel benötigen wir mehr als Ersetzungen, die sich in einem Schritt durch-

---

10) Man kann dies dahingehend erweitern, daß linke Seiten von Produktionen sich überlagern dürfen, sofern dieser Überlagerungsgraph sich bei der Ersetzung nicht ändert (vgl. [AP 4]). Man hat dann keine Zerlegung mehr in Restgraphen und linke Seiten. Damit kann beispielsweise der gleichzeitige lesende Zugriff mehrerer Prozesse beschrieben werden. Einen Spezialfall dieser Überlagerung linker Seiten, nämlich an Verklebungsknoten, findet man in [GG 8], [GG 35] (vgl. auch I.5).

11) Welche Kanten zum Restgraphen gehen bzw. Verbindungen zwischen parallel einsetzbaren Graphen erzeugen, sieht man einer Überführung natürlich nicht an. Hier wird Kenntnis über die zugrunde liegenden Graphen vorausgesetzt.

führen lassen, nämlich *programmierte Ersetzungen* (vgl. III.1), die aus einer Reihe von Einzelersetzungen bestehen, die über ein Kontrolldiagramm gesteuert werden. Beispielsweise muß bei Ausführung von terminate t ein ganzer Baum nichtruhender Unterprozesse von t durchsucht werden, und diese Unterprozesse müssen beendet werden. Ferner spricht die größere Evidenz für die Verwendung programmierter Ersetzungen, selbst dort, wo sich Programmierung etwa durch die Verwendung komplizierterer Überführungen vermeiden läßt (vgl. Bem. III.1.6). Schließlich verbietet sich die Verwendung komplexerer Überführungen aus den obengenannten Gründen der Reihenfolgeunabhängigkeit bzw. Parallelisierbarkeit bzw. Sequentialisierbarkeit von Produktionenanwendungen, die wir auf alle Fälle erhalten möchten, um die Semantik, wie oben ausgeführt, implementierungsunabhängig zu machen. Auf der Ebene der die Semantik definierenden Ableitungen betrachten wir programmierte Ersetzungen als eine Einheit.

Ein *gemischter Ableitungsschritt* von d nach d' (abg. d—gp→d') *mit n programmierten Ersetzungen*, unter Verwendung von Kontrolldiagrammen $kd_1, \ldots, kd_n$, ist dabei (grob) folgendermaßen definiert: Es gibt Abwicklungen $ab_1, \ldots, ab_n$[12] der Kontrolldiagramme und eine endliche Folge gemischter Ableitungen F : d—g→d_1...—g→d' derart, daß jeder Ableitungsschritt in F mindestens einen Schritt einer Abwicklung darstellt, und mit dem letzten Ersetzungsschritt alle Abwicklungen beendet sind. Sofern man über die Gestalt der zu den einzelnen Kontrolldiagrammen gehörenden Produktionen keine Annahmen macht, gestattet dieser Ableitungsbegriff beliebig unübersichtliche Ableitungen d—gp→d'. So ist es möglich, daß die Produktionen jedes Kontrolldiagramms nicht lokal, sondern beliebig verstreut in Graphen d arbeiten. Wünschenswert ist eine Einschränkung dieser Vielfalt, damit ein Ableitungsbegriff entsteht, für den ein einfacher Algorithmus angegeben werden kann. In diesen Algo-

---

12) Da eine programmierte Ersetzung in diesem Ableitungsschritt u.U. mehrfach angewendet werden kann, heißt dies, daß Kontrolldiagramme äquivalent sein können.

rithmus müssen die Abarbeitungszustände der verschiedenen Kontrolldiagramme $kd_1, \dots, kd_n$ eingehen. Hierbei ist auf folgendes zu achten: Die zugrunde liegenden Graphen (hier die Programmgraphen) und die Produktionen sind so zu konstruieren, daß jedes Kontrolldiagramm nur an einer bestimmten Stelle des Graphen arbeiten kann, nämlich dort, wo die linke Seite der ersten Produktion aufgefunden wird. Dazu muß es in Graphen und in den linken bzw. rechten Seiten der zu einem Kontrolldiagramm zugehörigen Produktionen eine Verankerungsstruktur geben, wie etwa EDIT- bzw. COMPILE-Zeiger in IV.1, oder Prozeßzustandsknoten und Befehlszählerkante dieses Prozesses im unten anzugebenden Interpreter. Eine programmierte Ersetzung kann aber an mehreren Stellen des Programmgraphen anwendbar sein, d.h. mehrere Kontrolldiagramme sind äquivalent, es müssen Prozeßanweisungen des gleichen Typs parallel anwendbar sein. Eine kontrollierte Steuerung der an verschiedenen Stellen des Programmgraphen arbeitenden Kontrolldiagramme ist beispielsweise möglich durch Einführung von Kontrolldiagramm-Befehlszählerkanten, die vom aktuellen Programmknoten eines Kontrolldiagramms auf die Verankerungsstruktur dieses Kontrolldiagramms zeigen (vgl. Fig. IV/15).[13] Ohne diese Befehlszählerkanten, allein durch Festhalten des Abarbeitungszustands der Kontrolldiagramme, kann der Fall eintreten, daß sich eine Stelle S des Programmgraphen in einem Zustand befindet, der dem Abarbeitungszustand az eines an zwei Stellen arbeitenden Kontrolldiagramms entspricht, darauf aber mit einer Produktion fortgefahren wird, die dem Abarbeitungszu-

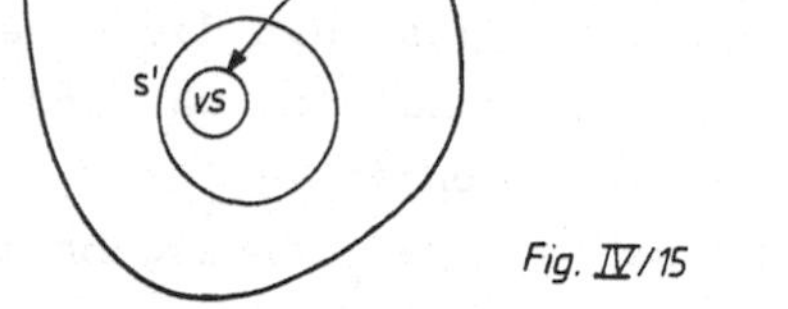

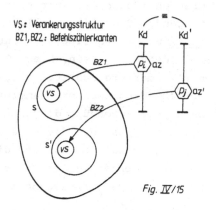

Fig. IV/15

13) Arbeitet man mit Befehlszählerkanten, so ist bei mehrfacher Anwendung einer programmierten Ersetzung nur ein Kontrolldiagramm nötig, aus dem dann allerdings mehrere Befehlszählerkanten herauslaufen.

stand az' dieses Kontrolldiagramms entspricht, beispielsweise, weil beide Produktionen die gleiche linke Seite besitzen (vgl. Fig. IV/15, wo dieser Sachverhalt mit Befehlszählerkanten dargestellt ist). Das bedeutet, daß an der Stelle S ein unkontrollierter Sprung im Kontrolldiagramm von az nach az' stattfindet. Wir erreichen *kontrollierten Kontrolldiagrammdurchlauf ohne Befehlszählerkanten* durch folgenden Weg: Wir fordern, daß jede Anwendung einer Produktion eines Kontrolldiagramms die zugehörige Verankerungsstruktur so modifiziert, daß der Zustand der Verankerungsstruktur eindeutig den Abarbeitungszustand des Kontrolldiagramms widerspiegelt. *(dynamische Verankerungsstruktur)*.[14)]

Bei nichtprogrammierten Ersetzungen war die Disjunktheit der linken Seiten einer sequentiellen Ableitungsfolge ausreichend für die Parallelisierbarkeit dieser Folge, und umgekehrt waren gemischte Ableitungen mit el-Überführungen beliebig sequentialisierbar. Bei programmierten Ersetzungen trifft dies nicht mehr zu. Hier ist nicht nur die Disjunktheit der linken Seiten der ersten Produktionen jedes Kontrolldiagramms nötig, sondern die durch die programmierten Ersetzungen modifizierten Untergraphen müssen disjunkt sein. Diese Forderung erscheint aus folgendem Grunde sinnvoll: Die Anweisungen <u>suspend</u> t und <u>continue</u> t1, wobei t1 ein Unterprozeß von t ist, können parallel ausführbar sein. Diese Operationen werden in jedem Rechner in mehrere Schritte aufgelöst, in unserem Interpreter entspricht dies zwei programmierten Ersetzungen. Lassen wir nun parallele Anwendung dieser programmierten Ersetzungen zu, so bedeutet dies, daß die eine Ersetzung t und alle Unterprozesse von t suspendiert, während die andere t1 und seine Unterprozesse gleichzeitig fortsetzt. Das Ergebnis ist völlig unvorhersehbar. Daß das Ergebnis bei solchen, sich überschneidenden,

---

14) Dies ist noch nicht der Beweis zu der Behauptung: Zu jeder programmierten Graph-Grammatik kann eine äquivalente ohne Programmierung angegeben werden. Die Schwierigkeit dabei sind mehrfach nichtzutreffende Verzweigungen. Dabei wird nämlich die Verankerungsstruktur nicht verändert.

parallel ausführbaren Anweisungen von der Reihenfolge deren Auswahl abhängt, ist klar (also, ob zuerst suspend t oder continue t1 ausgeführt wird), in obigem Falle ohne die Disjunktheitsbedingung, hinge das Ergebnis von der internen Aufschlüsselung der Operationen und von der zeitlichen Verzahnung der Teiloperationen ab, es gäbe nicht nur zwei, sondern u.U. viele mögliche Zustände nach Ausführung beider Anweisungen.

Wir betrachten im folgenden Interpreter eine Menge von Kontrolldiagrammen mit Produktionen, die auf Programmgraphen der oben eingeführten Art arbeiten, und von denen man zeigen kann, daß sie den obigen Forderungen dynamischer Verankerungsstrukturen und el-Überführungen zwischen parallel ersetzbaren Untergraphen genügen. Wir nehmen ferner einen gemischten Ableitungsmechanismus an, bei dem sich, wie eben beschrieben, parallele programmierte Ersetzungen nicht überlappen. Wir definieren dann:

Die Semantik eines Programms p ist die Menge aller gemischten Ableitungsfolgen mit programmierten Ersetzungen, die mit dem Programmgraphen D_p beginnen.[15]

Abstrakter Interpreter

Wir nehmen im folgenden korrekte Programmgraphen an, d.h. Programmgraphen zu korrekten Programmen, die wir etwa durch eine Graph-Grammatik gewonnen haben. Für solche Programmgraphen ist im folgenden nun ein *abstrakter Interpreter* angegeben, das ist eine Menge von *Kontrolldiagrammen* mit zugehörigen *Produktionen*. Mit Hilfe gemischter programmierter Ersetzungen können nun alle Programmgraphen, die korrekten Abarbeitungszuständen der Programme entsprechenen, abgeleitet werden. Zustandsänderungen von Prozessen werden durch Ummarkieren der zugehörigen Zustandsknoten angegeben. Ersetzungen des Interpreters ändern die Struktur von Programmgraphen nur durch Ummarkieren

15) Anstelle gemischter programmierter Ersetzungen kann man auch gemischte zweistufige Graphersetzungen für die hier gestellte Aufgabe verwenden.

von Knoten bzw. Versetzen von Kanten. Es werden keine neuen Knoten kreiert bzw. gelöscht.[16)]

Wir beschreiben im folgenden kurz die den Anweisungen der Sprache entsprechenden Kontrolldiagramme mit Produktionen und skizzieren die Wirkung jeder zugehörigen programmierten Ersetzung:

Der <u>request</u>-Anweisung entspricht das folgende Kontrolldiagramm mit zugehörigen Produktionen:

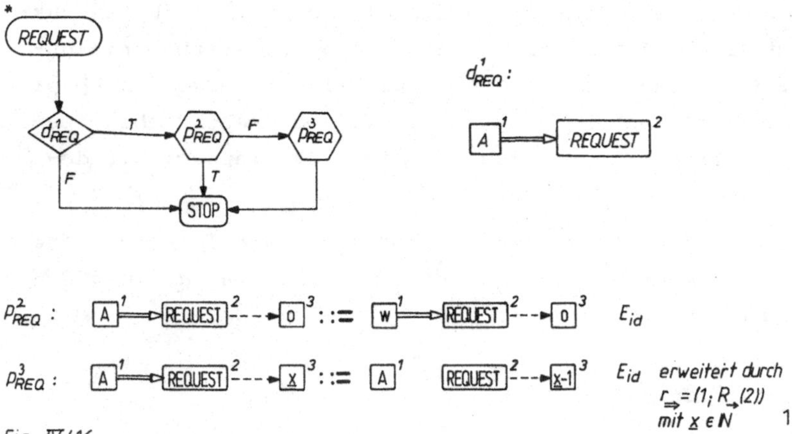

Fig. IV/16 17)

Zuerst wird mit p^2_{REQ} abgeprüft, ob die zu dem REQUEST-Knoten gehörende Semaphore 0 ist. Ist dies der Fall, so ist die <u>request</u>-Anweisung nicht durchführbar, der Prozeß geht in den Wartezustand über: Im Programmgraphen wird der Zustandsknoten ummarkiert. Andernfalls wird die Semaphore um 1 erniedrigt, und der Prozeß-Befehlszähler wird zum nächsten Knoten versetzt.

Die inverse Prozeßanweisung <u>release</u> läuft ähnlich ab:

16) Dies würden die dem konventionellen Sprachteil entsprechenden programmierten Ersetzungen tun.

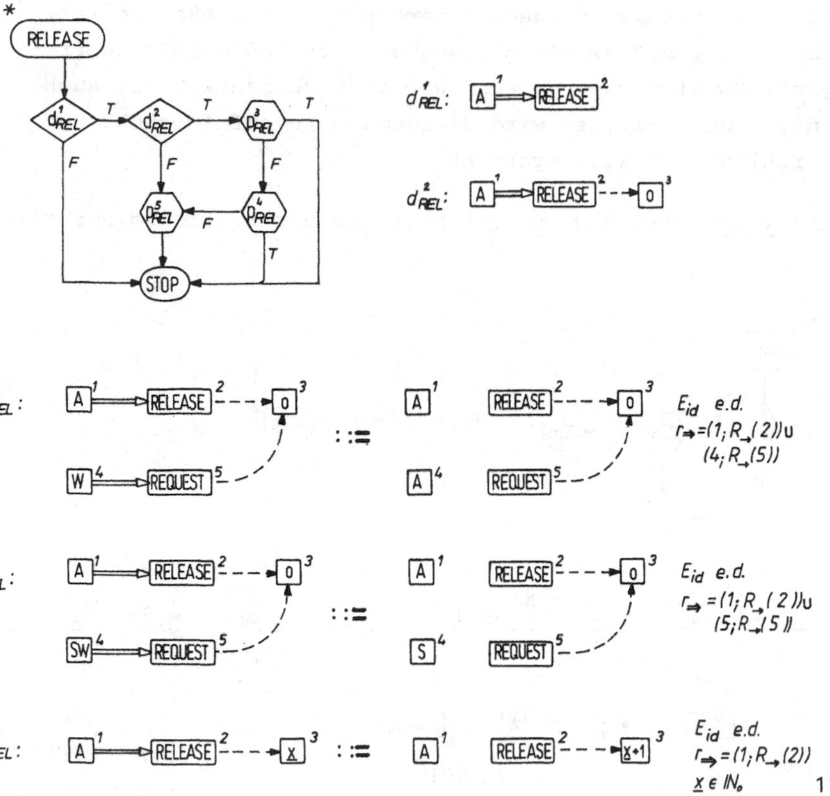

Fig. IV/17 17)

Wir prüfen zunächst mit Hilfe von d^2_{REL} ab, ob der RELEASE-Knoten auf einen Semaphoreknoten mit Wert 0 zeigt. Ist dies nicht der Fall, so wird die Semaphore um 1 erhöht und der Prozeß-Befehlszähler weitergesetzt. Andernfalls wird getestet, ob es einen Prozeß gibt, der wegen einer <u>request</u>-Anweisung auf diese Semaphore wartet. Ist dies der Fall, so wird *ein*

17) Auch hier haben wir wieder eine primitive Art von Zweistufigkeit, nämlich konsistente Erzeugung von Knotenmarkierungen (vgl. Bem. III.2.10).

solcher Prozeß[18] in den Zustand aktiv versetzt, und beide Prozeß-Befehlszähler werden weitergesetzt. Der nächste Test gilt dem Fall, daß es einen suspendierten und wartenden Prozeß gibt. Es wird dann genauso wie oben verfahren. Ist auch dies nicht der Fall, so wird die Semaphore auf 1 erhöht und der Befehlszähler weitergerückt.

Der <u>activate</u>-Anweisung entspricht folgendes Kontrolldiagramm:

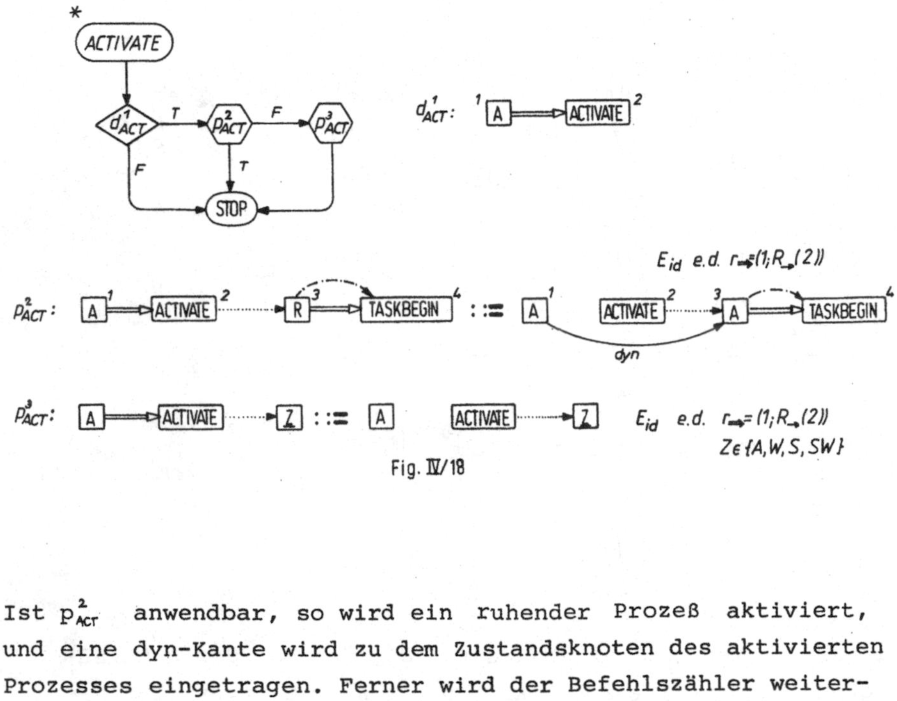

Fig. IV/18

Ist p^2_{ACT} anwendbar, so wird ein ruhender Prozeß aktiviert, und eine dyn-Kante wird zu dem Zustandsknoten des aktivierten Prozesses eingetragen. Ferner wird der Befehlszähler weitergerückt. Ist der zu aktivierende Prozeß nicht im Zustand ruhend, so wirkt diese Anweisung wie eine Leeranweisung, d.h. es wird nur der Befehlszähler weitergerückt.

Es folgen nichtprogrammierte Ersetzungen, die der Ausfüh-

18) Bei Aufnahme von Prioritäten in unser Modell wurde hier ein höchstpriorer wartender Prozeß in den Zustand aktiv versetzt.

rung einer skip-Anweisung, dem Loslaufen eines Prozesses bzw. dem Eintritt eines Prozesses in einen Block entsprechen. In allen drei Fällen wird lediglich der Befehlszähler versetzt:

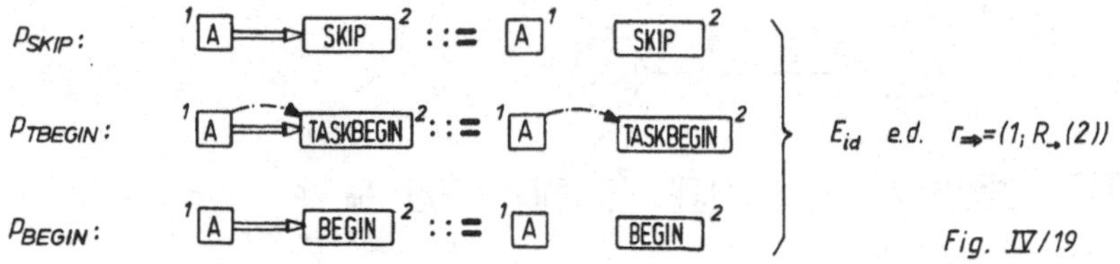

Fig. IV/19

Die nun folgenden Prozeßanweisungen wirken auf beliebig tiefe Unterprozesse, d.h. die programmierten Ersetzungen arbeiten beliebig tiefe Bäume ab. Zu diesem Zweck haben wir oben die dyn-Kanten eingeführt. Bei Ausführung einer suspend-Anweisung werden aktive bzw. wartende Prozesse in den Zustand suspendiert bzw. suspendiert und wartend versetzt, andere Prozesse bleiben unverändert. Darauf werden die über dyn-Kanten erreichbaren Unterprozesse aufgesucht, und dort wird analog verfahren. Bei Ausführung einer continue-Anweisung verfährt man analog, hier werden suspendierte bzw. suspendierte und wartende Prozesse aktiviert bzw. in den Zustand wartend versetzt, Prozesse in einem anderen Zustand bleiben unverändert. Hier ist ebenfalls der gesamte dyn-Baum zu bearbeiten.[19,20]

---

19) Die in den folgenden Beispielen auftretenden Strichmarkierungen erzeugen die oben erwähnte dynamische Verankerungsstruktur.

20) Die Anweisungen suspend und continue sind nicht ganz symmetrisch zueinander. Wird suspend übergangen, weil ein Prozeß sich in den Zuständen R,S,WS befindet, so sind seine Unterprozesse ebenfalls nur in diesen Zuständen. Wird eine continue-Anweisung übergangen, weil sich ein Prozeß im Zustand A oder W befindet, so kann er durchaus Unterprozesse in den Zuständen S bzw. SW besitzen.

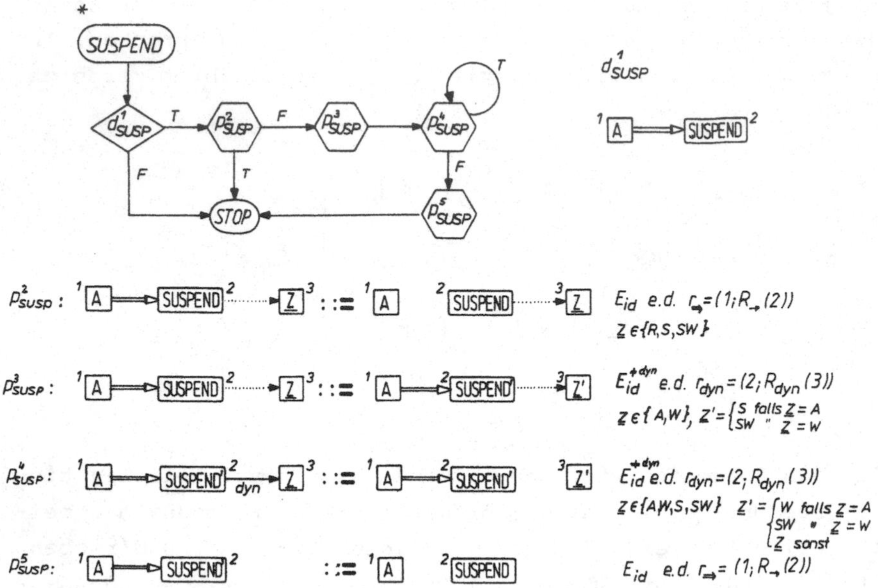

Fig. IV/20

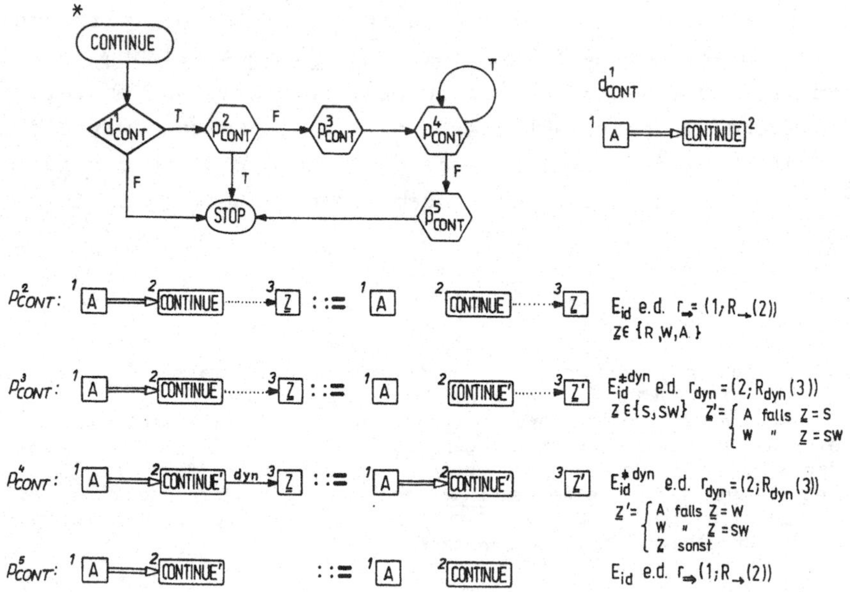

Fig. IV/21

Bei Ausführen einer terminate-Anweisung wird ein Prozeß und alle seine nichtruhenden Unterprozesse in den Zustand ruhend versetzt. Dem entspricht wieder das Ummarkieren des entsprechenden Zustandsknoten mit R und das Durcharbeiten des an diesem Zustandsknoten hängenden dyn-Baumes, damit die Zustandsknoten der Unterprozesse ebenfalls mit R ummarkiert werden. Wenn ein Prozeß in den Zustand R übergeht, ist der Befehlszähler wieder auf den zugehörigen TASKBEGIN-Knoten zurückzusetzen.

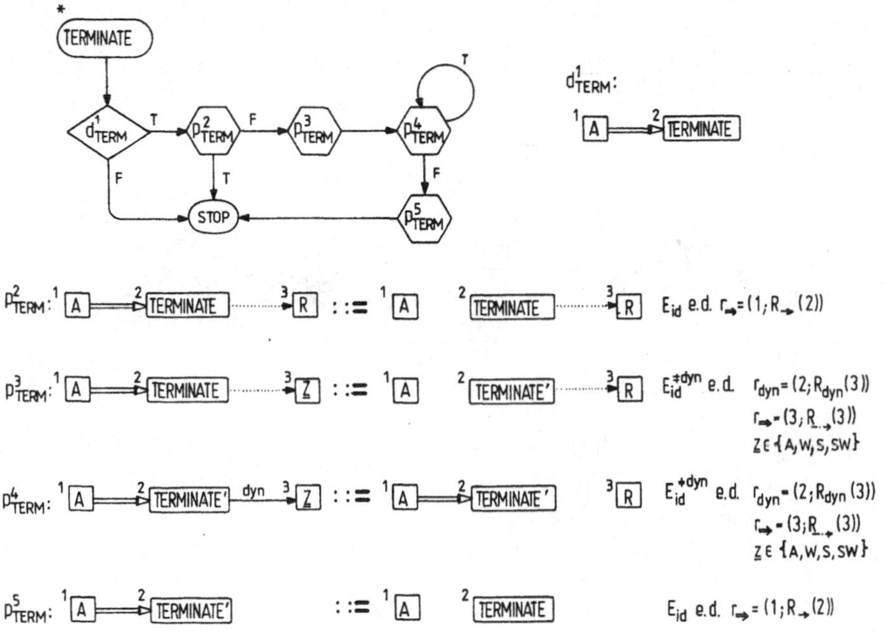

Fig. IV/22

Analog zur Ausführung der terminate-Anweisungen läuft die implizite Prozeßkoordinierung, wenn der Kontrollfluß ein end passiert. Es werden dann alle Unterprozesse dieses Blocks in den Zustand ruhend versetzt. Die programmierte Ersetzung basiert wieder auf dem Bearbeiten eines dyn-Baumes.

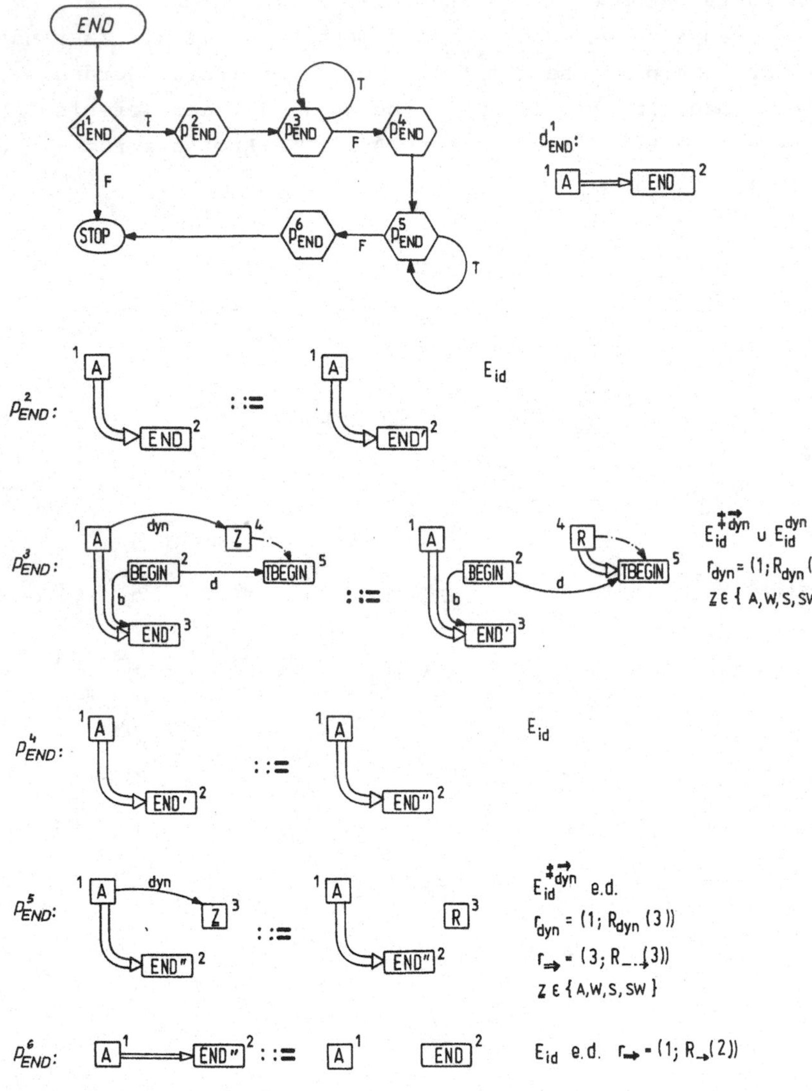

Fig. IV/23

Im Gegensatz zu oben ist bei Passieren von taskend nichts zu
tun.[21] Unterprozesse des gerade zu beendenden Prozesses sind
schon durch das davor stehende end beendet worden. Somit entspricht dem Passieren von taskend lediglich die nichtprogrammierte Ersetzung: p_{TEND} , die den Befehlszähler auf den Anfang
zurücksetzt.

$$p_{TEND}: \quad {}^{1}\boxed{A} \Longrightarrow \boxed{TEND}^{2} \quad ::= \quad {}^{1}\boxed{R} \quad \boxed{TEND}^{2} \quad E_{id} \ e.d. \ r_{\rightarrow} = (1; R_{\rightarrow}(1))$$

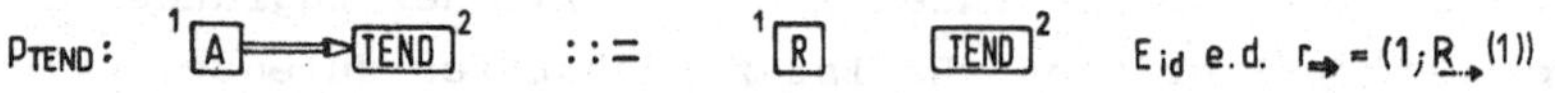

Fig. IV/24

---

21) Wir setzen hier also voraus, daß jede Unterprozeßdeklaration eines Prozesses t innerhalb eines begin-end-Paares steht, das in t enthalten ist.

IV.3 Beschreibung von Datenbankschemata und -operationen auf konzeptioneller Ebene

Datenbanksysteme

Der Aufbau einer Datenbank hängt ab von den Anforderungen seiner Anwendung, d.h. von der Problemstellung, von ihren Benutzern, von dem zugrunde liegenden Rechner bzw. der zugrunde liegenden Rechnerkonfiguration. Es ist zunächst festzulegen, welche Daten zu verarbeiten sind, wie sie zu strukturieren sind, wie auf sie zugegriffen werden soll etc.. Um diese benutzerabhängige Beschreibung zu implementieren, bedient man sich der *Datendefinitionssprache* (DDL: data definition language). Für die vollständige Beschreibung des von der Anwendung abhängigen Aufbaus und der Funktion einer Datenbank hat sich der Name *Schema* eingebürgert. Ein Schema ist ein Programm der DDL und bleibt nach der Installation einer Datenbank im wesentlichen unverändert. Es wird ggf. ein *Subschema* für eine bestimmte Benutzerklasse angegeben,[1] weil diese stets nur mit dem Teil der Datenbank umgehen, der durch dieses Subschema definiert ist. Eintragen, Löschen, Verändern und Suchen von Daten der Datenbank geschieht mit Hilfe der *Datenmanipulationssprache* (DML: data manipulation language), die üblicherweise in eine Wirtssprache - in der Regel COBOL - eingebettet ist. Neben der DDL, zur Definition der Struktur einer Datenbank, und der DML, zur Veränderung der Datenbank, enthält die Datenbank-Software noch das *Datenbank-Management-System* (DBMS: data base management system). Dies ist ein Teil der Systemsoftware, der anhand des Schemas die Zulässigkeit und Berechtigung von DML-Operationen des Benutzerprogramms prüft und dann über das Betriebssystem Speicherplatz für Neueinträge zur Verfügung stellt und den Eintrag, die Veränderung und die Löschung organisiert. Das Zusammenspiel zwischen Schema, Datenbank, Betriebssystem, DBMS und Benutzerprogramm werde durch Fig. IV/25 erläutert.

1) Dieses taucht im Deklarationsteil der Programme dieser Benutzer auf.

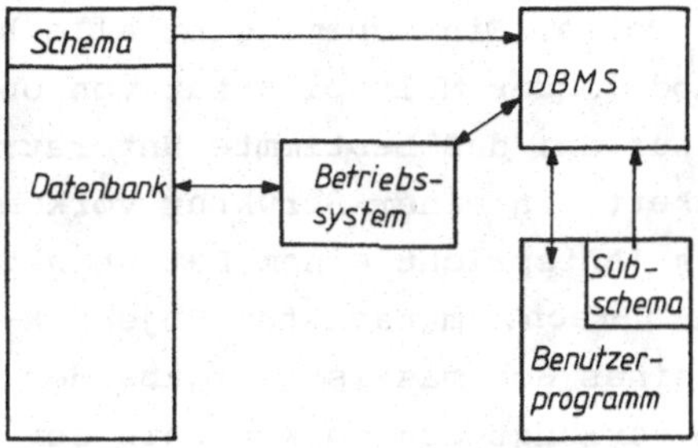

Fig. IV/25

Seit einigen Jahren gibt es Bestrebungen in Richtung auf Entwurf *höherer* Datendefinitionssprachen. Die Auswahl des *Datenmodells*, d.h. welche Möglichkeiten der Strukturierung von Daten überhaupt vorzusehen sind, wie also Unterstrukturen und Beziehungen zwischen Unterstrukturen auszudrücken sind, hat heftige Kontroversen hervorgerufen. Am weitesten theoretisch untersucht ist das *relationale Datenmodell* [FU 8, 9], wo Informationen durch Mengen n-ärer Relationen beschrieben werden. Die in der Praxis am häufigsten angewandten Datenbanksysteme fußen auf dem *Graphenmodell* (z.B. [FU 5], [FU 7]) bzw. auf einem Spezialfall hiervon, dem *hierarchischen Modell* [FU 17], wo lediglich Bäume zur Informationsdarstellung verwandt werden dürfen. Die Grundlage des Graphenmodells ist die Verwendung von Knoten für Informationseinheiten und von Kanten für die Darstellung der Zusammensetzung von Informationseinheiten bzw. für die Beziehungen der Informationseinheiten untereinander.[2)] In letzter Zeit sind Datenbanksysteme auf den Markt gekommen, die beide Datenmodelle in sich vereinigen.

Eine Schema enthält neben der Beschreibung der Datenstrukturierung auch Formatangaben über die einzuspeichernden Daten bzw. Angaben, wie Objekte der angegebenen Strukturen zu manipulieren sind, d.h. wie das Endergebnis nach jeder DML-Operation auszusehen hat. Die Formatangaben spielen in den folgen-

2) Wie wir im folgenden sehen werden, sind nicht beliebige Graphen zugelassen.

den Betrachtungen keine Rolle. Ein Schema gibt alle korrekten Datenbankzustände an, modulo der Multiplizität von Unterstrukturen: Das Schema gibt nur an, daß bestimmte Unterstrukturen, auf bestimmte Art verankert, in einer Struktur vorkommen. In einem *Objekt des Schemas* (entspricht einem Datenbankzustand) kann diese Unterstruktur u-fach, im nächsten Objekt k-fach auftreten. Die Festlegung eines Schemas ist Aufgabe des *Datenbankadministrators*. Sie verlangt genaue Kenntnis der Anwendung und der Datenbankimplementierung und somit insbesondere des zugrunde liegenden Datenmodells. Das Graphenmodell wurde eingeführt, um Strukturzusammenhänge übersichtlich darzustellen. Daß trotzdem eine Menge Unklarheiten und Probleme zurückgeblieben sind, liegt daran, daß formale Methoden bisher wenig Eingang in die Datenbankliteratur des Graphenmodells gefunden haben. Das Ziel dieses Abschnitts ist es nun, die Anwendbarkeit von Graphersetzungssystemen für diesen Bereich kurz anzudeuten und dies für folgende Aufgaben:

- die formale Definition aller zulässigen Schemata bei Zugrundelegen des Graphenmodells aus [FU 5],
- die formale Definition der Erzeugung eines Objekts zu einem vorgegebenen Schema,
- die Erzeugung aller Objekte eines Schemas ohne explizite Angabe des Schemas selbst,
- die Beschreibung der DML-Operationen bzw. komplexer Anwenderoperationen, die mit dem Schema verträglich sind, durch Graphersetzungen.

Den Einsatz von Graphersetzungen bzw. Graphersetzungssystemen für diese Datenbankprobleme bzw. für Probleme von Datenstrukturen in Programmiersprachen[3)] findet der Leser in [AP 6], [AP 8], [AP 12], [AP 13], [AP 14], [AP 15], [AP 19], [AP 21], [AP 22], [AP 26], [AP 29] und [AP 33].

---

3) Hier besteht prinzipiell kein Unterschied, sondern höchstens graduell, als Datenstrukturen in Programmiersprachen meist einfacher sind (vgl. jedoch auch letzten Absatz dieses Abschnitts).

Bezüglich der in Datenbanksystemen gespeicherten Daten unterscheidet man drei Sichten:

- die *externe* Sicht; das ist die Form wie Daten den Anwenderprogrammen bzw. dem interaktiven Benutzer einer Datenbank zugänglich sind (vgl. Fig. IV/26.a)),
- die *konzeptionelle* Sicht (vgl. Fig. IV/26.b,c)), wo die Daten und ihr Strukturzusammenhang in Abhängigkeit vom zugrunde liegenden Datenmodell dargestellt werden. Hier werden bereits Aspekte der Implementation berücksichtigt,
- die *physikalische* oder *interne* Sicht, die angibt, wie die Daten im einzelnen im Primärspeicher oder Sekundärspeicher abzuspeichern sind, und wie die im Primärspeicher zu haltenden Tabellen und Listen auszusehen haben.

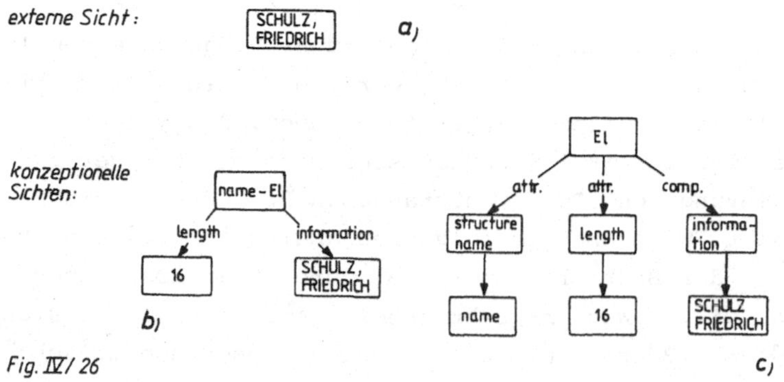

Fig. IV/26

Wir interessieren uns hier nur für die konzeptionelle Sicht der Daten, die wir als markierte Graphen notieren. Wie Fig. IV/26.b,c) zeigt, kann auch die konzeptionelle Sicht verschiedene Niveaus haben. Schließlich kann man die Daten auch in externer bzw. physikalischer Sicht als Graphen repräsentieren, und zwischen die eben eingeführten drei Schichten lassen sich beliebig viele Zwischenschichten einführen. Es entsteht dann das Problem der Übersetzung der Graphen der einzelnen Niveaus ineinander. Wir gehen auf dieses Problem im folgenden nicht ein, der Leser findet hierzu einen Abschnitt in [AP 33]. Die Darstellung des Unterkapitels IV.3 orientiert sich an [AP 19] und [AP 33], insbesondere aber an [AP 29].

Eine allgemeine und leicht verständliche Übersicht über Datenbanken und ihre Probleme findet der Leser in [FU 4] bzw. in diversen Lehrbüchern, z.B. [FU 12].

Definition beliebiger DBTG-Schemata durch ein Graphersetzungssystem

In [FU 5] wurden eine Reihe existierender Datenbanksysteme untersucht, um ein allgemeines Konzept von in Datenbanksystemen vorkommenden Datenstrukturen und der für ihre Veränderung nötigen Operationen zu erhalten. Dabei wurde eine Hierarchie von 6 Datenstrukturklassen[4)] definiert. Die in [FU 5] definierten Begriffe sind wegen ihrer umgangssprachlichen Formulierung mehrdeutig, was in der Regel zu nichtäquivalenten Implementierungen führt. In [FU 13] wurde eine mengentheoretische Formalisierung dieser Begriffe gegeben, die jedoch einerseits schwer lesbar ist und andererseits mehrere der durch die Formulierung von [FU 5] entstandenen Probleme unberücksichtigt läßt. Wir geben im folgenden analog [AP 19] eine Formalisierung der Begriffe von [FU 5] durch Graphersetzungssysteme an. Dieser Weg ist sehr naheliegend, handelt es sich doch bei diesen Begriffen, wenn man sie graphentheoretisch interpretiert, lediglich um eine Hierarchie von Graphenklassen.

Grundsteine der in [FU 5] betrachteten Datenstrukturen sind sog. *Attribut-Wert-Paare*, wie etwa (length, 16) bzw. (information, FRIEDRICH SCHULZ) in Abb. IV/26.c). Dieses Beispiel zeigt auch, daß es Attribut-Wert-Paare gibt, die die "eigentliche" Information tragen und solche, die lediglich dazu dienen, den Zugriff auf diese Informationseinheit zu erleichtern (bzw. vor Zugriff zu schützen) bzw. dem System den maximalen Speicherbedarf mitzuteilen. Damit dieser Unterschied in der

4) items, groups, relations, entries, files, data bases.

Repräsentation von Datenstrukturen als Graphen deutlich wird, werden Attribute nicht, wie bei Selektoren üblich, als Kantenmarkierung verwandt, sondern als Knotenmarkierung eines zwischengeschalteten Knotens. Die zu diesen Knoten laufenden Kanten werden markiert, und zwar mit comp, wenn es sich um die eigentliche Information handelt, bzw. mit attr, wenn es sich bei den beiden folgenden Knoten um ein beschreibendes Attribut-Wert-Paar handelt. Die eigentliche Information kann natürlich weiter strukturiert sein. Ist sie das nicht, d.h. zeigt eine comp-Kante auf ein Attribut-Wert-Paaar, so nennen wir dieses ein *Atom*. In [FU 5] sind nun die folgenden Begriffe definiert:[5)]

Ein *Element* besteht aus einem Atom und einer möglicherweise leeren Menge[6)] von Attribut-Wert-Paaren.

Eine *Gruppe*[7)] besteht aus einem oder mehreren Elementen und/ oder einer oder mehreren Gruppen sowie einer Menge von Attribut-Wert-Paaren.

Ein Beispiel für eine Datenstruktur der Art Element ist Fig. IV/26.c). Gruppen haben am Wurzelknoten Attribut-Wert-Paare oder Elemente oder wiederum Gruppen, d.h. es gibt eine comp-Kante zu einem Teilbaum, der eine Gruppe ist. Eine Abweichung von Baumstrukturen bringt der folgende Begriff:

Eine *Gruppenrelation* ist eine Menge von geordneten Paaren von Gruppen.[8)]

Wir repräsentieren Gruppenrelationen durch Kanten, die mit dem

---

5) Bezüglich der deutschen Übersetzung folgen wir im wesentlichen [FU 13].

6) Wenn wir im folgenden nur von Menge sprechen, so behalte der Leser die Möglichkeit, daß die Menge leer sein kann, stets im Auge.

7) Hat natürlich nichts mit der algebraischen Struktur "Gruppe" zu tun.

8) Wir weichen hier von [FU 5] etwas ab. Dort können Gruppenrelationen ebenfalls Attribut-Wert-Paare besitzen. Dies würde die Einführung eines Knotens für die Gruppenrelation bedeuten, von dem aus zu allen Gruppenknoten, die zu der Gruppenrelation gehören, eine komp-Kante zu zeichnen ist. Der Verzicht auf Attribut-Wert-Paare bei Gruppenrelationen ist insofern keine Einschränkung, als jede Gruppenrelation zu einem Eintrag gemacht werden kann.

Namen der Gruppenrelation markiert sind, zwischen den Wurzelknoten der Gruppen, die in der Gruppenrelation stehen. Eine Gruppenrelation besteht also aus Bäumen und beliebigen Kanten zwischen den Wurzelknoten dieser Bäume.

Ein *Eintrag* besteht aus einer Menge von Attribut-Wert-Paaren und einer Gruppe oder einer oder mehreren Gruppenrelationen, wobei es genau eine Gruppe G_1 gibt, die nicht zweite Komponente in einer Gruppenrelation ist. Für jede Gruppe $G \neq G_1$ des Eintrags gilt: Es gibt einen Kantenzug von Kanten, die zu Gruppenrelationen gehören, der in G_1 beginnt und in G endet. Die Gruppe G_1 heißt *Aufhängergruppe*. Einträge, die nur aus einer Gruppe bestehen, heißen *Gruppeneinträge*. Gruppen, die sich lediglich in den Werten der zugehörigen Atome bzw. beschreibenden Attribut-Wert-Paare unterscheiden und Komponenten einer Gruppe sind bzw. zum selben Eintrag gehören, heißen *Wiederholungsgruppen*.

Eine *Sammlung* besteht aus einem oder mehreren Einträgen und einer Menge von Attribut-Wert-Paaren. In einer Sammlung können Gruppen, die verschiedenen Einträgen angehören, zu einer Gruppenrelation gehören. Solche Gruppenrelationen heißen *Eintragsrelationen*.

Eine *Datenbasis* besteht aus einer oder mehreren Sammlungen und einer Menge von Attribut-Wert-Paaren. In einer Datenbasis können außerdem Gruppen, die Einträgen verschiedener Sammlungen angehören, zu ein und derselben Gruppenrelation gehören. Eine solche Gruppenrelation heißt *Sammlungsrelation*.

Eliminieren wir in einer Datenbasis Sammlungs-, Eintrags- und Gruppenrelationen, so erhalten wir einen Wald. Das gleiche gilt für Sammlungen, wenn wir Eintrags- und Gruppenrelationen eliminieren bzw. für Einträge, wenn wir Gruppenrelationen eliminieren.

Repräsentieren wir Datenstrukturen als l-Graphen, so entsprechen obigen Typen von Datenstrukturen bestimmte Graphenklassen.

Wir sagen, eine Datenstruktur ist vom *Typ* Eintrag, ..., Datenbasis, wenn sie die in der jeweiligen Definition festgelegte Struktur besitzt. Wählt man für eine Anwendung einen der obigen Grundtypen aus, so legt man damit nur einige der strukturellen Eigenschaften fest, denen die in einer Datenbank enthaltenen Daten genügen müssen. So legt die Entscheidung, für die Strukturierung der Daten einer Datenbank den Typ Eintrag zu wählen, lediglich fest, daß es eine Aufhängergruppe und Gruppenrelationen geben muß, die obiger Kantenzugbedingung genügen. Sie legt nicht fest, welche Gruppenrelationen es zwischen welchen Gruppen geben soll, und wie die Gruppen zu strukturieren sind.[9)]

Die Festlegung der Struktur der Daten in einer Datenbank durch ein Schema muß also über die Festlegung des Typs, dem diese Daten genügen müssen, hinausgehen. Andererseits ist es unsinnig, einen Graphen eines der obigen Typen zu fixieren und für alle Daten die exakte Übereinstimmung mit der Struktur dieses Graphen zu fordern. Wählt man beispielsweise für die Daten einer Personendatei den Typ Eintrag und für die Angabe der Adressen der Personen den Typ Gruppe, so wird die Schemadeklaration die Anzahl der Adressengruppen eines Eintrags variabel lassen, da eine Person mehrere Wohnsitze haben kann. Man spricht dann von einer Wiederholungsgruppe dieses Eintrags. Die Schemadeklaration besteht zwar aus der Angabe genau eines Graphen eines der obigen Typen, doch bezüglich der Übereinstimmung von Daten mit dem Schema gibt es einige Freiheiten: Im Schema gekennzeichnete Gruppen dürfen in den Daten mehrfach auftauchen. Weiterhin besteht die implizite Festlegung, daß Einträge in Sammlungen bzw. Sammlungen in Datenbasen stets mehrfach auftreten dürfen.[10)] Schemata legen die Struktur von Daten nur

9) Der Aussage "Alle Daten einer Datenbank müssen von einem der obigen Typen sein" entspräche für Datenstrukturen in Programmiersprachen etwa die Aussage "Die Datenstrukturen sind von zusammengesetzter Art", ohne die Struktur der Zusammensetzung anzugeben.

10) Ein Eintrag ist also stets ein Wiederholungseintrag in einer Sammlung, eine Sammlung ist stets eine Wiederholungssammlung in einer Datenbasis.

modulo der Multiplizität bestimmter Teilstrukturen fest. Ein
Graph, der sich von einem Schema lediglich dadurch unterscheidet, daß im Schema explizit oder implizit als wiederhol-
bar gekennzeichnete Teilstrukturen in ihm mehrfach auftreten,
heißt *Objekt des Schemas.*[11,12] Legt man darüber hinaus noch
die Attribut-Wert-Paare in einem Objekt fest, so spricht man
von einem *Exemplar des Objekts.* Es ist klar, daß Schema und
Objekt stets von dem gleichen der oben angeführten Typen
sind.

Wir geben im folgenden ein Graphersetzungssystem an, das die
Menge aller zulässigen Schemata als Sprache besitzt. Diese
Schemata sind insbesondere von einem der obigen sechs Typen.
Das Graphersetzungssystem dient somit auch zur Präzisierung
der oben definierten Typen.[13] Einem Schema entspricht *eine*
Ableitung in dem folgenden Graphersetzungssystem.

p_{EL}^1: $\boxed{ELS}^1$ ::= $\boxed{EL}^1 \xrightarrow{\text{comp.}} \boxed{ATM}$

p_{EL}^2: $\boxed{EL}^1$ ::= $\boxed{EL}^1 \xrightarrow{\text{attr.}} \boxed{ATR}$

E_{id} (1;1) [14]

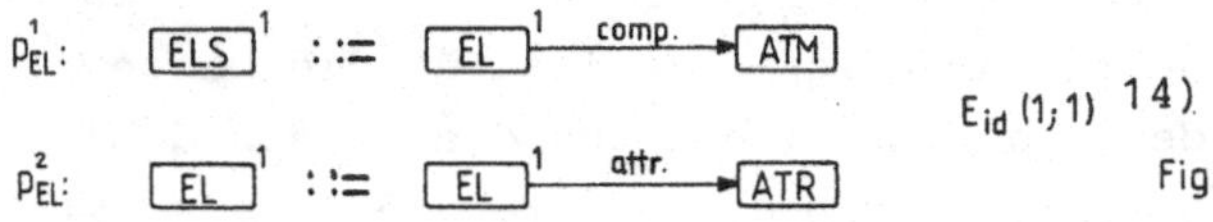

Fig. IV/27

Diese beiden Produktionen erzeugen, von der linken Seite von
p_{EL}^1 ausgehend, ein Kantenbüschel mit einer comp-Kante bzw.
beliebig vielen attr-Kanten, an denen ein Atom bzw. je ein
beschreibendes Attribut-Wert-Paar beim Übergang zum Exemplar
anzuhängen ist.

---

11) Der Schemadeklaration entspricht in einer Programmiersprache die Art-
deklaration dem Objekt eines Schemas ein mit dieser Art deklariertes
Objekt, dem noch keine Werte zugewiesen wurden.
12) Beim Übergang von Schema zu Objekt können ferner Kanten, die Gruppenrelationen entsprechen, weggelassen werden: Die zwischen Gruppenknoten
des Objekts auftauchenden Kanten müssen alle zwischen den entsprechenden Gruppenknoten des Schemas vorhanden sein, nicht umgekehrt.
13) Da die Grammatik auch Graphen mit mehrfachen Teilstrukturen erzeugen
kann, erzeugt sie ebenfalls die Menge aller zulässigen Objekte obiger
Typen.
14) Die Einbettungsüberführung ist auch im folgenden, wo nicht explizit
anders angegeben, E_{id} (1;1).

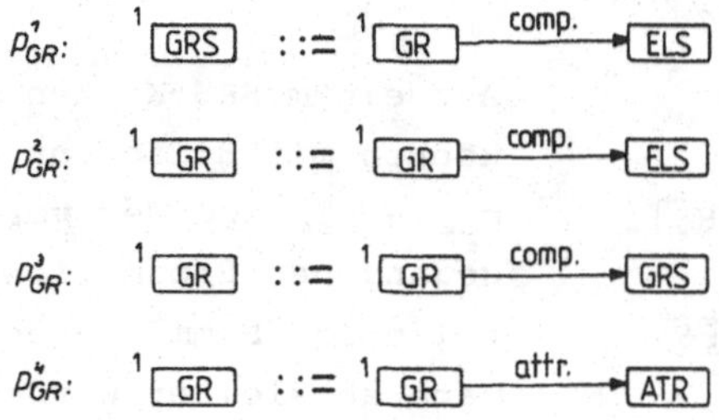

Fig. IV/28

Von der linken Seite von p_{GR}^1 ausgehend, erzeugen diese vier Produktionen die Menge aller zulässigen Gruppen-Schemata, wobei ein ELS-Knoten mit Hilfe der oben angegebenen Produktionen p_{EL}^1 und p_{EL}^2 weiter abgeleitet werden muß. Durch p_{GR}^1 wird erzwungen, daß Gruppen-Schemata mindestens ein Element-Teilschema enthalten müssen. Mit Hilfe von p_{GR}^4 können beliebig viele Attribute angehängt werden. Die Produktion p_{GR}^3 spiegelt die Rekursivität der Definition von Gruppen wider.

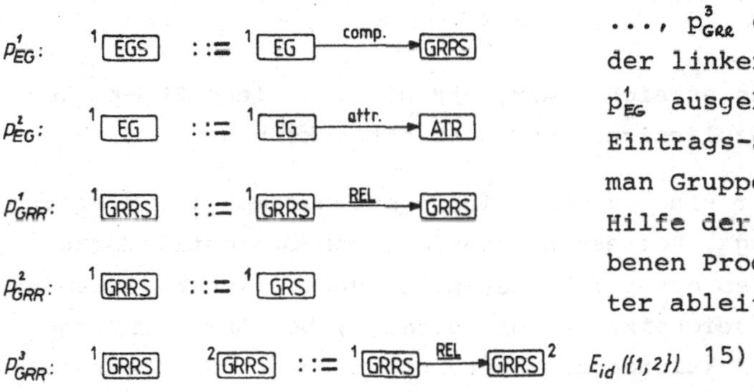

Fig. IV/29

Die Produktionen p_{EG}^1, ..., p_{GRR}^3 erzeugen, von der linken Seite von p_{EG}^1 ausgehend, beliebige Eintrags-Schemata, wenn man Gruppenschemata mit Hilfe der oben angegebenen Produktionen weiter ableitet. Mit Hilfe von p_{EG}^1 wird die Aufhängergruppe kreiert. Die Produktion p_{GRR}^3 dient zum Eintrag beliebiger Gruppen- und, wie gleich zu sehen, beliebiger Eintrags- und Sammlungsrelationen. Kommt bei der Ableitung eines Eintragsschemas die Produktion p_{GRR}^3 zur Anwendung, so handelt es sich nach [FU 5] um das Schema eines *Plex-*

---

15) Für REL darf wieder der Name einer beliebigen Gruppenrelation stehen. Also auch hier wieder eine einfache Art von Zweistufigkeit.

Eintrags, kommt sie nicht zur Anwendung, so handelt es sich um das Schema eines *Baum-Eintrags*.[16)]

Aus einem SAS-Knoten können mit Hilfe von p^1_{SA} - p^3_{SA} und der vorangegangenen Produktionen beliebige Sammlungschemata abgeleitet werden. Analog können aus einem DBS-Knoten unter Verwendung von p^1_{DB} - p^3_{DB} beliebige Datenbasis-Schemata hergeleitet werden. Mit Hilfe der zusammengefaßten Produktionen

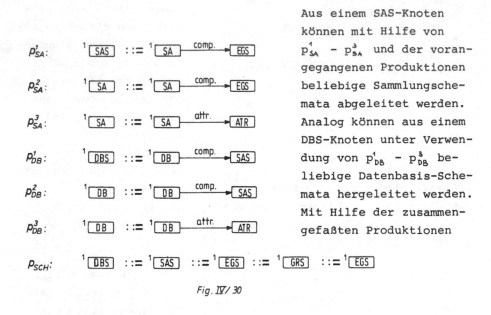

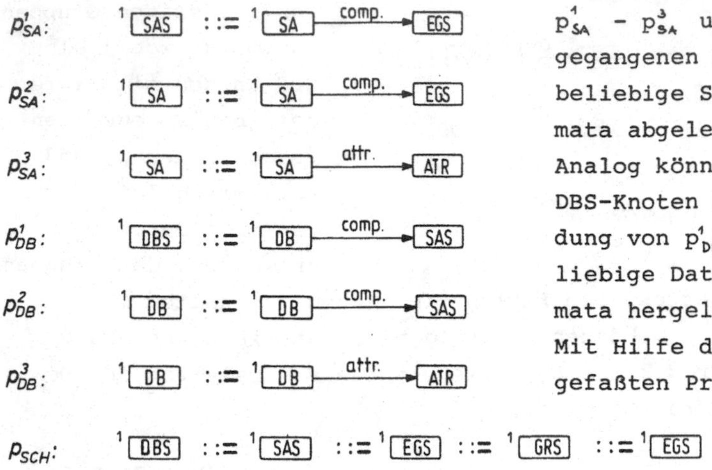

Fig. IV/30

p_{SCH} schließlich erreichen wir, daß wir von einem DBS-Knoten ein beliebiges zulässiges Schema ableiten können.

Setzten wir hier eine zu der Zeichenkettengrammatik, die DDL-Programme erzeugt, korrespondierende Graph-Grammatik voraus (vgl. IV.1,2), so entspricht der Ableitung, die eine Schemadeklaration in Zeichenkettenform erzeugt, bei Anwendung entsprechender Produktionen der korrespondierenden Graph-Grammatik eine Ableitung, die das Schema in Form eines Graphen erzeugt. Die für die Platzhalter <u>REL</u> der Produktionen p^1_{GRR} und p^3_{GRR} einzusetzenden Gruppenrelationsnamen sind den entsprechenden Zeichenkettenregeln zu entnehmen.

In [AP 19] wurde nun, einen Vorschlag von [AP 12] aufgreifend,

---

16) In [FU 5] ist nicht festgelegt, ob Gruppenrelationen beliebig sein dürfen, ob sie z.B. auch Zyklen enthalten dürfen oder nicht. Wir haben oben, wie [FU 13], beliebige Gruppenrelationen zugelassen.

ein weiteres Graphersetzungssystem angegeben, mit dem man aus einem zulässigen Schema beliebige Objekte deses Schemas erzeugen kann. Dieses Graphersetzungssystem entspricht dem in [FU 5] unpräzise gehaltenen "rules for generating instances of a schema". Dieses Graphersetzungssystem muß insbesondere Teilstrukturen, d.h. Gruppen duplizieren können. Mehrfache Anwendung dieser Duplikationen schafft dann beliebig oftmaliges Vorkommen dieser Teilstrukturen. Wir wollen diesen eben beschriebenen Weg hier nicht weiter verfolgen, da im nächsten Abschnitt durch eine andere Vorgehensweise der Übergang Schema-Objekt vermieden wird.

Ein Graphersetzungssystem, das alle Objekte zu einem Schema erzeugt

Die Vorgehensweise dieses Abschnitts ist, [AP 29] folgend, eine völlig andere: Wir geben für *eine konkrete Datenbankanwendung* ein Graphersetzungssystem an, das alle mit der Schemadeklaration dieser Anwendung verträglichen Objekte erzeugt. Das Schema taucht hier explizit nicht mehr auf. Das *Schema ist* implizit durch *das Graphersetzungssystem* gegeben.

Zur Vereinfachung des betrachteten Beispiels treffen wir folgende Vereinbarung: Wir unterscheiden nicht mehr zwischen beschreibenden Attribut-Wert-Paaren und solchen, die die eigentliche Information enthalten. Dadurch ist die Unterscheidung zwischen attr- und comp-Kanten hinfällig geworden und somit auch die Einführung der Zwischenknoten des letzten Abschnitts. Wir notieren Attribut-Wert-Paare durch Selektorkanten, die mit dem Attribut markiert sind, und die auf den Wertknoten des Attribut-Wert-Paares zeigen, also analog zu VDL [FU 32]. Darüber hinaus tragen wir den Strukturnamen im Wurzelknoten der Struktur selbst ein. Der Übergang zu dieser vereinfachten Graph-Repräsentierung ergebe sich aus Fig. IV/31, wo links die bisherige, rechts die vereinfachte Darstellung eines Exemplars vom Typ Element angegeben ist.

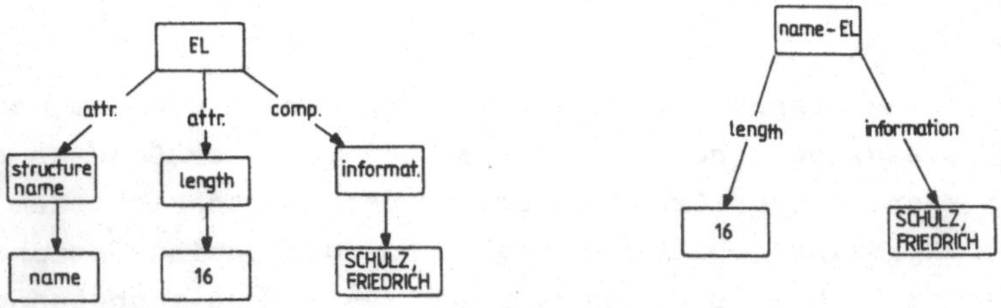

Fig. IV/31

In Fig. IV/32 ist ein einfaches Beispiel eines Exemplars vom Typ Gruppe gezeichnet. Dieses Exemplar lege insoweit bereits die Struktur aller Exemplare fest, als wir annehmen wollen, daß jedes zulässige Exemplar sich von Fig. IV/32 höchstens dadurch unterscheide, daß eine eingetragene Person mehrere Vornamen und mehrere Titel haben darf. Fig. IV/33 - 36 gibt eine Graph-Grammatik an, die genau diese Exemplare erzeugt.

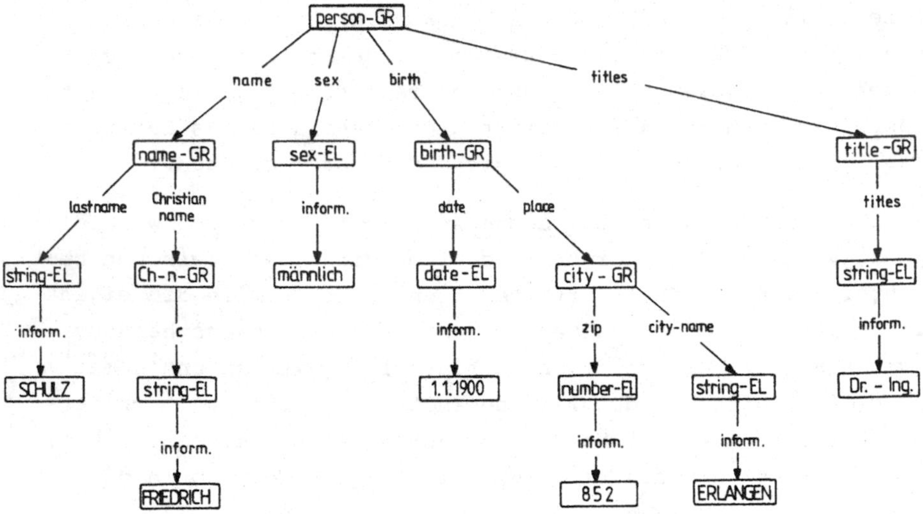

Fig. IV/32

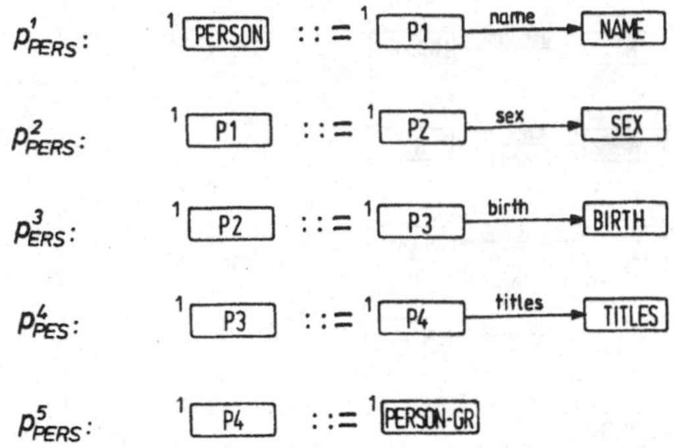

Fig. IV/33

Die angegebenen Knotenmarkierungen seien bis auf person-GR nichtterminal, die Kantenmarkierungen alle terminal. Die Produktionen p^1_{PERS} - p^5_{PERS} erzeugen, nacheinander angewandt, ein Kantenbüschel mit dem person-GR-Knoten als Wurzel und nichtterminalen Knoten mit Markierung NAME, ..., TITLES als Endknoten der Kanten. Jeder dieser Knoten tritt genau einmal auf. Im Gegensatz zu [FU 5], wo nur die Spezifikation zulässig ist, ob eine Teilstruktur einfach oder beliebig oft auftritt, kann hier ein eventuell vorgegebener Wiederholungsfaktor leicht durch Übergehen zu verschiedenen nichtterminalen Zwischenknoten ausgedrückt werden. Beliebige Wiederholbarkeit eines Teilbaumes wird trivialerweise durch Übereinstimmung der Markierung der linken Seite mit der der Wurzel der rechten Seite erreicht (vgl. p^4_{NAME}).

Die nun folgenden Produktionen erzeugen aus dem Kantenbüschel die in Fig. IV/32 angegebene Struktur:

$$P_{NAME}^1: \quad ^1\boxed{\text{NAME}} \quad ::= \quad \boxed{\text{N1}} \xrightarrow{^1 \text{ last name}} \boxed{\text{LNAME}}$$

$$P_{NAME}^2: \quad ^1\boxed{\text{N1}} \quad ::= \quad \boxed{\text{name-GR}} \xrightarrow{^1 \text{ Christian names}} \boxed{\text{N2}}$$

$$P_{NAME}^3: \quad ^1\boxed{\text{N2}} \quad ::= \quad \boxed{\text{N3}} \xrightarrow{^1 \text{ c}} \boxed{\text{CNAME}}$$

$$P_{NAME}^4: \quad ^1\boxed{\text{N3}} \quad ::= \quad \boxed{\text{N3}} \xrightarrow{^1 \text{ c}} \boxed{\text{CNAME}}$$

$$P_{NAME}^5: \quad ^1\boxed{\text{N3}} \quad ::= \quad \boxed{\text{Ch-n-GR}}^1$$

$$P_{BIRTH}^1: \quad ^1\boxed{\text{BIRTH}} \quad ::= \quad \boxed{\text{B1}} \xrightarrow{^1 \text{ date}} \boxed{\text{BDATE}}$$

$$P_{BIRTH}^2: \quad ^1\boxed{\text{B1}} \quad ::= \quad \boxed{\text{birth-GR}} \xrightarrow{^1 \text{ place}} \boxed{\text{CITY}}$$

$$P_{CITY}^1: \quad ^1\boxed{\text{CITY}} \quad ::= \quad \boxed{\text{C1}} \xrightarrow{^1 \text{ zip}} \boxed{\text{ZIP}}$$

$$P_{CITY}^2: \quad ^1\boxed{\text{C1}} \quad ::= \quad \boxed{\text{city-GR}} \xrightarrow{^1 \text{ city name}} \boxed{\text{CINAME}}$$

Fig. IV/34

$$P_{TITLE}^1: \quad ^1\boxed{\text{TITLES}} \quad ::= \quad ^1\boxed{\text{T1}} \xrightarrow{\text{title}} \boxed{\text{TITLE}}$$

$$P_{TITLE}^2: \quad ^1\boxed{\text{T1}} \quad ::= \quad ^1\boxed{\text{T1}} \xrightarrow{\text{title}} \boxed{\text{TITLE}}$$

$$P_{TITLE}^3: \quad ^1\boxed{\text{T1}} \quad ::= \quad ^1\boxed{\text{titles-GR}}$$

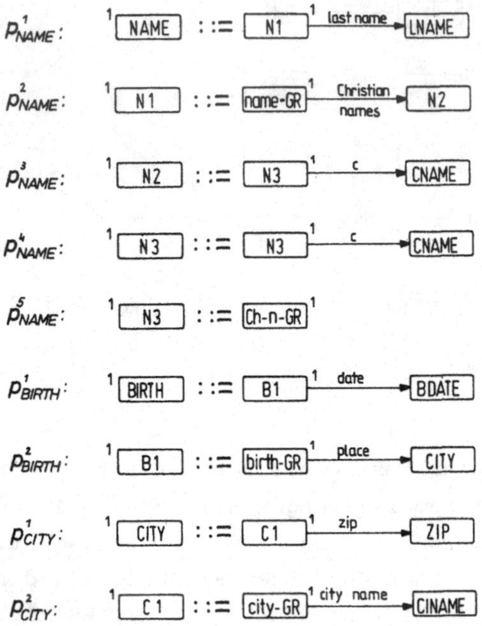

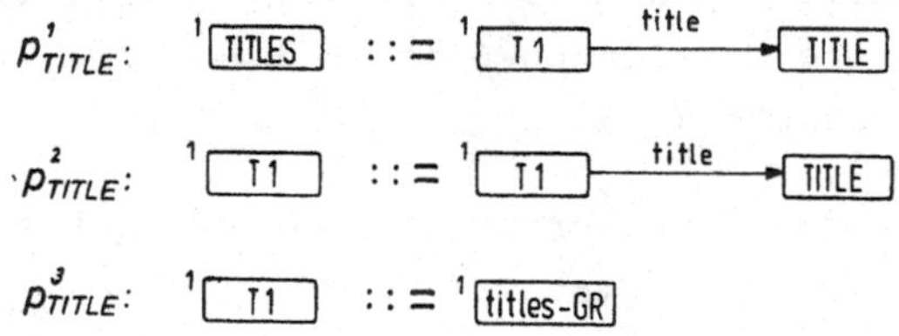

Fig. IV/35

Die noch verbleibenden nichtterminalen Knoten für Elemente
wie LNAME, CNAME, BDATE, ZIP, CINAME, TITLE müssen, wenn man
zu Exemplaren der Objekte der Form von Fig. IV/32 kommen
will, durch weitere Produktionen ersetzt werden. Wir geben
stellvertretend für diese Produktionen die für die Ersetzung
des LNAME-Knotens an:

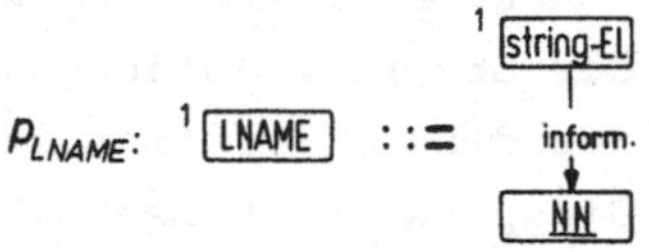

$$p_{LNAME}: \quad ^1\boxed{LNAME} \quad ::= \quad \begin{array}{c} ^1\boxed{string\text{-}EL} \\ inform. \\ \downarrow \\ \boxed{\underline{NN}} \end{array} \qquad \textit{Fig. IV/36}$$

Hier steht $\underline{NN}$ für eine beliebige Zeichenkette über dem Alphabet $\{A,\ldots,Z\}$.

Datenbankoperationen und programmierte Ersetzungen

Wir betrachten eine Erweiterung der durch Fig. IV/32 charak-
terisierten person-Gruppe um address-Gruppen, die die Adressen der gespeicherten Personen enthalten sollen.

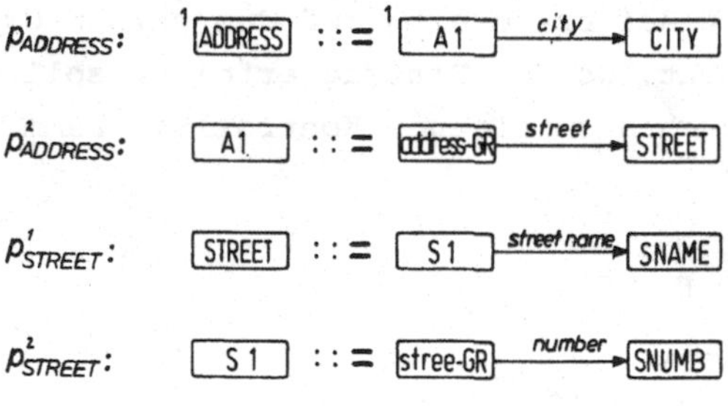

$$p^1_{ADDRESS}: \quad ^1\boxed{ADDRESS} ::= ^1\boxed{A1} \xrightarrow{city} \boxed{CITY}$$

$$p^2_{ADDRESS}: \quad \boxed{A1} ::= \boxed{address\text{-}GR} \xrightarrow{street} \boxed{STREET}$$

$$p^1_{STREET}: \quad \boxed{STREET} ::= \boxed{S1} \xrightarrow{street\,name} \boxed{SNAME}$$

$$p^2_{STREET}: \quad \boxed{S1} ::= \boxed{stree\text{-}GR} \xrightarrow{number} \boxed{SNUMB} \qquad \textit{Fig. IV/37}$$

Ein Exemplar des durch diese Grammatik mit dem ADDRESS-Knoten
als Startknoten (plus p^1_{city} , p^2_{city}) implizit gegebenen Teil-
schemas ist bei geeigneter Wahl von Produktionen für SNAME,
SNUMB, ZIP und CINAME die folgende Struktur:

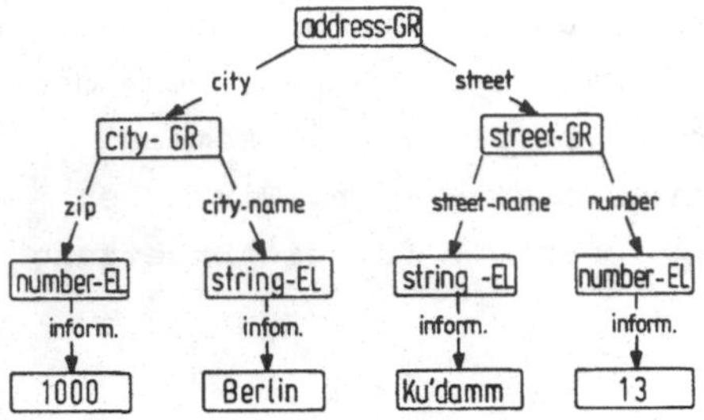

Fig. IV/38

Solche address-Gruppen sollen nun mit der person-Gruppe durch folgende Gruppenrelationen verbunden sein: eine address-Gruppe mit der Gruppenrelation permanent-residence, evtl. weitere mit der Gruppenrelation other-residence. Ferner seien die person-Gruppen einer Menge von Personen eingebettet in eine Datenstruktur vom Typ Sammlung.[17)]

Nehmen wir die Datenbankoperation "Eintragen von Adressen zu einer Person" an, durch die für eine Person eine address-Gruppe einzutragen ist, die in der Gruppenrelation permanent-residence steht und evtl. weitere address-Gruppen, die in der Gruppenrelation other-residence zu einer person-Gruppe stehen. Wollen wir diese Operation als programmierte Ersetzung beschreiben, so brauchen wir wieder einen EXECUTE-Zeiger, der die Stelle des Graphen, d.h. die person-Gruppe kennzeichnet, wo die Einfügung erfolgen soll. Nehmen wir ferner an, daß durch eine geeignete Suchoperation[18)] der EXECUTE-Zeiger bereits auf dem person-GR-Knoten der person-Gruppe steht, wo der Eintrag erfolgen soll. Der Eintrag erfolgt dann durch das folgende Kontrolldiagramm INSERT_ADDRESSES:

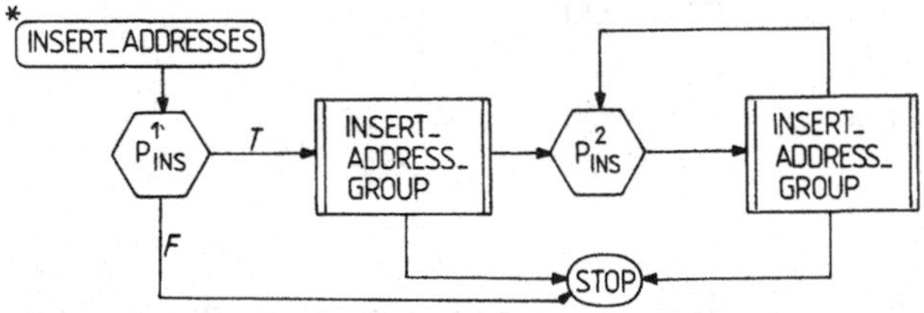

Fig. IV/39

17) Es ist kein Problem, die oben angegebene Grammatik so zu erweitern, daß sie solche Sammlungen mit den Gruppenrelationen permanent-residence und other-residence erzeugt.

18) die sich ebenfalls durch eine programmierte Graphersetzung formulieren läßt.

Dabei sind p^1_{INS} und p^2_{INS} die beiden folgenden Produktionen:

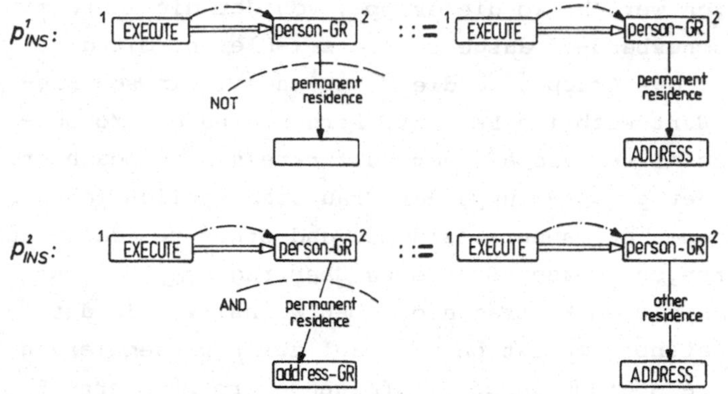

Fig. IV/40

Die Kanten der Art ⟹ bzw. –·–> haben denselben Zweck wie in IV.2., d.h. die Kante ⟹ stellt den Execute-Zeiger dar, der vom EXECUTE-Knoten zur Stelle im Graphen zeigt, die gerade manipuliert wird, die andere Kante bleibt in ihrer Lage unverändert und dient zum Rücksetzen des Execute-Zeigers nach abgeschlossener Manipulation. Das Unterkontrolldiagramm INSERT_ADDRESS_GROUP besteht aus der Hintereinanderanwendung der Produktionen des vorangegegangenen Ersetzungssystems und p^1_{CITY}, p^2_{CITY}. Diese Produktionen sind lediglich um die Zeigerverschiebung zu erweitern. Somit enthält das Kontrolldiagramm INSERT_ADDRESSES Teile der Graph-Grammatik, die alle zulässigen Objekte zu einer vorgegebenen Anwendung erzeugt.

Betrachten wir als zweites Beispiel eine Gruppenrelation zwischen person-Gruppen, die jedoch nur zwischen Gruppen eingetragen werden darf, die eine bestimmte Bedingung erfüllen. Wir illustrieren dies durch das folgende Beispiel: Eine person-Gruppe, die die Daten der Frau einer bereits gespeicherten männlichen Person enthält, auf deren person-GR-Knoten der EXECUTE-Zeiger gerade steht, soll in die Sammlung eingetragen werden. Es ist klar, daß die person-Gruppen der beiden Personen einige Konsistenzbedingungen erfüllen müssen. So darf die Gruppenrelation is-husband-of nur zwischen zwei person-Gruppen eingetragen werden, wo die Gruppe, von der die Kante mit Markierung is-husband-of ausgeht, ein sex-Element mit dem Wert männlich, die Gruppe, wo die Kante endet, ein sex-Element mit dem Wert weiblich besitzt. Ferner sind die Monogamiegesetze des mitteleuropäischen Kulturkreises zu beachten. Nach Eintrag der person-Gruppe der Frau sind schließlich die Gruppenrelationen permanent-residence und other-residence auf die neueingetragene person-Gruppe zu übertragen, d.h. die Frau habe nach diesem Eintrag dieselben Wohnsitze wie der Mann. Diese Datenbankoperation wird auf der Repräsentierung der Datenbank als Graph durch die folgende programmierte Ersetzung INSERT_WIFE bewerkstelligt:

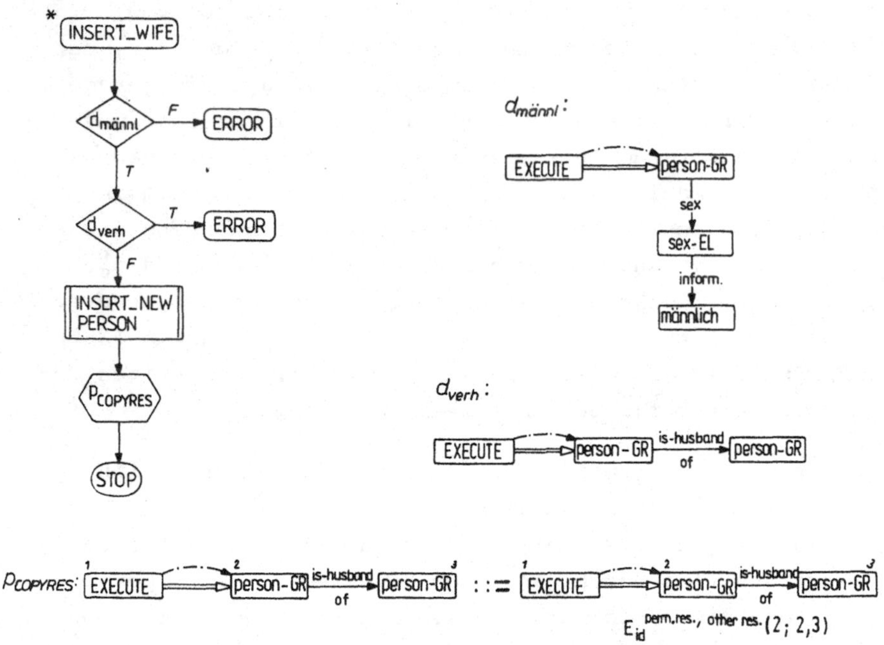

Fig. IV/41

Die 1-Graphen $d_{männl}$ und d_{verh} prüfen lediglich ab, ob die Person der aktuellen person-Gruppe männlich bzw. schon verheiratet ist. Es folgt dann der Aufruf eines Unterkontrolldiagramms INSERT_NEW_PERSON, das aus den oben angegebenen Produktionen zur Erzeugung einer person-Gruppe besteht, wobei wieder lediglich die EXECUTE-Zeiger-Verschiebung hinzugenommen werden muß. Die letzte Produktion von INSERT_NEW_PERSON, nämlich $p_{COPYRES}$ (vgl. Fig. IV/41), kopiert Einbettungskanten des Knotens 2 der linken Seite der Markierung permanent residence bzw. other residence auch auf den Knoten 3 der rechten Seite und überträgt so diese Gruppenrelationen. Somit kann auch hier der komplexeste Teil dieser programmierten Ersetzung *direkt aus der Grammatik*, die das Schema repräsentiert, *übernommen werden*. Programmierte Graphersetzungen taugen somit zur Formulierung komplexer Datenbankoperationen, wobei Konstistenzbedingungen des Schemas abgeprüft werden können und somit erhalten bleiben.

Interaktive Manipulation, Datenschutz, Mehrfachzugriff und DML-Anweisungen

Wie wir gesehen haben, enthalten die den Datenbankoperationen entsprechenden programmierten Ersetzungen in den Teilen, die Neueintrag von Daten darstellen, Teile der Graph-Grammatik, die die zulässigen Objekte erzeugt, d.h. das Schema implizit repräsentiert. Insofern sind diese Modifikationen *syntaxunterstützt*. Ferner kann aus der Beschreibung einer Datenbankoperation durch eine programmierte Ersetzung direkt eine *interaktive Routine* abgeleitet werden, die den Benutzer am Terminal für jeden Teilschritt der programmierten Ersetzung nach den eventuellen entsprechenden Daten fragt, die in der Produktion des Teilschritts enthalten sind. Man denke an INSERT_WIFE: Die Eingabe einer person-Gruppe verlangt für jedes Attribut dessen Wert als Benutzer-Eingabe.[19] Ferner ist bei nichtdeterministi-

---

19) Das sind die Angaben, die erst durch die Zweistufigkeit in die Produktionen einzusetzen sind (vgl. Produktion p_{LNAME}).

scher Verzweigung eine Benutzerangabe nötig, die das Fortfahren mit einem Zweig festlegt. So hat der Benutzer anzugeben, ob er mit der Ei. gabe der Titel einer Person bereits fertig ist oder nicht, c er noch einen weiteren Wohnsitz eintragen will oder nicht (\ rl. Kontrolldiagramm INSERT_ADDRESSES) etc.. Somit ist die Sicht einer Datenbank als markierter Graph, des zugehörigen Schemas ls Graphersetzungssystem, von komplexen Datenbankoperationen ıls programmierte Ersetzungen ein Hilfsmittel für die Erstel ung eines Schemas bzw. ein *Hilfsmittel für die Programmierung komplexer Datenbankoperationen*, die mit dem Schema konsist nt sind.

In die Kontrolldiagramme von programmierten Ersetzungen lassen sich *Aktionen* aufnehmen, die mit der Modifikation des Graphen eigentlich nichts zu tun haben. Sollen beispielsweise die Anzahl der weiblichen bzw. männlichen Personen in zwei Zählern geführt werden, so läßt sich dies *formal* ebenfalls auf Graphersetzungen zurückführen. Nehmen wir an, es gibt in der Datenbank eine statistics-Gruppe, deren Aufbau durch das Exemplar von Fig. IV/42.a) charakterisiert sei. Dann läßt sich nach Anwendung der Produktion von INSERT_NEW_PERSON, die ein sex-Element mit dem Wert männlich bzw. weiblich einträgt, je eine Produktion einfügen, die den Zähler für die männlichen bzw. weiblichen Personen um 1 erhöht. In Fig. IV/42.b) ist die Produktion angegeben, die ein sex-Element mit dem Wert männlich einträgt und die zugehörige Produktion, die den Zähler für Männer um 1 erhöht, in Fig. IV/42.c) schließlich der Teil des Kontrolldiagramms von INSERT_NEW-PERSON, wo sex-Element-Eintrag um die Zählung erweitert wurde. Bei der Umsetzung von INSERT_NEW_PERSON in eine die Datenbank manipulierende Routine werden die Produktionen $p_{INCMALE}$ bzw. $p_{INCFEMALE}$ natürlich auf einfache Additionen zurückgeführt, weshalb wir für solche Aktionen in Fig. IV/42.c) eine andere Notation gewählt haben. Obige Zurückführung auf Graphersetzungen wird nämlich nicht bei allen Aktionen ohne Gewaltanwendung gelingen.

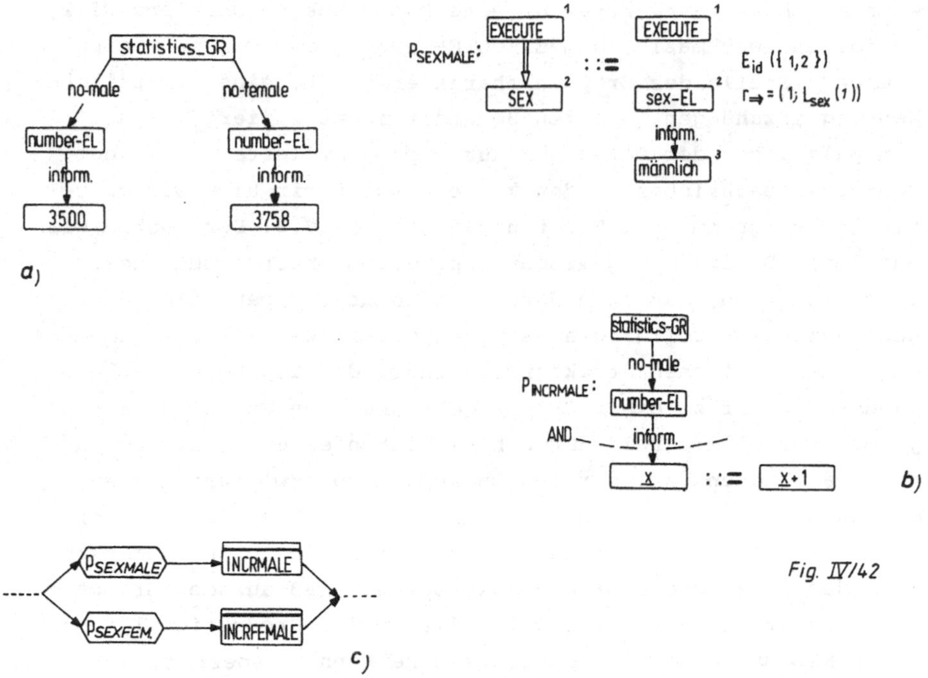

Fig. IV/42

Sicherheit vor unerlaubtem lesenden oder schreibenden *Zugriff* auf eine Datenbank läßt sich formal dadurch beschreiben, daß etwa an die oben betrachteten person-Gruppen jeweils ein Paßwort-Element angefügt wird, und das gleiche für den EXECUTE-Zeiger geschieht. Jede person-Gruppe werde gegenüber jeglichen Zugriff durch den Eintrag einer nichtterminalen Kante, die auf den person-GR-Knoten zeigt, oder durch eine spezielle nichtterminale Markierung dieses Knotens selbst blockiert. Die Prüfung der Zugriffsberechtigung ist dann eine Produktion, die die Paßwortelemente des EXECUTE-Zeigers und der aktuellen person-Gruppe untereinander vergleicht und bei Zutreffen der Prüfung der Berechtigung die Blockade (nichtterminaler Knoten bzw. Kante) löst. Vor diese Produktion vorzuschalten ist ggf. eine Aktion, die den Zugriff bzw. Zugriffsversuch protokolliert.

Wenn man *Mehrfachzugriff* auf eine Datenbank beschreiben will, so ist es zweckmäßig, dem EXECUTE-Zeiger, der die zu manipulierende Stelle des Graphen charakterisiert, eine zusätzliche Kennung anzuhängen, die den Benutzer identifiziert. Da die Manipulationen der Datenbank durch programmierte Ersetzungsschritte beschrieben werden können, haben wir hier wieder gemischte programmierte Ersetzungen wie in IV.2. Dort haben wir durch die Definition gemischter programmierter Ersetzungen ausgeschlossen, daß sich Untergraphen überlappen, die von verschiedenen Kontrolldiagrammen manipuliert werden. Hier kann wegen der einfachen Struktur der zugrunde liegenden Graphen (jeder Zugriff zu einer Gruppe geht über den Wurzelknoten) jedes Kontrolldiagramm durch Einschieben einer Ersetzung nach dem Startknoten bzw. vor dem Endknoten so erweitert werden, daß das gegenseitige Überlappen ausgeschlossen wird. Die erste Produktion trägt eine zusätzliche Kennung (neue Knotenmarkierung des Wurzelknotens) ein, die besagt, daß auf der Gruppe eine Operation ausgeführt wird, die zweite Produktion löscht diese Kennung wieder. Die zusätzliche Kennung sperrt diesen Teil der Datenbank gegenüber weiteren Zugriffen.[20] Unabhängig davon kann auch hier der obige Mechanismus der Sicherung vor unberechtigtem Zugriff angewandt werden. Ferner läßt sich die in IV.2 beschriebene Idee der dynamischen Verankerungsstruktur auch hier einsetzen, um bei der parallelen Abarbeitung verschiedener Kontrolldiagramme ohne Befehlszählerkanten für die Kontrolldiagramme auszukommen. Bei der Beschreibung des Mehrfachzugriffs auf die Datenbank durch gemischte programmierte Ersetzungen wird wieder von der Frage abstrahiert, wie der parallele Zugriff implementiert wird, d.h. ob paralleler Zugriff in eine Sequenz exklusiver Zugriffe aufgelöst wird, weil nur ein Prozessor vorhanden ist, bzw. ob im anderen Extremfall jeder Benutzer einen Prozessor zur Verfügung hat.

In [FU 7] wurden Schemata bezüglich ihrer strukturellen Viel-

---

20) Diese Sperrung hat nichts mit dem Problem Datenschutz zu tun, sondern ist eine Maßnahme der Datensicherung, der Vermeidung einer inkonsistenten Datenbank.

falt gegenüber [FU 5] (vgl. obige Typen) eingeschränkt. Es sind nur noch *records*, d.h. Bäume zur Strukturierung von Informationseinheiten, zugelassen und *cosets*, um Beziehungen zwischen records auszudrücken. Diese cosets können für jeden coset-Namen als je eine Menge von Kantenbüscheln mit jeweils variabler Kantenzahl dargestellt werden.[21] Jedes Büschel besitzt also einen owner-record und beliebig viele member-records. Die Büschel einer coset sind paarweise disjunkt: Jeder owner-record darf aber member-record einer anderen coset sein, und ebenso darf jeder member-record owner-record einer anderen coset sein.[22] In der Schemadeklaration kann ferner festgelegt werden, wie die Blätter eines Büschels jeder coset zu verketten sind, d.h. ob die member-records jedes owner-records etwa als Keller, Schlange, bzw. geordnet nach dem Wert einer Komponente der member-records abzuspeichern sind. Ferner enthält die Schemadeklaration eine Reihe statischer Konsistenzbedingungen,[23] die also unabhängig von den Datenbankmanipulationen stets gelten bzw. dynamischer Konsistenzbedinungen (aus einer Konsistenzbedingung P folgt, daß der nächste Datenbankzustand die Konsistenzbedingung Q erfüllen muß). Die *DML-Operationen* get, modify, insert, remove, delete, store, find (vgl. etwa [FU 12]) müssen natürlich verträglich mit diesen Konsistenzbedingungen sein. Um diese DML-Operationen formal beschreiben zu können, wurden in [AP 33] programmierte Ersetzungsschritte mit sog. *Transformationsregeln* eingeführt. Transformationen unterscheiden sich von Produktionen durch Hinzunahme von Anwendbarkeitsbedingungen (vgl. I.2.20.a) und III.1.4). Eine Anwendbarkeitsbedingung ist ein logischer Ausdruck über den Markierungen der Knoten der linken Seite bzw. des positi-

---

21) Hier müßten wir präziser von Exemplaren eines coset-Typs sprechen.

22) Warum gerade ausschließlich diese Graphenklassen für zulässige Schemata ausgewählt wurden, hat vermutlich ausschließlich implementierungstechnische Gründe.

23) Obige Bedingungen, die die Struktur aller zulässigen Schemata festlegen, sind natürlich ebenfalls statische Konsistenzbedingungen.

ven oder negativen Kontexts.[24)] Da bei der Formalisierung der DML-Operationen durch programmierte Transformationen ohnehin strikt darauf geachtet werden muß, daß diese die statischen bzw. dynamischen Konsistenzbedingungen des Schemas erfüllen, andererseits der Benutzer einer Datenbank mit dieser nur via DML-Operationen verkehrt, betrachtet [AP 33] diese programmierten Transformationsprogramme selbst, zusammen mit einem initialen Graphen, der der leeren Datenbank entspricht, als implizite Schemadeklaration. Der Leser erinnere sich, daß die Datenbankoperationen des letzten Absatzes weitgehend durch die Grammatik, die die zulässigen Exemplare definiert, bestimmt war. Diese programmierten Transformationen definieren auch die Semantik der DML-Operationen. Alle korrekten Datenbankzustände sind mittels einer Ableitungsfolge aus diesen programmierten Transformationen aus dem Startgraphen herleitbar. Diese Betrachtungsweise ist beeinflußt durch die Darstellung von Datenstrukuren, zusammen mit den diese Datenstrukturen manipulierenden Operationen in Form von *abstrakten Datentypen* [FU 20]. Eine Schemadeklaration, zusammen mit den DML-Operationen, ist nichts anderes als ein abstrakter Datentyp. Somit ist klar, daß obige Vorgehensweise auch dazu herangezogen werden kann, die Semantik der Operationen abstrakter Datentypen unabhängig von Datenbanksystemen zu definieren. In [AP 33] werden Korrektheitsbeweise für die programmierten Transformationen bzgl. einer Menge statischer Konsistenzbedingungen angegeben.[25)]

---

24) In [AP 33] wird das Knotenmarkierungsalphabet in verschiedene Teilalphabete zerlegt. Eines der Teilalphabete ist ein Idividuenbereich. Über diesem werden die logischen Ausdrücke definiert.

25) Der Autor hat den Eindruck, daß in nächster Zeit noch mehr Kenntnisse aus dem Bereich der Programmiersprachen Einzug in den Datenbanksektor finden werden. Dies gilt insbesondere für Kenntnisse aus dem Bereich Programmiermethodologie.

V. IMPLEMENTIERUNG VON GRAPH-ERSETZUNGSSYSTEMEN

Wir geben im folgenden eine kurze Übersicht über eine Implementation von sequentieller und paralleler Ersetzung auf markierten Graphen. Diese Implementation wurde nicht mit der Zielsetzung angegangen, eine möglichst effiziente Grundlage für eine konkret vorliegende Anwendung zu liefern, sondern die Zielsetzung war das Anstreben größtmöglicher Allgemeinheit und Portabilität. So realisiert diese Implementation die allgemeinste Form von Einbettungs- und Verbindungsüberführungen aus I.2 bzw. II.1, und sie setzt beispielsweise auch keine Größenbeschränkung über die zu bearbeitenden Graphen voraus (sie organisiert nämlich selbst einen Datenaustausch zwischen Primär- und Sekundärspeicher). Die folgende Übersicht gibt lediglich die Idee der Implementierung wieder, jedoch keinerlei Details. So spiegelt die Länge dieses Abschnitts auch nicht den Implementierungsaufwand wider (für detailliertere Darstellungen vgl. [I 1], [I 7]). Wir folgen hier in etwa der Darstellung in [I 2]. Es sei hier noch auf eine weitere Implementierung in [I 4] hingewiesen, die das in III.3 angegebene Syntaxanalyse-Verfahren für Graphen realisiert. Im letzten Abschnitt dieses Kapitels werden die zukünftigen Implementierungsziele angedeutet.

V.1. Ein assoziativer Software-Speicher als Basis der Implementation

Die unten vorgestellte Implementation der sequentiellen und parallelen Ersetzung auf Graphen basiert auf DATAS [I 3], einem *assoziativen Speicher*, der durch ein FORTRAN-Unterprogrammpaket implementiert wurde. Wir geben im folgenden eine grobe Übersicht über DATAS und begründen damit gleichzeitig, warum wir dieses Software-System als Grundlage der Implementation gewählt haben.
DATAS kennt drei Arten von Daten: Single-Value-Entities (SVE), Multi-Value-Entities (MVE) und Relation-Entities (RE). Eine Größe der Art single-value besitzt als Wert einen beliebig langen String, eine der Art multi-value hat als Wert einen String und eine Menge von Größen der Art single-value.[1a] Eine Größe REL der Art relation besitzt als Wert einen String und eine Menge von Tripeln (REL, ITEM1, ITEM2), Triaden genannt, deren erste Komponente der Name REL ist. Somit sind Relation-Entities nichts anderes als binäre Relationen, die jedoch nicht als Mengen von Paaren abgespeichert werden, sondern als Mengen von Triaden, aus einem später einzusehenden Grund. Den String, der einer SVE, MVE oder RE zugeordnet werden kann, bezeichnen wir als Datum dieser Entity. Von der Möglichkeit, MVEs und REs Daten zuzuordnen, haben wir bei der folgenden Implementation keinen Gebrauch gemacht.
DATAS hat nach außen die folgende Schnittstelle, d.h. der *Benutzer verkehrt* mit dem assoziativen Speicher *über folgende Routinen*:[1)]

- Vergrößern, Ändern, Verkleinern des Datums einer Entity,
- Auswechseln des externen Bezeichners, d.h. die Entity wird jetzt unter einem neuen Namen angesprochen,

---

1) Die folgende Darstellung ist etwas vereinfacht. Manche DATAS-Routinen habem nämlich Wirkungen, die aus dem Namen nicht zu ersehen sind. So löscht DLELEM (delete element) nicht nur eine Elementbeziehung, sondern darüber hinaus das Element selbst.

1a) bzw. wieder der Art multi-value, falls man Mengen von Mengen bildet (s.u.).

- Zuordnung eines Synonyms zu einer Entity, d.h. die Entity kann von jetzt an unter beider Namen angesprochen werden,
- Löschen eines Synonyms,
- Erzeugen einer SVE,
- Löschen einer SVE,
- Erzeugen einer MVE,
- Abspeichern einer Entity als Element einer MVE,
- Löschen einer Elementbeziehung,
- Löschen einer MVE und der entsprechenden Enthaltenseins-Beziehungen,
- Erzeugen einer RE,
- Abspeichern einer Triade zu einer RE,
- Löschen einer Triade,
- Ausgabe des Datums einer Entity,
- Ausgabe aller Synonyme einer Entity,
- Test auf Enthaltensein einer Entity in einer MVE,
- Liefern des nächsten Elements einer MVE.

Darüber hinaus gestattet DATAS, für RE die folgenden *assoziativen Fragen* zu stellen (nur dadurch ist der Name "assoziativer Speicher" gerechtfertigt):

(1) (REL, IT1, IT2), (REL, IT1, ?), (REL, ?, ?),

wobei das Fragezeichen die Stelle charakterisiert, deren Werte erfragt werden sollen. Auf die erste Frage (REL, IT1, IT2) lautet die Antwort <u>true</u> oder <u>false</u>, je nachdem, ob der assoziative Speicher eine Triade (REL, IT1, IT2) enthält oder nicht. Die nächste Frage hat als Antwort eine MVE, die als Elemente alle Entities Y enthält, so daß (REL, IT1, Y) eine auffindbare Triade ist. Die letzte Frage liefert als Ergebnis die Menge aller Paare von Größen X und Y, so daß (REL, X, Y) eine abgespeicherte Triade ist. Tatsächlich liefert die letzte assoziative Frage nicht eine Menge von Entity-Paaren zurück,

weil DATAS keine Mengen von Paaren kennt. Es wird statt dessen interne Information (ein Zeiger auf eine Liste) zurückgeliefert, mit dessen Hilfe und mit Hilfe einer weiteren Operation die gewünschte Information erhalten werden kann.
Dadurch, daß wir bei der Triadenabspeicherung keinen Unterschied zwischen Relationennamen und den Entities gemacht haben, die in dieser Relation stehen, kann man nun diese ebenfalls als Relationennamen auffassen und die zugehörigen permutierten Triaden abspeichern: Mit (REL, IT1, IT2) wird auch (IT1, IT2, REL) und (IT2, REL, IT1) abgespeichert. Auf diese permutierten Triaden sind nun ebenfalls die obigen assoziativen Fragen anwendbar (s.u.), so daß letztlich bei Abspeicherung jeweils dieser beiden Permutationen zu einer Triade insgesamt die folgenden assoziativen Fragen möglich sind:

(2) (A,B,C), (A,B,?), (A,?,C),(?,B,C), (A,?,?), (?,B,?), (?,?,C).

Will der Benutzer etwa nur Fragen der Art (1) stellen, so ist das Abspeichern der zusätzlichen Permutationen natürlich überflüssig. Er kann bei der Abspeicherung einer Triade bestimmen, welche Permutationen zusätzlich abzuspeichern sind, und legt so natürlich die zulässigen assoziativen Fragen fest.

Es können hierarchische Datenstrukturen gebildet werden: So können die Elemente von MVEs wieder SVEs, MVEs oder REs sein, die Triaden von REs können ebenfalls aus Entities einer der drei Arten bestehen. Eine MVE, die eine RE als Element besitzt, enthält jedoch nicht die Triaden dieser RE als Elemente. Es gibt nicht die Möglichkeit, bestimmte Triaden, die zu einer RE gehören, zu einer MVE zusammenzufassen. Ferner gestattet der assoziative Speicher nicht die Deklaration verschiedener Datenbasen. Der Benutzer muß also die Aufteilung in verschiedene Datenbasen (in der folgenden Implementierung etwa in verschiedene Graphen) selbst bewerkstelligen.[2] Von der Möglichkeit

---

2) In [I 1] wurde hierfür ein Index an alle externen Namen einer Datenbasis angehängt, der sie von den externen Namen anderer Datenbasen unterschied.

der Synonymdeklaration, die in den obigen Routinen angesprochen wurde, haben wir keinen Gebrauch gemacht. Schließlich gehören zur Benutzerschnittstelle noch Systeminitialisierung und -beendigung sowie Speicherbereinigungs-Routinen.

Bei der Implementation von DATAS wurden Streuspeicherung (Hashing) und komplizierte Listenstrukturen verwandt. Der assoziative Speicher ist in drei Bereiche aufgeteilt: Namenspeicher, Datenspeicher und Triadenspeicher. Der *Namenspeicher* setzt die externen Namen des Benutzers in Beziehung zu den internen Namen. Der interne Name einer Entity ist die Adresse im Datenspeicher, wo diese abgespeichert ist. Die Abspeicherung des externen Namens und seines zugehörigen internen Namens geschieht über eine Hash-Funktion, die den externen Namen als Argument benutzt. Da bei Hash-Adressierung die Werte der Hash-Funktion für verschiedene Argumente übereinstimmen können (Konfliktfall), enthält der Namenspeicher zusätzlich zu dem Hash-Bereich einen Konfliktbereich, in dem je in einer verketteten Liste die Konfliktfälle zu einer Adresse des Hashbereichs aufgesammelt sind.[3] Deswegen enthält jede Zelle des Hash-Bereichs zu der Beziehung externer Name - interner Name noch einen (möglicherweise leeren) Verweis auf einen zugehörigen Konfliktring. Da FORTRAN kein *heap*-Konzept kennt, muß die Verwaltung der zugehörigen Freispeicherliste von DATAS selbst gemacht werden.

Der *Datenspeicher* dient der Abspeicherung des Datums einer Entity und ferner der Abspeicherung der Elemente von MVEs (es werden die internen Namen der Elemente abgespeichert) bzw. eines Hinweises bei REs, wo im Triadenspeicher die Triaden zu dieser RE aufgefunden werden können. Die Triaden von REs sind

---

3) Der Leser mache sich klar, daß der Vorteil von Streuspeicherung nur solange gilt, als wenig Konfliktfälle auftreten, da ansonsten ggf. lange Konfliktlisten durchsucht werden müssen. Das setzt eine geeignet gewählte Hash-Funktion und nicht allzu dichte Speicherbelegung voraus. Insbesondere heißt dies hier, daß der Benutzer geeignete externe Bezeichner verwenden muß. So wird die Verwendung nur sehr geringfügig unterschiedlicher externer Bezeichner mit großer Wahrscheinlichkeit Konflikte provozieren.

nicht im Datenspeicher untergebracht, da die schnelle Beantwortung der assoziativen Fragen besondere Listenstrukturen erfordert. Der Datenspeicher ist in einen Kopfbereich und einen Datenbereich unterteilt. Der interne Name einer Entity ist die Adresse einer Zelle im Kopfbereich, von wo aus ein Zeiger auf den Datenbereich selbst verweist. Die Abspeicherung der eigentlichen Daten erfolgt sequentiell im Datenbereich des Datenspeichers. Da die Daten in diesem Bereich dicht liegen, impliziert eine Veränderung der Daten einer Entity eine Verschiebeoperation im Datenbereich. Schon deshalb mußte die Aufteilung in Kopf- und Datenbereich getroffen werden, weil sonst mit einer Verschiebung auch der interne Name verändert worden wäre, und somit jedes Vorkommnis des internen Namens im Namen-, Daten- und Triadenspeicher geändert werden müßte. Der Kopfbereich enthält zwei Listen, die occupied- und die vacant-Liste (Freispeicherliste). Alle internen Namen, zusammen mit den Zeigern für Kopfliste bzw. Datenbereich, bilden die Zellen des occupied-Rings.

Die Organisation im *Triadenspeicher* läßt sich, stark vereinfacht, etwa durch das folgende Beispiel beschreiben. Sei A1 eine RE, die die folgenden Triaden besitze {(A1, B1, C1), (A1, B2, C1), (A1, B2, C2)}. Das führt im Triadenspeicher zu den Ringen von Fig. V/1. Vorteil dieser Speicherung ist, daß sie von Redundanz befreit und somit platzsparend ist. Jetzt sieht der Leser auch, daß die assoziativen Fragen (1) leicht beantwortet werden können. Der B-Ring sammelt alle Entities auf, die auf zweiter Position einer Triade zu einer RE stehen können, der C-Ring schließlich alle Entities auf dritter Position zu einem vorgegebenen A und B. Sollen nun auch die anderen assoziativen Fragen von (2) beantwortet werden können, so werden zusätzlich zu der Listenstruktur von Fig. V/1 noch die beiden weiteren von Fig. V/2 abgespeichert. Eine

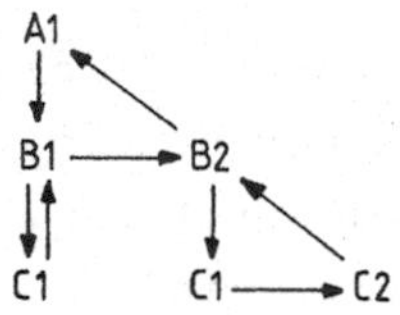

Fig. V/1

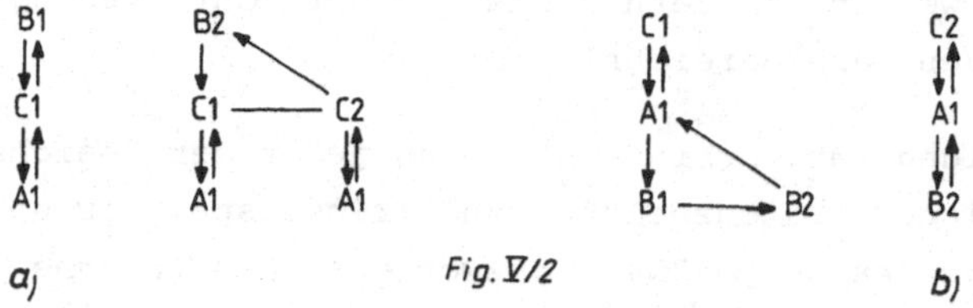

Fig. V/2

Frage der Art (A,?,C) wird als Frage (C,A,?) auf der Listenstruktur von Fig. V/2.b) gestellt, eine der Art (?,B1,?) als Frage (B1,?,?) auf der Datenstruktur von Fig. V/2.a).

In der DATAS-Implementation werden die Listenstrukturen nun nicht, wie Fig. V/1-2) suggeriert, mit den externen Namen angelegt, sondern mit den internen Namen (Adressen im Datenspeicher). Der Triadenspeicher ist dabei in drei Bereiche unterteilt: Kopfbereich, Hash-Bereich und Freispeicher-Bereich. Der Kopfbereich ist wieder - wie im Datenspeicher - durch einen occupied- und einen vacant-Ring organisiert. Somit enthält der Kopfbereich des Triadenspeichers aufgesammelt alle internen Namen von A-Entities (A-Zellen), zu denen Triaden existieren (vgl. Fig. V/1). Diese Kopfbereich-A-Zellen enthalten ferner Verweise auf die Startzelle des zugehörigen B-Rings. Mit Hilfe dieser Organisation können Fragen der Art (A,?,?)[4] durch Auffinden der zugehörigen B-Entities auf Fragen der Art (A,B,?) zurückgespielt werden. Die B-Ringe liegen im Hash-Bereich des Triadenspeichers, soweit kein Konflikt auftritt. Die zugehörige Adresse einer B-Zelle wird durch eine Hash-Funktion mit (iA, iB) als Argument gefunden, wobei iA und iB der interne Name von A bzw. B sei. Die C-Ringe schließlich liegen im Freispeicherbereich, ebenso wie die B-Zellen für den Fall eines Hash-Konflikts. Durch die Verwendung dieser Hash-Technik muß bei den häufgisten Fragen (A,B,C) und (A,B,?)[5] nicht erst der

4) Die Fragen 5,6,7 von (2) werden ja stets auf diesen Fragetyp zurückgeführt.

5) Die Fragen 2,3,4 von (2) werden ja stets auf diesen Fragetyp zurückgeführt.

B-Ring durchsucht werden, sondern höchstens der Konfliktring zu einer Adresse des Hash-Bereichs.

Die obige Darstellung war vereinfacht, denn jeder der Speicherbereiche Namenspeicher, Datenspeicher und Triadenspeicher unterteilt sich in *Seiten* zu je 2048 Ganzwörtern. Der interne Name jeder Entity besteht somit aus zwei Werten, einer Datenspeicherseite und der Adresse auf dieser Seite (präziser: der Adresse der zugehörigen Kopfzelle). Entsprechend besteht der Hinweis einer RE im Datenspeicher auf die zugehörigen Triaden aus der Angabe der entsprechenden Datenspeicherseiten, der Eintrag des internen Namens im Namenspeicher (präziser: auf jeder Seite des Namenspeichers) aus dem Eintrag eines solchen Paares von Werten. Analog enthalten die A-, B- und C-Zellen des Triadenspeichers solche Paare. Im Primärspeicher der Wirtsanlage, auf der DATAS läuft, befindet sich nur eine Seite jeden Typs, die anderen befinden sich auf dem Sekundärspeicher. Sofern eine andere Seite eines der drei Typen als diejenige, die sich im Primärspeicher befindet, benötigt wird, muß diese ausgelagert werden und die benötigte eingelesen werden. DATAS organisiert selber dieses *Paging*. Die zugehörige Paging-Routine wurde in [I1] dahingehend geändert, daß sich mehr als eine Seite jeden Typs im Primärspeicher befinden darf, um die hohen Transportraten zwischen Sekundär- und Primärspeicher zu reduzieren. Um diese Änderung in DATAS nicht allzu gravierend werden zu lassen, wurden lediglich weitere Primärspeicherseiten zur Verfügung gestellt. Die sich insgesamt im Primärspeicher befindlichen Seiten werden als Pool betrachtet,[6] und zwischen ihnen und dem Hintergrundspeicher wird nach der least-recently-used-Strategie ausgetauscht. Zwischen den drei DATAS-Seiten und den zusätzlichen Primärspeicherseiten muß ebenfalls ausgetauscht werden (vgl. auch V.5). Somit wird zusätzlicher Speicherplatz und zusätzliche Rechenzeit benötigt.

---

6) der, da er die DATAS-Seiten enthält, mindestens eine Seite jeden Typs enthält.

Dieses eingebaute *Paging* war einer der Gründe, warum DATAS als *Implementationsgrundlage* gewählt wurde. Im allgemeinen wird man nämlich nicht erwarten können, daß bei größeren Anwendungen die zugehörigen Graphen allesamt im Primärspeicher gehalten werden können. Erwartet man das nicht, so braucht man ein Paging-Verfahren. Setzt man eine Rechenanlage mit virtuellem Speicher voraus, der groß genug ist, die Datenstrukturen für alle Graphen zu halten, so stellt einem das Betriebssystem der Wirtsmaschine dieses Paging zur Verfügung. Die Existenz eines virtuellen Speichers kann jedoch nur bei größeren Anlagen vorausgesetzt werden.
Ein weiterer Grund für die Auswahl von DATAS war dessen *Portabilität*, als FORTRAN-IV-Unterprogramm-Paket. Darüber hinaus besitzt dieses System einen eigenen Interncode, so daß die Beschriftung des assoziativen Speichers unabhängig vom Interncode der Wirtsmaschine ist. Hierzu ist je eine Konvertierung bei der Ein- und Ausgabe nötig. Der Aufbau und die Verwaltung der komplizierten Listenstrukturen ist in FORTRAN nur über Felder und Integer-Arithmetik möglich, was diese Listenmanipulationen natürlich nicht allzu schnell macht (vgl. V.5).

Der wichtigste Grund für den Einsatz war jedoch der folgende: *l-Graphen* lassen sich in DATAS auf die folgende Art *codieren:* Einem l-Graphen GRAPH wird eine geordnete dreielementige Menge[7] zugeordnet GRAPH = {NODES, NLABELS, ELABELS}. Dabei ist NODES eine MVE, die als Elemente sämtliche Knotenbezeichnungen des Graphen enthält. ELABELS ist eine MVE, die alle in GRAPH vorkommenden Kantenmarkierungen zusammenfaßt. Für jede dieser Kantenmarkierungen ELABEL $\in$ ELABELS gibt es eine RE, die als Triaden sämtliche Tripel (ELABEL,k1,k2) enthält, für die (k1,k2) $\in \varrho_{ELABEL}$ von GRAPH ist. Entsprechend ist NLABELS

---

7) Jede Implementierung einer Menge erzeugt eine Ordnung auf den Elementen, nämlich die Ordnung, in der die Elemente abgespeichert sind. (Dies gilt nicht, wenn man einen Hardware-Assoziativspeicher zur Verfügung hat.) Macht man von ihr Gebrauch, dann darf sie natürlich nicht veränderbar sein, etwa durch eine Speicherbereinigungsroutine. Etwas umständlicher als oben kann man Graphen in DATAS auch dann codieren, wenn man von dieser Ordnung keinen Gebrauch macht.

eine MVE, die sämtliche in Graph vorkommenden Knotenmarkierungen enthält. Für jede Knotenmarkierung NLABEL $\in$ NLABELS gibt es eine RE, die sämtliche Triaden der Form (NLABEL, ISLABELOF,K) enthält, für die β_{GRAPH}(K) = NLABEL ist. Dabei ist ISLABELOF eine Dumny-Entity, die nötig ist, da man keine Mengen von Paaren bilden kann.[8)] Aufgrund der Assoziativfähigkeiten von DATAS und augrund dieser Codierung von l-Graphen in DATAS können nun beispielsweise die folgenden *assoziativen Fragen für l-Graphen* leicht beantwortet werden:

- Wie ist die Markierung des Knotens K $\in$ NODES?
- Welche Knoten von NODES sind mit der Markierung NL $\in \Sigma_V$ markiert?
- Welche Vorgänger/Nachfolger hat der Knoten K für Kanten einer bestimmten Markierung aus Σ_E?
- Was sind die Markierungen der Kanten zwischen zwei Knoten?

Somit eignet sich dieser assoziative Speicher für die Interpretation von Operatoren auf Graphen, falls geeignete Mengenoperationen zur Verfügung stehen.

Entsprechend wie l-Graphen lassen sich *Produktionen* in DATAS als geordnete dreielementige Menge PROD = {GRAPHL, GRAPHR, EMBNAM} *darstellen*, wobei GRAPHL, GRAPHR zwei MVEs sind mit dem oben beschriebenen Aufbau für Graphen, und EMBNAM eine SVE ist, die als Datum die lineare Notation der Einbettungs- bzw. Verbindungsüberführung besitzt.

8) Da das zugrunde liegende DATAS-System nur externe Bezeichner bis zu einer Länge von 10 Zeichen unterscheidet, müssen bei Verwendung längerer Namen für Knotenbezeichnung, Knoten- und Kantenmarkierung zusätzlich Abkürzungen für diese Namen erzeugt werden und die Zuordnung zwischen langen und verkürzten Bezeichnern in Tabellen gehalten werden.

V.2. Eine Übersicht über die Implementierung sequentieller und paralleler Ersetzung

Im folgenden geben wir einen groben Überblick über die Implementierung der sequentiellen und parallelen Ersetzung auf Graphen. Diese Darstellung beschäftigt sich ausschließlich mit der *Idee* der Implementierung und ihrer Aufteilung in verschiedene Einzelschritte. Implementierungsdetails bleiben völlig außerhalb der Betrachtung.

Im Konstruktionslemma I.2.13 für einen direkten sequentiellen Ableitungsschritt mit Hilfe einer Produktion $p = (d_\ell, d_r, E)$ haben wir das Enthaltensein der linken Seite (nicht nur bis auf Äquivalenz) vorausgesetzt. Das kann durch Umbezeichnung, nach dem Ausführen eines Untergraphentests für d_ℓ, stets erreicht werden. Die bei einem Ableitungsschritt angewandten Produktionen dürfen bei diesem nicht verändert oder gar gelöscht werden, sie sollen ja für weitere Ableitungsschritte zur Verfügung stehen. Da andererseits DATAS keine verschiedenen Datenbasen kennt, in denen man verschiedene Kopien einer Produktion halten kann, scheidet diese Vorgehensweise aus. Sie ist auch insofern unzweckmäßig, als der gesamte Graph durchsucht werden muß, damit ggf. Knoten umbezeichnet werden können. Eine weitere Möglichkeit ist die, nach dem Untergraphentest eine äquivalente Produktion (vgl. Def. II.1.1) zur anzuwendenden Produktion zu erzeugen und mit dieser den sequentiellen Ableitungsschritt durchzuführen. Diese Produktion enthält das durch den Untergraphentest bestimmte Vorkommnis von d_ℓ als linke Seite und als rechte Seite einen Graphen, der äquivalent zu d_r ist, und dessen Knotenbezeichnungen verschieden sind von allen im Wirtsgraphen vorkommenden. Wir gehen im wesentlichen diesen Weg. In einem so durchgeführten Ableitungsschritt wird kein Graph d' mit $d \xrightarrow[p]{s} d'$ erzeugt, sondern einer d" mit $D \xrightarrow[p]{s} D''$, wir sind ja aber auch nicht an l-Graphen, sondern nur an abstrakten l-Graphen als Ableitungsergebnis interessiert.

Ein *sequentieller Ersetzungsschritt* wird dann in der Implementation in *vier Teilschritte* zerlegt.

a) Sei PROD = (GRAPHL, GRAPHR, EMBNAM) eine Graph-Produktion, deren linke Seite bis auf Äquivalenz im Wirtsgraphen GRAPH enthalten sei. Die Beziehung zwischen den Knoten von GRAPHL und den Knoten des Vorkommnisses von GRAPHL, d.h. die Äquivalenzfunktion, sei durch Kanten der Markierung RELL (relation left) zwischen GRAPHL und seinem Vorkommnis GRAPHL' in GRAPH angegeben (vgl. Fig. V/3).[9] Diese Kanten sind das Ergebnis eines Untergraphentests und ggf. einer Interaktion des Benutzers, falls der Untergraphentest mehrere Vorkommnisse der linken Seite aufgefunden und zur Auswahl gestellt hat (vgl. V.5).

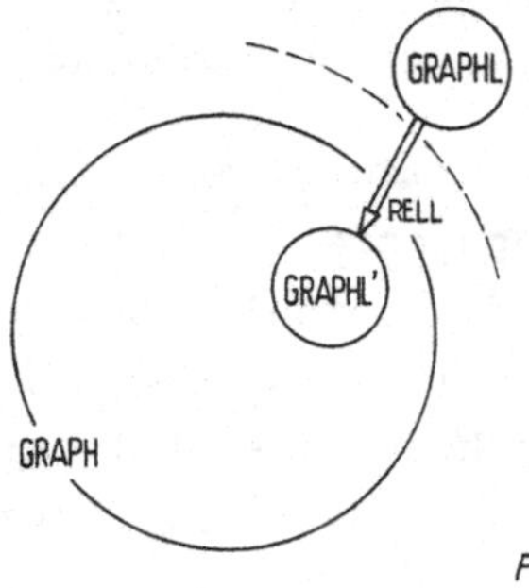

Fig. V/3

b) Durch den nächsten Schritt UNIDIA wird zu GRAPH eine Kopie GRAPHR' der rechten Seite GRAPHR hinzugefügt, d.h. es wird ein zu GRAPHR äquivalenter Graph hinzugefügt, dessen Knotenbezeichnungen verschieden von allen in GRAPH sind. Die Knoten von GRAPHR werden mit den ihnen entsprechenden von GRAPHR' durch Kanten der Markierung RELR (relation right) verbunden (vgl. Fig. V/4).

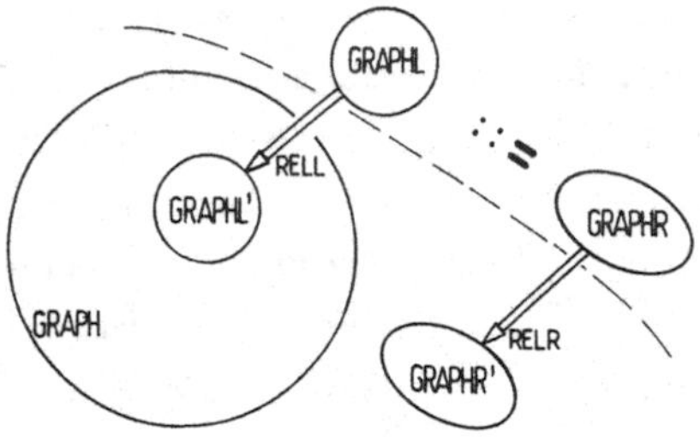

Fig. V/4

9) Die Doppelkante in Fig. V/3 stehe als Abkürzung für die Menge dieser Kanten.

c) Durch den nächsten Schritt EMBED wird die Kopie der rechten Seite in den Wirtsgraphen eingebettet, gemäß der Einbettungsüberführung EMBNAM. Die Implementation umfaßt den gesamten Operatorenkalkül aus I.2., der in einem Ableitungsschritt komplexe Graphenveränderungen gestattet (vgl. Beispiele I.2.19) und deswegen auch sehr effizient für Anwendungen sein kann (vgl. Bem. III.1.6). Die Definition der Operatoren in I.2.1. kann durch eine kontextfreie Zeichenketten-Grammatik ersetzt werden. Somit kann für die Operatoren ein Kellerautomat angegeben werden, der sie analysiert und die korrekt gebildeten erkennt.[10)]
Damit kann auch die Analyse der einzelnen Einbettungskomponenten durch einen Kellerautomaten durchgeführt werden. Der Keller enthält ferner die Zwischenergebnisse der Auswertung der Teiloperatoren. Zu Beginn der Analyse einer Einbettungskomponente enthält er die Knoten von GRAPH, die den in der Einbettungskomponente auftauchenden Knoten von GRAPHL entsprechen. Während der Analyse enthält der Keller die Knoten von GRAPH, die der Interpretation des bis jetzt analysierten Teiloperators entsprechen.[11)] Die Analyse geschieht nach dem Operator-Vorrangverfahren. Die zugehörige Übergangsmatrix kann sofort aus der Zeichenketten-Grammatik

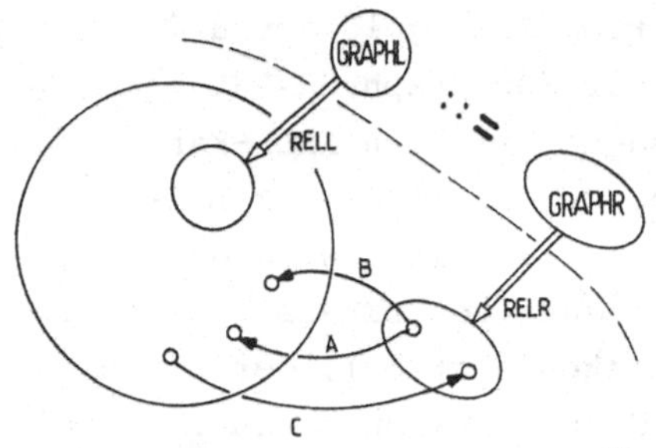

Fig. V/5

---

10) In [I1] wurde eine von I.2.1. abweichende Notation für Operatoren eingeführt, in der zusammengesetzte Operatoren von links nach rechts zu lesen sind, und ferner ein Konkatenationssymbol zwischen gemäß I.2.1.c1) gebildeten Operatoren eingefügt ist.

11) Präziser gesagt, enthält er nur Verweise auf diese Mengen, nämlich den externen Bezeichner der Zwischenergebnismenge im DATAS-Speicher.

für Einbettungskomponenten abgelesen werden. Die Analyse und Auswertung geschieht interpretativ, d.h. die Analyse erzeugt keinen Code, der, wenn er ausgeführt wird, der Interpretation einer Einbettungskomponente entspricht, sondern diese Interpretation erfolgt sofort während der Analyse. Nach diesem Schritt sind die Kanten zwischen der Kopie der rechten Seite und dem Wirtsgraphen genau diejenigen, die der Ableitungsschritt erzeugt.

d) Im letzten Schritt werden die Kanten mit der Markierung RELR gelöscht und ferner der Graph GRAPHL' zusammen mit den RELL-Kanten. Der erste dieser beiden Teilschritte wird durch Anwendung von DELREL (delate relation), der zweite durch Anwendung einer Routine MINDIA durchgeführt. Das Ergebnis zeigt Fig. V/6.

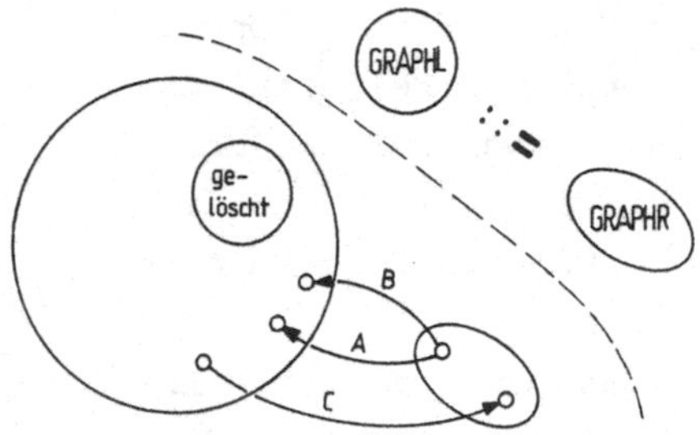

Fig. V/6

Die Produktion PROD selbst bleibt von dieser Löschung unberührt, sie muß ja für erneute Anwendungen erhalten bleiben.

Und nun noch einige *Bemerkungen zum Untergraphentest* (vgl. [GT 8]): Der Untergraphentest ist ganz auf die bisherige Implementation abgestellt, d.h. seine Implementierung macht Gebrauch von den oben erwähnten assoziativen Fragen für Graphen. Sei GRAPH der Wirtsgraph und UGRAPH der Graph, dessen Vorkommnisse in GRAPH alle bestimmt werden sollen. Für jeden Knoten von UGRAPH werden zunächst aufgrund ihrer Knotenmarkierung sämtliche Knoten in GRAPH aufgesucht, die diesem Knoten entsprechen können. Daraufhin wird Kante für Kante von UGRAPH herangezogen und abgeprüft, ob sie zwischen den Kandidaten von zugeordneten Knoten in GRAPH vorhanden ist oder nicht. Ist sie nicht vorhanden, so scheiden die beiden Knoten als Kandidaten aus u.s.w.. So hat man schließlich alle Vorkommnisse von UGRAPH als Teilgraph in

GRAPH aufgesucht. Es schließt sich nun noch ein weiterer Test an, der feststellt, ob zwischen den zugeordneten Knoten noch weitere Kanten existieren, die in UGRAPH nicht vorhanden sind. Ist dies der Fall, so scheidet das Vorkommnis als Untergraphen-Vorkommnis von UGRAPH aus. Die Schnelligkeit des Untergraphentests hängt hauptsächlich davon ab, wie schnell es durch Kantentesten gelingt, die Kardinalität der Kandidatenmengen zu reduzieren. Besitzt UGRAPH eine "Verankerungsstruktur", wie einen besonders markierten Knoten, eine besonders markierte Kante etc., die in GRAPH nur in Vorkommnissen von UGRAPH vorkommt, so ist es sinnvoll, zuerst alle Kanten zu untersuchen, die in der Nachbarschaft der Verankerungsstruktur in UGRAPH auftauchen. Ein weiterer Fall ist der, daß der Anwender aufgrund der bisherigen Graphmanipulationen die Knotenbezeichnung(en) eines Knotens (von Knoten) in GRAPH angeben kann, in deren Nachbarschaft ein Vorkommnis von UGRAPH auftaucht. Solche Sonderfälle des Untergraphentests werden in [GT 8] ebenfalls behandelt.[12)]

Wir geben im folgenden eine Übersicht über die parallele Ersetzung in der Art wie oben. Unter paralleler Ersetzung verstehen wir dabei die einknotige parallele Ersetzung aus Abschnitt II.1. Diese Implementation läßt sich durch geringfügige Änderung für den allgemeineren Fall anpassen, wo linke Seiten beliebige Graphen sein dürfen. Die Implementierung der parallelen Ersetzung baut auf der Implementation der sequentiellen Ersetzung auf, man kann sagen, es handelt sich um eine weitere Implementierungsschicht oberhalb der sequentiellen Ersetzung. Dies beruht darauf, daß beide Ableitungsbegriffe die gleiche Definition einer Produktion benutzen, deren Interpretation im sequentiellen Fall die neue Einbettung der rechten Seite erzeugt, während sie im parallelen Fall die (halbe) Verbindung des Tochtergraphen zu weiteren Tochtergraphen generiert.

---

12) In vielen Fällen ist es sinnvoll, vor einem zeitaufwendigen Untergraphentest, der die Vorkommnisse von UGRAPH ermittelt, einen schnellen Test vorzuschalten, der den Fall, daß UGRAPH in GRAPH überhaupt nicht vorkommt, ausschaltet (vgl. [GT 16]).

Parallele Ersetzung suggeriert die Verwendung von Parallelität bei der Implementierung. Rechenanlagen sind heutzutage dafür leider noch nicht geeignet, d.h. es gibt kaum Mehrprozessoranlagen, ausgestattet mit Programmiersprachen, die parallele Berechnungen auszudrücken gestatten. Deswegen muß auch hier die parallele Ersetzung sequentialisiert werden. Von der Implementierungsidee her ist Sequentialisierung nur im Teilschritt INSCON erforderlich.[13] In allen anderen Fällen handelt es sich um Schleifen der Art "for all Elemente einer Menge do ... od", die hier natürlich nacheinander abgearbeitet werden müssen. Bei Verwendung einer Mehrprozessoranlage könnten diese Einzelschritte zeitlich parallel ablaufen.

Der *parallele Ersetzungsschritt* heißt PARSUB (parallel substitution) und ist *folgendermaßen in vier interne Schritte* zerlegt.

a) Wir starten für PARSUB mit einer Konfiguaration, wie in Fig. V/7 angedeutet. Wir nehmen an, daß es eine Korrespondenz zwischen linken Seiten von Produktionen und allen Mutterknoten des gegebenen Graphen GRAPH gibt, die durch Kanten der Markierung RELL (relation left) ausgedrückt wird, und die besagt, daß die zugehörige Produktion an diesem Mutterknoten anzuwenden ist. Falls eine Produktion mehr als einmal anzuwenden

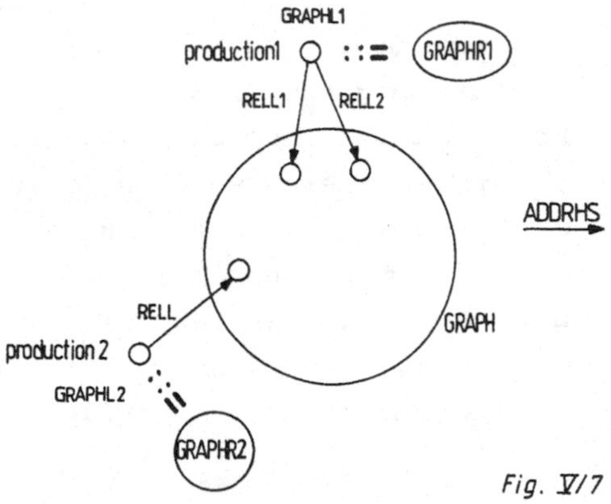

Fig. V/7

13) Dieser Teilschritt ließe sich natürlich ebenfalls "parallel umformulieren".

ist, so sind diese Kanten durchnumeriert: RELL1, RELL2, ... (vgl. Fig. V/7, wo die Produktion 1 zweimal, die Produktion 2 nur einmal angewandt wird). Ferner nehmen wir an, daß jede linke Seite genau zu einer Produktion gehört, d.h. es kann zwar sein, daß die linken Seiten zweier Produktionen äquivalent sind, aber es sind nicht dieselben Graphen, und somit existieren beide im zugrunde liegenden DATAS-Speicher. Entsprechendes gilt natürlich auch für die rechten Seiten. Ferner wird angenommen, daß alle Produktionen, die im aktuellen Ersetzungsschritt angewandt werden, in einer MVE mit dem externen Bezeichner APLPRS (applied productions) zusammengefaßt sind, so daß Schleifen der Form for all Elemente von APLPRS do ... benutzt werden können.[14] Somit verlangt eine korrekte Eingabe von PARSUB, daß es für jeden Knoten von GRAPH genau eine Produktion gibt, die an diesem Knoten angewendet werden kann, d.h. dieser Knoten ist Zielknoten genau einer einlaufenden Kante, die mit RELL bzw. RELLk markiert ist. Im letzteren Fall gibt es weitere j := k-1 Knoten von GRAPH, die Zielknoten von RELL1, ..., RELLj Kanten sind, die von derselben linken Seite ausgehen. Die Korrektheit der Eingabe wird abgeprüft. Im Falle nichtkorrekter Eingabe wird der parallele Ersetzungsschritt mit einer Fehlermeldung abgebrochen. In den erläuternden Figuren zur parallelen Ersetzung sind nur drei Knoten von GRAPH eingezeichnet, um diese übersichtlich zu halten. Die im folgenden beschriebenen Manipulationen müssen natürlich für alle Knoten von GRAPH ausgeführt werden.

b) Im ersten Schritt ADDRHS (add right hand sides) wird in einer Schleife for all Elemente von APLPRS do ... od das folgende ausgeführt: Zum Graphen GRAPH wird für jede angewandte Produktion eine Kopie der rechten Seite, also ein

---

14) Es ist klar, daß wir solche Schleifen hier nur auf diesem abstrakten Niveau benutzen können, die zugrunde liegende Implementierungssprache, nämlich FORTRAN, kennt diese natürlich nicht. Mit Hilfe des assoziativen Speichers ist eine solche Schleife jedoch unmittelbar auf eine herkömmliche zurückführbar.

Tochtergraph, hinzugefügt. Falls eine Produktion mehrfach angewandt wird, werden entsprechend viele Tochtergraphen hinzugefügt. Hinzufügen eines Tochtergraphen für eine angewandte Produktion heißt Hinzufügen eines zur rechten Seite äquivalenten Graphen, dessen Knotenbezeichnungen verschieden sind von denen in GRAPH und von denen bereits hinzugefügter Tochtergraphen.[15] Ferner tragen wir Kanten der Markierung RELR (relation right) zwischen den Knoten der rechten Seite der Produktion und den entsprechenden Knoten eines hinzugefügten Tochtergraphen ein. Falls eine Produktion mehrfach angewendet wird, so haben wir entsprechend viele Tochtergraphen. In diesem Fall benutzen wir wieder zusätzlich numerierte Kantenmarkierungen RELR1, REL2, ... für die Verbindungen zwischen einer rechten Seite und ihren zugehörigen Tochtergraphen. Diese RELRk-Kanten korrespondieren zu RELLk-Kanten zwischen linker Seite und zugehörigen Mutterknoten (vgl. Fig. V/8). Ferner tragen wir Kanten der Markierung REPLBY (replaced by) zwischen allen Knoten eines Tochtergraphen und seinem zugehörigen Mutterknoten ein.

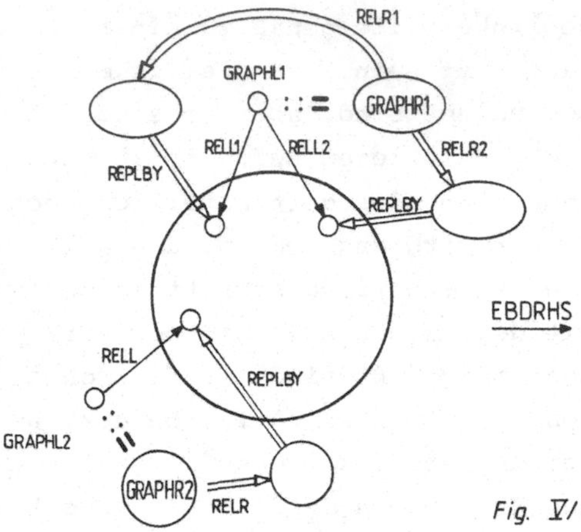

Fig. V/8

15) Mutterknoten und Tochtergraphen bilden bis auf die Verbindungsüberführung eine äquivalente Produktion zu der anzuwendenden. Vergleiche Def. II.1.6, wo wir parallele Ableitung mit solchen "passenden" Produktionen definiert haben.

Diese Kanten werden im dritten Schritt benötigt, um den Test, ob zwei Halbkanten zusammenpassen, zu vereinfachen. Schritt 1 ist das parallele Analogon zu Schritt UNIDIA des sequentiellen Falls und macht deshalb auch Gebrauch von dessen Implementation.

c) Im zweiten Schritt EBDRHS (embed right hand sides) wird wieder in einer Schleife for all Elemente von APLPRS do ... od für jede Produktion folgendes ausgeführt: In diesem Schritt betten wir alle Tochtergraphen in den Graphen GRAPH ein, indem wir die Verbindungsüberführung als Einbettungsüberführung interpretieren. Wir führen hier die parallele Ersetzung auf eine Sequenz sequentieller Ersetzungen zurück, indem wir dieselbe Idee wie in Beweis von Satz II.2.5 benutzen, um den Halbkantenmechanismus zu simulieren. Die Kanten, die zwischen den Tochtergraphen und dem Wirtsgraphen GRAPH erzeugt werden, entsprechen eineindeutig den Halbkanten von Bem. II.1.7: Auslaufende Kanten aus einem Tochtergraphen spezifizieren explizit die Quellknoten von Verbindungskanten zwischen Tochtergraphen, das Ziel wird implizit bestimmt dadurch, daß diese Kante auf den entsprechenden Mutterknoten zeigt. Ent-

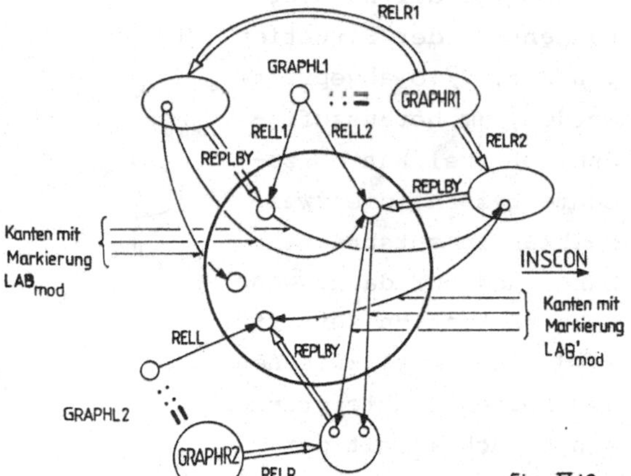

Fig. V/9

sprechend korrespondieren einlaufende Kanten von einem Mutterknoten zu einem Tochtergraphen zu Halbkanten, die von dem zugehörigen Tochtergraphen ausgehen und in den gleichen Knoten enden. Somit sind diese Kanten nur für diese Zwischenschritte der Implementation von Bedeutung. Diese Kanten müssen im nächsten Schritt zu Tochtergraphen-Verbindungen zusammengefaßt werden. Damit solche Kanten von solchen in GRAPH bzw. von solchen bereits eingesetzter Tochtergraphen unterschieden werden können, werden diese zusätzlich markiert, etwa LAB_{mod}, und diese Kanten werden in einer MVE mit dem Namen HLFEDG (<u>half</u> <u>edg</u>es) zusammengefaßt.[16] Das Ergebnis dieses Schritts ist der Zwischengraph von Fig. V/9.

d) Dritter Schritt INSCON (<u>ins</u>ert <u>con</u>nections): In einer Schleife <u>for</u> <u>all</u> Elemente von APLPRS <u>do</u> ... <u>od</u> werden folgende Einzelschritte ausgeführt: Für alle Knoten k jedes Tochtergraphen einer Produktion und für alle Kantenmarkierungen LAB_{mod} aus HLFEDG muß auf das Vorhandensein der Situation von Fig. V/10 abgeprüft werden, um herauszufinden, ob zwei Kanten zusammenpassen, die zwei Halbkanten entsprechen. Dann, und nur dann, wenn diese Situation zutrifft, wird eine Kante zwischen den beiden Tochtergraphen von k nach k' mit der Markierung LAB eingetra-

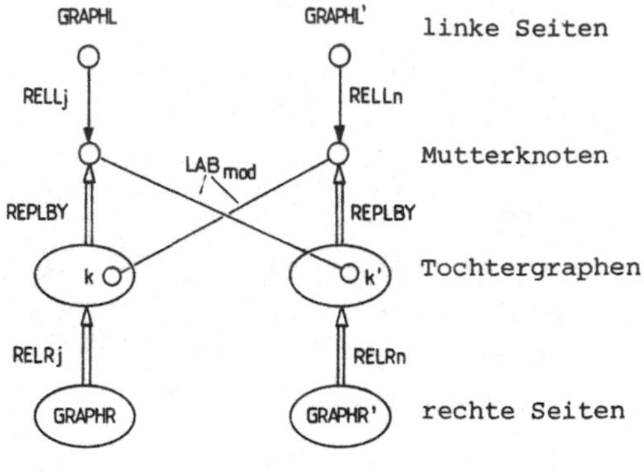

Fig. V/10

16) Präziser: Jede dieser Markierungen LAB_{mod} definiert eine RE, die die zugehörigen Kanten als Triaden (LAB_{mod}, k1, k2) besitzt. HLFEDG ist also eine MVE, die diese REs zusammenfaßt.

gen, und die k verlassende Kante wird gelöscht.[17] Alle Kanten, die k verlassen und die keine entsprechende Pendant-Kante besitzen, werden ebenfalls gelöscht. Es ist klar, daß auch mehrere Verbindungen zwischen Tochtergraphen erzeugt werden, falls mehr als ein solch korrespondierendes Kantenpaar existiert (vgl. Fig. V/9) zwischen dem Tochtergraphen oben rechts und dem unteren Tochtergraphen. Nun wird auch der Sinn der REPLBY-Kanten klar. Das Ergebnis dieses Zwischenschritts INSCON ist in Fig. V/11 gezeigt. Am Ende dieses Schritts wird überprüft, ob noch Zwischenkanten mit Markierung $LAB_{mod} \in$ HLFEDG übriggebleiben sind. In diesem Fall erfolgt ein Fehlerabbruch.

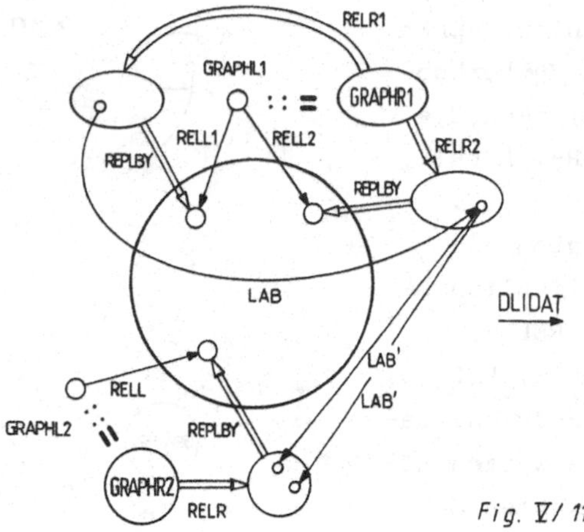

Fig. V/ 11

e) Vierter Schritt DLIDAT (delete intermediate data): Schleife über alle Elemente von APLPRS: Im vierten Schritt werden alle Kanten, die anzeigen, welche Produktion wo anzuwenden ist bzw. die rechten Seiten Tochtergraphen zuordnen, gelöscht, und der alte Wirtsgraph wird ebenfalls gelöscht, da alle Knoten ersetzt sind. Wir löschen zuerst

17) Der Eintrag einer Kante zwischen k und k' wird natürlich nur einmal durchgeführt, da nach dem Abprüfen der Situation von Fig. V/10 und dem Eintrag der Kante eine der "Halbkanten" gelöscht wird.

alle REPLBY-Kanten zwischen Tochtergraphen und Mutterknoten, dann die RELR-, RELR1-, RELR2-, ... -Kanten und schließlich die RELL-, RELL1-, RELL2-, ...-Kanten. Danach werden alle Kanten des alten Wirtsgraphen gelöscht und zuallerletzt die Knoten des alten Wirtsgraphen. Das Ergebnis ist in Fig. V/12 gezeigt. Jetzt sind auch die MVEs APLPRS und HLFEDG überflüssig geworden. Sie werden ebenfalls gelöscht. Die Produktionen des zugrunde liegenden Ersetzungssystems bleiben von diesen Löschungen natürlich wieder unberührt.

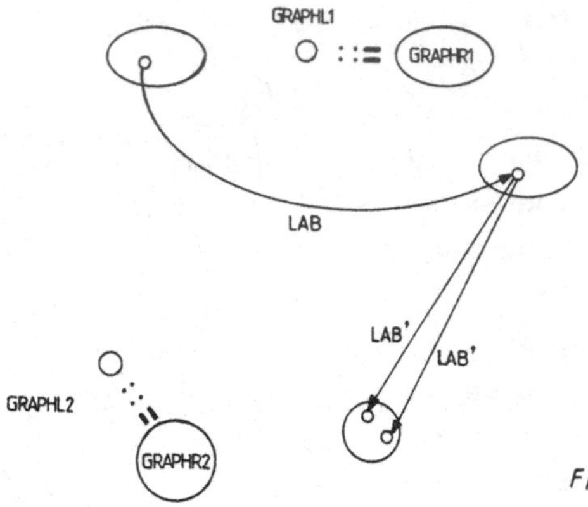

Fig. V/12

Nun noch eine Bemerkung zur Eingangskonfiguration a) eines parallelen Ersetzungsschritts: In dem hier geschilderten Fall ist der Untergraphentest für die linken Seiten der Produktionen besonders einfach, da diese einknotig sind. Eine Zuordnung, welche Produktionen an welchen Mutterknoten anzuwenden sind, ist per Algorithmus und ohne Benutzer-Interaktion nur für deterministische parallele Ersetzungssysteme sinnvoll. Bei ihnen gibt es für jeden einknotigen Untergraphen genau eine Produktion für seine Ersetzung, d.h. genau eine Produktion mit äquivalenter linker Seite. Der Zuordnungsalgorithmus, der die RELL- bzw. RELLi-Kanten erzeugt, ist sehr einfach. Im Falle nichtdeterministischer Systeme ist diese Zuordnung sinnvollerweise vom Benutzer zu treffen. Das setzt natürlich einen Dialog über

Graphersetzungen mit dem Rechner voraus (wir werden auf die Notwendigkeit eines Dialogs noch durch andere Gesichtspunkte kommen, vgl. V.5). Wie bereits oben angedeutet, kann die Implementation leicht für parallele Ersetzungen mit beliebigen Produktionen bzw. für gemischte Ersetzungen mit beliebigen Produktionen modifiziert werden. Im Falle der verallgemeinerten parallelen Ersetzungen wird eine Zerlegung in Muttergraphen gefordert, im Falle der gemischten Ersetzung eine Zerlegung in parallel zu ersetzende Muttergraphen und unveränderten Teil des Wirtsgraphen. Für beide Fälle ist eine Eingangskonfiguration im Sinne von a) zu fordern. Für die Erstellung dieser Eingangskonfiguration wird natürlich ebenfalls eine Benutzerinteraktion erforderlich sein, denn das zugrunde liegende Ersetzungssystem wird in den seltensten Fällen so beschaffen sein, daß diese Zerlegungen eindeutig sind.

V.3 Einige Bemerkungen zur Realisierung der Implementierung

Die in V.2 skizzierte Implementierung wurde als FORTRAN-Unterprogramm-Paket realisiert, obwohl diese Programmiersprache nicht dem heutigen Stand der Programmiermethodik und Software-Technologie entspricht. Der Grund hierfür ist einfach der, daß der assoziative Speicher DATAS als FORTRAN-Unterprogramm-Paket vorlag, und daß Anschlußschwierigkeiten mit einer anderen Implementierungssprache vermieden werden sollten. Ferner stehen für modernere Sprachen kaum Compiler zur Verfügung, die bzgl. Zuverlässigkeit, Übersetzungszeit und Güte des erzeugten Codes mit FORTRAN-Compilern konkurrieren können. Schließlich ist die Implementation sequentieller bzw. paralleler Ersetzung ein Programmsystem, das nicht gerade wenig Speicherplatz und Rechenzeit benötigt, was natürlich bei Verwendung einer anderen Implementierungssprache, etwa aus der ALGOL-Familie, noch gesteigert worden wäre. Eine Implementation, die weniger wie die obige den Gesichtspunkt der Allgemeinheit in den Vordergrund stellt, würde wesentlich kleiner ausfallen. In diesem Falle fiele auch der Verzicht auf FORTRAN zugunsten einer Programmiersprache, die methodisches Programmieren stärker unterstützt,[18] leichter.
Die Teilschritte der sequentiellen bzw. parallelen Ersetzung aus V.2 wurden je durch eine FORTRAN-Subroutine realisiert, die jeweils den gleichen Namen besitzt wie der im letzten Abschnitt eingeführte Teilschritt. Die hierarchische Struktur des Programmsystems, d.h. die "Aufruf-Hierarchie" der sequentiellen bzw. parallelen Ersetzung ist in Fig. V/13 bzw. Fig. V/14 angegeben. In diesen Figuren wurden die Aufrufe von Hilfsroutinen, die die baumartige Hierarchie zerstören und die Figuren somit unübersichtlicher machen, weggelassen. Ferner sind

---

18) FORTRAN macht methodisches Programmieren nicht unmöglich. Streng genommen, ist dies zum großen Teil unabhängig von der zugrunde liegenden Programmiersprache. Nur erfordert methodisches Programmieren in FORTRAN (noch) mehr Selbstdisziplin als in Sprachen mit neueren Kontroll- und Datenstrukturen.

nur die obersten Implementierungsniveaus angegeben. So fehlen etwa die Unterprogramme, die direkt oberhalb von DATAS angesiedelt sind, wie etwa Unterprogramme für Mengenoperationen, bzw. Unterprogramme für die obigen assoziativen Fragen für markierte Graphen, Eintrag oder Löschen einer Kante oder eines Knotens etc..

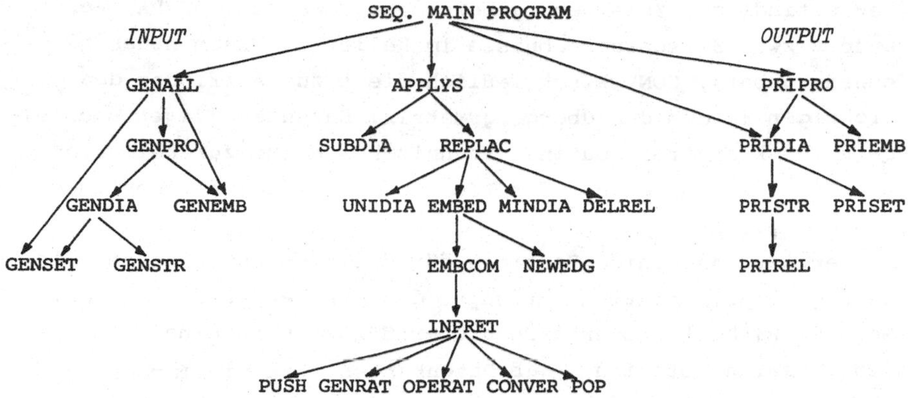

Fig. V/13

Ein *sequentieller Ableitungsschritt* (vgl. Fig. V/13) in einem Benutzerprogramm wird durch einen einzigen Aufruf eines Unterprogramms APPLYS (<u>apply</u> <u>s</u>equential) realisiert. Dieses Unterprogramm ist zerteilt in einen Aufruf eines Unterprogramms SUBDIA, einem Untergraphentest (vgl. [GT 8]), der gerade implementiert wurde, und einem Aufruf von REPLAC. Wir sind auf seine Spezifika, die ihn von üblichen Untergraphentests unterscheiden, bereits im letzten Abschnitt kurz eingegangen. Dieser Untergraphentest erzeugt auch die von der sequentiellen Ersetzung verlangte Eingangskonfiguration. Der sequentielle Ersetzungsschritt REPLAC ist in vier Teilschritte UNIDIA, EMBED, MINDIA und DELREL, wie oben skizziert, zerlegt. Aus

Fig. V/13 ist direkt ablesbar, welcher dieser Teilschritte den meisten Implementierungsaufwand erfordert: EMBED. Dabei arbeitet EMBCOM jeweils eine Einbettungskomponente ab und erzeugt die zugehörigen Einbettungskanten. INPRET interpretiert die Operatoren und liefert als Ergebnis die zu einem Operator gehörenden Außenknoten. Daß die Abarbeitung der Operatoren nach dem Kellerprinzip stattfindet, ist schon aus den Namen der darunterliegenden Routinen PUSH und POP ablesbar. OPERAT ist eine Routine, die einen Teiloperator auf eine bereits im Keller befindliche Zwischenergebnismenge anwendet, GENRAT verknüpft zwei Zwischenergebnisse im Keller zu einem neuen Zwischenergebnis, CONVER schließlich dient zum Auffinden des richtigen Feldes der Übergangsmatrix. Darunter liegen noch eine Reihe kleinerer Routinen technischer Natur zur Kellerinspektion, zum Erzeugen oder Löschen von Zwischenergebnismengen u.s.w..
Ferner gibt es einige Routinen für die Ein- und Ausgabe. Die jetzige Implementation verlangt, daß Graphen, Produktionen, Mengen, Einbettungsverbindungsüberführungen in einer fixierten linearen Notation (auf Datenkarten) an die Implementation übergeben werden. Diese lineare Notation wird dann analysiert und interpretiert, und es werden die zugehörigen Strukturen für Graphen und Produktionen im DATAS-Speicher aufgebaut. Die zugehörigen Routinen im Baum *INPUT* beginnen alle mit GEN... für <u>gen</u>erate. Analog besteht der Aufrufbaum *OUTPUT* aus Routinen, die interne Darstellungen von Graphen, Produktionen, Mengen in lineare Notation für die Ausgabe transformieren. Die lineare Notation der Ausgabe stimmt dabei mit der für die Eingabe überein, so daß eine Ausgabe ohne Änderung als Eingabe dienen kann.

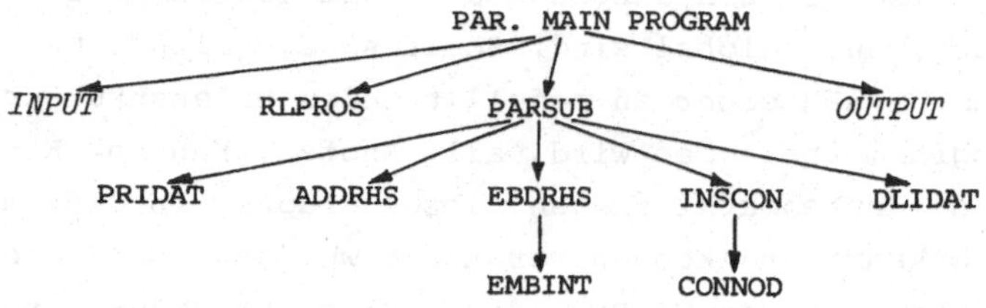

Fig. V/14

Ein *paralleler Ersetzungsschritt* wird durch einen Aufruf von PARSUB (parallel substitution) realisiert, wobei die Einzelschritte durchlaufen werden, die bereits im letzten Abschnitt beschrieben wurden. Er setzt eine vorherige Ausführung eines Unterprogramms RLPROS (relate productions) voraus, das die für die parallele Ersetzung nötige Eingangskonfiguration, d.h. die Kanten mit Markierung RELL bzw. RELLi, erzeugt. Diese Zuordnung kann per Programm *allein* nur für deterministische Systeme sinnvoll getroffen werden oder für solche, wo aus dem Kontext genau eine anzuwendende Produktion ermittelt werden kann. Im Falle mehrerer Zuordnungsmöglichkeiten kann ja nur eine willkürliche Zuordnung getroffen werden, was höchstens für die Erzeugung "zufälliger" Ableitungsfolgen von Interesse sein kann. Die Routine PRIDAT (print intermediate data) wurde nur für Testzwecke geschrieben. Sie gibt alle Zuordnungskanten mit Markierung RELL, RELLi, RELR, RELRj, REPLBY und sämtliche erzeugten Halbkanten aus. Sie kann somit auch benutzt werden, eine per Interaktion erzeugte Eingabekonfiguration zur Überprüfung auszugeben. EMBINT (embed intermediate) erzeugt die Einbettung für einen einzelnen Tochtergraphen, CONNOD (connect nodes) erzeugt die Verbindung zwischen zwei Tochtergraphen nach Abprüfung der Situation von Fig. V/10. Der Rückgriff auf die sequentielle Ersetzung äußert sich dadurch, daß ADDRHS, EMBINT, DLIDAT weitgehend auf UNIDIA, EMBCOM und MINDIA basieren.

Es sollte erwähnt werden, daß im zugrunde liegenden DATAS-Speicher alle DATEN, sofern ansprechbar, weil der externe Name bekannt ist, auch global sind. Somit sind, falls etwa der externe Name GRAPH einer zu modellierenden Datenstruktur einem Unterprogramm übergeben wird, alle Knoten, Kanten, Knotenmarkierungen, Kantenmarkierungen dieses Graphen in diesem Unterprogramm bekannt und können verändert werden, wobei sich natürlich die Struktur von GRAPH ändert. Diese Struktur wird von allen obigen Unterprogrammen verändert, so daß GRAPH ein Transient für alle diese Unterprogramme ist.

Um den Implementierungsaufwand grob abzuschätzen, seien die folgenden Zahlen genannt: Das zugrunde liegende DATAS-Speichersystem ist ein Programm von etwa 3500 FORTRAN-Karten. Die Implementation der sequentiellen Ersetzung, einschließlich Analyse und Ausführung von Einbettungsüberführungen, umfaßt etwa 2500 FORTRAN-Karten, die Implementierung der parallelen Ersetzung etwa 1500 Karten und die Implementierung des Untergraphentests ca. 500 - 1000 Karten. Somit ergeben sich insgesamt in etwa 8000 Karten.

Die Anforderungen der Implementation an Speicherplatz und Rechenzeit für ein nichttriviales Beispiel sind nicht klein. Hierfür ist hauptsächlich die allgemeine Lösung der Implementierung verantwortlich. Dabei muß man aber anmerken, daß ein einziger Ersetzungsschritt der hier implementierten Art manchmal ganze Schleifen oder sogar ganze Programme mit Ersetzungsschritten verminderter Komplexität der Einbettungs- oder Verbindungsüberführung zu ersetzen gestattet (vgl. Bem. III.1.6). Ein weiterer Grund ist der Verwaltungsaufwand, der in dem zugrunde liegenden DATAS-Speicher steckt, d.h. für Primär-/Sekundarspeicher-Verkehr und für die softwaremäßige Erzeugung assoziativer Fähigkeiten. Hierzu sind, wie oben ausgeführt, Hashfunktionen und komplizierte Listenstrukturen nötig, beides in FORTRAN nur über Integer-Arithmetik erzeugbar. Hier wäre sehr wünschenswert, daß heutige Rechenanlagen mehr an nichtnumerische Anwendungen angepaßt wären. Ferner verlangt die parallele Ersetzung förmlich nach paralleler Hardware. Geht man eine Implementierung für eine gezielte Anwendung an, so kann man sich genau überlegen, was man für diese Anwendung an sequentiellen oder parallelen Ersetzungen oder sonstigen Graphenmanipulationen braucht, kann eine Datenstruktur auswählen, die genau auf diese Graphenveränderungen zugeschnitten ist, und so viel von dem obigen Speicherplatz- und Rechenzeit-Aufwand sparen.

V.4 Zwei Beispiele zur Implementation

Das erste hier angegebene Beispiel aus [I 1,2] hat nichts mit sequentieller oder paralleler Ersetzung auf Graphen zu tun, es handelt sich um ein angenehmes Nebenprodukt der obigen Implementation. Wie bereits erwähnt, enthält die Implementation eine Routine, die Operatoren analysiert und Interpretationen von Operatoren berechnet. DATAS ist ein Datenbanksystem, und die Implementation der Operatoren kann nun dazu verwandt werden, komfortable assoziative Anfragen an das Datenbanksystem zu gestatten. In Fig. V/15 ist der Katalog einer kleinen Bibliothek angegeben, die man durch den l-Graphen von Fig. V/16 codieren kann. Dieser Graph kann als Abkürzung für vier Kataloge der Bibliothek benutzt werden, nämlich Autorenkatalog, Schlagwortkatalog, Katalog der Publikationsdaten und schließlich Katalog der Verlage.

<table>
<tr><th>Katalog-Nr.</th><th>1</th><th>2</th><th>3</th><th>4</th><th>5</th></tr>
<tr><td>Buchtitel
(TITLE)</td><td>INTRODUCTION TO AUTOMATA</td><td>ALGEBRAIC THEORY OF AUTOMATA</td><td>RECURSIVE FUNCTION THEORY</td><td>AUFZÄHLBAR-KEIT, ENT-SCHEIDBAR-KEIT, RE-KURSIVITÄT</td><td>EINFÜHRUNG IN DIE LOGIK</td></tr>
<tr><td>Autor
(AUTHOR)</td><td>NELSON</td><td>GINZBURG</td><td>YASUHARA</td><td colspan="2">HERMES</td></tr>
<tr><td>Verlag
(PUBLISHER)</td><td>WILEY & SONS</td><td colspan="2">ACADEMIC PRESS</td><td>SPRINGER</td><td>TEUBNER</td></tr>
<tr><td>Erschei-
nungsjahr
(Year)</td><td colspan="2">1968</td><td colspan="2">1971</td><td>1972</td></tr>
<tr><td>Erschei-
nungsort
((LOCATION)</td><td>NEW YORK,
LONDON,
SIDNEY</td><td colspan="2">NEW YORK,
LONDON</td><td>BERLIN,
HEIDELBERG,
NEW YORK</td><td>STUTTGART</td></tr>
<tr><td>Schlagwort
(CATCHWORD)</td><td colspan="2">AUTOMATA THEORY</td><td colspan="2">COMPUTABILITY,
RECURSIVENESS</td><td>LOGIC</td></tr>
</table>

Fig. V/15

In Fig. V/17 werden einige assoziative Fragen und einige verallgemeinerte assoziative Fragen gestellt. Ferner wird ihre Formalisierung durch Operatoren angegeben in der Form, in der sie von der Implementation erwartet werden, also abweichend von I.2 von links nach rechts. Die zugehörigen Antworten bzgl. der obigen Datenbasis sind ebenfalls angegeben. Wie bereits gesagt, ist der Implementierungsaufwand für dieses Beispiel minimal, da wir die Operatorimplementation voraussetzen können.

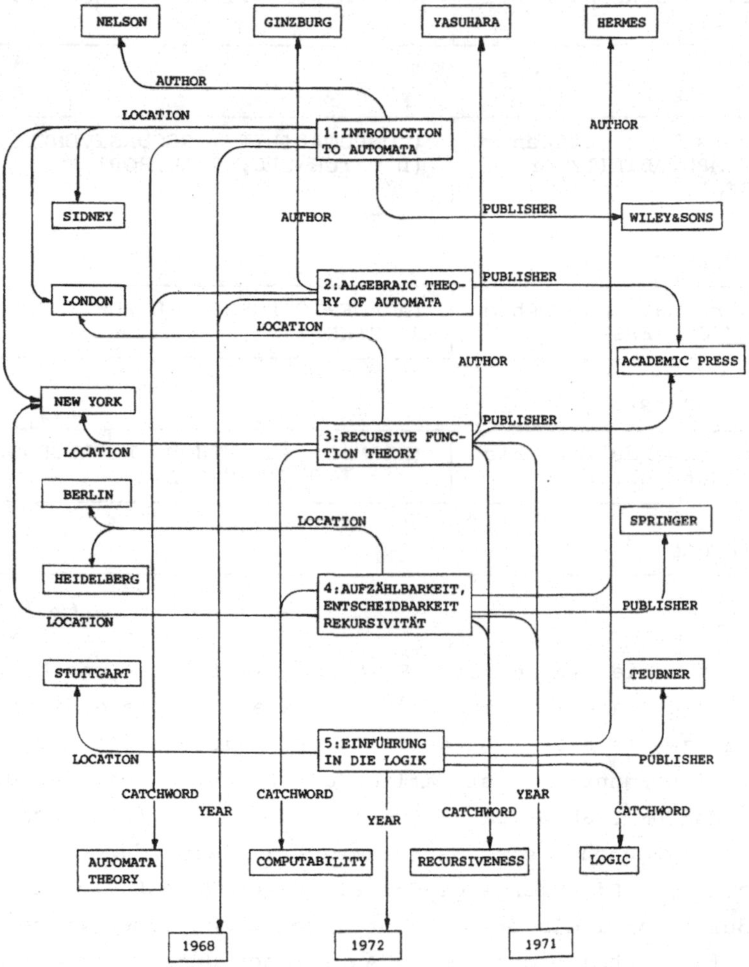

Fig. V/16

Anfrage	Formalisierung
Yield all books to catchword AUTOMATA THEORY	(AUTOMATA THEORY) (L CATCHWORD)
Antwort: 1: INTRODUCTION TO AUTOMATA 2: ALGEBRAIC THEORY OF AUTOMATA	
Who is the author of 4: AUFZÄHLBARKEIT ENTSCHEIDBARKEIT REKURSIVITÄT?	(4: AUFZÄHLBARKEIT ENTSCHEIDBARKEIT REKURSIVITÄT) (R AUTHOR)
Antwort: HERMES	
Which authors have written books on COMPUTABILITY or RECURSIVENESS?	(COMPUTABILITY, RECURSIVENESS) (L CATCHWORD, R AUTHOR)
Antwort: YASUHARA, HERMES	
Which authors have published with ACADEMIC PRESS?	(ACADEMIC PRESS) (L PUBLISHER, R AUTHOR)
Antwort: GINZBURG, YASUHARA	
List all catchwords for which HERMES did not publish	(HERMES) (L AUTHOR, R CATCHWORD, C + I,R CATCHWORD)
Antwort: AUTOMATA THEORY	

Fig. V/17

Ein Beispiel für die sequentielle Ersetzung wollen wir uns hier aus Platzgründen sparen; der Leser findet zwei Beispiele hierfür in [I 1]. Das zweite hier behandelte Beispiel ist in der L-System-Literatur wohl bekannt, es ist nämlich die Wachstumsbeschreibung des Mooses PHASCUM CUSPIDATUM. Es werden die ersten fünf Wachstumsschritte angegeben. Jeder Wachstumsschritt wird durch einen l-Graphen codiert. Die Übergänge der einzelnen Wachstumszustände können durch parallele Graph-Ersetzungen beschrieben werden, bei der Implementation heißt das je ein Aufruf des Unterprogramms

PARSUB. Somit besteht das triviale Hauptprogramm aus einer Schleife, deren Rumpf lediglich ein Aufruf von PARSUB und einer Ausgaberoutine ist, die den in diesem Schritt erzeugten Graphen ausgibt. Der Rest dieses Programms ist Initialisierung des zugrunde liegenden DATAS-Speichers.
Die Graphen sind eine Codierung der Blattspitze des Mooses. Die Knoten entsprechen dabei den Zellen, deren verschiedene Typen durch verschiedene Knotenmarkierungen P, S1 - S4, T gekennzeichnet sind. Knotenmarkierung P steht für Primärzellen, S1 - S4 für Sekundärzellen, und T für Tertiärzellen. Die Kantenmarkierungen MIDR, BRANCH und PERI stehen für die geometrischen Relationen "liegen hintereinander auf der Mittelrippe", "liegen auf einer Verzweigung von der Mittelrippe", "liegen hintereinander auf der Peripherie in Richtung zur Blattspitze" (vgl. Fig. V/20). Da das zugrunde liegenden Graph-L-System deterministisch ist, kann die Eingangskonfiguration von PARSUB (vgl. V.2) durch ein einfaches Programm RLPROS erzeugt werden. Eingangsparameter ist PROSET (production set), die Produktionenmenge des DGL-Systems, Ausgangsparameter ist APLPRS (applied productions), eine MVE, die alle Produktionen von PROSET enthält, die in dem aktuellen Ableitungsschritt zur Anwendung kommen. Ferner ist die Eingangskonfiguration von PARSUB (vgl. V.2) Ergebnis des RLPROS-Aufrufs. Die Zuordnungskanten, die RLPROS erzeugt, werden in RLPROS nicht überprüft, das wird im ersten Teilschritt von PARSUB getan.
Die Eingabe des Startgraphen und der Produktionen des Graph-L-Systems erfolgt über Datenkarten in der gleichen Notation, wie sie in dem folgenden Schnelldruckerprotokoll abgelistet ist.[19] Ferner ist für den Startgraphen und die erste Produktion die zugehörige graphische Notation angegeben, für die Produktionen PROD2 - PROD8 erfolgt nur die Angabe der graphischen Notation. Dabei werden MIDR-Kanten dick gezeichnet, BRANCH-Kanten als normale Pfeile und PERI-Kanten als ge-

19) Es ist hier, um Platz zu sparen, nur die Protokollierung der ersten Produktion in Fig. V/19 angegeben, die anderen Protokollierungen sind völlig analog.

schwungene Pfeile. Weitere Details über das Beispiel findet der Leser in [GL 15].

Noch einige Bemerkungen zu dem folgenden Beispiel: Es benötigt etwa zwei Namenspeicherseiten, zwei Triadenspeicherseiten und 2 1/2 Datenspeicherseiten, jede a 2048 Ganzwörtern. Das Programm selbst, inklusive DATAS, sequentieller und paralleler Ersetzung, braucht etwa 60 K Worte Speicher und etwa drei Minuten Rechenzeit auf der CDC Cyber 172. Um den ziemlich hohen Speicher- und Rechenzeitbedarf des folgenden Beispiels richtig zu würdigen, sollte sich der Leser bewußt sein, daß der Benutzer mit der Implementation ausschließlich auf dem Niveau der Graph-Ersetzungssysteme verkehrt (interne Datenstrukturen sind für ihn nicht sichtbar), und daß jeder der fünf folgenden Ersetzungsschritte aus jeweils vier internen Unterschritten besteht, wobei jeweils mittelgroße Graphen manipuliert werden.[19a)]

In Fig. V/18 folgt nun das triviale Hauptprogramm, in Fig. V/19 die Eingabe und in Fig. V/20 die Ausgabe der Graphen zu den ersten fünf Wachstumszuständen.

19a) Durch Neuimplementierung des zugrunde liegenden Assoziativspeichers konnte die Rechenzeit auf 1/4 des oben angegebenen Wertes reduziert werden.

```
C                  ********************************
C                  *                              *
C                  * PROGRAM PHASCUM CUSPIDATUM *
C                  *                              *
C                  ********************************
C
C     EXAMPLE FOR PARALLEL REPLACEMENT ON GRAPHS: DEVELOPMENT OF THE
C     LEAF TIP OF THE MOSS PHASCUM CUSPIDATUM. THE FIRST FIVE STEPS OF
C     DEVELOPMENT ARE DESCRIBED BY A DETERMINISTIC GRAPH L-SYSTEM.
C
C     DECLARATIONS AND INITIALIZATION OF DATAS, I/O, OPERATOR PROCES-
C     SING, FORMATS:
      COMMON //IP(2048) /INAME/IN(2048) /IENTI/IE(2048)
     *        /EXTEND/ IK(2048,4), KTAB(104), KANZ, KLNGE
     *       /BUFFER/IBUF(80), LBUF /DT/PAGTAB(109)
      COMMON /STACK/ISTACK(400) /LINE/STRING(400), NEXTSB, MAX
     *       /KELL/KELLER(61), KELLGE, KELTOP
      INTEGER PAGTAB(109), STRING(400), GRAPHS(5), PROS(5), EMBS(5),
     *        SETS(5), GRAPH(5), CARDPS, INDEX, PROD(5), APLPRS(5),
     *        IND2,CARD
C
    5 FORMAT(1H1,1X,45HDEVELOPMENT OF THE LEAF OF PHASCUM CUSPIDATUM,5/)
   10 FORMAT(1X,15H AXIOM GRAPH IS,3/)
   15 FORMAT(3/,1X,21HPRODUCTIONS TO APPLY:)
   20 FORMAT(3/)
   25 FORMAT(3/,1X,25HRESULT IN DERIVATION STEP,I2,1H:,3/)
C
      KANZ=4
      KLNGE=KANZ+100
      MAX=400
      KELLGE=61
      CALL SYSINT(2,2,4,89,151,199,80)
      WRITE(6,5)
      CALL CRESET(APLPRS)
C
C     INPUT OF DATA CARDS AND OUTPUT OF AXIOM GRAPH:
      CALL GENALL(GRAPHS,PROS,EMBS,SETS)
      IF(CARD(PROS).EQ.0)CALL ERROR(22,22H PHASC.: MISSING RULES)
      CALL LISELE(GRAPH,GRAPHS,1)
      WRITE(6,10)
      CALL PRIDIA(GRAPH)
C
C     OUTPUT OF RULES WHICH ARE TO APPLY:
      CARDPS=CARD(PROS)
      WRITE(6,15)
      DO 100 INDEX=1,CARDPS
         WRITE(6,20)
         IND2=CARDPS-INDEX+1
         CALL LISELE(PROD,PROS,IND2)
         CALL PRIPRO(PROD)
  100 CONTINUE
C
C     COMPUTATION OF THE FIRST FIVE DERIVABLE GRAPHS AND THEIR OUTPUT:
      DO 200 INDEX=1,5
         CALL RLPROS(GRAPH,PROS,APLPRS)
         IF(CARD(APLPRS).EQ.0)
     *      CALL ERROR(27,27H PHASC.: NO APPLICABLE RULE)
         CALL PARSUB(GRAPH,APLPRS)
         WRITE(6,25) INDEX
         CALL PRIDIA(GRAPH)
  200 CONTINUE
C
      CALL DELSET(APLPRS)
      CALL SYSOUT
      STOP
      END
```

Fig. V/18

```
DEVELOPMENT OF THE LEAF OF PHASCUM CUSPIDATUM

AXIOM GRAPH IS

GRAPH    =(
NODES , LABELS, EDGES ).
NODES    =(
1 ).
LABELS   =(
P        :1   ).
EDGES    =().
```

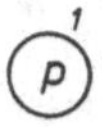

```
PRODUCTIONS TO APPLY:

PROD1    =(
MNO1, DGR1, COTRA1).

MNO1     =(
NODS1    LABLS1, EDGS1 ).
NODS1    =(
1 ).
LABLS1   =(
P        :1   ).
EDGS1    =().
```

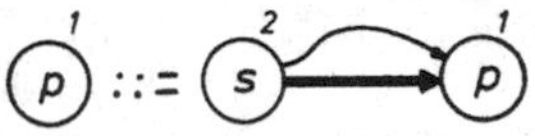

```
DGR1     =(
DGNS1 , DGLS1 , DGES1 ).
DGNS1    =(
1 , 2 ).
DGLS1    =(
P        :1    ;
S        :2    ).
DGES1    =(
MIDR     :
(2 , 1 ) ;
PERI     :
(2 , 1 )).

COTRA1   =
LMIDR    : (1)(LMIDR)/(2);
LPERI    : (1)(LPERI,M(S))/(1)+(1)(LPERI,M(S1))/(2).
```

Verbindungsüberführung:

C1: $l_{-} = (L_{-}(1);2)$
$l_{\smile} = (sL_{\smile}(1);1) \cup (s'L_{\smile}(1);2)$

PROD2: 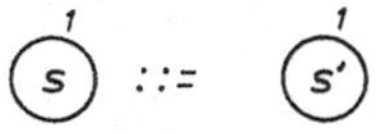

C2: $l_{-} = (L_{-}(1);1)$ $r_{-} = (1;R_{-}(1))$
$l_{\smile} = (L_{\smile}(1);1)$ $r_{\smile} = (1;R_{\smile}(1))$

PROD3: 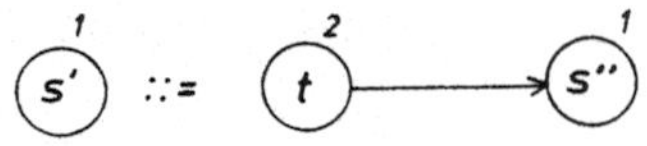

C3: $l_{-} = (L_{-}(1);2)$ $r_{-} = (2;R_{-}(1))$
$l_{\smile} = (L_{\smile}(1);1)$ $r_{\smile} = (1;R_{\smile}(1))$

PROD4: 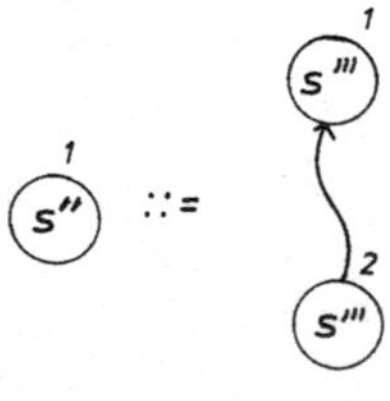

C4: $l_{-} = (L_{-}(1);1,2)$
$l_{\smile} = (L_{\smile}(1);2)$ $r_{\smile} = (1;R_{\smile}(1))$

Fig. V/19

PROD5: 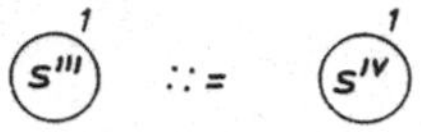

C5: $l_{-}=(L_{-}(1);1)$
$l_{\sim}=(L_{\sim}(1);1)$ $r_{\sim}=(1;R_{\sim}(1))$

PROD6: 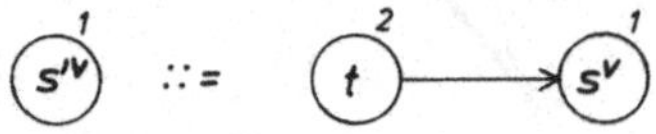

C6: $l_{-}=(L_{-}(1);2)$
$l_{\sim}=(L_{\sim}(1);1)$ $r_{\sim}=(1;R_{\sim}(1))$

PROD7: 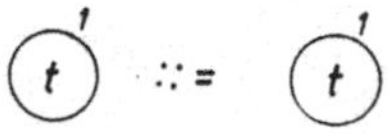

C7: $l_{-}=(L_{-}(1);1)$ $r_{-}=(1;R_{-}(1))$
$l_{\blacksquare}=(L_{\blacksquare}(1);1)$ $r_{\blacksquare}=(1;R_{\blacksquare}(1))$

PROD8: 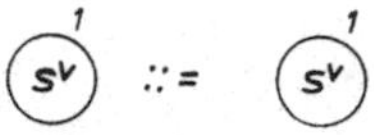

C8: $l_{-}=(L_{-}(1);1)$
$l_{\sim}=(L_{\sim}(1);1)$ $r_{\sim}=(1;R_{\sim}(1))$

Fig. V/19

RESULT IN DERIVATION STEP 1:

```
GRAPH     =(
NODES , LABELS, EDGES ).
NODES     =(
1 01, 2 ).
LABELS    =(
P         :1 01  ;
S         :2   ).
EDGES     =(
MIDR      :
(2 , 1 01) ;
PERI      :
(2 , 1 01)).
```

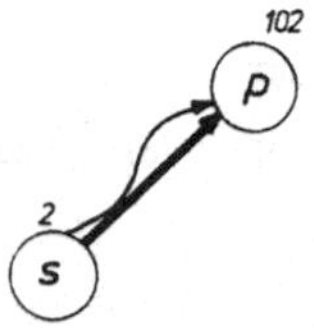

RESULT IN DERIVATION STEP 2:

```
GRAPH     =(
NODES , LABELS, EDGES ).
NODES     =(
1 , 2 01, 1 02).
LABELS    =(
P         :1    ;
S         :2 01  ;
S1        :1 02 ).
EDGES     =(
MIDR      :
(2 01, 1 ), (1 02, 2 01) ;
PERI      :
(2 01, 1 ), (1 02, 1 )).
```

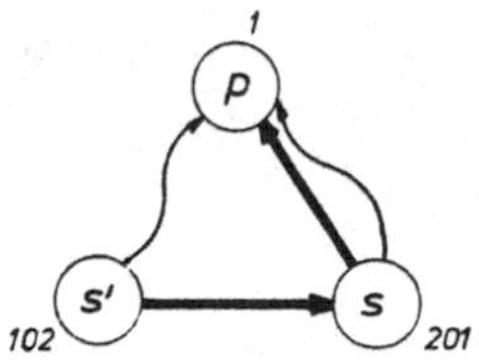

Fig. V/20

```
RESULT IN DERIVATION STEP 3:


GRAPH    =(
NODES , LABELS, EDGES ).
NODES    =(
1 01, 2 , 1 03, 1 04, 2 02).
LABELS   =(
P        :1 01  ;
S        :2     ;
S1       :1 03  ;
T        :2 02  ;
S2       :1 04 ).
EDGES    =(
MIDR     :
(2 , 1 01), (1 03, 2 ), (2 02, 1 03) ;
PERI     :
(2 , 1 01), (1 03, 1 01), (1 04, 2 ) ;
BRANCH   :
(2 02, 1 04)).
```

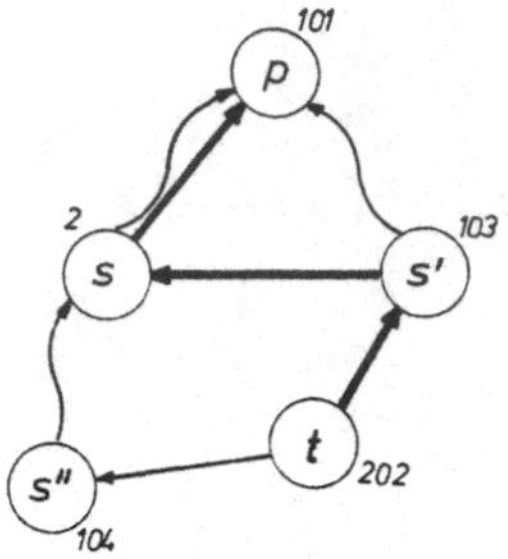


```
RESULT IN DERIVATION STEP 4:


GRAPH    =(
NODES , LABELS, EDGES ).
NODES    =(
1 , 2 01, 1 02, 1 05, 2 03, 1 06, 2 04, 1 07).
LABELS   =(
P        :1     ;
S        :2 01  ;
S1       :1 02  ;
T        :
1 07, 2 03 ;
S2       :1 05  ;
S3       :
2 04, 1 06).
EDGES    =(
MIDR     :
(2 01, 1 ), (1 02, 2 01), (2 03, 1 02),
(1 07, 2 03) ;
PERI     :
(2 01, 1 ), (2 04, 1 06), (1 02, 1 ),
(1 05, 2 01), (1 06, 1 02) ;
BRANCH   :
(2 03, 1 05), (1 07, 1 06), (1 07, 2 04)).
```

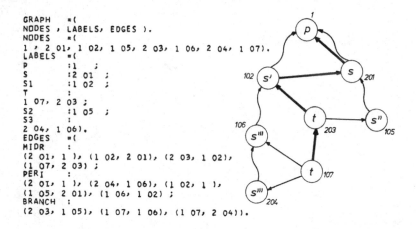

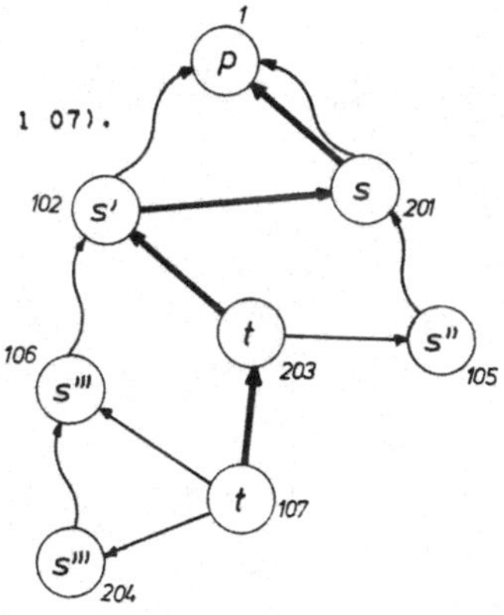

Fig. V/20

```
RESULT IN DERIVATION STEP 5:


GRAPH    =(
NODES , LABELS, EDGES ).
NODES    =(
1 01, 2 , 1 03, 1 04, 2 02, 1 08, 2 05, 1 09,
1 0A, 1 0B, 1 0C).
LABELS   =(
P        :1 01 ;
S        :2    ;
S1       :1 03 ;
T        :
1 0C, 1 0B, 2 02 ;
S2       :1 04 ;
S3       :
2 05, 1 08 ;
S4       :
1 0A, 1 09),
EDGES    =(
MIDR     :
(1 03, 2 ), (2 02, 1 03), (1 0B, 2 02),
(1 0C, 1 0B)
(2 , 1 01) ;
PERI     :
(1 03, 1 01), (1 04, 2 ), (1 08, 1 03),
(1 09, 1 04), (1 0A, 1 09)
(2 , 1 01), (2 05, 1 08) ;
BRANCH   :
(1 0B, 1 08), (1 0B, 2 05), (1 0C, 1 09),
(1 0C, 1 0A)
(2 02, 1 04)).
```

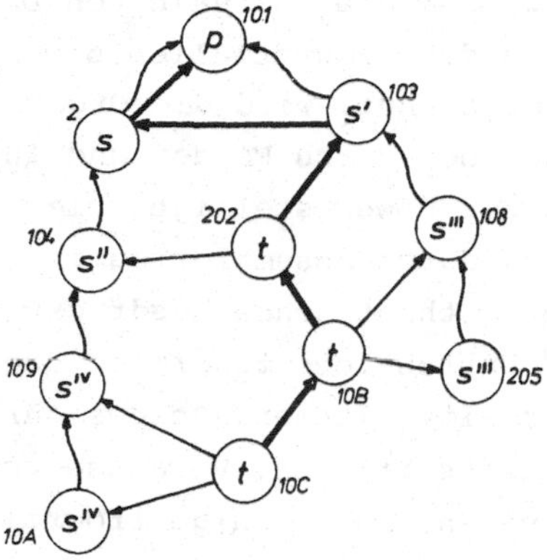

Fig. V/20

V.5 Fortsetzung der Implementierung und weitere Implementierungsziele

Die Implementierung wird momentan auf drei Gebieten vorangetrieben: Effizienzsteigerung, Erweiterung für den Dialog und Entwicklung und Implementierung einer Programmiersprache für Graphenprobleme.

Die *Effizienz* der Implementierung steht und fällt mit der Effizienz des zugrunde liegenden Software-Speichers. So könnte man zunächst daran denken, die DATAS-Implementation genau auf die obige Anwendung zuzuschneiden und alle in diesem Zusammenhang nicht benötigten Fähigkeiten zu eliminieren (vgl. etwa Synonymbehandlung), wodurch sich natürlich auch der interne Verwaltungsaufwand reduziert. Ferner können durch Integration die Anzahl der Implementationsniveaus verringert werden. Das gilt natürlich auch für die oberhalb von DATAS angesiedelten Implementationen der sequentiellen bzw. parallelen Ersetzung. Wie oben ausgeführt, wird die Organisation der Listen im Software-Speicher durch Felder und Integer-Arithmetik für die Feldindizes bewerkstelligt. Die Listen verändernden Routinen können durch Assemblerroutinen ersetzt werden, wodurch sich die arithmetischen Ausdrücke für die Zeigerveränderungen und die Listenelementzugriffe über die Speicherabbildungsfunktion vermeiden lassen. Beides dürfte erhebliche Reduktionen der Rechenzeit bringen. Voraussetzung hierfür ist, daß es für die Listenveränderung wenige Programmstellen gibt, d.h. die Listenveränderung nicht verstreut in fast allen DATAS-Unterprogrammen vorkommt. Schließlich ist, falls die verwandten Produktionen keinen Gebrauch von dem vollen Operatorkonzept von I.2 machen, die jetzige Operatoranalyse- und -auswertungs-Routine durch eine einfachere zu ersetzen, die beispielsweise ohne Kellermechanismus und Erzeugen von MVEs für Zwischenergebnisse auskommt. Die jetzige Implementation enthält auch keine Vereinfachungen im Sinne von Bem. III.1.5: Wird etwa in einem parallelen Ersetzungsschritt der größte Teil des Wirtsgraphen identisch ersetzt, so sollte die Implementierung diesen Teil einfach unverändert lassen. Entsprechend einfach kann mit der Implementierung verfahren werden, wenn alle (oder ein Teil der) angewandten Produktionen lediglich Knoten ummarkieren, die Verbindungsstruktur aber unverändert lassen. Schließlich kann natürlich, die genaue Kenntnis einer Anwendung vorausgesetzt, eine Implementation genau auf diese Anwendung abgestellt sein, d.h. die Datenstruktur für Graphen ist genau auf diesen Anwendungsfall und auf die hier auftretenden Graphenmanipulationen abgestimmt. Überschreiten die in dieser Anwendung auftretenden Graphen nicht eine bestimmte Größe, so kann die Implementation ohne Primär-Sekundärspeicher-Verkehr auskommen.

Der unserer Implementation zugrunde liegende assoziative Software-Speicher DATAS wurde neu implementiert (vgl. [I 5]). Die Zielsetzung dieser *Neuimplementation* bestand aus drei Teilen: Erstens sollte die Neuimplementation für jeden Seitentyp eine vom Benutzer anzugebende Anzahl von Seiten im Primärspeicher halten und verwalten.[20] Hier sollte natürlich nicht mehr im Primärspeicher umgespeichert werden, wie dies bei der in V.1 angedeuteten Hilfslösung der Fall ist. Die Strategie für den Austausch ist wieder LRU. Die oben beschriebene DATAS-Version ist, da sie für eine Maschine mit 16 Bit Wortlänge entwickelt wurde, für die uns zur Verfügung stehenden Rechner mit Wortlänge 48 bzw. 60 Bit kaum geeignet. Unabhängig von der Wortlänge der Wirtsmaschine nimmt der Software-Speicher eine Wortlänge von 15 Bit an und verschenkt in unserem Fall somit pro Wort 23 bzw. 45 Bit. Die Neuversion geht aus von einer Wortlänge von 32 Bit, da dies die am meisten verbreitete Wortlänge ist. Dies führt natürlich zu einer erheblichen Komprimierung des assoziativen Speichers und somit auch zu einer ver-

---

20) Die im Primärspeicher befindlichen Seiten stehen in einem benannten COMMON. Da dessen Größe statisch ist, bedingt dies, daß für jede Anzahl von Seiten, die sich nach Wunsch des Benutzers im Kernspeicher befindet, eine eigene DATAS-Version zu erzeugen ist.

ringerten Anzahl von Seitentransporten. Das dritte Implementationsziel war eine genaue Beachtung der Erkenntnisse der Programmiermethodik (vgl. etwa [FU 1], [FU 11], [FU 33]). Zielsetzung ist hauptsächlich die Zuverlässigkeit des entstehenden Software-Produkts. Diese Neuimplementation sollte ein Testfall sein, inwiefern sich die heute verkündeten Prinzipien der Software-Erstellung im praktischen Einsatz bewähren. Die softwaremäßige Implementierung eines Assoziativspeichers über Hash-Funktionen und komplizierte Listenstrukturen bedingt für diesen Speicher einen erheblichen Verwaltungsaufwand. Hier stellt sich sofort die Frage, ob nicht der Einsatz eines assoziativen Hardware-Speichers Vereinfachung bringt. Assozative Hardwarespeicher sind sehr teuer. Andererseits kann einem Rechner, sofern er mikroprogrammierbar ist, durch Hinzufügen neuer Befehle eine gewisse Assoziativfähigkeit aufgeprägt werden. In [I 8] ist eine Studie angegeben, wie diese Assoziativfähigkeit für die Implementation von Graph-Grammatiken verwandt werden kann. Schließlich sollte untersucht werden, ob eine softwaremäßige Realisierung eines Assoziativspeichers über binäre Bäume oder B-Bäume anstelle von Hashing den Implementations-, Speicher- und Rechenzeitaufwand reduzieren kann oder nicht.

Wie oben erwähnt, verlangt die Implementation die Eingabe in linearer Notation. Das bedeutet für den Benutzer einen möglicherweise völlig überflüssigen Übersetzungsschritt, da er mit der graphischen Repräsentation von Graphen arbeitet und nicht mit der fixierten linearen Notation, wie sie die Eingabe verlangt. Dieser Übersetzungsschritt kann vermieden werden, wenn ein interaktives graphisches Sichtgerät zur Verfügung steht, mit dem der Benutzer die Graphen in graphischer Repräsentation eingeben kann. Nötig hierfür ist ein *Dialog* mit einer Menüleiste für die Konstruktion von Graphen in graphischer Repräsentation, mit etwa folgenden primitiven Aktionen: Füge einen neuen Knoten hinzu, lösche einen Knoten, füge eine Kante hinzu, lösche eine Kante, markiere einen Knoten oder eine Kante, markiere einen Knoten oder eine Kante um etc.. Die Aktionen und die zugehörigen Knoten und Kanten, auf die diese sich beziehen, werden z.B. über einen Lichtgriffel ausgewählt.

Das gleiche Problem entsteht bei der Ausgabe. Die obige Implementation erzeugt eine Ausgabe in linearer Notation, die der Benutzer selbst in eine graphische Repräsentation übersetzen muß. Somit wäre eine automatische Erzeugung einer graphischen Repräsentation sehr nützlich. Aber hier entsteht ein Problem: Wie ist ein Graph aufzuzeichnen, um möglichst übersichtlich zu sein? Man könnte daran denken, einen Planarisierungsalgorithmus vorzuschalten, der eine möglichst planare (minimale Anzahl sich kreuzender Kanten) graphische Repräsentation erzeugt. Solche Planarisierungsalgorithmen sind aber kaum bekannt, und ferner kann eine Repräsentation mit kreuzenden Kanten übersichtlicher sein als eine planare. Übersichtlichkeit ist offensichtlich eine ästhetische, d.h. subjektive Eigenschaft. Deshalb kann eine übersichtliche graphische Repräsentation (jedenfalls für einen Benutzer) auch nur in einer *Interaktion* zwischen Rechner und Benutzer am graphischen Bildschirm erzeugt werden. Ein einfacher Ausgabealgorithmus erzeugt eine primitive graphische Repräsentation, die dann durch Aktionen wie: verschiebe einen Knoten mitsamt seiner angrenzenden Kanten, verschiebe eine Kantenmarkierung, verschiebe eine Knotenbezeichnung, beule eine Kante aus etc., verändert wird. Das Endprodukt des Dialogs kann an einen Plotter zum Zeichnen weitergegeben werden. In [I 9] wurde ein Entwurf eines solchen Dialogsystems für die graphische Ausgabe vorgestellt, und das System wurde bereits größtenteils implementiert. Dabei wurde beim Entwurf daran gedacht, daß sich dieses Dialogsystem auch für die graphische Eingabe von Graphen, wie oben skizziert, einsetzen läßt, daß also lediglich eine Menüleiste mit anderen Aktionen einzusetzen ist. Schließlich soll die zunächst auszugebende primitive graphische Repräsentierung eines Graphen von vorher durchgeführten Dialogen abhängen: Wurde von einem Graphen eine übersichtliche graphische Repräsentation erzeugt und auf diesen Graphen später ein sequentieller Ersetzungsschritt ausgeführt, so soll die primitive Version des abgeleiteten Graphen die übersichtliche Darstellung des von der Ersetzung unveränderten Untergraphen enthalten. Ferner wurde bei dem Systementwurf auch darauf geachtet, daß die Ausgabe übersichtlicher Darstellungen spezieller Graphen, wie Flußdiagramme, Netzwerkdarstellungen u.s.w., durch einfache Anpassung ebenfalls möglich ist.

Außer der Ein- und Ausgabe von Graphen ist ein Dialog auch nötig, um die Auswahl anzuwendender Produktionen zu treffen, ferner die Auswahl der Stelle im Graphen, wo die Produktion anzuwenden ist, die Angabe einer Zerlegung von u.U. vielen möglichen für gemischte oder parallele Ersetzung.

Das letzte der hier erörterten Implementierungsziele ist eine *höhere Programmiersprache für Graphenprobleme*. Zwar gibt es bereit etliche Graphen-Programmiersprachen (vgl. Abschnitt PL des Literaturverzeichnisses), doch diese Programmiersprachen sind eher für statische Probleme auf Graphen entwickelt worden, wie beispielsweise kürzeste Wegbestimmung, Auffinden mehrfach zusammenhängender Gebiete, Färbungsprobleme etc.. Um die zugrunde liegende Graphenstruktur zu ändern, gibt es nur primitive Operationen wie Hinzufügen oder Löschen eines Knotens bzw. einer Kante. Keine dieser Graphen-Programmiersprachen enthält komplexere Operationen wie sequentielle, gemischte oder parallele Ersetzungen auf Graphen. Da in vielen Anwendungen nur einfache Formen von Einbettungs- und Verbindungsüberführungen auftreten, muß diese Graphen-Programmiersprache für die Überführungen unterhalb von depth_1 suggestive Formulierungen enthalten, so daß ein Benutzer, der nur solche Überführungen benutzt, die Operatornotation nicht zu erlernen braucht. Komplexe Überführungen sind aus Effizienzgründen gleichwohl zuzulassen (vgl. Bem. III.1.6). Programmierte Ersetzungen lassen sich einfach formulieren, da diese Graphen-Programmiersprache ja die Kontrollstrukturen üblicher Programmiersprachen enthält. Ferner sollen natürlich auch die statischen Graphenprobleme in dieser Sprache formulierbar sein. Für Produktionen können zusätzlich positive und negative Anwendbarkeitsbedinungen angegeben werden. Die Anwendbarkeitsbedingungen werden allerdings nicht wie in III.1.4 auf übliche Produktionenanwendung zurückgeführt (vgl. Bem. III.1.5), sondern auf einen zusätzlichen Test. Ein Sprachentwurf für eine solche Programmiersprache für dynamische Graphenprobleme wird in [PL 5] beschrieben. Ferner findet sich in diesem Sprachvorschlag die Einführung von Pfadausdrücken (als kompakte Notation von Pfadverfolgungsalgorithmen, vgl. auch Beispiel 1 in Abschnitt 4) und von Konsistenzbedingungen. Letzere sollten nicht mit den Anwendbarkeitsbedingungen verwechselt werden: Mit ihnen können Strukturaussagen über den zugrunde liegenden Graphen gemacht werden, die bei jeder den Graphen verändernden Operation abgeprüft werden müssen. Da dies in der Regel eine starke Erhöhung der Laufzeit mit sich bringt, können diese Konsistenzbedingungen im Programm zu- oder abgeschaltet werden. Das nächste Implementierungsziel ist der Entwurf und die Erstellung eines Präcompilers, der diese Programmiersprache in das oben beschriebene Implementationsniveau übersetzt.

OFFENE PROBLEME

Einige der folgenden offenen Probleme sind möglicherweise einfach oder analog zu bereits gelösten Problemen zu lösen, einige sind schwieriger. Somit ist das Auftauchen eines Problems in der folgenden Liste nicht unbedingt ein Indiz für Schwierigkeit, die Lösung eines Problems ist auch eine Zeitfrage.

1. Die in Bem. I.2.20 angegebenen Erweiterungen haben wegen Satz I.3.37 für Graph-Grammatiken des Typs U keine Erweiterung der generativen Mächtigkeit zur Folge. Wie sieht dies aus für Graph-Grammatiken mit Einschränkungen bzgl. der Gestalt von linker und rechter Seite? Wie können Graph-Grammatiken mit solchen Erweiterungen durch solche mit üblichen Einbettungsüberführungen gemäß I.2.10 simuliert werden?

2. Wie wirkt sich die Modifikation der Definitionen aus I.3.1, die in Bem. I.3.2 angegeben sind, auf die entsprechenden Graph-Grammatiken aus? Wie sind insbesondere die Beziehungen zwischen Graph-Grammatiken von Typen aus I.3.1 zu den ihnen gemäß I.3.2 entsprechenden modifizierten?

3. Durch Kor. I.3.10 und Kor. I.3.31 haben wir zwischen den Klassen von Wortpfadsprachen und den Graph-Sprachklassen UG,...,RNG eine lose Beziehung hergestellt. Es sind die Wortpfad-Sprachklassen zu den Zeichenketten-Sprachklassen M,CS,CF,CFN bereits in CFNG enthalten. Sind diese auch in LG enthalten? Man beachte, daß dies kein Widerspruch zum Beweis von I.3.26 ist, und daß in [GG 25] ein Beispiel für eine kontextsensitive Zeichenketten-Sprache angegeben wurde, die als Wortpfadsprache von einer regulären Graph-Grammatik erzeugbar ist.

4. Wir haben kontextfreie Graph-Grammatiken ohne Löschung definiert. Wie ist die Einordnung der Sprachklasse CFDG in die Hierarchie von Kor. I.3.38, wenn CFDG die Klasse der

kontextfreien Graph-Sprachen mit Löschung ist? Es spricht einiges für die Vermutung CFDG = UG.

5. Für Graph-Grammatiken beliebigen Typs T gilt: depth-1-TG $\subseteq$ depth-2-TG = ... = depth-n-TG = loc-TG für lineare bzw. reguläre Graph-Sprachen gilt zwischen depth-1 und depth-2 eine echte Inklusion. Wie ist die Beziehung zwischen den beiden entsprechenden Sprachklassen für Graph-Grammatiken des Typs CF,...,U?

6. Wegen der in I.3 untersuchten Graph-Grammatik-Hierarchie (*) Typ U,...,RN, die sich aus der Einschränkung der Gestalt von linker und rechter Seite ergibt, und der in I.4 eingeführten Graph-Grammatik-Hierarchie (**) Typ loc,...inv, impliziert durch Einschränkungen der Einbettungsüberführungen, ergibt sich, betrachtet man Graph-Grammatiken mit Einschränkungen aus (*) und (**), eine Fülle von möglichen Sprachklassenbeziehungen, von denen in I.4.59 nur einige der einfacher zu findenden angegeben wurden. Man kann nun Klasse für Klasse vergleichen und erhält so sicher eine Reihe weiterer Ergebnisse. Wünschenswert ist eine Systematisierung dieser Untersuchung durch Strukturaussagen, denen alle Grammatiken eines Typs von (*) und die noch eingeschränkteren genügen und analog für (**). Insbesondere fehlen in Kor. I.4.59 alle Beziehungen von Sprachklassen mit Einbettungstyp oberhalb von s. Besonders interessant scheinen Ergebnisse der Art, wo einer Simplifikation der Einbettungsüberführung eine Generalisierung bzgl. Gestalt von linker und rechter Seite gegenübersteht, wie z.B. bei s-CSG und olp-CFG, depth-1-CFG und RG etc..

7. Es ist zu vermuten, daß i-EGL = UG ist. Das wäre eine Analogie zum Zeichenkettenfall, wo auch die obersten Klassen der sequentiellen und parallelen Hierarchie, nämlich U und EIL zusammenfallen. Dieses Ergebnis würde wegen UG = EG auch i-EGL = i-ETGL implizieren. Da sich i-PEGL und i-EGL nur durch Löschung unterscheiden, wäre dies ein weiteres

Indiz für UG = CFDG.

8. Die in I.4 eingeführten Einbettungseinschränkungen lassen sich, da Produktionen für parallele implizite Graph-Ersetzungssysteme die gleiche Form wie für sequentielle Ersetzungssysteme besitzen, auch im parallelen Fall betrachten. Wie sind die Beziehungen der Sprachklassen i-restr-GL, i-restr-EGL, i-restr-TGL, i-restr-ETGL, wenn restr = loc,...,inv? Die Einschränkungen 'te' und 'em' können ebenfalls betrachtet werden.

9. Auch für explizite parallele Graph-Ersetzungssysteme lassen sich Einbschränkungen einführen, bzgl. der Herstellung von Verbindungen, d.h. bzgl. der Gestalt der Verbindungsregeln. Einige Möglichkeiten sind: a) Der Schablonengraph enthält nur Verbindungskanten der gleichen Markierung wie die Mutterkante, b) zusätzlich gleiche Orientierung, d.h. nur Kanten von Quell- zum Zielgraphen, c) wie b), jedoch mindestens eine Verbindungskante, d) wie b), jedoch genau eine Verbindungskante. Wie sehen die Beziehungen der Sprachklassen e-restr-GL,...,e-restr.-ETGL aus, wenn restr a) - d) durchläuft?

10. Ist L(G) = ∅ entscheidbar für beliebige e-EGL-Systeme? Wie unterscheiden sich e-EGL-Systeme von e-PEGL-Systemen?

11. Es ist e-EGL $\subseteq$ i-EGL. Gilt e-EGL $\subset$ i-EGL oder fallen beide Sprachklassen zusammen?

12. Sowohl die Sprachklassen der sequentiellen als auch der parallelen Hierarchie sind bzgl. Abschlußeigenschaften nicht untersucht. Diese Untersuchung setzt eine geeignete Generalisierung von Konkatenation, Sternoperation, Homomorphismus, inversem Homomorphismus voraus (vgl. Bem. II.1.38).

13. Welche Ergebnisse für den sequentiellen bzw. parallelen Fall ergeben sich bei Klassifikation nach graphentheoretischen Eigenschaften von linker und rechter Seite. Hierzu finden sich einige Ergebnisse in [GG 4], [GG 44], [GG 45] und [GG 25].

14. Akzeptorenergebnisse sind seit [GG 41] kaum mehr bekanntgeworden. Die dort angegebenen gelten für sehr eingeschränkte Graph-Grammatiken. Lassen sich diese Ideen für allgemeinere Graph-Grammatiken, etwa wie in I.2 eingeführt, übertragen? Für parallele bzw. gemischte Graph-Ersetzungssysteme gibt es bisher überhaupt noch keine Ergebnisse in dieser Richtung.

15. Graph-Sprachen lassen sich (vgl. I.3.37) auch als Zeichenketten-Sprachen betrachten, die von Zeichenketten-Ersetzungssystemen mit einem nichtlokalen Ableitungsbegriff erzeugt werden. Diese Auffassung zugrunde gelegt: Wie sind die Beziehungen zu den üblichen Hierarchien von Zeichenketten-Sprachklassen im sequentiellen als auch parallelen Graph-Fall?

16. Programmieren von Graph-Manipulationen durch Graph-Ersetzungsmechanismen ist möglich über den Austausch von linker durch rechte Seite, durch Einbettungs- bzw. Verbindungsüberführungen, durch Kontrolldiagramme bei programmierten Ersetzungssystemen bzw. Unterscheidung von Hyper- und Metaproduktionen bei zweistufigen Graph-Ersetzungssystemen. In [AP 4] wird eine Konstruktion angegeben, wie sequentielle Graph-Ersetzungssysteme mit Einbettungsüberführung gemäß I.2 in solche mit an-Einbettungsüberführung transformiert werden können, wenn man zur Steuerung Kontrolldiagramme hinzunimmt und auch umgekehrt, daß auf Programmierung mit Kontrolldiagrammen bei el-M-Produktionen verzichtet werden kann, wenn man zu allgemeinen Einbettungsüberführungen gemäß I.2 übergeht. Analoge konstruktive Untersuchungen können für die anderen Programmierhilfsmittel durchgeführt werden: Wie können komplizierte Einbettungsüberführungen durch einfachere ersetzt werden, wenn man mehr Kontext mit hinzunimmt? Kann Programmierung durch Zweistufigkeit auf solche mit Kontrolldiagrammen zurückgeführt werden und vice versa? Kann die Einbettungsüberführung vereinfacht werden, wenn man Zweistufigkeit

hinzunimmt?

17. Zweistufige parallele und gemischte Graph-Ersetzungssysteme wurden bisher überhaupt noch nicht untersucht. Einige Ergebnisse über programmierte parallele bzw. gemischte Ersetzungssysteme sind in [AP 4] zu erwarten.

18. Hyper- und Metaproduktionen zweistufiger Graph-Ersetzungssysteme müssen verträglich sein, d.h. der durch beliebig oftmalige konsistente Ersetzungen aus der Manipulationsvorschrift einer Hyperproduktion gewonnene Graph muß wieder eine Manipulationsvorschrift sein. Können nichttriviale notwendige und hinreichende Bedingungen für Hyper- und Metaproduktionen angegeben werden, damit diese Verträglichkeit gewährleistet ist?

19. Ein praktikables Syntaxanalyse-Verfahren gibt es bis jetzt nur für Präzedenz-Graph-Grammatiken (vgl. [GG 12,13]). Gibt es Verfahren für weniger eingeschränkte Graph-Ersetzungssysteme, insbesondere, was die Einbettungsüberführung angeht? Sind neuere Zeichenketten-Syntaxanalyse-Verfahren übertragbar?

20. Ist die Idee eines um einen inkrementellen Compiler herumgebauten Arbeitsplatzes zur Erstellung sicherer Software, wie in IV.1 vorgestellt, realistisch, d.h. mit verträglichem Aufwand implementierbar? Wieviel Aufwand muß hierbei bei der Programmerstellung zusätzlich an Rechenkosten aufgewendet werden, und ist die Gesamtbilanz wegen einer besseren Qualität der erstellten Software-Produkte positiv?

21. Die in IV.3 angedeutete Beschreibung der Probleme Datenschutz und Mehrfachzugriff bei Datenbanken auf konzeptioneller Ebene durch Graph-Grammatiken sind auszuführen. Ebenfalls für eine Formalisierung steht das Subschema-Problem an.

22. Der Einsatz von Graph-Ersetzungssystemen auf Probleme der Datenfluß-Analyse, wie Bestimmung gemeinsamer Teilausdrükke, Parallelisierbarkeit, Schleifenoptimierung existiert bisher nur in Andeutungen (vgl. [AP 32], [AP 18]). Auch das Problem der Übersetzung eines Zwischencodes (in Form eines Programmgraphen) in Maschinencode mit Hilfe von Graph-Ersetzungssystemen, wurde bisher kaum untersucht.

23. Grammatikalische Mustererkennung war der Ausgangspunkt der Graph-Ersetzungssysteme. Man hat den Verdacht, daß die Rückkopplung auf diesem Anwendungsgebiet in den letzten Jahren kaum stattgefunden hat. Mittlerweile sind einige Erkenntnisse über Graph-Ersetzungssysteme gewonnen worden. Lohnt sich ein neuer Versuch der Anwendung?

24. Der Implementierung in Kap. V wurde ein assoziativer Software-Speicher zugrunde gelegt. Dieser kann ersetzt werden durch einen assoziativen Speicher, der über Mikroprogrammierung implementiert wird (vgl. [I 8]). Ebenfalls kann versucht werden, die Software-Implementierung über Hash-Funktionen und und Konfliktringe durch eine mit binären Bäumen oder B-Bäumen zu ersetzen. Beide Implementierungen stehen noch aus.

25. Ein weiteres offenes Problem ist die Implementierung der Programmiersprache für dynamische Graphenprobleme, wie in V.5 angedeutet. Denkt man an eine Implementation unter Zugrundelegung der bisherigen Implementation, so ist erstens ein Präcompiler zu implementieren und ferner weiterer Zielcode für diesen Präcompiler auf dem bisherigen Implementationsniveau.

REFERENZEN UND INHALT

Die folgende Aufstellung gibt Auskunft, auf welche Ergebnisse aus welchen Literaturangaben sich die obige Ausarbeitung bezieht. Einige Ergebnisse sind außerdem neu hinzugekommen.

I.1: Definitionen aus [GG 25], [GG 42],
I.2: Ansatz aus [GG 23,25,26],
I.3: enthält Ergebnisse aus [GG 25], [GG 18],
I.4: enthält Ergebnisse aus [GG 25], [GG 1], [GG 2], [GG 42], [GG 20] und [GG 4],
I.5: kurze Übersichten über [GG 31], [GG 42], [GG 20], [GG 1], [GG 41], [GG 2], [GG 32], [GG 4], [GG 45], [GG 37], [GG 8] und [GG 35],

II.1: entstanden aus [GL 13], [GL 14],
II.2: entstanden aus [GL 16], [GL 17],
II.3: im wesentlichen Ergebnisse aus [GL 2], [GL 7], [GL 8]
II.4: kurze Übersichten über [GL 11], [GL 2], [GL 7], [GL 6] und [GL 4],

III.1: enthält Definitionen zu Vorschlägen aus [AP 28], [AP 29], [AP 3], [AP 33], unter Verwendung von [FU 24],
III.2: enthält Definitionen und Bezeichnungen aus [AP 20],
III.3: Auszug aus [GG 12,13],

IV.1: entstanden aus [AP 1], [AP 3], [AP 28] und [AP 2],
IV.2: Übersicht über [AP 4],
IV.3: Auszug aus [AP 29], [AP 19], [AP 33],

V.1: kurze Übersicht über [I 3],
V.2: Zusammenfassung von [I 1], [I 2] und [I 7],
V.3: Übersicht wie in [I 2],
V.4: Beispiele aus [I 2],
V.5: Abriß über [I 5], [I 9], [PL 5].

LITERATURVERZEICHNIS

Das Literaturverzeichnis wurde wegen seines Umfangs in 11 Kapitel unterteilt:

1. Formale Sprachen über Zeichenketten (FL: formal languages)
2. Übersichtsartikel über mehrdimensionale formale Sprachen und Anwendungen (OV: overview papers))
3. Feldgrammatiken und Feldautomaten (AR: array grammars)
4. Grammatikalische Mustererkennung (PA: linguistic pattern recognition)
5. Graph-Grammatiken und Graph-Akzeptoren (GG: graph grammars)
6. Graph-L-Systeme (GL: Graph L-systems)
7. Anwendungen von Graphersetzungssystemen (AP: applications of graph rewriting systems)
8. Implementierung von Graphersetzungssystemen (I: implementation)
9. Programmiersprachen für Graphenprobleme (PL: graph programming languages)
10. Graphentheorie und Anwendungen (GT: graph theory and applications)
11. Weitere Literatur zu Anwendungen (Kap. IV) (FU: further references)

Die rechts stehende ein- oder zweibuchstabige Abkürzung wird jeder Referenz zu einem dieser Kapitel vorangestellt, also etwa [AR 10], [GG 49] etc.. Zum schnelleren Auffinden folgen noch die Abkürzungen der Kapitel in lexikographischer Ordnung mit den zugehörigen Seitenzahlen.

Jede Seite des folgenden Literaturverzeichnisses enthält ferner durch die Zeichenkette FL/OV/AR/PA/GG/GL/AP/I/PL/GT/FU die Reihenfolge der obigen Einteilung.

FORMALE SPRACHEN ÜBER ZEICHENKETTEN / FORMAL LANGUAGES OVER STRINGS

[FL 1] *Herman, G.T./Rozenberg, G.:* Developmental Systems and Languages, Amsterdam: North Holland 1975.

[FL 2] *Hopcroft, J.E./Ullman, J.D.:* Formal Languages and Their Relation to Automata, Reading: Addison Wesley 1969.

[FL 3] *Hotz, G./Walter, H.:* Automatentheorie und formale Sprachen I, II, Mannheim: Bibliographisches Institut 1969.

[FL 4] *Hotz, G./Claus, V.:* Automatentheorie und formale Sprachen III, Mannheim: Bibliographisches Institut 1972.

[FL 5] *Maurer, H.:* Theoretische Grundlagen der Programmiersprachen, Band 404/404a, Mannheim: BI 1969.

[FL 6] *Salomaa, A.:* Formal Languages, New York: Academic Press 1973.

[FL 7] *Salomaa, A./Rozenberg, G. (Eds.):* L-Systems, Lect. Notes in Comp. Sci., 15, Berlin: Springer-Verlag 1974.

[FL] *Salomaa, A./Rozenberg, G.:* The Mathematical Theory of L-Systems, Techn. Report DAIMI PB-33, University of Aarhus, Denmark (1974).

ÜBERSICHTSARTIKEL ÜBER MEHRDIMENSIONALE FORMALE SPRACHEN UND ANWENDUNGEN / OVERVIEW PAPERS

[OV 1] *Denert, E./Ehrig, H.:* Mehrdimensionale Sprachen, lecture manuscript, TU Berlin 1976.

[OV 2] *Ehrig, H.:* Graph-Grammars: Problems and Results in View of Computer Science Applications (Extended Abstract), Techn. Report 75-21, FB Kybernetik, TU Berlin 1975.

[OV 3] *Rosenfeld, A.:* Array and Web Languages: An Overview, in A. Lindenmayer/G. Rozenberg (Eds.): Automata, Languages, Development, 517 - 529, Amsterdam: North Holland 1976.

[OV 4] *Schneider, H.J.:* Formal Systems for Structure Manipulations, Techn. Report 3/1/71, Informationsverarbeitung II, TU Berlin 1971.

[OV 5] *Schneider, H.J.:* Graph Grammars, Proc. Conf. Fund. of Comp. Theory, Poznań, Sept. 19 - 23, 1977, Lect. Notes in Comp. Sci. 56, 314 - 331, Berlin: Springer-Verlag 1977.

FELDGRAMMATIKEN UND FELDAUTOMATEN / ARRAY GRAMMARS AND ARRAY AUTOMATA

[AR 1] *Codd, E.F.:* Cellular Automata, New York: Academic Press 1968.

[AR 2] *Cole, S.N.:* Real-time Computation by n-Dimensional Iterative Arrays of Finite-State Machines, IEEE Transactions on Computers, vol. C-18, 349 - 365 (1969).

[AR 3] *Dacey, M.F.:* The Syntax of a Triangle and Some other Figures, Pattern Rec. 2, 1, 11 - 31 (1970).

[AR 4] *Dacey, M.F.:* Poly - A Two-Dimensional Language for a Class of Polygons, Pattern Rec. 3, 197 - 208 (1971).

[AR 5] *Mercer, A./Rosenfeld, A.:* An Array Grammar Programming System, Comm. ACM 16, 7, 406 - 410 (1973).

[AR 6] *Milgram, D./Rosenfeld, A.:* Array Automata and Array Grammars, Proc: IFIP Congress 1971, Booklet TA - 2, 166 - 173.

[AR 7] *Müller, H.:* Zellulare Netze, lecture manuscript, Erlangen (1977).

[AR 8] *Rosendahl, M.:* Zur Beschreibung mehrdimensionaler Zeichenketten durch formale Sprachen, Dissertation, GMD-Bericht Nr. 76 (1971).

[AR 9] *Rosenfeld, A.:* Array grammar normal forms, Inf. Contr. 23, 173 - 182 (1973).

[AR 10] *Rosenfeld, A./Milgram, D.:* Parallel/Sequential Array Automata, Comp. Sci. Techn. Rep. TR - 194, University of Maryland (1972).

[AR 11] *Siromoney, G./Siromoney, R./Krithivasan, K.:* Picture languages with array rewriting rules, Inf. Contr. 22, 447 - 470 (1973).

[AR 12] *Smith, A.R. III:* Two-dimensional Formal Languages and Pattern Recognition by Cellular Automata, Proc. 12th SWAT Conf., 144 - 152 (1971).

[AR 13] *Smith, A.R. III:* Cellular Automata and Formal Languages, Proc. 11th SWAT Conf., 216 - 224 (1970).

[AR 14] *Smith, A.R. III:* Introduction to and survey of polyautomata theory, in A. Lindenmayer/G. Rozenberg (Eds.): Automata, Languages, Development, 405 - 424, Amsterdam: North Holland 1976.

[AR 15] *Vollmar, R.:* Zellulare Automaten, lecture manuscript, Erlangen (1974).

[AR 16] *Yamada, H./Amoroso, S.:* Tesselation Automata, Inf. Contr. 14, 299 - 317 (1969).

GRAMMATIKALISCHE MUSTERERKENNUNG / LINGUISTIC PATTERN RECOGNITION

[PA 1] *Anderson, R.H.:* Syntax-directed Recognition of Hand-printed Two-dimensional Mathematics, in Klerer, M./Reinfelds, J. (Eds.): Interactive Systems for Exp. Applied Mathematics, 436 - 459, New York: Academic Press 1968.

[PA 2] *Banerji, R.B.:* Some Linguistic and Statistical Problems in Pattern recognition, Pattern Rec. 3, 409 - 419 (1971).

[PA 3] *Biermann, A.W./Feldman, J.A.:* A Survey of Results in Grammatical Inference, in S. Watanabe (Ed.): Frontiers of Pattern Recognition, New York: Academic Press 1972.

[PA 4] *Brayer, J.M./Fu, K.S.:* Web Grammars and Their Application to Pattern Recognition, Techn. Rep. TR-EE-75-1, Purdue University, West Lafayette, Indiana (1975).

[PA 5] *Chang, S.-K.:* Picture Processing Grammars and its Applications, Inf. Sciences 3, 121 - 148 (1971).

[PA 6] *Chien, Y.T./Ribak, R.:* A New Data Base for Syntax-Directed Pattern Analysis and Recognition, IEEE Trans. on Comp. 21, 790 - 801 (1972).

[PA 7] *Chou, S.M./Fu, K.S.:* Inference for Transition Network Grammars, Proc. Third Intern. Joint Conf. on Pattern Recogn., Coronado, California (1976).

[PA 8] *Clowes, M.:* Pictorial Relationships - A Syntactical Approach, Mach. Int. 4, 361 - 383 (1969).

[PA 9] *Evans, T.G.:* A Grammar-controlled Pattern Analyser, Inf. Proc. 68, Vol. II, 1592 - 1598.

[PA 10] *Evans, T.G.:* Grammatical interference techniques in pattern analysis, Software Engineering 2, 183 - 202 (1971).

[PA 11] *Feder, J.:* Plex Languages, Inf. Sciences 3, 225 - 241 (1971).

[PA 12] *Fu, K.S.:* On syntactical pattern recognition and stochastic languages, in S. Watanabe (Ed.): Frontiers of Pattern Recognition, 113 - 137, New York: Academic Press 1972.

[PA 13] *Fu, K.S.:* Syntactic Methods in Pattern Recognition, New York: Academic Press 1974.

[PA 14] *Fu , K.S. (Ed.):* Applications of Syntactic Pattern Recognition, New York: Springer-Verlag 1976.

[PA 15] *Fu , K.S. (Ed.):* Syntactic pattern recognition, application, communication and cybernetics,Lect. Notes in Comp. Sci. 14, Berlin: Springer-Verlag 1977.

[PA 16] *Fu , K.S.:* Linguistic approach to pattern recognition, in R.T. Yeh (Ed.): Applied Computation Theory, Analysis, Design, Modelling, 106 - 149, Englewood Cliffs: Prentice Hall.

[PA 17] *Fu , K.S./Bhargava, B.K.:* Tree Systems for Syntactic Pattern Recognition, IEEE Transactions on Computers C - 22, no. 12, 1087 - 1099 (1973).

[PA 18] *Fu , K.S./Booth, T.L.:* Grammatical inference - Introduction and Survey Part I, Part II, IEEE Trans. Syst. Man, Cybern., vol. SMC - 5, 95 - 111 and 409 - 423, Jan. & July 1975.

[PA 19] *Fu , K.S./Swain, P.H.:* On syntactic pattern recognition, in I.T. Ton (Ed.): Software Engineering, New York: Academic Press 1971.

[PA 20] *Kirsch, R.A.:* Computer Interpretation of English Text and Picture Patterns, IEEE-Trans. EC - 13, 363 - 376 (1964).

[PA 21] *Lu, S.Y./Fu, K.S.:* Structure-preserved error-correcting tree automata for syntactic pattern recognition, Proc. 1976 IEEE Conf. on Decision and Control, Clear water, Florida.

[PA 22] *Miller, W.F./Shaw, A.C.:* A Picture Calculus, in: Emerging Concepts of Computer Graphics, Univ. Illinois Conference, 101 - 121 (1967).

[PA 23] *Miller, W.F./Shaw, A.C.:* Linguistic Methods in Picture Processing - A Survey, Proc. AFIPS 1968 FJCC, Vol. 33, I, 279 - 290.

[PA 24] *Mylopoulos, J.:* On the Application of Formal Languages and Automata Theory to Pattern Recognition, Pattern Rec. 4, 37 - 51 (1972).

[PA 25] *Narasimhan, R.:* Labelling Schemata and Syntactic Description of Pictures, Inf. Contr. 7, 151 - 179 (1964).

[PA 26] *Narasimhan, R.:* Syntax-directed Interpretation of Classes of Pictures, Comm. ACM 9, 166 - 173 (1966).

[PA 27] *Narasimhan, R./Clowes, M./Evans, T.G.:* Survey on Picture Processing with Linguistic Approach, in A. Graselli (Ed.): Automatic Interpretation and Classification of Images, New York: Academic Press 1969.

[PA 28] *Narasimhan, R./Reddy, V.S.N.:* A Syntax-aided Recognition Scheme for Handprinted English Letters, Pattern Rec. 3, 345 - 361 (1971).

[PA 29] *Pfaltz, J.L.:* Web Grammars and Picture Description, Comp. Graphics and Image Processing 1 (1972).

[PA 30] *Rosenfeld, A.:* Progress in Picture Processing 1969 - 71, Computing Surveys 5, 2, 81 - 108 (1973).

[PA 31] *Rosenfeld, A./Strong, J.P.:* A grammar for maps, Software Engineering 2, 227 - 239 (1971).

[PA 32] *Schwebel, J.C.:* A Graph-Structure Transformation Model for Picture Parsing, UIUCDCS-R-72-514, Dpt. of Comp. Science, University of Illinois, Urbana (1972).

[PA 33] *Shaw, A.C.:* A Formal Description Scheme as a Basis for Picture Processing Systems, Inf. Contr. 14, 9 - 52 (1969).

[PA 34] *Shaw, A.C.:* Parsing of Graph-Representable Pictures, Journ. ACM 17, 3, 453 - 481 (1970).

[PA 35] *Stiny, G./Gips, J.:* Shape grammars and the generative specification of painting and sculpture, Proc. IFIPS-Congress 1971, 1460 - 1465, Amsterdam: North Holland 1972.

[PA 36] *Swain, P.H./Fu , K.S.:* Nonparametric and Linguistic Approaches to Pattern Recognition, Techn. Rept. TR-EE 70 - 20, Purdue University (1970).

[PA 37] *Uhr, L.:* Flexible Linguistic Pattern Recognition, Pattern Rec. 3, 361 - 383 (1971).

[PA 38] *Watanabe, S.:* Ungrammatical Grammar in Pattern Recognition, Pattern Rec. 3, 4, 385 - 408 (1971).

[PA 39] *Watt, A.H./Beurle, R.L.:* Recognition of hand-printed numerals reduced to graph-representable form, 2nd Int. Joint Conf. Art. Intell., 322 - 332 (1971).

GRAPH-GRAMMATIKEN UND GRAPH-AKZEPTOREN / GRAPH GRAMMARS

[GG 1] *Abe, N./Mizumoto, M./Toyoda, J.-I./Tanaka, K.:* Web Grammars and Several Graphs, Journ. Comp. Syst. Sci. 7, 37 - 65 (1973).

[GG 2] *Brayer, J.M./Fu , K.S.:* Some Properties of Web Grammars, Techn. Report TR-EE 74 - 19, Purdue University (1974).

[GG 3] *Ehrig, H./Pfender, H./Schneider, H.J.:* Kategorielle Konstruktionen in der Theorie der Graph-Grammatiken, Arbeitsber. d. Inst. f. Math. Masch. u. Datenver. 6, 3, 30 - 55 (1973).

[GG 4] *Ehrig, H./Pfender, H./Schneider, H.J.:* Graph Grammars: An algebraic approach, Proc. 14th Annual Conf. Switching a. Automata Theory, 167 - 180 (1973).

[GG 5] *Ehrig, H.:* Kategorielle Theorie von Automaten und mehrdimensionalen Formalen Sprachen, Techn. Report 73-21, FB 20, TU Berlin (1973).

[GG 6] *Ehrig, H.:* Embedding Theorems in the Algebraic Theory of Graph-Grammars, Lect. Notes in Comp. Sci. 56, 245 - 255, Berlin: Springer-Verlag 1977.

[GG 7] *Ehrig, H./Kreowski, H.-J.:* Categorical Theory of Graph-Grammars, Techn. Report 75-08, FB 20, TU Berlin (1975).

[GG 8] *Ehrig, H./Kreowski, H.-J.:* CHURCH-ROSSER-Theorems leading to Parallel and Canonical Derivations for Graph-Grammars, Techn. Report 75-27, FB Kybernetik, TU Berlin (1976).

[GG 9] *Ehrig, H./Kreowski, H.-J.:* Contributions to the Algebraic Theory of Graph Grammars, Techn. Report 76-22, FB Kybernetik, TU Berlin (1976).

[GG 10] *Ehrig, H./Tischer, K.-W.:* Development of Stochastic Graphs, Proc. Conf. on Uniformly Structured Automata Theory and Logic, Tokyo, 1 - 6 (1975).

[GG 11] *Ehrig, H./Rosen, B.K.:* Reduction of Derivation Sequences, private communication (1977).

[GG 12] *Franck, R.:* PLAN2D-Syntactic Analysis of Precedence Graph Grammars, Proc. 3rd ACM Symp. on Principles of Programming Languages, Atlanta, 134 - 139 (1976).

[GG 13] *Franck, R.:* Precedence Graph Grammars: Theoretical Results and Documentation of an Implementation, Techn. Rep. 77-10, FB 20, TU Berlin (1977).

[GG 14] *Heibey, H.W.:* Ein Modell zur Behandlung Mehrdimensionaler Strukturen unter Berücksichtigung der in ihnen definierten Lagerelationen, Report No. 15, Universität Hamburg (1975).

[GG 15] *Kreowski, H.-J.:* Kanonische Ableitungssequenzen für Graph-Grammatiken, Techn. Report 76-26, FB Kybernetik, TU Berlin (1976).

[GG 16] *Kreowski, H.-J.:* Ein Pumping Lemma für kanten-kontextfreie Graph-Sprachen, Techn. Report 77-15, FB 20, TU Berlin (1977).

[GG 17] *Kreowski, H.-J.:* Transformations of Derivation Sequences in Graph-Grammars, Lect. Notes Comp. Sci. 56, 275 - 286, Berlin: Springer-Verlag 1977.

[GG 18] *Levy, L.S./Yueh, K.:* On labelled graph grammars, private communication, manuscript, University of Pennsylvania, Philadelphia, USA (1977).

[GG 19] *Milgram, D.:* Web Automata, Comp. Science Center Techn. Rep. TR-72-182, University of Maryland (1972).

[GG 20] *Montanari, U.G.:* Separable Graphs, Planar Graphs and Web Grammars, Inf. Contr. 16, 243 - 267 (1970).

[GG 21] *Mylopoulos, J.:* On the relation of graph automata and graph grammars, Techn. Report No. 34 Computer Science Dpt., University of Toronto, Canada (1971).

[GG 22] *Mylopoulos, J.:* On the Relation of Graph Grammars and Graph Automata, Proc. 11th SWAT Conf., 108 - 120 (1972).

[GG 23] *Nagl, M.:* Eine Präzisierung des Pfaltz/Rosenfeldschen Produktionsbegriffs bei mehrdimensionalen Grammatiken, Arbeitsber. d. Inst. f. Math. Masch. u. Datenver. 6, 3, 56 - 71, Erlangen (1973).

[GG 24] *Nagl, M.:* Beziehungen zwischen verschiedenen Klassen von Diagramm-Sprachen, Arbeitsber. d. Inst. f. Math. Masch. u. Datenverar. 6, 3, 72 - 93 (1973).

[GG 25] *Nagl, M.:* Formale Sprachen von markierten Graphen, Arbeitsber. d. Inst. f. Math. Masch. u. Datenver. 7, 4, Erlangen (1974).

[GG 26] *Nagl, M.:* Formal Languages of Labelled Graphs, Computing 16, 113 - 137 (1976).

[GG 27] *Ng , P.A./Bang, S.Y.:* Toward a Mathematical Theory of Graph-generative Systems and its Applications, Information Sciences 11, 223 - 250 (1976).

[GG 28] *Ng , P.A./Yeh, R.T.:* Graph walking automata, Proc. Int. Symp. on Math. Found. of Computer Science, Marianski Lazne, Czechoslovakia, Lect. Notes in Comp. Sci. 32, 330 - 336, Berlin: Springer-Verlag 1975.

[GG 29] *O'Donell, M.J.:* Reduction Strategies in subtree replacement systems, Ph. D. Thesis, Computer Science Dpt., Cornell University, Ithaca (1976).

[GG 30] *Pavlidis, T.:* Linear and Context-Free Graph Grammars, Journ. ACM 19, 1, 11 - 23 (1972).

[GG 31] *Pfaltz, J.L./Rosenfeld, A.:* Web Grammars, Proc. Int. Joint Conf. Art. Intelligence, Washington, 609 - 619 (1969).

[GG 32] *Rajlich, V.:* Relational Structures and Dynamics of Certain Discrete Systems, Proc. Conf. Math. Foundations of Comp. Sci., High Tatras Sept. 3 - 8, Czechoslovakia, 285 - 292 (1973).

[GG 33] *Rajlich, V.:* On oriented hypergraphs and dynamics of some discrete systems, Proc. 3rd GI Annual Conference, Lect. Notes in Comp. Sci. 1, 70, Berlin: Springer-Verlag 1973.

[GG 34] *Rajlich, V.:* Dynamics of Discrete Systems and Pattern Reproduction, Journ. Comp. Syst. Sci., 11, 2, 186 - 202 (1975).

[GG 35] *Rosen, B.K.:* A Church-Rosser Theorem for Graph Grammars, SIGACT News. 7, 3, 26 - 31 (1975).

[GG 36] *Rosen, B.K.:* Tree-manipulating systems and Church-Rosser theorems, Journ. ACM 20, 160 - 187 (1973).

[GG 37] *Rosen, B.K.:* Deriving Graphs from Graphs by Applying a Production, Acta Informatica 4, 337 - 357 (1975).

[GG 38] *Rosenfeld A.:* Isotonic Grammars, Parallel Grammars, and Picture Grammars, Machine Intelligence 6, 281 - 294 (1971).

[GG 39] *Rosenfeld, A.:* Networks of Automata: Some Applications, Techn. Report TR - 321, Computer Science Center, University of Maryland, College Park (1974).

[GG 40] *Rosenfeld, A./Milgram, D.:* Web Automata and Web Grammars, Comp. Sci. Techn. Report TR-181, University of Maryland (1972).

[GG 41] *Rosenfeld, A./Milgram, D.:* Web Automata and Web Grammars, Mach. Intelligence 7, 307 - 324 (1972).

[GG 42] *Schneider, H.J.:* Chomsky-Systeme für partielle Ordnungen, Arbeitsber. d. Inst. f. Math. Masch. u. Datenver. 3, 3, Erlangen (1970).

[GG 43] *Schneider, H.J.:* Chomsky-like Systems for Partially Ordered Symbol Sets, Techn. Report 2/2/71, Informationsverarbeitung II, TU Berlin (1971).

[GG 44] *Schneider, H.J.:* A necessary and sufficient condition for Chomsky-productions over partially ordered symbol sets, Lect. Notes in Econ. and Math. Syst. 78, 90 - 98 (1972).

[GG 45] *Schneider, H.J./Ehrig, H.:* Grammars on Partial Graphs, Acta Informatica 6, 2, 297 - 316 (1976).

[GG 46] *Shah, A.N./Milgram, D./Rosenfeld, A.:* Parallel Web Automata, Comp. Sci. Techn. Report TR-231, University of Maryland (1973).

[GG 47] *Shank, H.S.:* Graph property recognition machines, Math. Systems Theory 5, 45 - 50 (1971).

[GG 48] *Uesu, T.:* A system of graph grammars which generates all recursively emmerable sets of labelled graphs, private communication (1977).

GRAPH-LINDENMAYER-SYSTEME / GRAPH L-SYSTEMS

[GL 1] *Carlyle, J.W./Greibach, S.A./Paz, A.:* A two-dimensional generating system modelling growth by binary cell division, Proc. 15th SWAT Conf., 1 - 12 (1974).

[GL 2] *Culik, K. II/Lindenmayer, A.:* Parallel Rewriting on Graphs and Multidimensional Development, Techn. Rep. CS-74-22, University of Waterloo, Canada (1974).

[GL 3] *Culik, K. II:* Weighted Growth Functions of DOL-Systems and Growth Functions of Parallel Graph Rewriting Systems, Techn. Rep. CS-74-24, University of Waterloo, Canada (1974).

[GL 4] *Ehrig, H./Kreowski, H.-J.:* Parallel Graph Grammars, in A. Lindenmayer/G. Rozenberg (Eds.): Formal Languages, Automata, and Development, 425 - 442, Amsterdam: North Holland 1976.

[GL 5] *Ehrig, H.:* An Approach to Context-free Parallel Graph-Grammars, Report 75-30, FB 20, TU Berlin (1975).

[GL 6] *Ehrig, H./Rozenberg, G.:* Some Definitional Suggestions for Parallel Graph Grammars, in A. Lindenmayer/G. Rozenberg (Eds.): Formal Languages, Automata, and Development, 443 - 468, Amsterdam: North Holland 1976.

[GL 7] *Grötsch, E.:* Vergleichende Studie über parallele Ersetzung auf markierten Graphen, Arbeitsber. d. Inst. f. Math. Masch. u. Datenver. 9, 6, 1 - 152, Erlangen (1976).

[GL 8] *Grötsch, D./Nagl, M.:* Comparison between Explicit and Implicit Graph L-Systems, Arbeitsber. d. Inst. f. Math. Masch. u. Datenverarb. 10, 8, 5 - 24, Erlangen (1977).

[GL 9] *Joshi, A.K./Levy, L.S.:* Developmental Tree Adjunct Grammars, Proc. Conf. Biologically Motivated Automata Theory, 59 - 62, Record MITRE Corp., Virginia, USA 1974.

[GL 10] *Lindenmayer, A./Culik, K. II:* Growing Cellular Systems: Generation of Graphs by Parallel Rewriting, to appear in Int. Journ. Gen. Systems, private communication (1977).

[GL 11] *Mayoh, B.H.:* Another Model for the Development of Multidimensional Organisms, in A. Lindenmayer/G. Rozenberg (Eds.): Languages, Automata, Development, 469 - 486, Amsterdam: North Holland 1976.

[GL 12] *Mayoh, B.H.:* Multidimensional Lindenmayer Organisms, Lect. Notes Comp. Sci. 15, 302 - 326, Berlin: Springer-Verlag 1974.

[GL 13] *Nagl, M.:* Graph Lindenmayer-Systems and Languages, Arbeitsber. d. Inst. f. Math. Masch. u. Datenver. 8, 1, 16 - 63, Erlangen (1975).

[GL 14] *Nagl, M.:* On a Generalization of Lindenmayer-Systems to Labelled Graphs, in A. Lindenmayer/G. Rozenberg (Eds.): Formal Languages, Automata, and Development, 487 - 508, Amsterdam: North Holland 1976.

[GL 15] *Nagl, M.:* Graph Rewriting Systems and Their Application in Biology, Lect. Notes in Biomathematics 11, 135 - 156, Berlin: Springer-Verlag 1976.

[GL 16] *Nagl, M.:* On the Relation between Graph Grammars and Graph Lindenmayer-Systems, Arbeitsber. d. Inst. f. Math. Masch. u. Datenverar. 9, 1, 3 - 32, Erlangen (1976).

[GL 17] *Nagl, M.:* On the Relation between Graph Grammars and Graph L-Systems, Proc. Int. Conf. Fundamentals of Computation Theory at Poznan, Poland, Sept. 19 - 23, Lect. Notes Comp. Sci. 56, 142 - 151, Berlin: Springer-Verlag 1977.

[GL 18] *Nguyen van Huey:* Graph-Lindenmayer-Systeme, Diplomarbeit, University of Dortmund (1976).

[GL 19] *Reusch, P.J.A.:* Generalized lattices as fundamentals to retrieval models, multidimensional developmental systems, and the evaluation of fuzziness, University of Bonn, Informatik-Berichte 10 (1976).

[GL 20] *Weckmann, H.D.:* Mehrdimensionale Parallele Ableitungssysteme - basierend auf markierten Hypergraphen - und ihre Anwendungsmöglichkeiten, University of Bonn, Informatik-Berichte 11 (1976).

ANWENDUNGEN VON GRAPHERSETZUNGSSYSTEMEN / APPLICATIONS OF GRAPH REWRITING SYSTEMS

[AP 1] *Brendel, W.:* Maschinencode-Erzeugung bei inkrementeller Compilation, Arbeitsber. d. Inst. f. Math. Masch. u. Datenver. 10, 8, 24 - 120, Erlangen (1977).

[AP 2] *Brendel, W./Bunke, H./Nagl, M.:* Syntaxgesteuerte Programmierung und inkrementelle Compilation, Informatik Fachberichte 10, 57 - 74, Berlin: Springer-Verlag 1977.

[AP 3] *Bunke, H.:* Beschreibung eines syntaxgesteuerten inkrementellen Compilers durch Graph-Grammatiken, Arbeitsber. d. Inst. f. Math. Masch. u. Datenver. 7, 7, Erlangen (1974).

[AP 4] *Bunke, H.:* Ein Ansatz zur Semantikbeschreibung von Programmiersprachen mit expliziten Parallelismen, Dissertation to appear.

[AP 5] *Christensen, C.:* An example of the manipulation of directed graphs in the AMBIT/G programming language, in Klerer/Reinfelds (Eds.): Interactive Systems for Applied Mathematics, New York: Academic Press 1968.

[AP 6] *Della Vigna, P.L./Ghezzi, C.:* Data Structures and Graph Grammars, Lect. Notes Comp. Sci. 44, 130 - 145, Berlin: Springer-Verlag 1976.

[AP 7] *Denert, E./Franck, R./Streng, W.:* PLAN2D - Toward a Two-dimensional Programming Language, Lect. Notes Comp. Sci. 26, 202 - 213, Berlin: Springer-Verlag 1975.

[AP 8] *Earley, J.:* Toward an Understanding of Data Structures, Comm. ACM 14, 10, 617 - 627 (1971).

[AP 9] *Ehrig, H./Kreowski, H.-J.:* Parallelism of Manipulations in Multidimensional Information Structures, Lect. Notes Comp. Sci. 45, 284 - 293, Berlin: Springer-Verlag 1976.

[AP 10] *Ehrig, H./Kreowski, H.-J.:* Categorical Theory of Graphical Systems and Graph Grammars, Lect. Notes Econ. Math. Systems 131, 323 - 351 (1976).

[AP 11] *Ehrig, H./Kreowski, H.-J.:* Algebraic Graph Theory Applied in Comp. Sci., Proc. Conf. Categorical and Algebraic Methods in Comp. Sci. and Syst. Theory, Haus Ahlenberg, Dortmund (1976).

[AP 12] *Ehrig, H./Müller, F.:* Graph-Grammar Formalization and Manipulation of Data Structures in the CODASYL-Report, Abstract, TU Berlin (1974).

[AP 13] *Ehrig, H./Kreowski, H.-J.:* Some Remarks Concerning Correct Specification and Implementation of Abstract Data Types, Techn. Report 77-13, FB 20, TU Berlin (1977).

[AP 14] *Ehrig, H./Rosen, B.K.:* Commutativity of Independent Transformations on Complex Objects, IBM Research Report RC 6251 (1976), to appear in Acta Informatica.

[AP 15] *Ehrig, H./Rosen, B.K.:* The Mathematics of Record Handling, Lect. Notes in Comp. Sci. 52, 206 - 220, Berlin: Springer-Verlag 1977.

[AP 16] *Ehrig, H./Tischer, K.-W.:* Graph-Grammars for the Specialization of Organisms, Proc. Conf. on Biologically Motivated Automata Theory, 158 - 165, Record MITRE Corp., Virginia, USA 1974.

[AP 17] *Ehrig, H./Tischer, K.-W.:* Graph Grammars and Applications to Specialization and Evolution in Biology, Journ. Comp. System Sciences 11, 212 - 236 (1975).

[AP 18] *Farrow, R./Kennedy, K./Zuccoui, L.:* Graph grammars and global program data flow analysis, Proc. 17th Ann. IEEE Symp. on Foundation of Computer Science, Houston (1976).

[AP 19] *Frühauf, T.:* Formale Beschreibung von Informationsstrukturen mit Hilfe von Graphersetzungsmechanismen, Arbeitsber. d. Inst. f. Math. Masch. u. Datenver. 9, 1, 33 - 125, Erlangen (1976).

[AP 20] *Göttler, H.:* Zweistufige Graphmanipulationssysteme für die Semantik von Programmiersprachen, Dissertation, Arbeitsber. d. Inst. f. Math. Masch. u. Datenver. 10, 12, Erlangen (1977).

[AP 21] *Gotlieb, C.C./Furtado, A.L.:* Data Schemata Based on Directed Graphs, Techn. Rep. 70, Comp. Sci. Dpt., University of Toronto, Canada (1974).

[AP 22] *Holt, A.W.:* η-Theory, a mathematical method for the description and analysis of discrete finite information systems, Applied Data Research, Inc., 1965.

[AP 23] *Negraszus - Patan, G.:* Anwendungen der algebraischen Graphentheorie auf die formale Beschreibung und Manipulation eines Datenbankmodells, Diplomarbeit, FB 20, TU Berlin (1977).

[AP 24] *Pratt, T.W.:* Pair Grammars, Graph Languages and String - to Graph Translations, Journ. Comp. Syst. Sci. 5, 560 - 595 (1971).

[AP 25] *Rajlich, V.:* Relational Definition of Computer Languages, Proc. Conf., Math. Foundations Comp. Sci. 1975, Lect. Notes Comp. Sci. 32, 362 - 376, Berlin: Springer-Verlag 1975.

[AP 26] *Rajlich, V.:* Theory of Data Structures by Relational and Graph Grammars, Proc. ICALP Turku, Lect. Notes Comp. Sci. 52, 391 - 411, Berlin: Springer-Verlag 1977.

[AP 27] *Ripken, K.:* Formale Beschreibung von Maschinen, Implementierungen und optimierender Maschinencode-Erzeugung aus attributierten Programmgraphen, Dissertation, TU München, Techn. Rep. TUM-Info-7731, Juli 1977.

[AP 28] *Schneider, H.J.:* Syntax-directed Description of Incremental Compilers, Lect. Notes Comp. Sci. 26, 192 - 201, Berlin: Springer-Verlag 1975.

[AP 29] *Schneider, H.J.:* Conceptual data base description using graph grammars, in H. Noltemeier (Ed.): Graphen, Algorithmen, Datenstrukturen, Applied Computer Science 4, 77 - 98, München: Hanser Verlag 1976.

[AP 30] *Siegmund, N./Schmitt, R./Wankmüller, F.:* Abänderung von Programmen als Anwendung des Einbettungsproblems für Graphen, Comp. Sci. Techn. Report 42/77, University of Dortmund (1977).

FL/OV/AR/PA/GG/GL/AP/I/PL/GT/FU

[AP 31] *Siromoney, G. and R.:* Radial Grammars and Biological Systems, Proc. Conf. Biologically Motivated Automata Theory, 92 - 96, Record MITRE Corp., Virginia, USA 1974.

[AP 32] *Ullman, J.D.:* Fast Algorithms for the Elimination of Common Subexpressions, Acta Informatica 2, 191 - 214 (1973).

[AP 33] *Weber, D.:* Datengraphen und deren Transformation: Ein Konzept zur Spezifikation von Datentypen, Dissertation to appear, Erlangen 1978.

IMPLEMENTIERUNG VON GRAPHERSETZUNGSSYSTEMEN / IMPLEMENTATION OF GRAPH REWRITING SYSTEMS

[I 1] *Brendel, W.:* Implementierung von Graph-Grammatiken, Arbeitsber. d. Inst. f. Math. Masch. u. Datenver. 9, 1, 126 - 237, Erlangen (1976).

[I 2] *Brendel, W./Nagl, M./Weber, D.:* Implementation of Sequential and Parallel Graph Rewriting Systems, in J. Mühlbacher (Ed.): Proc. Workshop "Graphentheoretische Konzepte in der Informatik", Linz, June 16 - 19, 1977, Applied Computer Science 8, 79 - 106, München: Hanser Verlag 1978.

[I 3] *Encarnacao, J./Weck, G.:* Eine Implementierung von DATAS (Datenstrukturen in assoziativer Speicherung), Techn. Report A 74 - 1, University of Saarbrücken (1974)

[I 4] *Franck, R.:* Precedence Graph Grammars: Theoretical Results and Documentation of an Implementation, Techn. Rep. 77-10, FB 20, TU Berlin (1977).

[I 5] *Gall, R.:* Umstrukturierung des assoziativen Speichersystems DATAS auf eine 32-Bit-Maschine, Diplomarbeit, Erlangen (1978).

[I 6] *Jahn, B.:* Eine Studie zur Implementierung von Graph-Grammatiken unter Verwendung von Assoziativverarbeitung, Arbeitsber. d. Inst. f. Math. Masch. u. Datenver. 9, 6, 153 - 260, Erlangen (1976).

[I 7] *Nagl, M.:* Implementation of Parallel Rewriting on Graphs, Arbeitsber. d. Inst. f. Math. Masch. u. Datenver. 10, 8, 121 - 154, Erlangen (1977).

[I 8] *Schneider, H.J.:* Implementation of Graph grammars using a pseudo-associative memory, in J. Mühlbacher (Ed.): Proc. Workshop "Graphentheoretische Konzepte in der Informatik, Linz, June 16 - 19, 1977, Applied Computer Science 8, 63 - 78, München: Hanser Verlag 1978.

[I 9] *Zischler, H.:* Entwurf eines Dialogsystems zum Ausgeben von Graphen, Studienarbeit, Erlangen (1977).

[I 10] *Nagl, M./Zischler, H.:* A Dialog System for the Graphical Representation of Graphs, Proc. Workshop WG'78 on Graphtheoretic Concepts in Computer Science, to appear in Applied Computer Science 13, München: Hanser Verlag.

FL/OV/AR/PA/GG/GL/AP/I/PL/GT/FU

PROGRAMMIERSPRACHEN FÜR GRAPHENPROBLEME / GRAPH PROGRAMMING LANGUAGES

[PL 1] *Anthonisse, J.M.:* A Graph Defining Language and its Implementation and Applications, in U. Pape (Ed.): Graphen-Sprachen und Algorithmen auf Graphen, Applied Computer Science 1, 127 - 130, München: Hanser-Verlag 1976.

[PL 2] *Basili, V.R.:* Some Supplementary Notes on the Graph Algorithmic Language GRAAL, in U. Pape (Ed.): Graphensprachen und Algorithmen auf Graphen, Applied Computer Science 1, 31 - 48, München: Hanser-Verlag 1976.

[PL 3] *Basili, V.R.:* Sets and graphs in GRAAL, Proc. 27th ACM National Conference, 289 - 296 (1974).

[PL 4] *Basili, V.R./Reinbold, W.C./Mesztenyi, C.K.:* On a Programming Language for Graph Algorithms, BIT 12, 220 - 241 (1972).

[PL 5] *Bulin, K.:* Entwurf einer Programmiersprache für Graphenprobleme und ihres Präcompilers, Diplomarbeit, Erlangen (1978).

[PL 6] *Crespi-Reghizzi, J./Morpurgo, R.:* A Language for Treating Graphs, Comm. ACM 13, 5, 319 - 323 (1970).

[PL 7] *Earley, J./Caizergues, P.:* VERS Manual, Comp. Sci. Dpt., University of California, Berkeley (1971).

[PL 8] *Friedman, D./Pratt, T.W.:* A Language Extension for Graph Processing and its Formal Semantics, Comm. ACM 14, 460 - 467 (1971).

[PL 9] *Hansal, A.:* Software Devices for Processing Graphs Using PL/1 Compile Time Facilities, Inf. Proc. Letters 2, 171 - 179 (1974).

[PL 10] *King, C.A.:* A Graph-Theoretic Programming Language, in R.C. Read (Ed.): Graph Theory and Computing, 63 - 75, New York: Academic Press (1972).

[PL 11] *Köpke, F.:* GALA - Eine Sprache zur Erzeugung und Manipulation von interpretierten Graphen, in U. Pape (Ed.): Graphen-Sprachen und Algorithmen auf Graphen, Applied Computer Science 1, 117 - 126, München: Hanser-Verlag 1976.

[PL 12] *Pape, U.:* A Model of a High Level Design Language for Graph Algorithms, Techn. Rep. 75-29, TU Berlin (1976).

[Pl 13] *Pape, U.:* Datenstrukturen für Mengen in Algorithmen auf Graphen, in H. Noltemeier (Ed.): Graphen, Algorithmen, Datenstrukturen, Applied Computer Science 4, 99 - 122, München: Hanser-Verlag 1976.

[PL 14] *Radtke, R.:* Definition einer höheren Programmiersprache zur Graphenmanipulation bzw. zur Formulierung von Graphenalgorithmen, Studienarbeit, Erlangen (1977).

[PL 15] *Sugito, Y./Mano, Y./Torii, K.:* On a two-dimensional graph manipulation language GML, Transact. of the IECE of Japan, vol. 759/D, 9 (1976).

[PL 16] *Wolfberg, M.:* An Interactive Graph Theory System, Doctoral Thesis, University of Pennsylvania, Techn. Rep. 69-25, Philadelphia (1969).

GRAPHENTHEORIE UND ANWENDUNGEN / GRAPH THEORY AND APPLICATIONS

[GT 1] *Corneil, D.G./Gotlieb, C.C.:* An Efficient Algorithm for Graph Isomorphism, Journ. ACM 17, 1, 51 - 64 (1970).

[GT 2] *Culik, K.:* Combinatorial problems in the theory of complexity of algorithmic nets without cycles for simple computers, Aplikace Mathematiky 16, 3, 188 - 202 (1971).

[GT 3] *Culik, K. II/Maurer, H.A.:* String Representations of Graphs, Techn. Report 50, Inst. f. Angew. Inf. u. Form. Beschreibungsverf., University Karlsruhe (1976).

[GT 4] *Eden, B.N.:* Ein heuristisches Verfahren zur Distriktermittlung in bewerteten Graphen und seine Anwendungen auf die Berechnung von Schuleinzugsbereichen, Dissertation, TU Berlin (1976).

[GT 5] *Huang, J.C.:* A Note on Information Organization and Storage, Comm. ACM 16, 7, 406 - 410 (1973).

[GT 6] *König, D.:* Theorie der endlichen und unendlichen Graphen, New York: Chelsea Publishing Company.

[GT 7] *Knödel, W.:* Ein Verfahren zur Feststellung der Isomorphie von endlichen zusammenhängenden Graphen, Computing 6, 329 - 334, (1971).

[GT 8] *Lehner, R.:* Implementierung eines Untergraphentests für markierte Graphen, Studienarbeit, Erlangen (1979).

[GT 9] *Liebermann, R.N.:* Topologies on directed graphs, Comp. Sci. Techn. Rep. TR-214, University of Maryland (1972).

[GT 10] *Pfaltz, J.L.:* Convexity in directed graphs, Journ. Combin. Theory 10, 2, 143 - 162 (1971).

[GT 11] *Pfaltz, J.L.:* Graph Structures, J. ACM 19, 3, 411 - 422 (1972).

[GT 12] *Pfaltz, J.L.:* Representing Graphs by Knuth Trees, J. ACM 22, 3, 361 - 366 (1975).

[GT 13] *Rosen, B.K.:* Correctness of parallel programs: the Church-Rosser approach, Theor. Comp. Sci. 2, 183 - 207 (1976).

[GT 14] *Salton, G./Sussenguth, E.H.:* Some flexible information retrieval systems using structure matching procedures, AFIPS Proc. SJCC, 25, 587 - 597, Washington (1964).

[GT 15] *Unger, S.H.:* GIT - a heuristic program for testing pairs of directed line graphs for isomorphism, Comm. ACM 7, 1, 26 - 34 (1964).

[GT 16] *Weber, D.:* Ein Test der Einbettbarkeit von Graphen, Arbeitsber. d. Inst. f. Math. Masch. u. Datenver. 6, 3, 154 - 190, Erlangen (1973).

[GT 17] *Whitney, H.:* Non-separable and planar graphs, Trans. American Math. Soc. 34, 339 - 362 (1932).

[GT 18] *Wolfberg, M.S.:* Fundamentals of the AMBIT/L list processing language, ACM SIGPLAN Notices 7, 10, 66 - 75 (1975).

WEITERE LITERATUR ZU ANWENDUNGEN (KAP. IV) / FURTHER REFERENCES TO APPLICATIONS

[FU 1] *Altmann, W.:* Beschreibung von Programmoduln zum Entwurf zuverlässiger Softwaresysteme, Dissertation to appear, Erlangen 1978.

[FU 2] *Basili, V.R./Turner, A.J.:* A Hierarchical Machine Model for the Semantics of Programming Languages, ACM SIGPLAN notices 8, 11 (1973).

[FU 3] *Berthaud, M./Griffiths, M.:* Incremental Compilation and Conversational Interpretation, Ann. Rev. Autom. Progr. 7, 2, 95 - 114 (1973).

[FU 4] *Blaser, A./Schmutz, H.:* Data base research - a survey, in H. Hasselmeier/W.R. Spruth (Eds.): Data Base Systems, Lecture Notes Comp. Sci. 39, 44 - 113, Berlin: Springer-Verlag 1976.

[FU 5] CODASYL Systems Committee: Feature Analysis of generalized data base management systems, May 1971.

[FU 6] CODASYL DDL Journal of Development, Report, June 1973.

[FU 7] CODASYL COBOL Data Base Facility Proposal, March 1973.

[FU 8] *Codd, E.F.:* A relational model for large shared data banks, Comm. ACM 6, 377 - 387 (1970)

[FU 9] *Codd, E.F.:* Recent investigations in relational data base systems, Proc. IFIP Congress, Stockholm, Aug. 5 - 10, 1974, Information Processing 74, 1017 - 1031, Amsterdam: North Holland 1974.

[FU 10] *Culik, K. II:* A Model for the Formal Definition of Programming Languages, Dpt. of Comp. Sci. Techn. Report CSRR 2065, University of Waterloo, Canada (1972).

[FU 11] *Dahl, O.J./Dijkstra, E.W./Hoare, C.A.R.:* Structured Programming, 1 - 82, London: Academic Press 1972.

[FU 12] *Date, C.J.:* An Introduction to Data Base Systems, Reading: Addison-Wesley 1975.

[FU 13] *Durchholz, R./Richter, G.:* Das Datenmodell der "Feature analysis of generalized data base management systems", Angewandte Informatik 12, 553 - 568 (1972).

[FU 14] *Earley, J./Caizergues, P.:* A Method for Incrementelly Compiling Languages with Nested Statement-Structure, Comm. ACM 15, 12, 1040 - 1044 (1972).

[FU 15] *Genrich, H.J./Lautenbach, K.:* Synchronisationsgraphen, Acta Informatica 2, 143 - 161 (1973).

[FU 16] *Hoffmann, H.J.:* Programming by Selection, in A. Günther/B. Levrat/H. Lipps (Eds.): Proc. Int. Comp. Symp. Davos, 59 - 65, Amsterdam: North Holland 1973.

[FU 17] IMS, Information Management System/360, Version 2, General Information Manual, IBM - Techn. Rept. GH 20-0765-3.

[FU 18] *Katzan, H.:* Batch, Conversational and Incremental Compilers, Proc. SJJC AFIPS 34, 47 - 56 (1969).

[FU 19] *Knuth, D.E.:* Structured programming with goto statements, Computing Surveys 8, 261 - 301 (1974).

[FU 20] *Liskov, B.H./Zilles, S.N.:* Programming with abstract data types, Proc. ACM Symp. on Very High Level Languages, SIGPLAN-Notices 9, 50 - 59 (1974).

[FU 21] *Lucas, W./Walk, K.:* On the formal description of PL/I, Ann. Rev. Aut. Progr. 6, 3, 105 - 182 (1969).

[FU 22] *Nutt, G.J.:* Evaluation Nets for Computer System Performance Analysis, Proc. FJCC, 279 - 286 (1972).

[FU 23] *Petri, C.A.:* Kommunikation mit Automaten, University of Bonn, Techn. Rep. IIM 2 (1962).

[FU 24] *Pratt, T.W.:* A hierarchical graph model of the semantics of programs, Proc. SJCC, 813 - 825 (1969).

[FU 25] *Rishel, W.J.:* Incremental Compilers, Datamation, Jan., 129 - 136 (1970).

[FU 26] *Schmid, H.A.:* A User Oriented and Efficient Incremental Compiler, Preprints Int. Comp. Symp., Venice, 259 - 269 (1972).

[FU 27] *Schmidt, H.A./Nienaber, B.:* Messung der Effizienz eines einfachen 'Incremental Compilers', Lect. Notes in Ec. Math. Syst. 78, 159 - 168, Berlin: Springer-Verlag 1975.

[FU 28] *Schneider, H.J.:* Compiler, Aufbau und Wirkungsweise, Berlin: De Gruyter Verlag 1975.

[FU 29] *Schneider, H.J.:* Algorithmische Sprachen, lecture manuscript (1977).

[FU 30] *Streng, W.:* PLAN2D - Semantik einer zweidimensionalen Programmiersprache, Dissertation, Fachbereich Kybernetik, TU Berlin (1975).

[FU 31] *Timmesfeld, K.H. et al.:* PEARL - A Proposal for a Process- and Experiment Automation Realtime Language, Techn. Report, KFK-PDV 1, Karlsruhe (1973).

[FU 32] *Wegner, P.:* The Vienna Definition Language, Computing Surveys 4, 1 (1972).

[FU 33] *Wirth, N.:* Program Development by Stepwise Refinement, Comm. ACM 14, 4, 221 - 227 (1971).

[FU 34] *Yanow, I.I.:* The logical schemes of algorithms, Probl. Cybernetics 1, 82 - 140 (1960).

VERZEICHNIS VON SYMBOLEN, NAMEN, STICHWÖRTERN